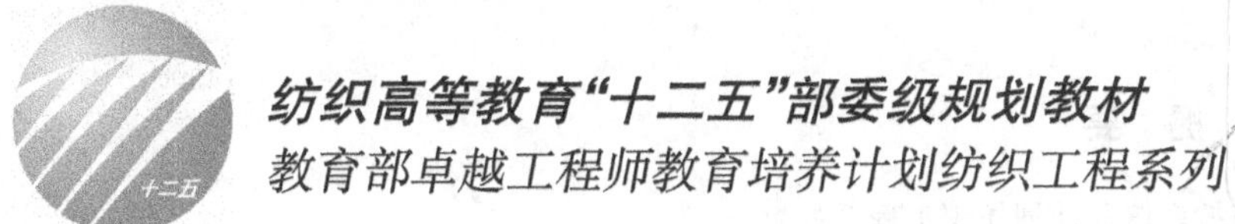

纺织高等教育“十二五”部委级规划教材

教育部卓越工程师教育培养计划纺织工程系列

纺织材料学

张海泉　主编

张鸣　奚柏君　副主编

内 容 提 要

本书是教育部卓越工程师教育培养计划纺织工程系列教材，属纺织高等教育“十二五”部委级规划教材。

本书介绍了纺织纤维、纱线和织物的结构与性能，性能的测试方法与品质的评价依据。包括纤维的分类、结构与形态、力学、吸湿、热学、光学、电学性质及纤维的鉴别与品质评定；纤维性能与加工工艺及产品性能的关系；纱线的分类、形态特征、力学性质与品质评定；织物的分类、结构、力学性能、服用性能及品质评定。

本书主要用作高等院校纺织工程及相关专业的专业基础课教材，是纺织专业课的教学参考用书，也可供纺织及相关学科的专科、职教教学和企业人员参考。

图书在版编目(CIP)数据

纺织材料学/张海泉主编. —北京：中国纺织出版社，2013.6 (2022.8 重印)
纺织高等教育“十二五”部委级规划教材
ISBN 978-7-5064-9706-0

Ⅰ.①纺… Ⅱ.①张… Ⅲ.①纺织纤维—材料科学—高等学校—教材 Ⅳ.①TS102

中国版本图书馆 CIP 数据核字(2013)第 087349 号

策划编辑：江海华　责任编辑：王军锋　责任校对：王花妮
责任设计：李　然　责任印制：何　艳

中国纺织出版社出版发行
地址：北京市朝阳区百子湾东里 A407 号楼　邮政编码：100124
邮购电话：010-67004461　传真：010-87155801
http://www.c-textilep.com
北京虎彩文化传播有限公司印刷　各地新华书店经销
2013 年 6 月第 1 版　2022 年 8 月第 5 次印刷
开本：787×1092　1/16　印张：22.5
字数：441 千字　定价：48.00 元

凡购本书，如有缺页、倒页、脱页，由本社图书营销中心调换

出版者的话

《国家中长期教育改革和发展规划纲要》中提出“全面提高高等教育质量”,“提高人才培养质量”。教高[2007]1 号文件“关于实施高等学校本科教学质量与教学改革工程的意见”中,明确了“继续推进国家精品课程建设”,“积极推进网络教育资源开发和共享平台建设,建设面向全国高校的精品课程和立体化教材的数字化资源中心”,对高等教育教材的质量和立体化模式都提出了更高、更具体的要求。

“着力培养信念执著、品德优良、知识丰富、本领过硬的高素质专门人才和拔尖创新人才”,已成为当今本科教育的主题。教材建设作为教学的重要组成部分,如何适应新形势下我国教学改革要求,配合教育部“卓越工程师教育培养计划”的实施,满足应用型人才培养的需要,在人才培养中发挥作用,成为院校和出版人共同努力的目标。中国纺织服装教育协会协同中国纺织出版社,认真组织制订“十二五”部委级教材规划,组织专家对各院校上报的“十二五”规划教材选题进行认真评选,力求使教材出版与教学改革和课程建设发展相适应,充分体现教材的适用性、科学性、系统性和新颖性,使教材内容具有以下三个特点。

(1)围绕一个核心——育人目标。根据教育规律和课程设置特点,从提高学生分析问题、解决问题的能力入手,教材附有课程设置指导,并于章首介绍本章知识点、重点、难点及专业技能,增加相关学科的最新研究理论、研究热点或历史背景,章后附形式多样的思考题等,提高教材的可读性,增加学生学习兴趣和自学能力,提升学生科技素养和人文素养。

(2)突出一个环节——实践环节。教材出版突出应用性学科的特点,注重理论与生产实践的结合,有针对性地设置教材内容,增加实践、实验内容,并通过多媒体等形式,直观反映生产实践的最新成果。

(3)实现一个立体——开发立体化教材体系。充分利用现代教育技术手段,构建数字教育资源平台,开发教学课件、音像制品、素材库、试题库等多种立体化的配套教材,以直观的形式和丰富的表达充分展现教学内容。

教材出版是教育发展中的重要组成部分,为出版高质量的教材,出版社严格甄选作者,组织专家评审,并对出版全过程进行跟踪,及时了解教材编写进度、编写质量,力求做到作者权威、编辑专业、审读严格、精品出版。我们愿与院校一起,共同探讨、完善教材出版,不断推出精品教材,以适应我国高等教育的发展要求。

中国纺织出版社

教材出版中心

前言

本教材是配合“教育部卓越工程师教育培养计划”而编写的，适合纺织工程类本科专业使用。

目前，我国高校纺织类专业为本科生开设的《纺织材料学》课程属专业基础课，目的是让学生掌握纺织材料的基础知识，为后续专业课的学习和纺织材料的进一步学习打基础。

纺织材料范围广、内容杂，尤其当涉及产业用纺织品和纺织新材料时更是如此。本教材主要介绍基础纺织材料知识，包括普通服装和家用纺织品的纤维、纱线、织物的相关知识。从循序渐进、由浅入深的学习原则看，适合第一次接触纺织专业的本科教育阶段学习。目前，绝大多数纺织专业本科毕业生仍然在传统纺织领域工作，这些基础纺织材料知识正是他们需要的。另外，基础纺织材料知识及其学习方法也是研究功能性纺织材料、产业用纺织品和新型纺织材料的必要基础。

在处理纺织材料学与其他相关专业课的关系时，本教材突出纺织材料的结构、性能和评价，尽量不涉及相关专业课的内容，以免内容的重复。

本教材编写中得到多所高等院校相关教师的指导和参与，并对编写大纲、内容和初稿提出意见和修改建议，在此表示衷心的感谢。

本教材内容划分为二十章，各章编写分工如下：前言、绪论、第七章、第八章、第九章由张海泉（江南大学）执笔，第一章由邱华（江南大学）执笔，第二章和第三章由奚柏君（绍兴文理学院）执笔，第四章和第五章由罗以喜（绍兴文理学院）执笔，第六章、第十二章、第十九章和第二十章由张鸣和李辉（江苏省纺织产品质量监督检验研究院）执笔，第十章和第十一章由石宏亮（南通大学）执笔，第十三章由吕丽华（大连工业大学）执笔，第十四章和第十五章由葛明桥（江南大学）执笔，第十六章由杨瑞华（江南大学）执笔，第十七章和第十八章由魏取福（江南大学）执笔。全书由张海泉统稿，葛明桥主审。

本教材编写过程中参考了许多教材、专著、标准，引用了许多相关图、表、数据及许多老师的教学和科研成果，谨向各位作者表示诚挚的感谢。

由于作者水平有限，书中存在不足或不妥之处，欢迎读者批评指正。

编者

2013 年 5 月

课程设置指导

课程设置意义

《纺织材料学》是纺织科学与工程类专业的专业基础课，为学生提供纺织纤维、纱线、织物的结构、性能及评价的基础知识，是纺织专业课的先修课。

课程教学建议

本教材主要针对基础纺织材料知识，面向普通服装和家用纺织品的纤维、纱线、织物的相关知识，适合纺织工程及各类相关专业。

建议理论教学70～80学时，每课时讲授版面包括图、表在内5000字左右。

课程教学目的

通过本课程的学习，学生应了解纤维、纱线、织物等纺织材料的基本结构、主要性能及评价方法的基础知识和分析方法，作为进一步学习纺织科学与工程学科各有关专业课程内容和专业实习内容的基础。

目 录

绪论

本章知识点

1. 纺织材料的概念及分类。
2. 纺织纤维的分类及现状。

一、纺织材料的概念及分类

(一)概念

纺织材料是指纤维及纤维制品,这里的纤维制品包括完全由纤维构成的制品(如普通纱线、织物、家用纺织品等)及纤维与其他材料共同构成的复合物(如人造革、纤维增强传动带、防弹服等)。这一定义使纺织材料不仅完全覆盖了纺织领域,而且还涉及含纤维制品的其他领域。

(二)纺织材料分类

依据纺织材料的定义,纺织材料涵盖的范围非常广,因为随着纺织纤维的应用逐步扩展到服装、家用纺织品以外的领域,纺织材料的种类被极大丰富了。

站在不同的角度,纺织材料的分类不同。常见的分类方法是依据纺织材料的加工过程,将其分为纤维、纱线、织物。这是一种传统分类方法,与最终产品为服装或家用纺织品的纺织产业链基本一致。有关纤维(fiber)、纱线(yarns)和织物(fabrics)更进一步的分类在后续章节做详细介绍,这里不再重复。另一种常见的分类方法是根据用途分类,即纺织品常用的分类方法:服装、装饰用和产业用纺织品。服装、装饰用类纺织品与普通消费者关系密切,而产业用纺织品了解的人较少。表1是产业用纺织品的分类,借此可对纺织材料有更全面的认识。

表1　产业用纺织品分类

应用领域	主 要 用 途
农用纺织品	庭院设计用纺织品,纺织材料增强塑料和混凝土构件、管道以及容器,袋类制品,昆虫和鸟网、农作物苫布,传动带,绳具,软管类制品,运输和搬运用品,防水布类制品,柔性和刚性容器,饲料存储系统,柔性料仓,种床保护用纺织品,临时农用建筑物,稳固土壤用纺织品,地膜,排灌用纺织结构制品,土壤水分保持制品,遮阳纺织品,防冰雹和土蚊霜冻网状织物,土壤密封系统,液体肥料池密封系统,畜牧业用纺织品,园艺用纺织品,防浸蚀用纺织品,温室用纺织品

续表

应用领域	主 要 用 途
建筑结构用纺织品	混凝土和塑料制品用增强纤维，体育场增强圆顶和篷盖，增强用长丝、纱、线和带类，增强用纺织片状制品，纺织材料增强构件、型材以及管道，纺织材料增强模塑制品，增强建筑材料、水泥以及混凝土所用纺织品，桥梁用纺织品，纺织材料增强容器，纺织材料增强轻型建筑材料，加固地基用纺织品，纺织材料结构排泄系统，美化、加固以及防护用的雕花织物，办公室吸音、公共建筑和会议室用纺织品，纺织材料百叶窗，纺织品屋顶防水材料以及防水片材，纺织外观包装材料，建筑物电气系统用纺织材料产品，隔冷、隔热和隔音帐篷以及帐篷支架，临时建筑物、用于仓储的充气建筑物，轻型飞机载荷构件用薄膜、气动构件，防寒建筑系统，拉索系列制品，纺织结构隔音系统，遮阳纺织品，加热、降温以及空气调节系统用纺织品，用于梯田、屋顶花园、庭院的纺织结构种植和灌溉系统，室内装饰用纺织材料增强塑料，防火和援救系统
纺织结构复合材料	纺织材料增强轻质建筑材料，纺织材料增强构件、模压制品以及型材，耐腐蚀纺织品，纺织材料增强汽车和机器部件
过滤用纺织品	气体以及液体清洁和分离用纺织品，产品回收用纺织品，工业热气（或气体）过滤用纺织品，香烟过滤嘴用纺织品，食品工业过滤用纺织品，污水过滤用纺织品
土工织物	土木工程以及修路用纺织品，堤岸和海岸加固用纺织品，水利土建用纺织品，防止冲蚀用织物，废池塘和湿地的加围与内衬用纺织品，稳固土壤用增强材料，垃圾掩埋和废物处理工业用材料，排水系统用纺织品，土工膜类制品，环保制品，塑料用增强纺织品，混凝土用增强纺织品
医疗纺织品	杀菌纤维纺织品，卫生用非织造织物，绷带，手术缝合线，手术室和急救室用纺织品，外科手术用纺织制品，纺织增强修补材料，手术床单，医用衬垫，牙缝清洗用丝线，人造皮肤，社会医疗机构及医院用其他纺织品，医生和护士工作服，救护器材、医疗设备用纺织品
军事国防用纺织品	纺织材料盔甲，太空船用降落伞，个人防护用品，空间和电子产品材料，防化服装，苫布，头盔，空气调节服装，防弹服，军用帐篷，充气建筑物，防弹背心织物，医疗设备，飞机和坦克驾驶员服装，海军用织物，陆、海、空救助系统
造纸机用织物	排水、托持和输送用的造纸成形用单丝织物，压榨用毡和织物，干燥机用织物
安全防护用纺织品	透气防水防护织物以及屏障用层合织物，抗护工作服，抗冲击和压力用纺织品，防离子和非离子辐射用织物，防风雨和防寒服装，耐高温和防火用纺织品，防化装备，救援装备，宇航服，防火装备，救生装备，财产保护用纺织品，纺织材料包装制品，防护覆盖系统，室内外纺织材料防噪音系统，乙烯基涂层救生衣，安全信号旗
运动以及娱乐用纺织品	体育场篷盖和圆顶，体育场毡毯，运动充气建筑物，网球拍，高尔夫球杆，足球、网球用毡，轮式溜冰鞋，滑水滑雪屐，滑雪绳，头盔，透气防水运动休闲服，网球网，网球场护网，猎装织物，赛车手服装，热气球织物，运动鞋用织物，捕鱼网线，游泳池盖布和衬布，睡袋

续表

应用领域	主要用途
交通运输用纺织品	汽车用纺织品,航天工业用材料,航海业用材料,铁路车辆用材料,自行车用材料,安全带,充气安全袋,轮胎帘子线,帆布,纺织材料增强内部装饰制品,纺织材料密封和墙面装饰制品、隔音制品,窗帘材料,车船篷盖,椅套材料,阻燃纺织品,产业用地毯,车篷织物、车顶内衬,软管以及驱动带,密封圈以及刹车衬带,消音器用纺织品,过滤器,密封、绝缘材料,绳、索、绳网,行李箱系统,塑料制品用增强纤维,塑料增强用纺织制品,橡胶增强用纺织制品,纺织材料增强模塑和结构制品,纺织材料增强管,纺织材料增强容器,飞机、船舶、汽车以及农业机械的防护篷盖制品
其他产业用纺织品	固化包裹物用增强纤维,防热防冷用纺织品,导电纺织品,抗静电纺织品,金属喷涂制品,表面处理制品,电子和信息技术用纺织品,光导纤维,驱动系统,软管以及纺织材料增强管,同步齿轮用织物,刚性以及柔性容器,中空气体传输制品,吸油毯毡,纺织材料增强橡胶制品,砂纸基布,电影银幕用布,打字机色带,吸湿类制品,密封材料以及纤维增强型密封制品,纺织品增强胶黏制品,包裹用织物,洗涤用纺织品

二、纺织纤维的概念、分类及现状

(一)纺织纤维(textile fibers)

纤维通常是指长宽比在一千倍以上、粗细为几微米到上百微米的柔软细长体,有连续长丝(filaments)和短纤维(staple fibers)之分。纺织纤维在结构和性能上都有一定要求,一般将适合用来制造纺织品的纤维称作纺织纤维。纺织纤维属纺织材料的重要组成部分,又是制作其他纺织材料的基础原料,纺织纤维的结构和性能往往对纺织品的性能有着决定性的影响。学习纺织纤维,旨在合理、有效地使用纺织纤维。

作为纺织纤维,其用途不同、要求也不相同。普通服用纺织纤维必须具有一定的物理、化学性质,以满足加工和使用的要求。这些性质包括必须有一定的长度和细度,有必要的强度及变形能力,有一定的吸湿性、良好的染色性,不过敏、无害、无毒等。功能性纤维和产业用纤维有时要求会非常特殊。

(二)纺织纤维分类

纺织纤维种类很多,其来源、组成、制备、形态、性能极其复杂。学习纺织纤维应该从纤维分类开始,这对理清关系、准确认识纺织纤维、学好后续相关专业知识都非常重要。纺织纤维按来源和习惯分为天然纤维和化学纤维两大类。

1. 天然纤维 天然纤维(natural fiber)是指自然界原有的或从经人工种植的植物中、人工饲养的动物中直接获取的纤维。根据纤维的来源属性将天然纤维分为植物纤维(plant fiber, vegetable fiber)、动物纤维(animal fiber)和矿物纤维(mineral fiber)。主要天然纤维的分类见表2。

表2 主要天然纤维的分类

分类	定义	组成物质	纤维来源
植物纤维	取自于植物种子、茎、韧皮、叶或果实上的纤维	主要组成物质为纤维素，并含有少量木质素、半纤维素等，含量比随纤维的不同而不同	种子纤维：取自植物种子表面的单细胞纤维，如棉及彩色棉和转基因棉等纤维 韧皮纤维：取自植物韧皮中的纤维，如苎麻、亚麻、大麻、黄麻、红麻、罗布麻、苘麻等 叶纤维：取自植物叶子的纤维，如剑麻、蕉麻、菠萝叶纤维、香蕉茎纤维等 果实纤维：取自植物果实的纤维，如木棉、椰子纤维 竹纤维：取自竹类茎秆的纤维，如竹子纤维
动物纤维	取自于动物的毛发或分泌液的纤维	主要组成物质为蛋白质，但蛋白质的化学组成有较大差异	毛纤维：取自动物的毛发，由角蛋白组成的多细胞结构的纤维，如绵羊毛、山羊毛、骆驼毛、驼羊毛、兔毛、牦牛毛、马海毛、羽绒、骆马毛、细化羊毛等 丝纤维：指由昆虫的丝腺分泌物形成的纤维，如桑蚕丝、柞蚕丝、蓖麻蚕丝、木薯蚕丝、天蚕丝、蜘蛛丝等
矿物纤维	从纤维状结构的矿物岩石获得的纤维	二氧化硅、氧化铝、氧化铁、氧化镁等	各类石棉，如温石棉、青石棉、蛇纹石棉等

2. 化学纤维 化学纤维(chemical fiber)是指以天然的或合成的高聚物以及无机物为原料，经过人工加工制成的纤维。其主要特征是在人工条件下完成，溶液或熔体经过纺丝得到纤维。按原料、加工方法和组成成分的不同又可分为再生纤维(regenerated fiber)、合成纤维(synthetic fiber)和无机纤维(artificial inorganic fiber)。常见化学纤维的分类见表3。

表3 化学纤维的分类

分类	定义	纤维
再生纤维	以高纯净化的天然高聚物为原料制成浆液，纺得的纤维，其化学组成基本不变	再生纤维素纤维：指用木材、棉短绒、蔗渣、麻、竹类、海藻等天然纤维素物质制成的纤维，如粘胶纤维、Modal纤维、铜氨纤维、竹浆纤维、醋酯纤维、Lyocell纤维等 再生蛋白质纤维：指用酪素、大豆、花生、毛发类、丝素、丝胶等天然蛋白质制成的，绝大部分组成仍为蛋白质的纤维，如酪素纤维、大豆纤维、花生纤维、再生角朊纤维、再生丝素纤维等 再生淀粉纤维：指用玉米、谷类淀粉物质制取的纤维，如聚乳酸纤维(PLA) 再生合成纤维：指用废弃的合成纤维原料熔融或溶解再加工成的纤维

续表

分类	定义	纤维
合成纤维	以石油、煤、天然气及一些农副产品为原料制成单体，经化学合成为高聚物，制成的纤维	涤纶：指大分子链中的各链节通过酯基相连的成纤聚合物纺制的合成纤维 锦纶：指其分子主链由酰胺键连接起来的一类合成纤维 腈纶：指含丙烯腈在85%以上的丙烯腈共聚物或均聚物纤维 丙纶：指分子组成为聚丙烯的合成纤维 维纶：指聚乙烯醇在后加工中经缩甲醛处理所得的纤维 氯纶：指分子组成为聚氯乙烯的合成纤维 其他的还有乙纶、氨纶、乙氯纶及混合高聚物纤维等

3. 其他分类方法 英、美一般习惯将纺织纤维分为天然纤维、再生纤维和合成纤维三类。

按纤维长度可分为长丝和短纤维。化学纤维的短纤维又可根据纤维的长度与细度分为棉型、毛型和中长型。

化学纤维依据形态、性能的变化可分为普通纤维和差别化纤维。

应产业用纺织品需要，运用高技术手段发展起来的化学纤维统称为高技术纤维(high-tech fiber)。有代表性的包括高强度、高模量、耐高温、耐化学作用的高性能纤维(high performance fiber)；具有特定的物理和化学性质(如抗菌、导电、防紫外线、阻燃、变色、香味、屏蔽、过滤等)的功能性纤维(functional fibers)；具有智能或自适应作用的智能纤维(smart fibers)。

(三)纺织纤维的基本现状

纤维状物质广泛存在于植物、动物毛发和矿物中。从人类诞生到19世纪末，主要认知和使用的纤维是天然纤维。19世纪末，出现了粘胶纤维，1935年出现了锦纶，1938年又出现了涤纶，这些再生纤维的出现极大地丰富了纤维的种类与用途。近200年来，纺织纤维产量增长了近45倍。从以下统计数据可了解世界和我国纺织纤维及制品的基本现状(表4～表13)。

表4 2007年世界和中国纺织纤维产量(万吨)

世界				中国			
总计	天然纤维	化学纤维		总计	天然纤维	化学纤维	
		再生纤维	合成纤维			再生纤维	合成纤维
7613.7	2863.1	299.5	4452.1	3231.7	838.6	159.3	2233.7

表5 2007年世界和中国天然纤维和化学纤维占比(%)

世界				中国			
总计	天然纤维	化学纤维		总计	天然纤维	化学纤维	
		再生纤维	合成纤维			再生纤维	合成纤维
100	37.6	3.9	58.5	100	25.9	5	69.1

表6　2007年全球纺织纤维产量与占比

项　目	化纤	棉	毛	丝、麻等	总计
产量(万吨)	4751.6	2627.7	121.3	113.1	7613.7
占比(%)	61.8	35.7	1.7	1.6	100

表7　2007年全球合成纤维产量与占比

项　目	涤　纶			锦纶	腈纶	丙纶	PVA及其他纤维	总计
	小计	长丝	短纤					
产量(万吨)	3109.4	1870.8	1238.6	389.5	244.5	644.3	64.4	4452.1
占比(%)	69.8	42.0	27.8	8.7	5.5	14.5	1.5	100

表8　2007年世界主要国家(地区)化纤产量与占比

项　目	中国大陆	美国	西欧	台湾地区	韩国	日本	印度	全球
产量(万吨)	2393.1	367.4	447.2	269.1	162.6	116.7	295.9	4751.6
占比(%)	50.3	7.7	9.4	5.7	3.4	2.5	6.2	100

表9　2007年全球主要国家(地区)棉花产量与占比

项　目	中国大陆	美国	巴基斯坦	巴西	独联体	印度	全球
产量(万吨)	807.6	418.2	184.5	160.3	180.3	535.4	2627.7
占比(%)	30.7	15.9	7.0	6.1	6.9	20.4	100

表10　2007年全球主要国家(地区)棉花耗用量与占比

项　目	中国大陆	美国	巴基斯坦	土耳其	巴西	印度	全球
产量(万吨)	1049.9	100.2	259.3	155.0	99.6	399.0	2603.5
占比(%)	40.3	3.8	10.0	6.0	3.8	15.3	100

表11　2007年全球主要国家(地区)羊毛产量与占比

项　目	中国大陆	澳大利亚	新西兰	东欧	土耳其	阿根廷	全球
产量(万吨)	39.9	47.7	39.9	21.3	4.6	7.8	212.1
占比(%)	18.8	22.5	18.8	10.0	2.2	3.7	100

表12　2007年全球纺织品、成衣主要出口国家(地区)

/亿美元

排　　序	国家或地区	纺织品	成衣	合计	占比(%)
	全球	2381.3	3453.0	5834.3	100.0
1	中国大陆	559.7	1152.4	1712.1	29.3
2	欧盟	806.2	247.7	1053.9	18.1

续表

排　序	国家或地区	纺织品	成衣	合计	占比(%)
3	中国香港	134.2	287.7	421.9	7.2
4	土耳其	87.3	140.0	227.3	3.9
5	印度	94.5	96.6	191.1	3.3
6	美国	123.9	43.0	166.9	2.9
7	韩国	103.7	19.1	122.8	2.1
8	巴基斯坦	111.8	73.7	111.8	1.9
9	中国台湾	97.2	12.5	109.7	1.9
10	孟加拉	7.2	100.6	107.8	1.8

表13　2007年中国纺织品、成衣在世界四大进口市场占比　/亿美元

国家或地区	总进口额			从中国进口额			中国占比(%)
	总计	纺织品	成衣	总计	纺织品	成衣	
美国	1089.4	240.9	848.5	361.9	76.7	285.3	33.2
欧盟	1115.1	273.1	842.0	397.2	74.3	322.9	35.6
日本	303.0	63.0	240.0	232.4	34.4	198.0	76.7
加拿大	120.5	44.6	76.0	49.5	7.9	41.6	41.0

(四)纺织材料互联网相关信息

互联网改变着世界，改变着人们的生活方式，通过互联网了解资讯、寻找问题的答案已逐步变成习惯。未来，通过互联网学习，包括学习纺织材料，可能会变成重要途径。互联网上有关纺织材料的资讯浩如烟海，但多数具有商业目的，这里仅就涉及纺织材料的知识性内容较多的中文网站做相关介绍。

1. 中国纺织网(www.texnet.com.cn)　中国纺织网属浙江网盛生意宝股份有限公司。该公司分别创建并运营中国化工网、全球化工网、中国纺织网、中国医药网、中国服装网、机械专家网等多个国内外专业电子商务网站。中国纺织网是中国专业纺织行业网站之一，该网站的“百科”栏目包含较多与纺织材料学有关的知识性内容。该网站的“原料行情”栏目包含较全面的纺织纤维交易价格信息。

2. 全球纺织网(http://www.tnc.com.cn/)　全球纺织网属浙江轻纺城网络有限公司，是专业的网上纺织品市场，该网站的“爱问知识”栏目包含较多与纺织材料学有关的知识性内容。

3. 中国棉花网(http://www.cncotton.com)　中国棉花网是中国储备棉管理总公司下属中储棉花信息中心直属网站，创建于1999年5月。该网站的“棉花学校”栏目包含较多与棉纤维有关的知识性内容。

4. 美国国际棉花协会(http://www.cottonusa.org.cn)　美国国际棉花协会(CCI)由美国国家棉业总会(National Cotton Council of America)提供资金，代表着美国棉业的七个群体：种

植者、轧花商、仓库商、棉商、棉籽加工商、合作社及纺织企业，宣传 COTTON USA 美棉认证标志。该网站的“了解美国棉花”栏目包含很多与美棉有关的知识性内容。

5. 中国毛纺织行业协会(http://www.cwta.org.cn) 该网站属中国毛纺织行业协会。中国毛纺织行业协会(CHINA WOOL TEXTILE ASSOCIATION 缩写 CWTA)是中国毛纺行业的全国性社会团体，成立于 1995 年 11 月，并于 1998 年 3 月代表中国加入了国际毛纺织组织(IWTO)。该网站的“资料库”栏目包含较多与羊毛有关的知识性内容。

6. 南京羊毛市场(http://www.woolmarket.com.cn) 该网站属南京羊毛市场，南京羊毛市场是国家级市场，成立于 1992 年，任务是开拓羊毛基地、组建羊毛拍卖、交易市场。该网站的“毛纺知识”栏目包含较多与羊毛有关的知识性内容。

7. 中国茧丝绸交易市场(http://www.esilk.net) 中国茧丝绸交易市场是由中国丝绸进出口总公司等六家单位合作创办的茧丝绸专业交易平台。该网站的“丝绸文化”栏目包含部分与丝绸有关的知识性内容。

思考题

1. 举例说明纺织材料的范畴。
2. 画出纺织纤维分类树状图。
3. 再生纤维和合成纤维的主要区别?
4. 根据年产量，将天然纤维与合成纤维的主要品种排序。
5. 常用纤维的现价。

第一章　纤维的结构与形态基础

本章知识点

1. 纤维结构基础知识。
2. 纤维的截面与纵向形态。
3. 纤维的细度与长度。

纺织纤维的结构包括构成纺织纤维大分子的化学组成与结构、大分子的集聚形式与结合方式等。纺织纤维的形态包括纺织纤维的截面形状、纵向的弯曲形态及表面状态等。虽然，各种纺织纤维有着不同的结构，但这些结构有共同之处，这正是本章所要介绍的内容。

第一节　纤维的结构

纺织纤维的性能千差万别，其原因是这些纤维有着不同的结构，结构是决定纤维性质的根本因素。为了便于学习和研究纺织纤维的结构，一般将其分为三个层次，称作三级微观结构，包括大分子结构(Macro molecular structure)、超分子结构(Hyper molecular structure)和形态结构(Morphological structure)。近年来，尽管仪器分析技术取得了很多突破，但是有关纤维结构的基本理论相对稳定。

一、纤维的大分子结构

一般纺织纤维，不论是天然纤维还是化学纤维，都是高聚物，即高分子或大分子化合物。也就是说，一般纺织纤维都是由大分子构成的。

纺织纤维的大分子结构以纤维大分子为研究对象，包括构成大分子链的基本单元，大分子链的聚合度及其分布，大分子链的结构、构象、刚柔性等。

(一)纺织纤维大分子链的基本单元

纺织纤维大分子是以完全相同或基本相同的基本单元通过共价键重复连接而成的高聚合度的大分子。这里的基本单元也称为单基或基本链节。基本单元是构成纺织纤维大分子链的基础，是影响纺织纤维性能的决定性因素。纺织纤维基本单元的化学结构、官能团的种类与纤维的各种特性密切相关。如基本单元的化学结构、官能团的种类决定了纤维的耐酸、耐碱、耐光及染色等化学性能；基本单元上亲水基团的多少和强弱，影响着纤维的吸湿性；基本单元上基团极性的强弱影响着纤维的电学性质等。不同纺织纤维，其大分子链的基本单元结构不同，部分纤维大分子基本单元的结构特征见表1－1。

表1－1　部分纺织纤维大分子的基本单元

纤维品种		英文缩写	基本结构单元
纤维素纤维	棉纤维	CO	纤维素环状结构（标注：CH_2OH、H、OH、O、H、OH、H、H、OH、H、H、O、H、OH、CH_2OH、O）$[\ \ ]_n$
	麻纤维	L	
	再生纤维素纤维	R	
蛋白质纤维	毛纤维	WO	$\{\overset{H}{\overset{\vert}{N}}-\underset{R}{\underset{\vert}{CH}}-\overset{O}{\overset{\Vert}{C}}\}_n$
	丝纤维	S	
聚酯纤维	聚对苯二甲酸乙二酯纤维	PET	$\{O-\overset{O}{\overset{\Vert}{C}}-C_6H_4-\overset{O}{\overset{\Vert}{C}}-O-CH_2-CH_2-O\}_n$
	聚对苯二甲酸丙二酯纤维	PTT	$\{O-\overset{O}{\overset{\Vert}{C}}-C_6H_4-\overset{O}{\overset{\Vert}{C}}-O-CH_2-CH_2-CH_2-O\}_n$
	聚对苯二甲酸丁二酯纤维	PBT	$\{O-\overset{O}{\overset{\Vert}{C}}-C_6H_4-\overset{O}{\overset{\Vert}{C}}-O-(CH_2)_4-O\}_n$
聚酰胺纤维	聚酰胺6	PA6	$\{NH(CH_2)_5CO\}_n$
	聚酰胺66	PA66	$\{NH(CH_2)_6NHCO(CH_2)_4CO\}_n$
	聚间苯二甲酰间苯二间纤维	PMIA	$\{NH-C_6H_4-HN-CO-C_6H_4-CO\}_n$
	聚对苯二甲酰间苯二间纤维	PPTA	$\{NH-C_6H_4-HN-CO-C_6H_4-CO\}_n$
聚丙烯腈纤维		PAN	$\{CH_2-\underset{CN}{\underset{\vert}{CH}}\}_n$
聚丙烯纤维		PP	$\{CH_2-\underset{CH_3}{\underset{\vert}{CH}}\}_n$
聚乙烯醇纤维		PVA	$\{CH_2-\underset{OH}{\underset{\vert}{CH}}\}_n$
聚对亚苯基苯并二噻唑纤维		PBZT	苯并二噻唑－亚苯基结构（标注：N、S、N、S）$[\ \ ]_n$
聚苯硫醚纤维		PPS	$\{C_6H_4-S\}_n$

续表

纤维品种	英文缩写	基本结构单元
聚对亚苯基苯并二恶唑纤维	PBO	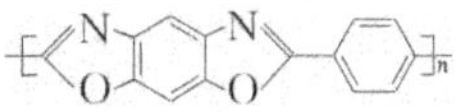 N, O, N, O (n)
聚间亚苯基苯并二咪唑纤维	PBI	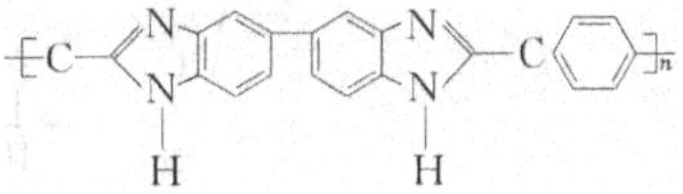 C, N, N, H, N, N, H, C (n)
聚(2,5 二羟基-1,4 苯撑吡啶并二咪唑)纤维	M5 纤维，PIPD	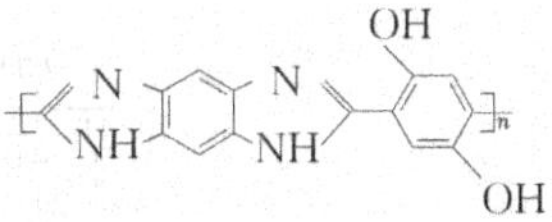 N, NH, N, NH, OH, OH (n)
聚苯胺纤维	PANI	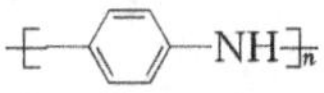 $\left[-C_6H_4-NH\right]_n$
聚四氟乙烯纤维	PTFE	$\left[CF_2-CF_2\right]_n$
聚氨酯纤维	PU	$\left[O-R-O\overset{\overset{}{}}{\underset{\underset{O}{\Vert}}{C}}NH-R'-NH\underset{\underset{O}{\Vert}}{C}\right]_n$
聚乙烯醇缩甲醛纤维	PVAL	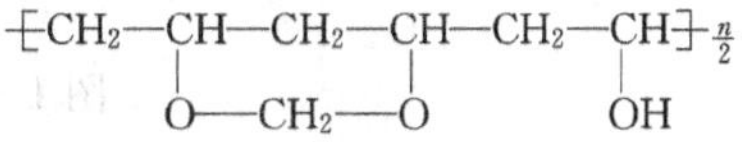 $\left[CH_2-\underset{\underset{O-CH_2-O}{\vert}}{CH}-CH_2-\underset{\vert}{CH}-CH_2-\underset{\underset{OH}{\vert}}{CH}\right]_{\frac{n}{2}}$
聚氯乙烯	PVC	$\left[CH_2-\underset{\underset{Cl}{\vert}}{CH}\right]_n$

纺织纤维大分子的基本单元也存在同分异构现象，同一种分子有可能存在不同的构型，如聚丙烯在合成过程中可能形成等规立构体、间规立构体和无规立构体三种异构体。同一种分子如果构型不同，性能也会不同。聚丙烯的等规立构体侧基分布比较规律，分子链之间能形成紧密的聚集而产生结晶，可以形成具有较高结晶度和熔点的纤维；无规立构体的聚丙烯则无法形成具有服用性能的纤维。聚丙烯的三种异构体如图 1-1 所示。

(二)纺织纤维大分子链的聚合度及其分布

纺织纤维大分子链的聚合度(degree of polymerisation)是指大分子链中基本单元的个数。纺织纤维的聚合度较大，特别是天然纤维，如棉纤维的聚合度为数千甚至上万。化学纤维为了适应纺丝条件，聚合度不高。如再生纤维素纤维的聚合度约为 300～600，合成纤维的聚合度则是数百或上千。纺织纤维中每个大分子链的聚合度并不相同，大分子链的聚合度呈一定分布，也就是纤维中大分子链的长度呈一定分布，这称为高聚物大分子的多分散性。

纺织纤维大分子链的聚合度及其分布直接影响纤维的性能。大分子的聚合度与纤维的力学性质特别是拉伸强度关系密切。聚合度达到临界聚合度时，纤维开始具有强力，并随着聚合度的增加而增加，其原因是聚合度增加时大分子间的结合键增加、结合能量变大。但纤维强力

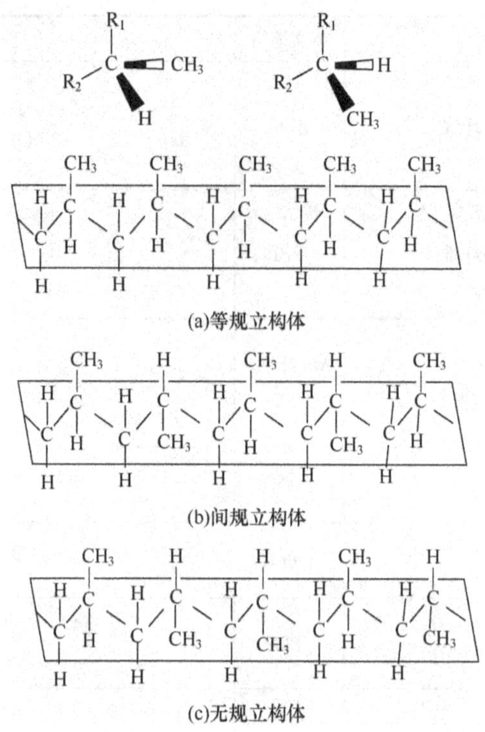

图 1-1　聚丙烯的三种异构体

的增加率会逐渐递减，当增加到一定的聚合度后，纤维强力不再增大并趋于稳定。聚合度分布不同时纤维性能也不同，一般希望聚合度分布集中，这对纤维的强度、耐磨性、耐疲劳性、弹性都有好处。

(三)纺织纤维大分子链的结构

以构成纺织纤维大分子主链的原子类型来看，大致可分为三种类型，碳链大分子、杂链大分子、梯形和双螺旋形大分子。

碳链大分子的主链都是碳原子，以共价键形式相连接。氯纶、丙纶和腈纶的大分子均属此类，它们的可塑性较好、容易成形加工、原料构成比较简单、成本低；但一般不耐热，易燃甚至易熔，因此服用性能有一定的缺点。

杂链大分子主链由两种以上的原子构成，除碳原子外，还有氧、氮等其他原子，它们也是以共价键相连接的，如棉、麻、粘胶纤维、蚕丝、羊毛、涤纶、锦纶等大多数常用纺织纤维均属此类，这类纤维有相当的强度，其服用性能好。

梯形和双螺旋形大分子主链不是一条直链，而是呈阶梯形或双股螺旋形结构，碳纤维与石墨纤维属此类。这类纤维具有较高的强力和耐高温的特点，其主要原因是它们的主链是双链形式，只有当两根链同时在相近部位断裂时，才会引起大分子的断裂，因此在外界条件作用下发生破坏的概率比单链大分子小得多。

以构成纺织纤维大分子基本单元的键接方式来看，大致可分为两种类型，包括由同一种基本单元构成的纤维大分子或由几种基本单元混杂键接的纤维大分子，前一种称作均聚物，后一种称作共聚物。共聚物有四类不同结构：交替共聚，两种基本单元有规则的交替键接；无规共聚，两种基本单元无规则的交替键接；嵌段共聚，两种不同基本单元的均聚键段无规则的键接；接枝共聚，在由一种基本单元构成的分子链上键接由另一种基本单元形成的侧链。嵌段共聚和接枝共聚常用于纤维的改性，例如通过接枝改善腈纶的染色性能、提高涤纶的吸湿性能等。

(四)纺织纤维大分子链的构型

纤维大分子的构型是指大分子为化学键所固定的几何形态，可以分为三种形式，线型、枝型、网型。纺织纤维一般都是侧基很少或支链很短的大分子，且很少通过接枝方法接上较长的其他单基支链，所以通常把纺织纤维的大分子划分为线型大分子。纺织纤维大分子链构型示意图如图1－2所示。

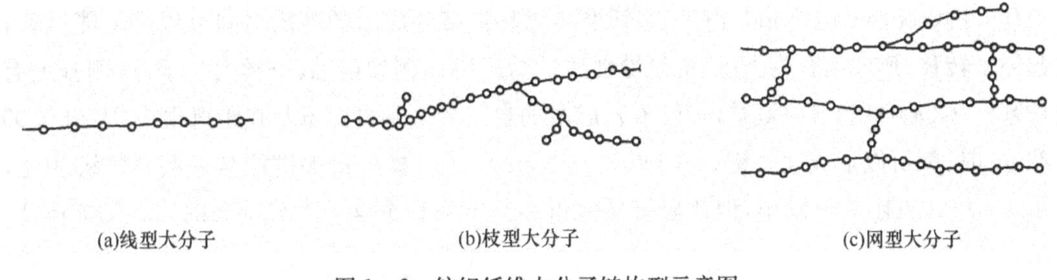

图1－2　纺织纤维大分子链构型示意图

(五)纺织纤维大分子链的柔顺性

纤维大分子链中的单键能绕着它相邻的键按一定键角旋转，这称为键的内旋转。纤维长链大分子发生内旋转的难易程度是影响大分子链柔顺性的主要因素。单键内旋转示意图如图1－3所示。

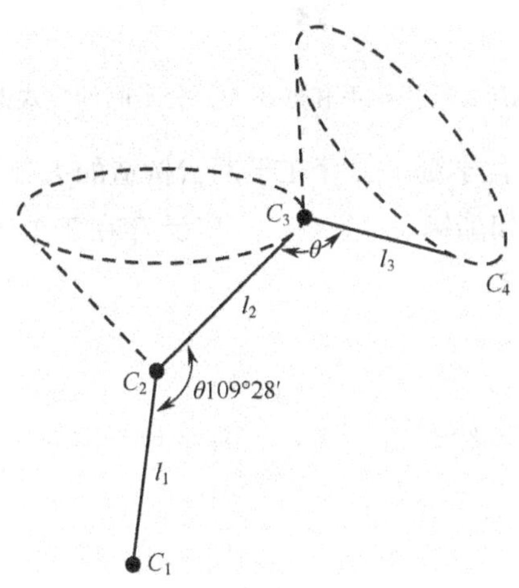

图1－3　单键内旋转示意图

纤维大分子主链结构中单键构成的主链容易内旋转，主链上键长长的、键角大的分子链其内旋转能力大，主链上不含芳杂环结构的容易内旋转。纤维大分子链上侧基的体积小、位阻小、极性基团数量小，其相互间的作用力和空间位阻的影响小，内旋转容易。影响纤维大分子链柔顺性的主要外因是温度，温度越高，热运动能越大，分子内旋转越自由。

二、纤维的聚集态结构

纤维的聚集态结构又称超分子结构，指的是构成纤维的大分子链之间的作用力和堆砌方式。该结构层次的特征是纤维的结晶与非结晶结构、取向与非取向结构。

（一）纤维大分子间的作用力

纺织纤维中大分子之间主要是依靠范德华力和氢键结合在一起，此外还有盐式键和化学键。不同的分子键含有不同的键能，键能是指破坏一个分子键所需要的能量，键能越大，表示含有这类键较多的分子就越稳定。

范德华力(Van der Waals force)：广泛存在于分子间的一种很弱的吸引力。

氢键(hydrogen bond)：氢原子与其他电负性很强的原子之间形成的一种较强静电引力。在棉、锦纶、羊毛等含有极性基团的纤维中，分子间存在氢键。

盐式键(coordinate bond)：有一些纤维的侧基在某些成对的基团之间可以产生能级跃迁，引起原子转移，形成络合物类型、配价键性质的盐式键。例如羊毛、蚕丝大分子，其侧基上有自由羧基(—COOH)和自由氨基($—NH_2$)，成对的自由羧基和自由氨基在距离很小，大约 0.09～0.27nm 时，就可以形成盐式键(—COO—…＋H3N—)。盐式键的键能与一般化学键相比，要小 1/2～1/4，也比共价键小，但比氢键要大得多。羊毛和蚕丝中大分子间的盐式键如图 1－4 所示。

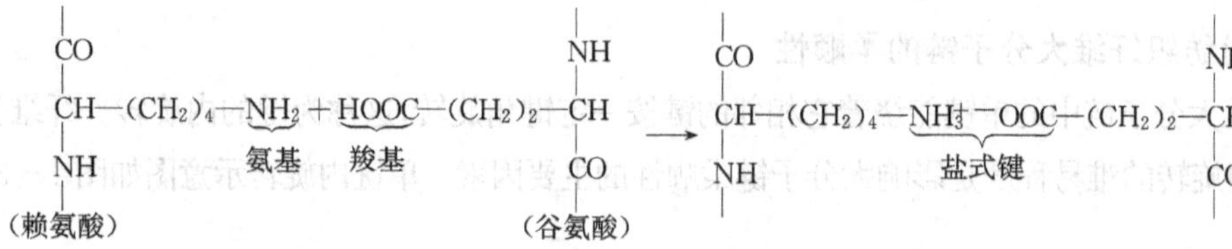

CO / CH—$(CH_2)_4$—NH_2 + HOOC—$(CH_2)_2$—CH / NH（赖氨酸）（氨基）（羧基）NH / CO（谷氨酸）
→ CO / CH—$(CH_2)_4$—NH_3^+ $^-$OOC—$(CH_2)_2$—CH / NH（盐式键）NH / CO

图 1－4　羊毛和蚕丝中大分子间的盐式键

化学键(chemical bond)：化学键一般存在于网状构造的大分子之间，使之交联，纺织纤维中常见的有二硫键(—S—S—)和酯键(—COO—)，广泛存在于羊毛和蚕丝中。羊毛和蚕丝中大分子间的化学键如图 1－5 所示。

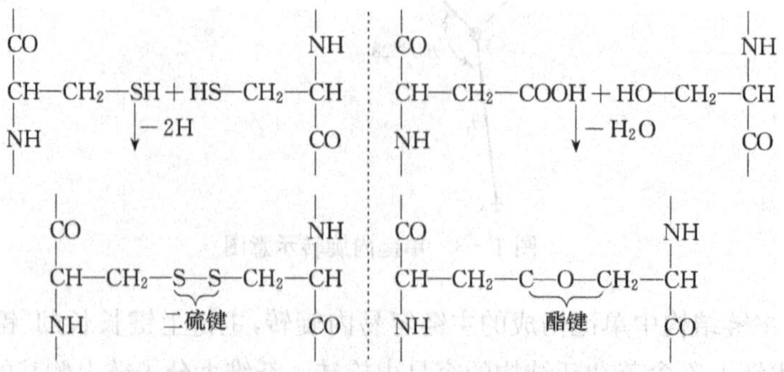

(a) CO / CH—CH_2—SH + HS—CH_2—CH / NH　NH / CO
↓ －2H
CO / CH—CH_2—S—S—CH_2—CH / NH（二硫键）NH / CO

(b) CO / CH—CH_2—COOH + HO—CH_2—CH / NH　NH / CO
↓ －H_2O
CO / CH—CH_2—C—O—CH_2—CH / NH（酯键）NH / CO

(a) 二硫键的形成　　(b) 酯键的形成

图 1－5　羊毛和蚕丝中大分子间的化学键

各分子作用力种类不同，作用距离不同，其作用能量也不同，范德华力、氢键、盐式键、化学键的作用距离和作用能量范围见表1－2。

表1－2 纤维大分子间的作用力

作用力	键能(kJ/mol)	作用距离(nm)
范德华力	2.1～23.0	0.30～0.50
氢键	5.4～42.7	0.23～0.32
盐式键	125.6～209.3	0.09～0.27
化学键	209.3～837.4	0.09～0.19

(二)纤维大分子的排列

纤维大分子的排列形式有多种不同的理论，较为一致的观点是20世纪40年代出现的"两相结构"的理论，即认为纤维中同时存在晶区与非晶区，大分子可以穿越几个晶区与非晶区。分子链在晶区是有序排列的，在非晶区则是完全无序堆砌。对应这一理论先后提出的理论模型有缨状微胞模型、缨状原纤结构模型和折叠链片晶模型等。纤维大分子排列理论模型如图1－6所示。

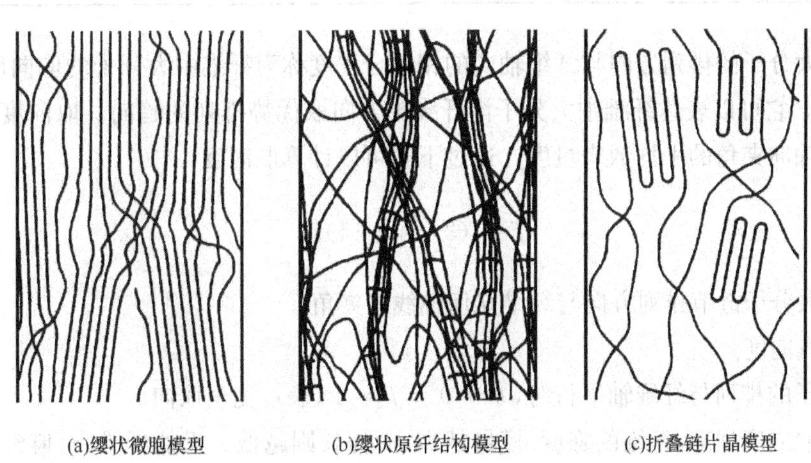

(a)缨状微胞模型　(b)缨状原纤结构模型　(c)折叠链片晶模型

图1－6 纤维大分子排列理论模型示意图

大分子呈规律性整齐有序排列，形成结晶结构的区域，称为结晶区(Crystalline region)，又称晶区；分子链无规则堆砌的区域，称为无定形区又称非晶区(Amorphous region)。结晶区部分占整根纤维的百分比称为纤维的结晶度(degree of crystallinity)。结晶度可分为重量结晶度和体积结晶度两种，重量结晶度是由重量百分比表示的，体积结晶度则由体积百分比表示。常见纤维的结晶度如棉为65％～72％、苎麻为70％、亚麻为66％、黄麻为62％。

与无定形区相比，结晶区中，大分子之间有很多坚固的连接点，可以承受的外力较大，并且受力时的变形小、结构稳定。而在无定形区中，由于大分子间的坚固连接点数量较小，受到外力作用时容易产生滑移或产生较大的变形。此外，由于大分子的随机弯曲配置，纤维受到外力作用时，外力主要作用于少数大分子上，形成受力不一致，使纤维承受外力的能力较小，容易断裂。

在染色性能方面，结晶区的结构较为致密，水分子和染料分子不易进入，导致纤维的吸湿性能和染色性能变差。但另一方面，进入结晶区的染料分子不容易脱落出来，这就解释了合成纤维的染色牢度为何普遍比天然纤维的好。纤维的结晶与非结晶态特征比较见表1－3。

表1－3　纤维的结晶与非结晶态特征比较

	结晶态	非结晶态
结构	大分子呈规律性整齐有序排列，密度大	分子链无规则堆砌，密度小
性质	大分子之间有较多坚固连接点，可以承受的外力较大，受力时的变形小，结构稳定	大分子间的连接点数量较小，受到外力作用时容易产生滑移，产生较大的变形
	结构较为致密，水分子和染料分子不易进入，导致纤维的吸湿性和染色性能变差	结构疏松，水分子和染料分子极易进入，纤维的吸湿性和染色性很好
	断裂强度和初始模量高，伸长能力小	断裂强度和初始模量低，伸长能力大

纤维中大分子的排列方向与纤维轴向的相符合程度称为纤维中大分子的取向度(degree of orientation)。它可以表达纤维中大分子沿纤维轴方向取优势排列的趋向。取向度可用各个大分子与纤维轴向夹角的平均数来量度。通过下式可以计算取向度：

$$f=(3\,\overline{\cos^2\theta}-1)/2 \tag{1-1}$$

式中：θ——大分子链节排列方向与纤维几何轴线的夹角；

f——取向度。

当大分子的排列与纤维轴平行时，$\theta=0°$，$f=1$，表示完全取向。

纤维的取向度越高，纤维的强度、模量越高，而伸长则越低。天然纤维中，麻纤维的取向度高于棉纤维，其强度也较高；羊毛纤维的大分子为螺旋形构象，导致其取向度低，其强度在天然纤维中较低；化学纤维的制造过程中，可以通过拉伸工艺来提高初生丝的取向度，从而提高其强度，改善它的后加工性能。采用较大的拉伸倍数，提高取向度，可得高强低伸型化学纤维；采用较小的拉伸倍数，可得取向度较低的低强高伸型化学纤维。纤维的取向结构使得纤维很多性能为各向异性，取向度高的纤维的各向异性也更为明显。

(三)纤维的结构层次

根据对纤维结构的研究可知，从高聚物大分子排列堆砌组合到形成纤维，经历了多级微观结构层次变化，且该微观结构表现为具有不同尺寸的原纤结构特征。一般认为纤维中包含了大分子、基原纤、微原纤、原纤、巨原纤、细胞、纤维等结构层次，其各级微观结构层次特征见表1－4。

表 1-4 纤维客观微观结构层次特征

结构层次	特 征	尺 寸
基原纤 (protofibril)	又称晶须，原纤中最基本、最小的单元，无缺陷。由几根或十几根直链状长链分子组成的大分子束	1～3nm
微原纤 (microfibril)	又称微晶须，由若干根基原纤平行排列结合在一起的大分子束。在微原纤内，基原纤之间存在一些缝隙和孔洞	4～8nm
原纤 (fibril)	由若干根基原纤或微原纤基本平行排列结合在一起形成更粗大些的大分子束。原纤内，两基原纤或微原纤靠“缚结分子”连接，这样就造成比微原纤中更大的缝隙、孔洞，且还有非结晶区存在	100～300nm
巨原纤 (macrofibril)	由原纤基本平行堆砌得到的更粗大的大分子束。在原纤之间存在着比原纤内更大的缝隙、孔洞和非晶区。原纤之间的联结主要依靠穿越非晶区的大分子主链和一些其他物质	0.1～0.6μm
细胞 (cell)	构成生物体最基本的单元，它是由细胞壁和细胞内物质组成，并且每个细胞具有明显的细胞边界。细胞壁是由巨原纤或微原纤堆砌而成的，且其存在着从纳米到亚微米级的缝隙和孔洞。目前我们使用的具有细胞结构的纤维主要包括棉纤维、麻纤维、毛纤维。其中棉纤维、麻纤维为单细胞纤维，毛纤维为多细胞纤维	—

三、纤维结构的测量

(一)纤维化学结构的测量

1. 化学结构的测量

(1)质谱分析：质谱(mass spectrometry)分析常用的有电离(ionization)和裂解质谱法。通过对纤维样品的气相离子的质量电荷比(质荷比，m/e)和离子的强度(丰度)的测量，可对纤维的化学组成和链结构进行定量化的表征，或直接依据质谱图对纤维组分进行鉴定和分析。该方法灵敏度高，可微量(mg～μg 级)试样分析，适于各种形态和状态的物质。

(2)红外吸收光谱：可对高聚物或混合物的极性基团及其含量的吸收带强度进行鉴别和定量分析，尤其是对链结构和组成敏感的特征吸收峰的分析。其制样方便，测量速度快，采用红外显微镜技术，可对微量、单根纤维进行组成和链结构的分析。

(3)紫外与可见光谱：可对波长在 10～400nm 紫外吸收光谱范围及 400～800nm 可见光范围具有不饱和链及不对称电子的分子进行分析。

(4)核磁共振光谱：可用于大分子的构型、构象和分子量的分析，尤其是分子构型的分析。

2. 平均分子质量及其分布的测量

纤维平均分子质量的测量可用端基法和黏度法，给出数均和黏均分子量；用凝胶渗透色谱法和光散射法测量大分子溶液的重均和 Z 均分子量。

(二)纤维聚集态结构的测量

1. 结晶及非晶结构 纤维是结晶与非晶结构共存的材料。结晶结构的测量包括结晶度的大小、晶区的分布、结晶形态等。主要指标有结晶度、晶体类型、结晶大小和形状、晶区分布等。晶体类型是指结晶晶格的七大晶系(三斜、单斜、正交、四方、三方、六方、立方)和质点的位置，如点心、面心等。

结晶度的测量可根据测得的纤维结晶部分的质量或体积比纤维整体的质量或体积求得，也可用X射线衍射法、扫描量热法(DSC)及红外吸收光谱法测得。

结晶晶格大小和尺寸有关的指标一般可通过广角X射线衍射来测量。利用X射线小角衍射可以分析出晶粒的大小及分布；利用偏光显微镜或激光小角散射可观察分析球晶、原纤和片晶的形态特征。

非晶结构假设完全无序排列，其测量只是用分子构象测量的方法来间接表达。

2. 取向结构 纤维的取向结构可用显微观察的方法，或进行各结构单元间的染色增强的制样方法来观察。

纤维取向度的测量可有X射线或电子衍射法、红外二色性法、光学偏振法、声速模量法、染色二色性法、导热系数法及介电系数法等。

(三)纤维形态结构的测量

1. 一般观察及测量 观察主要是达到两个目的：一是大量、反复仔细地观察和对比，做到对整个试样基本形态结构的了解，尤其是特征结构；二是及时、准确、有编号地拍摄记录特征图片，以便带回分析，特别是重要特征，要反复对比和留照。

对大于0.2μm以上的微细及外观形态结构，一般用光学显微镜(LM)分析。光学显微镜有许多优势：第一，方便、快速、可反复观察，多选择，可以采用透射、反射、偏光、荧光干涉，可以进行动态、实时、有色彩的观察；第二，可以进行在线的图像测量，可以在气、液相加热、冷却条件下进行；第三，对纤维损伤小，或无损伤，无需复杂的制样；第四，可以大量地进行观察与测量，以给出具体的定量结果。

对于观察小于等于0.2μm的结构，须借助扫描电镜(SEM)和透射电镜(TEM)。需要专门制样，SEM需要对试样喷金，TEM需对纤维重金属染色，做树脂包埋和超薄切片，有时还要对切片染色等。

2. 特种制样 一般制样方法往往不能强化纤维的特殊或精细结构，使纤维的微细结构或特征无法分辨。因此，要采用特种制样技术。对纤维横向截面采用切断后的溶胀、等离子体刻蚀、重金属片染强化等，以及快速或慢速拉断、冷冻断裂、超薄切片等方法。纵向制样可采用纵向切开及其断面的等离子体刻蚀处理，超薄切片及其片染强化，或碾磨、撕裂、扭转劈裂破坏等方法。由此获得纤维中原纤和细胞堆砌的结构与尺寸、原纤间、细胞间物质结构和空隙特征。

对于纤维的多孔结构，主要利用压汞法测定其孔径大小、分布及孔隙率等，也可采用气体吸附法和密度法等常规方法进行。

第二节　纤维的截面与纵向形态

纤维的形态结构是借助于光学显微镜、电子显微镜或原子力显微镜(AFM)就可以观察到的纤维结构层次。

为了便于讨论,可以将纤维的形态结构按照尺度和部位分为三类:表观形态、表面结构和微细结构。表观形态(apparent shape)描述了纤维的宏观尺寸与形状,纤维的长度、细度、横截面形状、卷曲(如羊毛)和转曲(棉纤维)等。表面结构(surface structure)描述的是纤维的表面形态和表层的构造。微细结构则描述了纤维内部的晶区形态(包括结晶区和非结晶区)、晶区的尺寸和相互间的排列和组合。

纤维形态对纤维性能的影响主要表现在纤维的抱合力、纤维光泽、纤维手感等方面。纤维形态涉及内容很多,这里只介绍纤维的截面与纵向形态。

天然纤维的横截面形状几乎都不相同,纵向形态也千差万别,除了影响纤维性质之外,可以用来鉴别纤维。化学纤维的横截面与纵向形态可以人为改变,所以种类很多。表 1－5 是部分纤维的横截面与纵向特征。

表 1－5　部分纤维的横截面与纵向特征

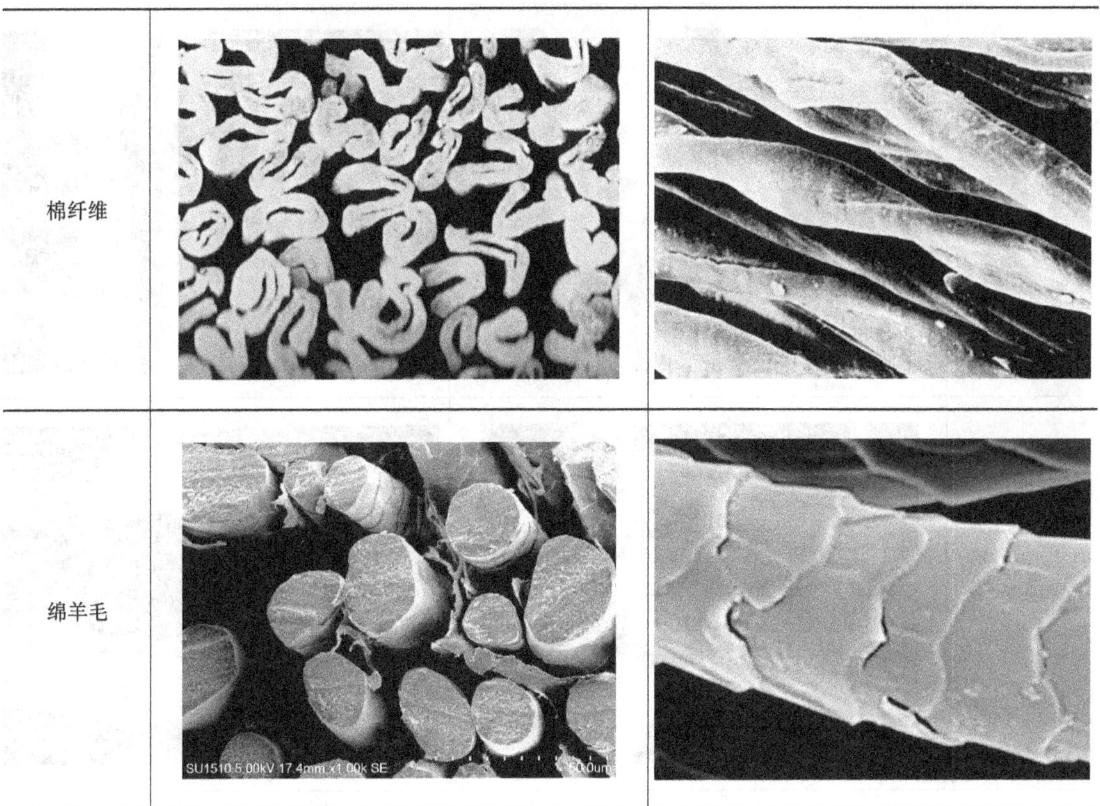

棉纤维		
绵羊毛		

续表

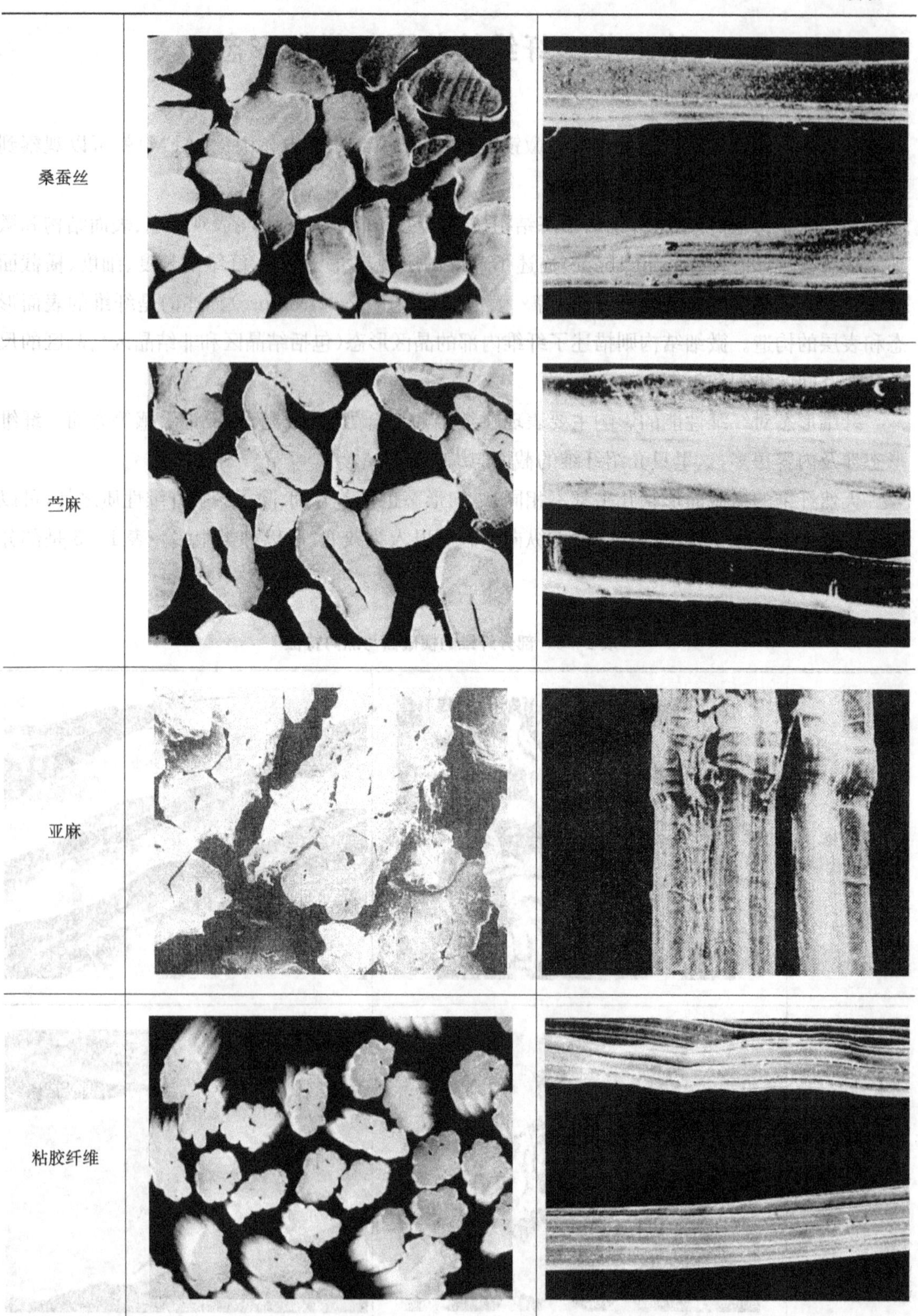

桑蚕丝		
苎麻		
亚麻		
粘胶纤维		

续表

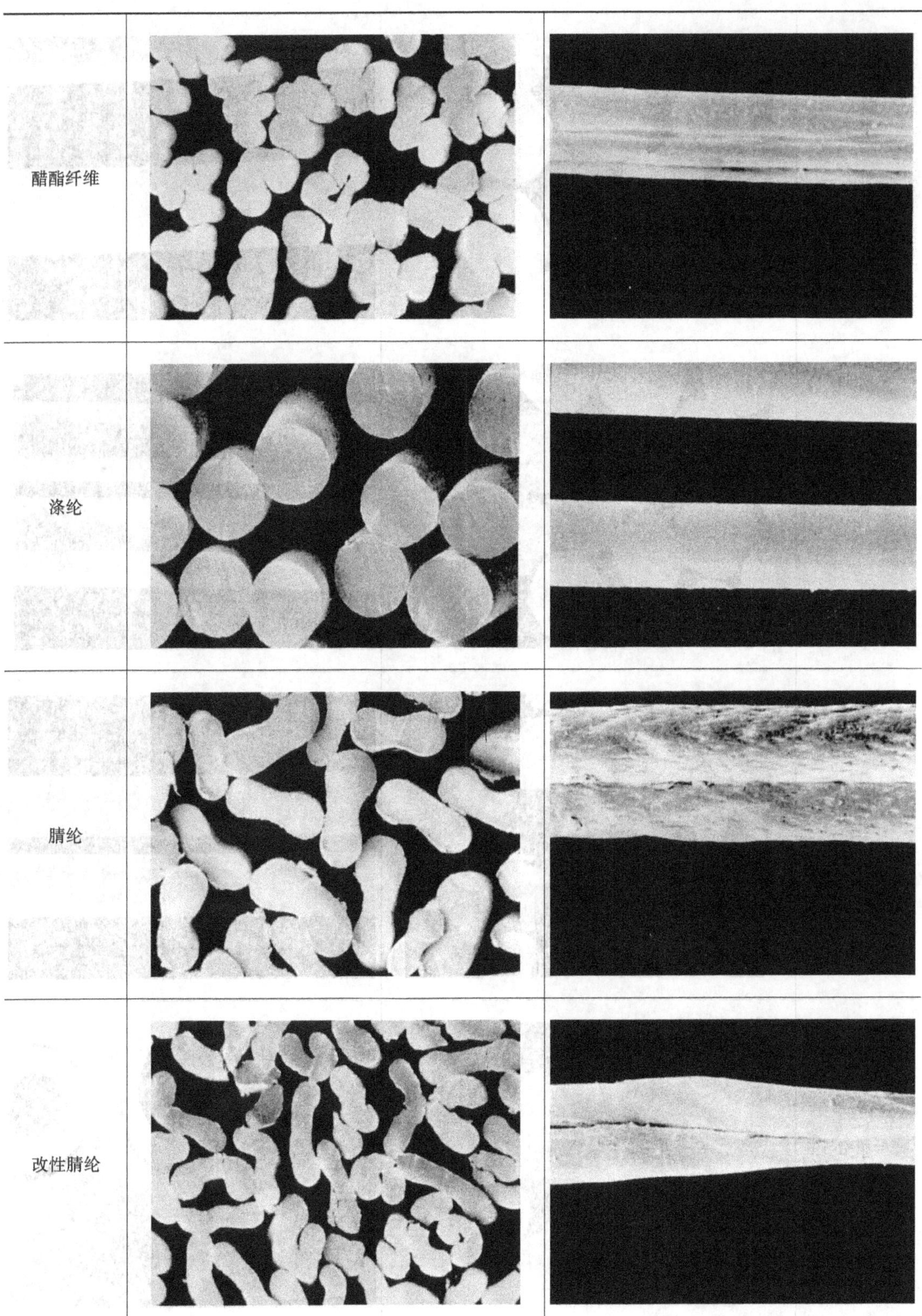

醋酯纤维		
涤纶		
腈纶		
改性腈纶		

续表

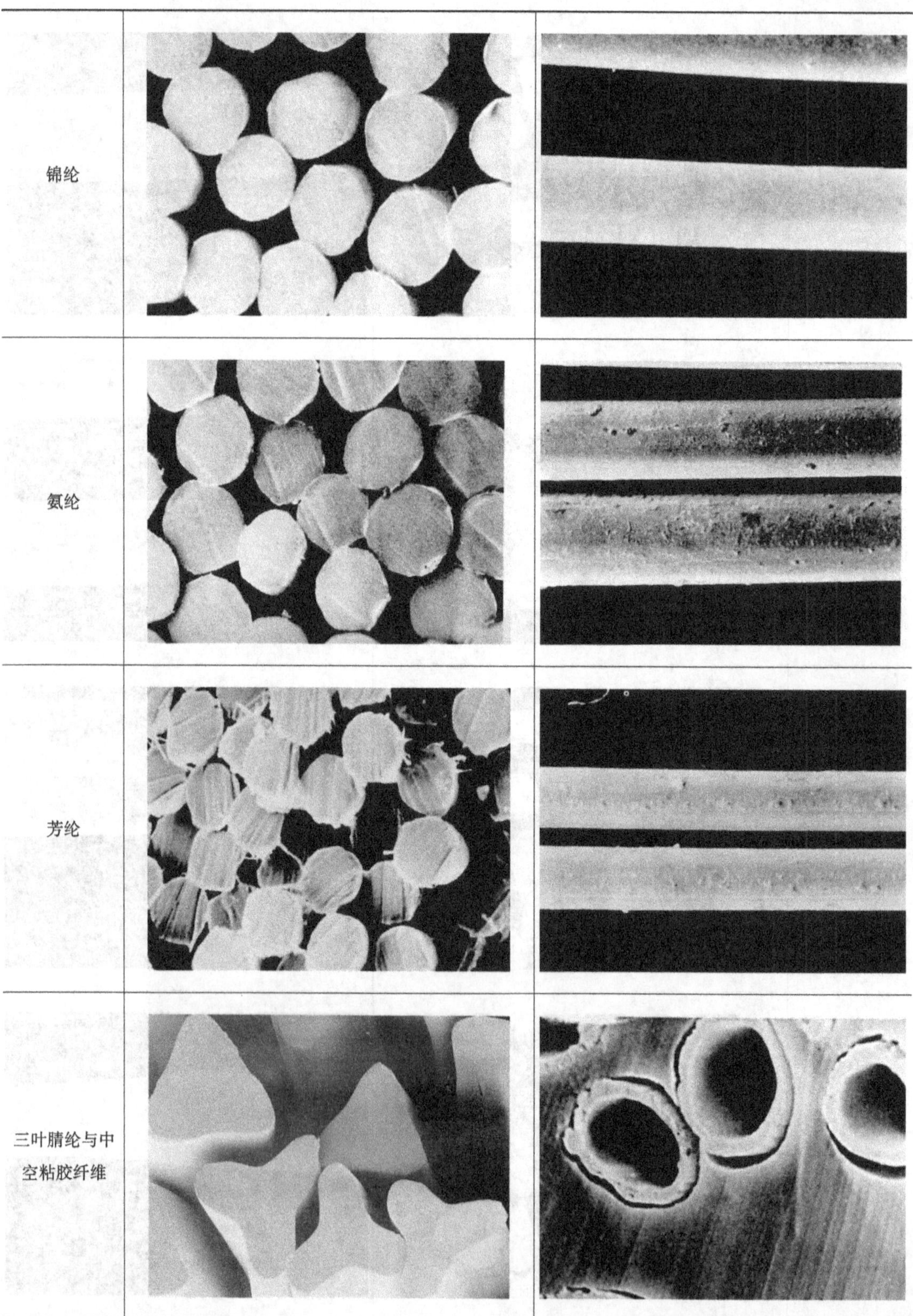

续表

导湿涤纶与多孔高吸湿涤纶	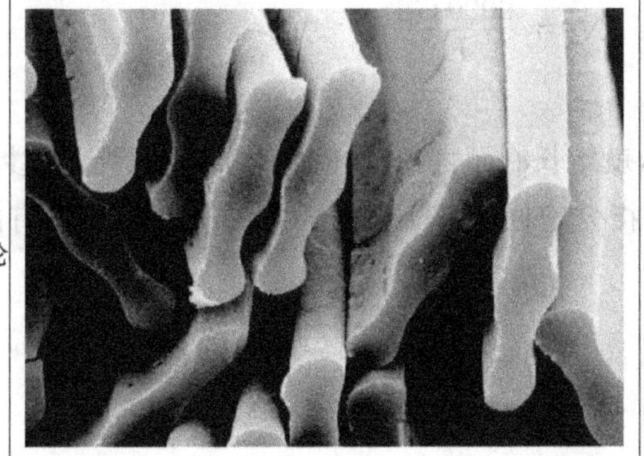	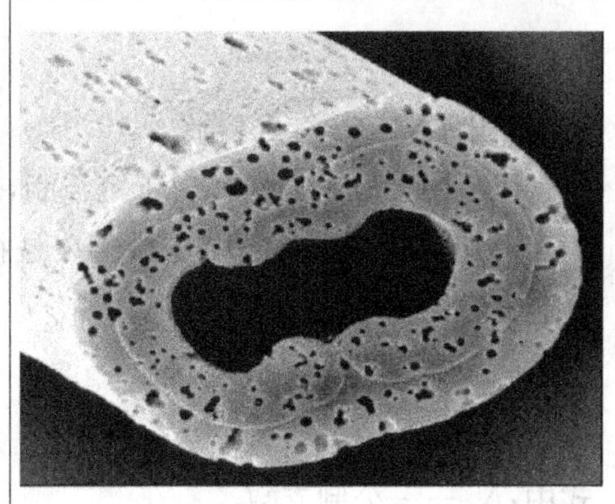

第三节　纤维的细度与长度

一、纤维的细度

纤维的细度是指纤维的粗细程度，对纤维细度的准确表征不仅影响纤维的贸易，也影响纤维的性能和加工工艺参数的确定。

（一）纤维细度指标

1. 直接指标　直接指标中，最常用的是直径，单位为 μm，也可用截面积、周长等纤维的几何尺寸表示。由于多数纤维的截面一般不是规则的圆形，而且纤维在长度方向上的细度不均匀，截面形状也不规则，所以用直径来表示纤维的细度不方便，也不够准确。因此，纺织纤维一般通过间接指标来表示其细度。

2. 间接指标　表示纤维细度的间接指标有定长制和定重制两种。定长制有线密度（特克斯或特）和纤度（旦尼尔或旦）两种表示方法；定重制有公制支数和英制支数。

(1)线密度：线密度的单位为特克斯(tex)，是指在公定回潮率下，1000m 纤维（或纱线）的质量克数。线密度是法定的纤维和纱线的细度指标。线密度在实际使用中，也常使用分特(dtex，即十分之一特克斯)和毫特(mtex，即千分之一特克斯)。线密度的定义式如下：

$$Tt = \frac{1000\,G_k}{L} \tag{1-2}$$

式中：Tt——线密度，tex；

G_k——公定回潮率下纤维或纱线的质量，g；

L——纤维（或纱线）的长度，m。

回潮率是指纤维中水分的重量占纤维干重的百分率，公定回潮率是指标准大气条件下纤维的回潮率，详细内容在后续章节中介绍。

(2)纤度：蚕丝或化纤长丝由于较细，习惯用纤度来表示它们的粗细程度。纤度的单位为旦

尼尔(旦),是指 9000m 长的纤维(或纱线)在公定回潮率时的重量克数。纤度定义式为:

$$N_d = \frac{9000\,G_k}{L} \tag{1-3}$$

式中:N_d——纤度,旦。

以上两种表示方法都属于定长制,就定长制而言,其数值越大,表示纤维(或纱线)越粗。

(3)公制支数(公支):公制支数是指公定回潮率下,1g 纤维(或纱线)所具有的长度米数。公制支数的定义式如下:

$$N_m = \frac{L}{G_k} \tag{1-4}$$

式中:N_m——公制支数。

(4)英制支数(英支):英制支数是指英制公定回潮率时,1 磅重的纤维(或纱线)所具有的某标准长度的倍数。纱线的种类不同,该标准长度也不同。棉和棉型混纺纱的标准长度为 840 码,精梳毛纱为 560 码,粗梳毛纱为 256 码,麻纱为 300 码。棉和棉型混纺纱的英制支数定义式如下:

$$N_e = \frac{G_{ke}}{840\,L_e} \tag{1-5}$$

式中:N_e——英制支数;

L_e——纤维(或纱线)长度,码;

G_{ke}——纤维(或纱线)的英制公定回潮率时的重量,磅。

用定重制支数表示纤维(或纱线)粗细时,支数越大,纤维越细。

(二)纤维细度测量

纤维的直接细度指标包括直径、宽度等可以用显微镜放大之后直接测量,计算其分布、求平均值、标准差、变异系数等。

纤维间接细度指标测量的基本方法是测长称重法。依据纤维间接细度指标的定义,测得试样的公定重量和对应的长度,就可求得各种间接细度指标。在实际操作中,纤维长度的测量是比较困难的。

除此之外,还有其他的测量方法,如振动测量法、气流仪测量法、声阻仪测量法等。

(三)纤维细度对纱线及织物的影响

纤维的细度产生的影响可分为三个方面:对纤维本身的影响、对纱线质量的影响和对织物的影响。

从对纤维本身的影响看:纤维越细,其比表面积越大,纤维的吸湿和染色性能越好;纤维越细,其抗弯刚度越小,纤维越柔软;纤维越细,其强力越低,越容易断裂。

从对纱线质量及纺纱工艺的影响看:其他条件相同,纤维越细,成纱强度越高。因为在纱线细度不变时,纤维越细,纱线截面上的纤维根数较多,纤维间接触面积越大,摩擦阻力较大,受拉伸外力作用时不易滑脱。在其他条件相同的情况下,纤维越细,成纱条干越均匀,因为成纱截面中,细的纤维随机排列对成纱粗细不匀的影响较小。纤维的细度与纱线条干不匀率之间的关系如下:

$$C=\sqrt{\frac{1}{n}(1+C_n^2)}=\sqrt{\frac{N}{N_m}(1+C_n^2)} \tag{1-6}$$

式中：C——纱线条干不匀率；

C_n——纱线中纤维的截面积不匀率；

n——纱线中纤维的根数；

N_m——纤维的公制支数；

N——纱线的公制支数。

在其他条件相同的情况下，纤维越细，越具备纺更细纱线的条件。

不同细度的纤维可以形成风格不同的织物。一般较粗纤维的织物较硬挺，使用较细的纤维可得到柔软的手感、柔和的光泽，但容易起毛起球。

二、纤维的长度

（一）定义

纤维长度是指纤维伸直但无伸长时两端的距离，是纤维外部形态的主要特征之一，是制定合理的工艺参数和比较性能的重要依据。

天然纤维中，除了蚕丝，其他都是短纤维。天然纤维中的植物纤维和动物纤维的长度随着生物的种类、生长的环境等的不同而不同。即使是同一粒棉籽或同一只羊身上的纤维，其长度也不相同。

化学纤维的长度可以按照生产的需要加工成长丝或短纤维。由于化学纤维的长度可以人为控制，因而其长度上的差异要比天然纤维小得多。按照化学纤维切断纤维的方式和切断长度的不同，化学纤维分等长型和异长型化纤，等长型化纤又分为棉型、中长型和毛型化纤。

（二）纤维长度的测量与表示指标

纤维长度的测量是针对短纤维而言的。严格地讲，一束纤维中，有可能每根纤维的长度都不相同，尤其是天然纤维。另外，纤维长度差异的大小对纤维的品质以及加工参数的确定也非常重要。所以，纤维长度的测量仅有平均长度不够，需要对纤维长度的分布进行测试，进而得到一系列特征指标。

纤维长度的测量有多种传统方法，如用于棉纤维长度测量的罗拉式长度分析仪和用于毛纤维长度测量的梳片式长度分析仪，其方法都是将纤维试样按照长度分组，得到不同长度组的纤维的根数或质量，进而得到纤维长度质量（根数或频率）分布图。纤维长度质量分布曲线如图1－7所示。

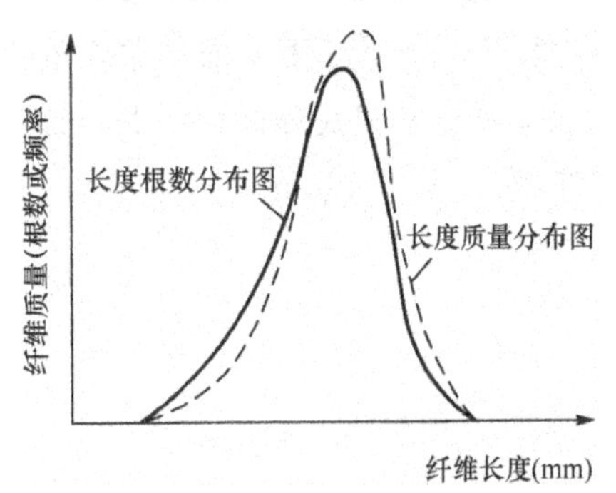

图1－7　纤维长度质量分布曲线

依据纤维长度质量（根数或频率）分布图，借助数理统计知识可以求得各种表示纤维长度和纤维长度分布的特征指标。

(三)纤维长度对纱线质量及纺纱工艺的影响

1. 纤维长度与纱线强度的关系 在其他条件相同的情况下,纤维越长,成纱强度越大。这是由于当纤维长度较长时,成纱中纤维间接触面积较大,纤维之间的摩擦阻力较大,受到拉伸外力时,纤维之间不易产生滑脱。纤维长度较短时,纱线的断裂主要是由纤维滑脱所致,随着纤维长度的增加,成纱强度上升较快,之后逐渐减慢。当纤维长度增加到达一定程度后,纤维间极少发生滑脱,纱线的断裂主要由纤维断裂所致,纤维的长度再增加,成纱强度几乎不受其影响。

2. 纤维长度与成纱毛羽的关系 成纱毛羽是由伸出成纱表面的纤维端头和纤维圈形成的。毛羽的形状与纱线性状、纺纱方法、纤维的平行程度、捻度、成纱线密度等因素有关。在其他条件相同的情况下,纤维长度较长的成纱比纤维长度短的毛羽更少、更光滑。纤维的长度较长时,成纱表面的纤维端头较少,毛羽也较少。

3. 纤维长度整齐度、短绒率与成纱强度、条干的关系 当纤维长度整齐度差、短绒率大时,在纺纱过程中,纤维的运动将不易控制,使成纱条干恶化,强度下降。一般情况下,当原棉的短绒率大于15%时,成纱条干和强度就会显著下降。因此,在生产高档产品时,必须经过精梳工序除去短纤维,以改善纤维的长度整齐度。但是,过于整齐的纤维并不一定就好,因为这在牵伸过程中可能出现同步纤维,从而恶化成纱条干。因此,对于化学纤维来说,为了提高成纱条干均匀度和织物毛型感,可选用长度差异控制在一定范围内的不等长纤维。

4. 纤维长度与成纱细度的关系 在保证一定的成纱质量的前提下,纤维的长度越长,整齐度越好,短绒率越小,可达到的纺纱细度也越细。

5. 纤维长度与成纱工艺的关系 用于加工纤维的设备、工艺及参数要和纤维的长度相适应。如毛、棉纤维都有对应的纺纱设备。棉纤维的长度长、整齐度好,则可以选用精梳工序来提高产品的质量档次。开清棉设备的打手形式和打手速度、梳棉机给棉板的长度及纺纱机件隔距等的确定,都与纤维的长度密切相关。

☞思考题

1. 纤维的三级微观结构及主要研究内容。

2. 分析棉、羊毛、桑蚕丝、苎麻、粘胶纤维、腈纶的形态特征。

3. 1g长绒棉有7～9km长,与哪个细度指标的定义相近?

4. 纤维长度质量分布图中峰值的物理意义?

5. 将生丝摇成每圈长1.125m,共400圈的丝绞,其公定回潮率下的重量为1.2g,求该丝的纤度、线密度和公制支数。

第二章　植物纤维

本章知识点

1. 棉纤维的结构、性能与检验。
2. 麻纤维的结构与性能。

植物纤维是从植物中取得的纤维总称，其主要组成物质是纤维素，所以又称为天然纤维素纤维。植物纤维的化学性质和物理性质取决于纤维的结构及纤维在植物中的生长部位，根据纤维在植物上的生长部位不同，可分为种子纤维、韧皮纤维、叶纤维、果实纤维四类。

第一节　种子纤维

种子纤维是从植物种子的表皮细胞生长而成的单细胞纤维，它主要包括棉纤维和木棉纤维。

一、棉纤维

棉花是一年生草本植物，棉纤维是棉花的种子纤维，由棉花种子上滋生的表皮细胞发育而成。人类利用棉花的历史久远，相传在公元前2300年前就开始采集野生的棉纤维用来御寒，后来棉花逐渐被推广种植。18世纪下半叶纺织机械发明之后，棉纤维成为全世界最大宗的纺织原料，目前占世界纺织纤维总产量的45%左右，在我国的纺织纤维中棉纤维占60%以上。

（一）棉纤维种类

1. 按品种分类　棉纤维的分类应该是以其发现地命名和分类的。目前在纺织上有经济价值的有四种，即陆地棉、海岛棉、亚洲棉、非洲棉。

（1）陆地棉（medium cotton）。陆地棉发现于南美洲大陆西北部的安第斯山脉区，又称高原棉、美棉，由于细度较细又称细绒棉，是目前最主要的棉花品种，占世界棉花总产量的85%以上。我国陆地棉栽培面积占棉田总数的98%以上。纤维的细度、长度中等，纤维的平均长度为23～33mm，中段纤维直径为16～20μm，线密度为1.4～2.2dtex，比强度2.6～3.2cN/dtex。一般适合纺粗于10tex的棉纱。比强度等同材料力学中的应力，只是纤维截面积也可以用纤维的间接细度指标。

(2)长绒棉(long-staple cotton)。长绒棉又称海岛棉，原产美洲西印度群岛，现以北美洲东南沿海岛屿和埃及尼罗河河谷为主要产地。我国新疆、云南、广东、四川、江苏等地均有种植。长绒棉细长，纤维的平均长度一般为 33～46mm，中段纤维直径为 13～15μm，线密度为 0.9～1.4dtex，比强度 3.3～5.5cN/dtex。纤维品质优良，是高档棉纺产品和特殊产品的原料。可纺细于 10tex 的优良棉纱和特种用纱。

(3)粗绒棉(coarse cotton)。粗绒棉又称亚洲棉，原产于印度，在中国种植已有二千多年，故又称中棉。其纤维粗短，平均长度 15～24mm，中段纤维直径为 24～28μm，线密度 2.5～4.0dtex，比强度 1.4～1.6cN/dtex；只能纺 28tex 以上的棉纱，宜做起绒织物；产量低，质量差，现已被陆地棉取代。

(4)非洲棉(african cotton)。非洲棉又称草棉，原产非洲和亚洲西部，纤维粗短，平均长度为 17～23mm，中段纤维直径为 26～32μm，比强度 1.3～1.6cN/dtex。目前其已逐渐被淘汰。

2. 按棉花的初加工分类 从棉田里采摘的是籽棉(unginned cotton)，需要通过轧棉机将棉纤维与棉籽分离，籽棉经过轧棉加工后，得到的皮棉(ginning cotton)重量占籽棉重量的百分率称为衣分率，白棉的衣分率一般为 30%～40%。轧花工艺要求：尽可能全地轧下长纤维并保持原有天然性状(长度、整齐度、色泽等)；完全排除棉籽、尽可能多地去除沙土、碎棉叶、杆、不孕籽等；减少新生杂质，如破籽、棉结、索丝等；减少落棉损失和做好下脚料的清理回收工作。轧花工序是完成长纤维与棉籽的分离，这恰好符合籽棉本身的物理性状，即长纤维的基部比较弱。实验数据证明：单纤维在棉籽上的分离力只有本身断裂强度的 40%～60%，这一特性，决定了现有的轧花方式，也是长纤维以原有长度与棉籽分离的必要条件。轧花是通过轧花机完成，有皮辊轧花机和锯齿轧花机两大类。

(1)锯齿棉。锯齿棉是采用锯齿轧棉机加工的皮棉，呈松散状。锯齿轧棉机利用锯齿片抓取棉纤维，纤维带着籽棉通过嵌在锯齿片中间的肋条，由于棉籽大于肋条间隙被阻止，使得棉纤维与棉籽分离，图 2-1 是其示意图。锯齿轧棉作用剧烈，容易损伤较长的纤维，所以纤维主体长度较短，但也容易产生轧棉疵点，使棉结、索丝和带纤维籽屑含量较高。锯齿轧棉机有专门的除尘装置，因此锯齿棉含杂含短绒较低，长度较整齐，成纱强度和条干均匀度较好。锯齿轧棉机的产量高，细绒棉多用锯齿轧棉。

(2)皮辊棉。皮辊棉是采用皮辊轧棉机加工的皮棉，呈片状。皮辊轧棉机采用表面粗糙的皮辊带籽棉运动，棉籽被紧贴皮辊的定刀阻挡而无法通过，使纤维与棉籽分离。皮辊轧棉机作用缓和，不损伤纤维，轧工疵点较少，但有黄根，纤维的主体长度较长。皮辊轧棉机上没有除杂、排短绒装置，所以皮辊棉中含杂质与短绒较多。皮辊轧棉机产量低，适宜加工长绒棉，低级籽棉，留种棉。

3. 按原棉的色泽分类

(1)白色棉。白色棉分为白棉、黄棉和灰棉。白棉是正常成熟的、正常吐絮的棉花，色泽呈洁白、乳白、淡黄色，是棉纺厂使用的主要原料。黄棉是在棉花生长晚期，棉铃经霜冻伤后枯死，棉籽表皮色素染在纤维呈黄色，属于低级棉，棉纺厂很少使用。灰棉是棉花生长过程中，雨量过多，日照不足，温度偏低，成熟度低，色灰白，强力低、质量差、棉纺厂很少使用。

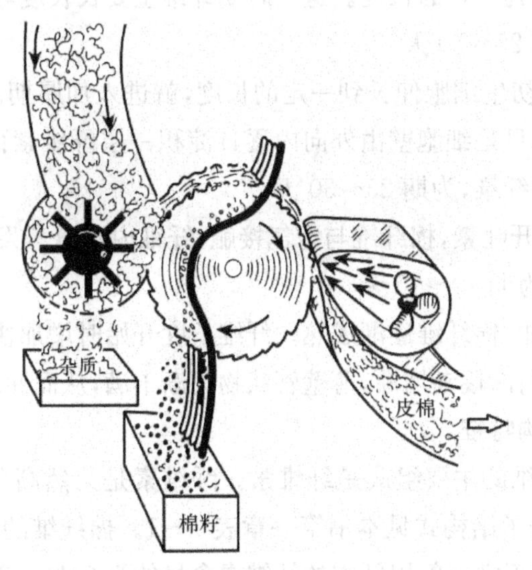

图 2－1 锯齿轧棉机工作示意图

(2)彩色棉。彩色棉是指天然生长的非白色棉花，是采用现代生物工程技术培育出来的一种在棉花吐絮时纤维就具有天然色彩的新型纺织原料。苏联最早于 20 世纪 50 年代初开始研究彩棉，美国从 60 年代开始利用彩棉。截至目前，世界上主要有美国、埃及、阿根廷、印度等国研究种植彩棉，主要颜色为棕、绿、红、鸭蛋青、蓝、黑等颜色。我国新疆、江苏、四川等地种植的彩色棉主要是棕色和绿色。

彩色棉与白棉相比，有利于人体健康，在加工过程中没有印染工序，迎合了人类提出的“绿色革命”口号，减少了对环境污染。彩色棉的抗虫害、耐旱性好，但衣分率较低、纤维素含量少、长度偏短、强度偏低、可纺性较差，单产约是白棉的 75%。彩色棉平均长度为 20～25mm，中段纤维线密度为 2.5～4.0dtex。

(二)生长发育

棉花为一年生植物，其纤维可作纺织原料(其中的短绒可提取棉纤维素，制造无烟火药和人造纤维)，棉子可榨油，供食用或工业用(肥皂、硬化油)，油粕可作饲料或肥料，茎的韧皮纤维可制绳索和造纸，茎秆可作燃料。

我国棉花约在四五月间开始播种，一两周后开始发芽，最后形成棉株，棉株上的花蕾在七八月间陆续开花，开花期可延续 1 个月以上，花朵受精后就萎谢，开始结果即为棉铃，棉铃内分为 3～5 个室，每个室内有 5～9 粒棉籽。棉铃在 45～65 天后成熟，棉铃开裂后吐絮，吐絮后就可以收摘籽棉。根据收摘时期的不同，有早期棉、中期棉、晚期棉。中期棉质量最好，早期棉和晚期棉质量较差。

棉纤维是由胚珠(即将来的棉籽)表皮细胞伸长、加厚而成，一个细胞长成一根纤维，它的一端着生在棉籽表面，另一端呈封闭状。棉籽上长满了棉纤维，这就称为籽棉。棉纤维的生长可以分为三个时期。

1. 伸长期 棉花开花后，胚珠表面细胞开始隆起伸长。胚珠受精后初生细胞继续伸长，同时细胞宽度加大，一直达到一定的长度。这一时期纤维主要长长度，胞壁极薄，最后形成有中腔的细长薄壁管状物，为期25～30天。

2. 加厚期 当纤维初生细胞伸长到一定的长度，就进入加厚期。这时纤维长度很少增加，外周长也没有多大变化，只是细胞壁由外向内逐日淀积一层纤维素而逐渐增厚，最后形成一根两端较细、中间较粗的棉纤维，为期25～30天。

3. 转曲期 棉铃裂开吐絮，棉纤维与空气接触，纤维内水分蒸发，胞壁发生扭转，形成不规则旋转，称为天然转曲，为期10～15天。

随着生长天数的增加，棉纤维逐渐成熟。纤维长度开始时增加快，加厚期增长极少，以后不再增长。由于胞壁由外向内逐渐增厚，薄壁管状物逐渐丰满，从而使纤维宽度逐渐减小。

(三)化学组成与结构特征

1. 化学组成 棉纤维的主要组成是纤维素。纤维素是天然高分子化合物，化学分子式为$(C_6H_{10}O_5)_n$，纤维素大分子结构式见本书第一章表1－1。棉纤维的聚合度为6000～15000，其重复单元是纤维素双糖，正常成熟棉纤维的纤维素含量约为94%～95%。

羟基(—OH)和苷键(—O—)是纤维素大分子的官能团，它们决定了纤维素纤维耐碱不耐酸并具有很好吸湿能力等性质。

纤维素纤维大分子中纤维素双糖由相邻2个葡萄糖剩基反向对称、一正一反连接而成，它的空间结构属于椅式结构，如图2－2所示：

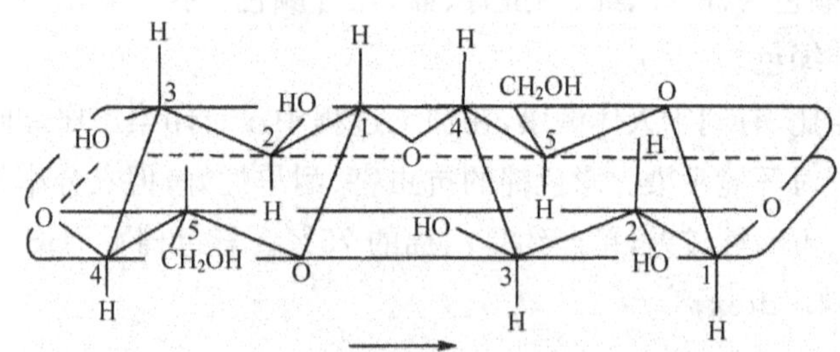

图2－2 纤维素分子链的椅式结构

除纤维素以外，棉纤维中还有少量的可溶性糖类、蜡质、蛋白质、脂肪、灰分等伴生物。伴生物的存在对棉纤维的加工、性能和使用有较大的影响。比如棉蜡使棉纤维表面具有良好可纺性，但是棉布在染整前须经过煮炼去除棉蜡，以保证染色均匀。原棉经脱脂处理后，吸湿性明显增加。糖分含量较高的棉纤维在纺纱过程中容易绕罗拉、绕胶辊，过去棉纺厂采用蒸棉稀释糖分或用水溶液喷洒以降低糖分，现在多采用润滑剂、抗静电剂、乳化剂等组成的消糖剂喷洒棉纤维来解决含糖的问题。棉纤维的化学组成见表2－1。

2. 形态结构

(1)棉纤维的纵向形态，棉纤维的纵向形态见本书第一章表1－5。棉纤维梢部封闭，基部开口，中部较粗，两端较细。棉纤维具有天然转曲，它的纵向呈不规则的、沿纤维长度不断改变转向的螺旋形转曲。正常成熟度的棉纤维呈天然转曲的带状，中部转曲较多，梢部较少；过成熟

表 2-1 棉纤维的化学组成

品 种	白色细绒棉	棕色彩棉	绿色彩棉
α-纤维素	89.90～94.93	83.49～86.23	81.09～84.88
半纤维素及糖类物质	1.11～1.89	1.35～2.07	1.64～2.78
木质素	0.00～0.00	4.27～6.84	5.19～8.87
棉蜡、脂肪类物质	0.57～0.89	2.67～3.88	3.24～4.69
蛋白质	0.69～0.79	2.22～2.49	2.07～2.87
果胶类物质	0.28～0.81	0.42～0.94	0.46～0.93
灰分	0.80～1.26	1.39～3.03	1.57～3.07
有机酸	0.55～0.87	0.57～0.97	0.61～0.84
其他	0.83～1.01	0.88～1.29	0.38～0.87

棉纤维呈棒状，转曲较少；未成熟棉纤维呈薄壁管状，转曲少。长绒棉的天然转曲数多于细绒棉。天然转曲使棉纤维具有一定的抱合力，有利于纺纱工艺过程的正常进行，使成纱质量得以提高。

(2)棉纤维的横截面形态，成熟正常的棉纤维，截面呈不规则的腰圆形，有中腔；未成熟的棉纤维截面形态极扁，中腔很大；过成熟棉纤维截面呈圆形，中腔很小。

棉纤维的横截面由许多同心圆组成，由外向内分为初生层、次生层和中腔三个部分，如图 2-3所示。

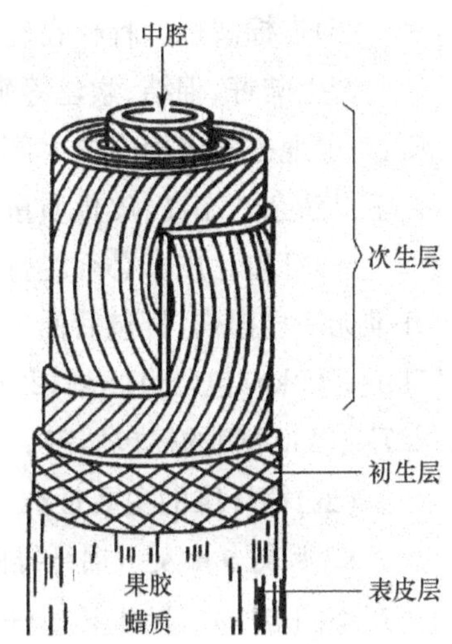

图 2-3 棉纤维的横截面结构

初生层：处于棉纤维的最外层，即纤维细胞的初生部分，它是棉纤维伸长期形成的初生细胞壁。初生层的外皮有蜡质、脂肪与果胶。初生层很薄，为 0.1～0.2μm，占纤维重量的 2.5%～2.7%。纤维素在初生层中呈螺旋网络状结构，含量不多。由于初生层所处的位置，与棉纤维的表面性质关系密切。

次生层：是棉纤维在加厚期淀积而成的部分，几乎都是纤维素。由于每日温差的关系大多数棉纤维逐日淀积一层纤维素，形成了棉纤维的日轮。纤维素在次生层的淀积并不均匀，以束状原纤的形态与纤维轴倾斜呈螺旋形(螺旋角为 25°～30°)，并沿纤维长度方向有转向，这是棉纤维具有天然转曲的原因。次生层是棉纤维的主体，约占成熟棉纤维重量的 90%，次生层的加厚取决于棉纤维的生长条件，影响成熟情况，它决定了棉纤维的主要物理性质。

中腔：棉纤维生长停止后，胞壁内遗留下来的空隙称为中腔。一般正常成熟白棉纤维中腔面积为纤维截面积的 10%，彩棉纤维中腔面积为纤维截面积的 30%～50%。同一品种的棉纤维，外周长大致相同，次生层厚时中腔就小，次生层薄时中腔就大，中腔内留有少数原生质和细胞核残余、矿物盐、色素等，对棉纤维的颜色有影响。

(四)棉的初加工

棉的初加工包括棉的采摘和棉纤维与棉籽及杂质的分离。初加工的工艺过程包括:棉花的采摘→籽棉的分级分垛→籽棉清理→轧花→皮棉清理→打包。

(1)棉花的采摘。采摘过早,棉花生长不足,纤维成熟度低,色泽及品质不佳;采摘过晚,棉絮经风吹、雨淋、日晒,会使纤维强力受损,棉壳叶色素沾污纤维,甚至霉变,导致色泽、品质下降。因此,棉花的采摘要适时。

(2)籽棉的分级分垛。采摘棉花时,要把好花、僵瓣棉、落地棉分开处理,避免籽棉、皮棉的品质下降,降等、降级。

(3)籽棉清理。籽棉清理现已大多和轧花加工相连,即在棉籽剥离前的抖松与粗去杂。其包括较大、较明显的异物,如草秆、棉秆、铃壳、绳头、不孕籽、僵瓣等。籽棉清理工艺要求:充分抖松籽棉而不损伤纤维和棉籽;最大限度地清理危害较大的特殊杂质。

(4)轧花。轧花工序是籽棉加工的最主要工序。轧花就是将棉籽上的长纤维从棉籽上分离下来,形成皮棉。轧花工艺要求:尽可能全地轧下长纤维并保持原有天然性状(长度、整齐度、色泽等);完全排除棉籽、尽可能多地去除沙土、碎棉叶、杆、不孕籽等;减少新生杂质,如破籽、棉结、索丝等;减少落棉损失。

(5)皮棉清理。籽棉在轧花前和轧花中有清理,但仍有较多的杂质残留在皮棉中,且加工中还要产生破籽、棉结、索丝等疵点。轧花厂对皮棉进行清理更优越,可省去打包后的开松,能方便、有效地去除皮棉中的大部分杂质,大大减轻纺纱厂和储运的负担与浪费。皮棉清理的基本要求是清杂效率高、皮棉质量好、落棉少、棉纤维强度损伤少。

(6)打包。皮棉必须经打包机打成符合国家标准的棉包。打包的基本要求是打包过程对棉纤维无明显损伤,打包后便于运输,便于后道开松。国家标准皮棉包装有三种包型:85kg/包(±5kg);200kg/包(±10kg);227kg/包(±10kg)。目前,我国棉包绝大部分为85kg,而国外则以227kg(480磅)的棉包居多。

(五)棉纤维的主要性能

1. 长度与细度 棉纤维的长度主要取决于棉花的品种、生长条件、初加工。同一品种的棉花在不同地区,不同生长条件下,棉纤维的平均长度相差2～4mm。棉纤维的细度主要取决于棉花品种和生长条件,与成熟度也有密切关系。

2. 成熟度 棉纤维的成熟度(maturity)是指纤维细胞壁的增厚程度。胞壁愈厚,成熟度愈好。成熟度与棉花品种、生长条件有关,特别是受生长条件的影响极大。除纤维长度外,棉纤维的各项性能几乎都与成熟度有着密切关系。正常成熟的棉纤维截面粗、强度高、弹性好、有丝光,并有较多的天然转曲。

棉纤维成熟度的高低与纺纱工艺、成品质量关系十分密切。成熟度高的棉纤维在加工过程中能经受打击,易清除杂质,不易产生棉结与索丝,飞花和落棉少,成品制成率高,棉纤维吸湿较低,弹性较好,吸色性好,其纺织品的染色均匀;成熟度中等的棉纤维由于纤维较细,成纱强度高;成熟度过低,棉纤成纱强度不高;成熟度过高的棉纤维偏粗,成纱强度亦低。但成熟度高的棉纤维在加工成织物后,耐磨性较好。

表示棉纤维成熟度的常用指标是成熟度系数 M，物理意义是棉纤维截面的壁厚相对直径的比值，图 2－4 是棉纤维截面壁厚与直径示意图。棉纤维截面的壁厚与直径很难测量，实际应用中成熟度系数不是精确测量的计算值，是一个用来分类或定性的标定值，这样使成熟度系数的获取会容易些。成熟度系数的取值范围在 0～5，一般正常成熟的细绒棉平均成熟度系数为 1.5～2.0；未成熟棉的成熟系数<1.5；过成熟棉的成熟系数>2.0；完全不成熟棉的成熟系数为 0；完全成熟棉的成熟系数为 5.0。成熟系数在 1.7～1.8 时，纺纱工艺和成纱质量较理想。长绒棉的成熟系数一般为 1.7～2.5，长绒棉的成熟系数较细绒棉的成熟系数高。

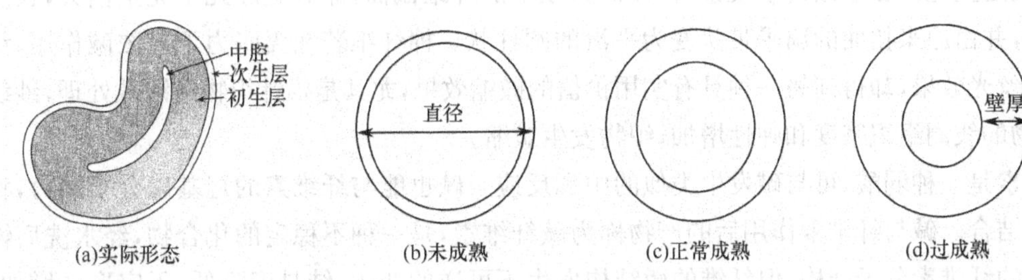

图 2－4　棉纤维截面壁厚与直径示意图

3. 天然转曲　天然转曲是棉纤维的形态特征，如图 2－5 所示。在纤维鉴别中可依天然转曲这一特点将棉纤维与其他纤维区别开来。

棉纤维的天然转曲与纤维的成熟度、品种、生长部位等有关。成熟度正常的棉纤维天然转曲最多，未熟纤维转曲很少，过成熟纤维外观呈棒状，转曲也少。纤维的品种不同，天然转曲也不同，比如长绒棉转曲多，细绒棉转曲少。纤维的中段天然转曲多，梢部次之，根部最少。

棉纤维的天然转曲与成纱质量的关系密切。天然卷曲多的棉纤维具有良好的抱合性能，可纺性能好，纤维的品质好，成纱强度高。棉纤维的天然转曲一般以一厘米内转 180°的个数表示。

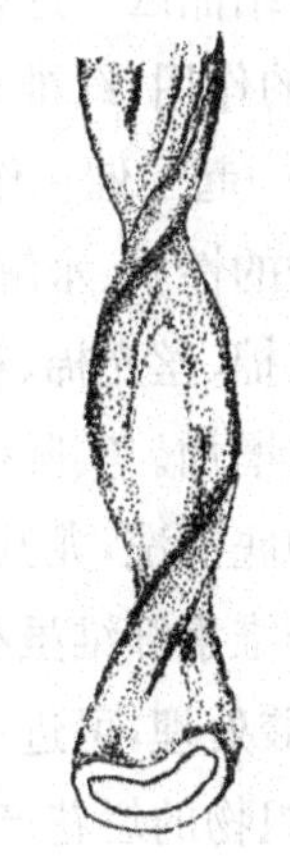

图 2－5　棉纤维的天然转曲

4. 力学性能　细绒棉的断裂强度为 2.6～3.2cN/dtex，长绒棉的断裂强度为 3.3～5.5cN/dtex，棉纤维吸湿后强度比干态强度高 2%～10%。棉纤维的干态断裂伸长率为 3%～7%，吸湿后伸长率比干态伸长率增加 10%。断裂伸长率是指纤维拉伸断裂时的伸长占原长的百分率。棉纤维的初始模量为 60～82cN/dtex，其纺织品比较硬挺，但弹性较差、抗皱性较差。初始模量是指纤维在很小拉伸力时的模量。

5. 吸湿性染色性　棉纤维的多孔结构使水分可以迅速向原纤间的非结晶区渗透，与自由的纤维素羟基形成氢键。我国原棉回潮率一般在 8%～13%，细绒棉公定回潮率为 8.5%。吸水后棉纤维会膨胀，棉纤维吸水膨胀率纵向为 1%～2%，横截面为 40%～45%。

棉纤维的染色性能较好，可以用直接染料、还原染料、活性染料、碱性染料、硫化染料等染色。

6. 化学性能

(1)碱的作用：纤维素大分子中的苷键对碱的作用比较稳定，在常温下，氢氧化钠溶液对纤维素不起作用，高温煮沸也只有一部分溶解。但在高温有空气存在时，纤维素苷键(—O—)对较稀的碱液也十分敏感，引起聚合度的下降。

常温下，浓的氢氧化钠溶液(18%～25%)会使天然纤维素纤维发生不可逆各向异性膨胀，纤维纵向收缩而直径增大，如施加一定的张力防止其收缩，并及时洗碱，可使纤维获得丝一样的光泽，这就是丝光。在显微镜下观察可发现，膨胀了的纤维截面，原有胞腔几乎完全消失，长度方向缩短，并由原来扭曲的扁平带状变为平滑的圆柱状。棉纤维若在无张力下与浓碱作用，结果得不到丝光效果，却得到另一种具有实用价值的碱缩效果，尤其是棉针织物经浓碱处理，纱线膨胀，织物的线圈组织密度和弹性增加，织物发生皱缩。

纤维素是一种弱酸，可与碱发生类似的中和反应。碱也能与纤维素的羟基以分子间力，特别是氢键结合。碱与纤维素作用后的产物称为碱纤维素，是一种不稳定的化合物，经水洗后恢复成原来的纤维素分子结构，但纤维的微结构发生不可逆的变化，结晶度降低，无定形区增加。天然棉纤维的结晶度达70%，经浓碱处理后的丝光棉纤维结晶度降低至50%～60%，说明浓碱破坏了部分结晶区。这种作用很有实用意义，是棉纤维染整加工中的重要环节。

(2)酸的作用：纤维素纤维遇酸后，手感变硬，强度严重降低，这是由于酸对纤维素大分子中苷键(—O—)起了催化作用，使大分子聚合度降低，纤维受到损伤。影响纤维素纤维水解的因素主要是酸的性质、水解反应的温度和作用时间。纤维素水解速度的快慢还与纤维素的种类有关，例如麻、棉、丝光棉、粘胶纤维，它们的水解速度依次递增，这主要是它们的纤维结构中无定形部分依次增加。实际生产中，一般只使用很稀的酸处理棉织物，而且温度不超过50℃，处理后还必须彻底清洗，尤其要避免带酸情况下干燥。

酸对纤维素纤维虽有危害性，但只要控制得当，也有可利用的一面。如用含氯漂白剂漂白后，再用稀酸处理，可进一步加强漂白作用；用酸中和织物上过剩的碱；棉织物用酸处理生产蝉翼纱、涤棉织物的烂花产品等均有应用。

(3)氧化剂的作用：纤维素对空气中的氧是很稳定的，但在碱存在下，易氧化脆损，所以高温碱煮时应尽量避免与空气接触。纤维素易受氧化剂的作用生成氧化纤维素，使纤维素变性、受损，因此，在应用次氯酸钠、亚氯酸钠、过氧化氢等氧化剂漂白时必须严格控制工艺条件，以保证织物和纱线应有的强度。

7. 其他性质 棉纤维加热150℃以上时，纤维素热分解会导致强度下降，超过240℃时，纤维素的苷键断裂，产生挥发性物质。加热370℃时，结晶区破坏，质量损失40%～60%。

在潮湿条件下，微生物极易在棉纤维中繁殖，它们会分泌出纤维酶和酸，使棉纤维变质、变色而破坏。

棉纤维的密度比较大，一般为1.53～1.54g/cm^3。

(六)品质检验与评定

棉纤维的品质检验主要有两类：业务检验和物理性能检验。业务检验是在原棉工商交接验收时，需对皮棉的品质进行检验和综合评定，根据品级和手扯长度的检验结果确定价格，根据含水(回潮率)和含杂的检验结果确定重量。物理性能检验是棉纺织厂为了更好地掌握原棉的性能，合理使用原棉而进行的，检验内容包括手感目测、仪器检验和单唛试纺。

1. 业务检验与品质评定

(1)检验与品质评定。

品级标准：以细绒棉为例，我国国家标准 GB 1103—1999《棉花　细绒棉》规定了细绒棉的质量要求，包括品级条件、长度、马克隆值、回潮率、含杂率及危害性杂物等。

品级条件和品级条件参考指标：原棉品级条件为成熟程度、色泽特征、轧工质量，依此将细绒棉的品级分为七级，即一至七级，三级为标准级，七级以下为级外棉。另外，细绒棉品级参考指标还有成熟系数、断裂强度和反映轧工质量的黄根率、毛头率及破籽、不孕籽、索丝、软籽表皮等疵点。

细绒棉的长度：细绒棉的长度以 1mm 为级距，从 25～31.0mm，如 25mm 包括 25.9mm 及以下；26mm 包括 26.0～26.9mm；31mm 包括 31.0mm 及以上；其中 28mm 为长度标准级；五级原棉长度大于 27mm，按 27mm 计，六级、七级原棉长度均按 25mm 计。

马克隆值(Micronaire)：马克隆值是棉纤维细度和成熟度的综合指标，无量纲。美国农业部将其定为分级指标，目前是欧美棉花市场的品质指标，一般协议中要标明马克隆值，超出范围要做经济补偿。我国的棉花标准，按马克隆值的大小分 A、B、C 三级，并与棉花价格挂钩，具体的分级范围是：A 级 3.7～4.2；B 级 3.5～3.6 和 4.3～4.9；C 级 3.4 级以下和 5.0 级以上。

马克隆值在 3.5～4.9 范围内的棉花具有正常的纺纱价值(优质马克隆值)，过高的马克隆值，纺纱时的落棉量较少、棉纱条干均匀、纱疵少、棉纱外观等级高，但棉纱抱合力下降、断头率增加，棉纱强力和可纺特数下降；过低的马克隆值，棉纱强力和可纺特数较高，但纺纱时的落棉量较多，棉纱外观等级低。

回潮率与含杂率：细绒棉的公定回潮率为 8.5%；回潮率的最高限度为 10.5%。细绒棉的标准含杂率：皮辊棉为 3.0%，锯齿棉为 2.5%。

原棉中的危害性杂物：这是指混入原棉中的对原棉的加工、使用及棉纤维的质量有严重影响的软硬杂物，如金属、砖石、各种异性纤维(如化学纤维、丝、麻、毛发、塑料绳、布块及有色纤维等)。

原棉中严禁混入危害性杂物。在采摘、交售棉花时，禁止使用化纤编织袋等非棉布口袋，禁止用有色的或非棉线、绳扎口；在收购、加工棉花时，发现有危害性杂物，必须挑拣干净；在棉花加工过程中，不得混入危害性杂物。

(2)原棉的质量标识。原棉质量标识也称作唛头代号，按原棉类型、品级、长度、马克隆值的顺序标识。六级、七级原棉不标示马克隆值。

例如：229A 表示二级锯齿白棉，长度 29mm，马克隆值 A 级；Y427B 表示四级锯齿黄棉，长度 27mm，马克隆值 B 级；$\overline{\text{430B}}$表示四级皮辊白棉，长度 30mm，马克隆值 B 级；$\overline{\text{G525C}}$表示五级皮辊灰棉，长度 25mm，马克隆值 C 级。类型代号：黄棉以字母“Y”标示，灰棉以字母“G”标示，白棉不作标示；品级代号：一级至七级用 1～7 标示；长度代号：用 25～31.0mm 标示；马克隆值代号：用 A、B、C 标示；皮辊棉、锯齿棉代号：皮辊棉在标示符号下方加横线“____”，锯齿棉不作标示。

2. 物理性能检验

(1)手感目测:通过手摸、手扯、眼看、耳听等,来评价棉纤维的成熟度、长度及整齐度、抱合力、色泽、含杂量和类型等。该法的特点是检验面广(必要时可逐包检验),代表性强,快速,但检验结果大多定性,且受人为因素影响。

(2)仪器检验:可测量原棉的长度、线密度、强力、成熟度、含水、含杂等指标。相对试样少、代表性较差,检验速度较慢,不易现场操作。

我国采用罗拉式长度分析仪检验棉纤维长度,将棉纤维试样按照长度分组,得到不同长度组的纤维的根数或重量,进而得到纤维长度重量(根数或频率)分布图(图 1-7),以下是部分特征指标。

主体长度:是指棉纤维试样中多数纤维所具有的长度,与手扯长度接近。

品质长度:棉纤维长度频率分布图中,比主体长度长的各组纤维的重量加权平均长度,这部分纤维在长度频率分布图上处于图的右半部,故又称为右半部平均长度。棉纺工艺参数多采用品质长度来确定。

短绒率:棉纤维中短于一定长度的短纤维占纤维总重量的百分率。细绒棉的短纤维界限为 15.5mm,长绒棉的短纤维界限为 19.5mm。

(3)单唛试纺:单唛试纺是将单一批号(唛头)的原棉少量试纺成纱,根据试纺生产的正常与否和成纱质量,来了解原棉的情况。该法虽然费时费力,但对纺纱工艺有直接参考价值,当使用新棉或外棉时,单唛试纺尤其必要。

3. HVI(High Volume Instrument)快速纤维检测系统 HVI 纤维检测系统是美国思彬莱(Spinlab)研制的全自动快速纺织纤维检测系统,1984 年美国农业部开始试用,目前已在世界范围内得到普遍使用。我国 1985 年开始引进这一系统,现已确定为我国棉花检验更新换代的主要设备。HVI 纤维检测系统的主要类型有 HVI 900 和 HVI Spectrum。

HVI 纤维检测系统指标全、速度快,可以用于原棉的逐包检验,以掌握每包原棉的质量,方便选购与结价。

HVI 纤维检测系统的检测内容包括棉纤维的色泽、杂质、长度、长度整齐度、强力、马克隆值、成熟度、含糖率等指标,并在指标实测的基础上,进行分析得出纤维性能和可纺性的综合评价。

HVI 纤维检测系统拥有大量和多年的测量数据积累,不仅可以成为原棉品种改进和市场需求产品分析的依据,而且可以有效地控制或发展棉花的生产与布局,产量预测与调整。真正做到原棉品种、品质的客观与微观调控及提高。

另外,HVI 纤维检测系统主要用于检测棉纤维,也可以检测其他纤维。

二、木棉

(一)概述

木棉(kapok, bombax)属木棉科植物,木棉科植物约有 20 属 180 种,主要产地在热带地区。我国现有 7 属 9 种木棉科植物，主要生长在广东、广西、福建、云南、海南、台湾等省。从古至今，西双版纳的傣族对木棉有着巧妙而充分的利用，在汉文古籍中曾多次提到傣族织锦，取材于木棉的果絮，称为“桐锦”，闻名中原；用木棉的花絮或纤维作枕头、床褥的填充料，十分柔软舒适。木棉不仅可以观赏，还具有清热利湿、活血消肿等药用功能。

我国的木棉纤维主要是木棉属木棉种，又称为英雄树、攀枝花，是一种落叶乔木，树高 20～25m，早春开红花或橙红色花，夏季结椭圆形蒴果，成熟后裂为五瓣，露出木棉絮。木棉纤维有白、黄和黄棕色 3 种颜色。一株成年期的木棉树可产 5～8kg 的木棉纤维。我国木棉的主要品种见表 2－2。

表 2－2　我国木棉的主要品种

属　　种	学　　名	纤　　维	原产地	我国种植地
木棉属	木棉	有	中国	中国亚热带
木棉属	长果木棉	有	中国	云南
异木棉属	异木棉	无	南美洲	海南
吉贝属	吉贝	有	美洲	云南、海南、广东
瓜栗属	瓜栗	有	中美洲	云南、海南、广东
轻木属	轻木	有	美洲	云南、海南、广东

木棉纤维由木棉蒴果壳体内壁细胞发育、生长而形成。木棉纤维在蒴果壳体内壁的附着力小，分离容易，木棉纤维的初加工比较方便，不需要像棉花那样经过轧棉加工，只要手工将木棉种子剔出或装入箩筐中筛动，木棉种子即自行沉底，所获得的木棉纤维可以直接用作填充料或纺纱。

（二）结构与性能

1. 结构　木棉纤维的纵向呈薄壁圆柱形，表面有微细凸痕，无转曲。木棉纤维具有独特的薄壁，大中空结构。木棉纤维中段较粗，根端较细，两端封闭，细胞未破壁时呈气囊结构，破裂后纤维呈扁带状。

木棉纤维截面为圆形或椭圆形，纤维中空度高，细胞壁薄，接近透明。木棉纤维表面有较多的蜡质，使纤维光滑、不吸水，不易缠结，并有驱螨虫的效果，如图 2－6 所示。

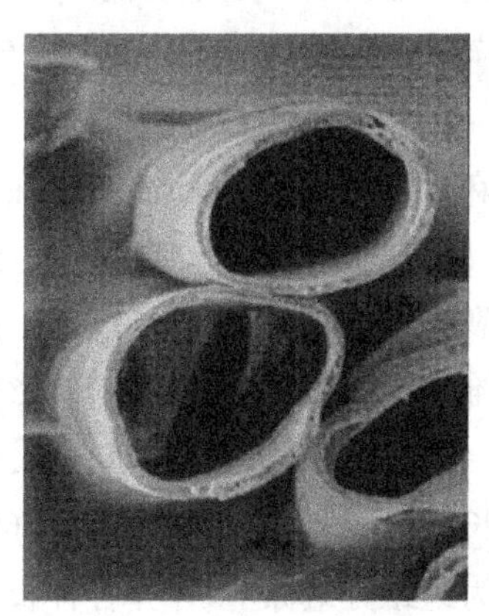

图 2－6　木棉纤维的形态

2. 主要性能

（1）长度与细度：木棉纤维长度较短，为 8～34mm，纤维中段直径范围是 20～45μm，线密度为 0.9～1.2dtex，木棉纤维的中空度高达 94%～95%，细胞壁极薄，未破裂细胞的密度为 0.05～0.06g/cm^3。木棉纤维块体的浮力好，在水中可以承受相当于自身 20～36 倍的负载重量而不下沉。

（2）强度与伸长：木棉纤维的强度较低，伸长能力小。纤维的断裂强力为1.4～1.7cN，纤维的断裂强度为0.8～1.3cN/dtex，断裂伸长率为1.6%～3.0%。木棉纤维的扭转刚度很高，同时由于纤维间抱合力差和缺乏弹性，因此很难用加工棉或毛的纺纱方法单独纺纱，导致其在纺织方面的应用具有很大的局限性。但是木棉纤维在光泽、吸湿性和保暖性方面具有独特优势，在崇尚天然材料的今天有良好的应用前景。

(3)吸湿与染色：木棉纤维的吸湿性比棉纤维好，其标准回潮率为10%～10.73%；木棉纤维可以用直接染料染色，上染率为63%，远低于棉的上染率88%。

(4)化学性质：木棉纤维的耐酸性较好，常温的稀酸或弱酸对其没有影响，木棉纤维溶于30℃、75%的硫酸和100℃、65%的硝酸，部分溶解于100℃、35%的盐酸。木棉纤维的耐碱性良好，常温的氢氧化钠溶液对其没有影响。

第二节　韧皮纤维

韧皮纤维是从麻类植物茎干上的韧皮中取得的纤维。麻类植物的茎部自外向内由保护层、中柱层组成，中柱层由外向内又由韧皮部、形成层、木质层和髓腔组成，韧皮纤维存在于茎的韧皮部。韧皮纤维多属于双子叶草本植物，主要有苎麻、黄麻、青麻、红麻、大麻、亚麻、罗布麻等。这类纤维质地柔软，适宜于纺织加工，商业上又称为软质纤维，多数单纤维长度很短，一般采用工艺纤维(束纤维)纺纱。

古埃及人利用亚麻纤维已有8000年历史，中国在公元前4000年前的新石器时代已采用苎麻纤维作为纺织原料，我国在秦汉时期已经用大麻布和苎麻布作为大众服装的主要原料，宋朝和明朝的服装麻布逐渐被棉布取代。

一、种类

(一)苎麻

苎麻(ramie)是多年生草本植物，麻龄可达10～30年，分白叶种和绿叶种。白叶种的苎麻适应性较强，纤维品质较好，又称“中国草”，是中国独特的麻类资源，种植历史悠久。我国苎麻产量占世界90%以上，主要产地有湖南、四川、湖北、江西、安徽、贵州、广西等地。

大多数地区的宿根苎麻一年可收成三次：第一次生长期为90天(头麻)，第二次约50天(二麻)，第三次约70天(三麻)，在9月下旬和10月收割。用种子繁殖的苎麻，当年可收1～2次。

苎麻纤维是单细胞纤维，两头封闭，中间粗两头细，没有明显的转曲，表面平滑，有的有明显裂纹，纤维头端呈厚壁钝圆。截面呈圆筒形或扁平带状，中腔呈椭圆形或不规则形，未成熟的纤维细胞横截面呈带状。苎麻纤维纵向和横截向的形态见表1-5。

苎麻纤维的长度随品种、生长条件有很大差异。二麻最长，头麻、三麻次之。单根苎麻纤维长20～250mm，平均长度为60mm，最长可达600mm。麻纺厂用梳片式长度分析仪，按10mm为组距分组称重，计算各种长度指标及短绒率，40mm以下为短绒。苎麻纺纱中必须将40mm以下麻纤维梳下，称为落麻，该落麻可同其他纤维混纺后，得到各类麻混纺纱，可加工成各种针织或机织产品。

苎麻纤维宽度为20～80μm，平均宽度为30～40μm，不同季节、不同部位的苎麻单纤维宽度不相同。苎麻纤维根部最粗，中部次之，梢部最细，绝对强力依如此顺序，相对强度则根部最差，中部次之，梢部最好，和绝对强力相反。

苎麻纤维的强度是天然纤维中最高的，伸长率较低，平均强度为6.73cN/dtex，平均断裂伸长率为3.77%。苎麻纤维的初始模量高，纤维硬挺，刚性大，弹性差，苎麻纺纱时纤维之间的抱合差，不易捻合，纱线的毛羽较多，织物不耐磨、易折皱，吸色性差，故须对苎麻纤维进行改性处理，以改善纤维的可纺性和服用性。

(二)亚麻

亚麻(flax)属亚麻科亚麻属，纺织用亚麻均为一年生草本植物。亚麻纤维分为纤维用、油用、油纤兼用三类。我国习惯将纤维用亚麻称为亚麻，油用亚麻和油纤兼用亚麻称为胡麻。亚麻单纤维包括初生韧皮纤维细胞和次生韧皮纤维细胞，一个细胞就是一根单纤维，一束纤维中约有30～50根单纤维由果胶粘连成束，在麻茎截面外围由20～40个纤维束均匀分布。

亚麻纤维纵向中间粗，两端尖细，两端封闭无转曲。麻茎根部纤维横截面呈圆形或扁圆形，细胞壁薄，中腔大而层次多；麻茎中部纤维截面是多角形，纤维细胞壁厚，纤维品质优良；麻茎梢部纤维束松散，细胞细。亚麻纤维横截面细胞壁有层状轮纹结构，轮纹由原纤层构成。亚麻纤维纵向和横截向的形态见表1－5。

亚麻单纤维长度较短，平均长度10～26mm，最长可达30mm，故一般需要采用束纤维纺纱，束纤维称为工艺纤维，工艺纤维长度一般300～900mm，它决定于亚麻的栽培条件和初加工。亚麻工艺纤维长度在500mm以下时，纤维长度对细纱断裂长度影响较大，纤维长度超过500mm时，细纱断裂长度不再增加。50mm以下为短纤维。

亚麻单纤维宽度为12～17μm，线密度为1.9～3.8dtex，亚麻工艺纤维的线密度为12～25dtex，它与亚麻纤维的品种、生长情况、脱胶程度、梳麻次数有关，一般工艺纤维截面含10～20根单纤维，纤维细度和纺纱断裂长度、纺纱断头率有关。亚麻纤维色泽以银白色、淡黄色、灰白为最佳。

(三)黄麻

黄麻(jute)属椴树科、黄麻属，为一年草本植物，黄麻俗称络麻、绿麻。黄麻属约有40个种类，具有培栽价值的两种是圆果种黄麻和长果种黄麻。圆果种黄麻纤维脱胶后色泽乳白或淡黄，纤维粗短；长果种黄麻纤维脱胶后呈浅金黄色，纤维细长。长果种黄麻起源于非洲；圆果黄麻原产印度、巴基斯坦，主产国孟加拉、印度和中国，其次为巴西、尼泊尔、缅甸、泰国、柬埔寨、越南、印度尼西亚和澳大利亚，其中孟加拉为世界第一大生产国。中国栽培黄麻的历史悠久，主要产区在长江以南，以浙江、广东、台湾三省栽培面积较大。黄麻纤维白而有光泽，吸湿性好，散水快，供制麻袋、麻布、造纸、绳索、织地毯和窗帘。麻骨可以制作活性炭、纤维板。

黄麻纤维分皮层和芯层，横截面一般为五角形和多角形，中腔呈圆形或椭圆形，而且中腔的大小不一致。黄麻纤维纵向光滑，无转曲，富有光泽。

黄麻单纤维长度很短，长度1～2.5mm，宽度10～20μm，故一般需要采用束纤维(工艺纤维)纺纱，工艺纤维长度为80～150mm，长度300mm以上定为超长纤维，50mm以下定为短纤维,超长纤维率在1%以下,短纤率15%以下;工艺纤维的线密度为22~40dtex。黄麻纤维的强度与纤维的品种、生长条件、收剥精洗等条件有关。

(四)汉麻(大麻)

汉麻(大麻)(hemp)指工业用大麻,属大麻科大麻属,为一年生草本植物。从公元前1世纪到20世纪后半叶,一直是人们广泛种植的农作物,也是最早用作纺织纤维的品种之一,它可作为纤维产品、服装、绳索、船帆、油脂、纸张及医疗用品的原材料。但从传统意义上讲,汉麻一直被当作一种用来制造绳索的纤维,直到最近改善大麻纤维细度的工艺得到了发展,大麻的服用舒适性才真正被发掘出来。

汉麻纤维的横截面由表皮层、初生韧皮层、次生韧皮层、形成层、木质层和髓腔组成。汉麻纤维分为初生韧皮纤维和次生韧皮纤维。初生韧皮纤维在麻株为幼株时开始在表皮生长,次生韧皮纤维在麻株拔节初期开始生长。

汉麻纤维的横截面多为三角形、四边形、腰圆形或多角形,中腔呈椭圆形,而且中腔较大,占截面积的1/2~1/3。纵向有许多裂纹和微孔。

(五)罗布麻

罗布麻(apocynum)属夹竹桃科罗布麻属,多年生宿生草本植物,罗布麻又名红麻、野麻、茶叶花。几百年前人们开始将罗布麻纤维编织成衣,从1952年开始中国就对罗布麻资源的综合开发进行研究。20世纪70年代中国对罗布麻纤维等进行大规模的开发,在药、烟、茶、织物等方面均有较深入的研究。我国罗布麻主要生长于沙漠盐碱地、河岸、山沟、山坡的砂质地,盛产于新疆,在辽宁、吉林、内蒙古、甘肃、陕西、山西、山东、河南、河北、江苏及安徽北部等地也有分布。

罗布麻纤维的横截面由皮层和芯层组成,芯层髓部组织比较发达。罗布麻纤维细长而富有光泽,两端封闭,中部较粗,两端较细,纤维纵向平直无扭转,表面有竖纹和横节。罗布麻的横截面为多边形或椭圆形,中腔较小,细胞壁厚,纤维粗细差异较大。

二、化学组成、性能与检验

(一)化学组成与性能

韧皮纤维的主要组成物质为纤维素、半纤维素、木质素、糖类、果胶、脂肪、蜡质、灰分等物质,各种韧皮纤维的化学组成见表2-3。

表2-3 各种韧皮纤维的化学组成

纤维名称	纤维素	半纤维素	果 胶	木质素	其 他
苎麻	65~75	14~16	4~5	0.8~1.5	6.5~14
亚麻	70~80	12~15	1.4~5.7	2.5~5	5.5~9
黄麻	57~60	14~17	1.0~1.2	10~13	1.4~3.5
红麻	52~58	15~18	1.1~1.3	11~19	1.5~3
大麻	67~78	5.5~16.1	0.8~2.5	2.9~3.3	5.4
罗布麻	40.82	15.46	13.28	12.14	22.1

韧皮纤维单纤维的长度较短(除苎麻外)，所以大多数韧皮纤维经初加工得到束纤维以适应纺纱的要求，这种束纤维即为工艺纤维。韧皮纤维吸湿能力比棉强，尤以黄麻吸湿能力更佳，可达14%。韧皮纤维大都比较粗硬，苎麻、亚麻较好些。纤维的柔软性与品种，生长条件，脱胶程度及工艺纤维的细度有关。韧皮纤维抱合力差，纺纱时不易捻合，纱线毛羽较多。各韧皮纤维的主要性能见表2-4。

表2-4 各韧皮纤维的主要性能

性能	苎麻	亚麻	黄麻	汉麻	罗布麻
单纤维长度(mm)	20～250	17～25	1.5～5	15～25	20～25
平均宽度(μm)	20～80	17～25	15～18	15～30	17～23
密度(g/cm³)	1.54～1.55	1.49	1.52	1.49	1.55
公定回潮率(%)	12	12	14	12	12
纤维强度(cN/dtex)	6.16～7.04	5.26～6.16	3.43	5.8～6.8	5.66～7.45
断裂伸长率(%)	2～4	2～4	3	2.2～3.2	2.5

(二)麻纤维的品质检验与评定

依据国家标准GB/T 17345—2008，亚麻打成麻质量等级用号表示，共7个号，分别为22号、20号、18号、16号、14号、12号、10号，其质量依次降低。以文字标准为主，辅以实物标样进行评定。考核项目有感官指标和物理指标。感官指标有成条性、柔软度、重度、整齐度、色泽5项；物理指标有强力、含杂率、长度、加工不足麻率、含草量、回潮率6项。

熟黄麻、熟洋麻分等以脱胶、强度、斑疵、长度为分等条件，分为一到四等，如果有一项不合规定，则以四项中最低的一项定等。含水、含杂超过规定另行处理后才能收购或交接，检验方法以手感目测为主。

第三节 叶纤维

叶纤维是从草本单子叶植物叶上获得的纤维。叶纤维种类很多，在经济上形成稳定的工业生产资源的主要有龙舌兰麻类(剑麻)和蕉麻。叶纤维是在麻类(如剑麻、蕉麻)植物的叶子中取得的(即管状束纤维)，这类纤维比较硬，又称“硬质纤维”，纤维长度长，强度高，伸长小，耐海水浸蚀。

一、剑麻

(一)概述

剑麻(agave, sisal)取自剑麻叶，属龙舌兰麻类。有20个属，约600个种。其中以龙舌兰属经济价值较高。由于龙舌兰麻属的叶片外形似剑，在中国习惯上统称为剑麻。剑麻主要有普通剑麻、西莎尔麻、马盖麻、灰剑麻、番麻、假菠萝麻、抽拉和暗绿剑麻等。

剑麻主要在中美洲、南美洲、印度尼西亚及非洲的热带地区种植，原产于墨西哥，由于剑麻是从墨西哥西沙尔港首次出口的，故又称西沙尔麻。墨西哥自古就利用麻纤维作为编织原料。1979 年世界剑麻总产量约为 43 万吨。中国于 1901 年首次引进马盖麻，种植剑麻的地区主要是华南各省，以广东为主，其次是广西和福建，20 世纪 80 年代初的年产量在 1.5 万吨左右。中国种植剑麻以 1963～1964 年从东非引进的龙舌兰杂种 11648 号品种为最多，其次是普通剑麻、马盖麻和番麻。

(二)结构与性能

1. 剑麻纤维的制取 剑麻是多年生草本植物，一般种植后 2 年左右，叶片长达 80～100cm，生叶 80～100 片时便可开割。叶片收割后须及时刮麻取得纤维，采用半机械或机械化加工。

剑麻纤维制取的工艺流程一般是：鲜叶片→刮麻→捶洗→(或冲洗)→压水→烘干(或晒干)→拣选分级→打包→成品。剑麻纤维一般只占鲜叶片重的 3.5%～6%，其余的是叶肉、麻渣和浆汁，含有丰富的有机物质，如糖类、脂肪、皂素等。

2. 剑麻纤维的形态结构和化学组成 剑麻纤维有两种：一种位于叶片边缘，具有增强叶片作用，称强化纤维束；另一种位于叶片中部，形成一条带，称带状纤维束。带状纤维束的纤维细胞数目较少，一个成熟的麻叶片含 1000～1200 个纤维束。剑麻纤维横切面呈多角形，中空，胞壁厚，胞腔小而呈圆或卵圆形。

剑麻纤维主要组成物质为纤维素 65.8%，其他有半纤维素约 12%，木质素约 9.9%，果胶约 0.8%，水溶物约 12%，脂肪和蜡质约 0.3%。剑麻纤维耐碱不耐酸，遇酸易被水解而强度降低，在 10%的碱液中纤维不受损坏。

3. 剑麻纤维的性能与用途 一般束纤维截面由 50～150 多根单纤维组成。剑麻单纤维长 1.5～4mm，宽 20～30μm。工艺纤维长度为 0.78m，工艺纤维线密度 169dtex。剑麻纤维断裂强度为 5.72～7.33cN/dtex，断裂伸长率为 3%～4.5%，密度为 1.29 g/cm^3，公定回潮率是 12%。

剑麻纤维洁白而富有光泽，纤维长，强度高，伸长性小，耐磨，耐海水浸泡，耐盐碱，耐低温和抗腐蚀。剑麻可制舰艇和渔船的绳缆、绳网、帆布、防水布、钢索绳芯、传送带、防护网等，可编织麻袋、地毯，制作漆帚、马具等，并可与塑料压制硬板作为建筑材料。但近年来由于合成纤维大量应用，有逐渐被替代的趋势。

二、蕉麻

(一)概述

蕉麻(acaba)为芭蕉科芭蕉属，多年生草本植物，叶略小而狭，果也略小。蕉麻是热带纤维作物，原产菲律宾，又称菲律宾麻草，因主要集散地是马尼拉，亦称马尼拉麻。厄瓜多尔和危地马拉等国有少量种植，中国台湾、广东曾引种。

(二)结构与性能

1. 蕉麻纤维的结构与组成 蕉麻纤维表面光滑，粗细较均匀，纵向呈圆筒形，头端为尖形。

横截面为不规则多角形，中腔较大，胞壁较薄，与剑麻纤维形状类似。蕉麻纤维约含纤维素63.2%，半纤维素约19.6%，木质素约5.1%，果胶约0.5%，水溶物约1.4%，脂蜡质约0.2%，含水率约10%。

2. 蕉麻纤维的性能与用途 蕉麻纤维单纤维长3～12mm，宽度16～32μm，工艺纤维长度为1～3m，最长达5m。蕉麻纤维粗硬，非常坚韧，束纤维断裂强度0.88cN/dtex，为硬质纤维麻类中强度最大者，断裂伸长率为2%～4%，密度1.45g/cm^3，公定回潮率是12%。

蕉麻纤维呈乳黄色或淡黄白色，有光泽。蕉麻由于强度大、有浮力和抗海水浸蚀性好，主要用作船用的绳缆、钓鱼线、吊车绳索和渔网。有些蕉麻可用来制地毯、桌垫和纸，较好的内层纤维可不经纺线而制造出耐穿的细布，主要被当地人用来做衣服和鞋帽。由于合成纤维大量应用，也有逐渐被取代的趋势。

三、菠萝叶纤维

（一）概述

菠萝叶纤维（pineapple leaf fiber）是从菠萝叶片中提取的纤维，又称凤梨麻。菠萝纤维由许多纤维束紧密结合而成，每个纤维束由10～20根单纤维集合组成。

菠萝纤维可以通过手工或机械剥取的方法制得，机械剥取采用苎麻或黄麻剥麻机，取得叶片后进行刮青处理，然后用水洗涤，日光晒干，利用阳光的氧化作用使纤维洁白光亮，初加工工艺为菠萝叶片→刮青→水洗→晒干→原麻。制得的菠萝纤维经过适当化学处理后，可在棉纺设备、毛纺设备、亚麻及黄麻纺纱设备上进行纺纱。

菲律宾是世界上对菠萝叶开发利用最早的国家之一，开发的菠萝叶纤维手工纺织旅游产品闻名世界。早在1521年菲律宾当地居民就已经利用菠萝叶纤维手工制成精美有刺绣的面料，称为piña。在16～17世纪，手工提取、织造的piña面料与服饰在上层社会非常盛行，被认为是优雅高贵的象征。目前菲律宾生产的Piña布主要以特色高贵的旅游产品出口到世界各地，包括日本和欧美。发达国家消费者的环保意识非常强，崇尚天然环保纺织品，所以更容易接受价格不菲的菠萝叶纤维服装。

印度、日本、法国也有相关的菠萝叶织物开发报道，不过都没有实现量产。菠萝叶纤维在我国的利用历史上亦有记载，在19世纪初出版的广东琼山、澄海、潮阳等县志上就有当地人利用凤梨叶织布的记叙。近几年我国菠萝叶产品开发在国际上后来居上，国内有多个单位研究菠萝叶利用技术，最大限度地发挥菠萝叶纤维的功能，并极力降低产品价格，使作为贵族奢侈品的菠萝叶纤维纺织品走入寻常百姓生活。

（二）结构与性能

1. 菠萝叶纤维的结构与组成 菠萝叶纤维表面粗糙，有纵向缝隙和孔洞，无天然扭曲。单纤维呈圆筒形，两端尖，有线状中腔。菠萝叶纤维含纤维素58.5%～76%，半纤维素25.8%～30%，木质素4.8%～6%，果胶0.3%～1%，水溶物1.9%～2.6%，脂蜡质0.3%～0.8%，灰分1.0%～1.4%。

2. 菠萝叶纤维的性能与用途 菠萝叶纤维的单纤维长3～8mm，宽度7～18μm，工艺纤维长度为10～90mm，线密度为2.5～4.9dtex，束纤维断裂强度3.56cN/dtex，断裂伸长率约3.42%。由于菠萝叶纤维的化学组成与亚麻、黄麻类似，但纤维素含量较低，半纤维素和木质素含量偏高，故菠萝叶纤维粗硬，伸长小，弹性差，吸湿放湿快。纤维中脂蜡质含量较高，因此光泽较好。菠萝叶纤维的可纺性能优于黄麻而次于亚麻，在纺纱前进行适当的脱胶处理可以改善可纺性。

菠萝叶纤维经深加工处理后，外观洁白，柔软爽滑，可与天然纤维或合成纤维混纺，所织制的织物容易印染，吸汗透气，挺括不起皱，穿着舒适。菠萝叶纤维和棉混纺可生产牛仔布，悬垂性与棉牛仔布相似；菠萝叶纤维和绢丝混纺可织成高级礼服面料；用转杯纺生产的纯菠萝叶纤维纱作纬纱，用棉或其他混纺纱作经纱，可生产各种装饰织物及家具布；用毛纺设备纺制羊毛和菠萝叶纤维混纺纱可生产西服与外衣面料；在黄麻设备上生产的菠萝叶纤维、棉混纺纱可织制窗帘布、床单、家具布、毛巾、地毯等；用亚麻设备生产涤纶、腈纶、菠萝叶纤维混纺纱可用于生产针织女外衣、袜子等。

此外，菠萝叶纤维在工业中也有广泛的应用。用菠萝叶纤维可生产针刺非织造布，这种非织造布可用作土工布，用于水库、河坝的加固防护；由于菠萝叶纤维纱比棉纱强力高且毛羽多，因此菠萝纤维也是生产橡胶运输带的帘子布、三角带芯线的理想材料；用菠萝叶纤维生产的帆布比同规格的棉帆布强力还高；菠萝叶纤维还可用于造纸、强力塑料、屋顶材料、绳索、渔网及编织工艺品等。

☞ 思考题

1. 论述棉纤维的截面结构，各层与纤维性能的关系。
2. 比较锯齿棉与皮辊棉的特点。
3. 何谓工艺纤维？为什么苎麻可用单纤维纺纱，而亚麻、黄麻等却不可以？

第三章　动物纤维

本章知识点

1. 化学纤维制造基础知识。
2. 再生纤维和普通合成纤维的结构与性能。
3. 化学纤维的品质检验与评定基础知识。

动物纤维是由动物的毛发或分泌液形成的纤维，它们的主要组成物质是由一系列氨基酸经肽键结合成链状结构的蛋白质，故称天然蛋白质纤维。其主要品种是各种动物毛纤维和蚕丝。动物纤维为优良的纺织原料，纤维柔软富有弹性，保暖性好，吸湿能力强，光泽柔和，可以织制成四季皆宜的中高档服装，以及装饰用和工业用织物。

第一节　毛纤维

毛纤维的种类很多，最主要的是绵羊毛（简称羊毛）。除羊毛外，还有山羊绒（毛）、安哥拉山羊毛（马海毛）、骆驼绒（毛）、牦牛绒（毛）、兔毛、貂绒（毛）、驼羊毛、骆马毛等。羊毛以外的动物毛，有时统称为特种动物毛，也用来制造纺织品，可纯纺或与其他纤维混纺。

一、羊毛纤维

（一）概述

羊毛纤维吸湿性强、保暖性好、弹性好、不易沾污、光泽柔和、染色性好，还具有独特的缩绒性，品质优良，有天然形成的波浪形卷曲，可用于制造呢绒，绒线、毛毯、毡呢等生活用和工业用品，是高档纺织纤维。

澳大利亚是世界上生产和出口羊毛最多的国家，约占世界总产量的1/3。新西兰的羊毛产量位居世界第二，阿根廷、乌拉圭、南非、俄罗斯、英国等也是羊毛的主要生产国。我国羊毛产量位居世界的前列，也是羊毛的消费大国，每年需从澳大利亚等国大量进口羊毛。我国的羊毛产地主要在东北、华北和西北地区。绵羊按生产用途可分为以下类型。

细毛羊：细毛用于织制优良的精纺毛织物。细毛羊的主要品种是美利奴羊，目前美利奴羊分布在世界各地，是最大的绵羊品种，但不同国家的美利奴绵羊之间的羊毛品质差异较大，以澳大利亚的美利奴羊种最好，以剪毛量高，羊毛品质好而著称。我国的新疆改良细羊毛即属此类。

半细毛羊：半细毛羊的品种主要有考力代、波尔华斯、茨盖等羊种，主要由美利奴羊和长毛羊杂交育成。半细毛是针织绒线和粗纺呢绒的原料。新西兰、阿根廷、乌拉圭等国是半细毛的重要生产国。

长毛羊：长毛是粗绒线、长毛绒、毛毯和工业用呢的原料。长毛羊的主要品种有罗姆尼羊、林肯羊、莱斯特和边区莱斯特羊。

粗毛羊：粗毛羊即土种羊，是指世界各地未经改良的羊种，我国的蒙羊、藏羊、哈萨克羊等羊种均为土种羊。土种羊毛被中兼有发毛和绒毛，品质和性能差异很大，常含有大量的死毛，主要用于织制地毯或制毡，也称地毯羊毛。其广布于世界各地，约占全部绵羊品种的48%。

粗毛羊中还有裘皮羊、羔皮羊、乳用羊等，裘皮羊所产裘皮具有毛穗好、皮张大、皮板轻、成品美观、结实等特点，中国的滩羊是世界上生产裘皮最好的品种；羔皮羊指出生后1～2天内屠宰取皮用，皮毛具有美丽的卷曲和图案，富有光泽，以卡拉库尔羊所产的羔皮著称于世，中国的湖羊羔皮在国际市场上也享有盛誉；乳用羊指主要用于产乳的羊，如德国的东弗里生羊。

（二）羊毛纤维的分类

1. 按羊毛纤维长细度分类

（1）细毛：细羊毛的直径在18～27μm，毛丛长度小于12cm。

（2）半细毛：半细毛的直径为25～37μm，长度小于15cm。

（3）粗毛：粗毛的直径为20～70μm，长度小于15cm。

（4）长毛：长毛长度为15～30cm，直径大于37μm。

2. 按羊毛纤维结构分类

（1）绒毛：是无髓毛，只有表皮层和皮质层，没有髓质层，品质优良，纺纱性能好，根据其直径粗细又可分细绒毛和粗绒毛。

（2）两型毛：有不连续的髓质，同时兼有绒毛与粗毛的特征，纤维粗细差异较大，纺纱性能比绒毛差。

（3）有髓毛：有连续髓质层，随毛髓的多少不同，又可分为刚毛、腔毛、发毛、干毛和死毛等，纺用价值很低。

3. 按羊毛毛被上纤维类型分类

（1）同质毛：羊体各毛丛由同一种类型毛纤维组成，纤维细度、长度基本一致，同质毛一般按细度分成支数毛，同质毛质量较好。

（2）异质毛：羊体各毛丛由两种及以上类型毛纤维组成，异质毛一般按粗腔毛含量分成级数毛，异质毛质量不及同质毛。

4. 按羊毛取毛方式和取毛后原毛的形状分类

（1）被毛（套毛）：从绵羊身上剪下的毛丛相互连接成一整张的毛叫被毛。分为封闭式被毛和开放式被毛两种。封闭式被毛从整个外观上看，像一个完整的毛纤维集合体；开放式被毛从外观上看有突出的毛辫，各毛丛底部相连，上部毛辫互不相连。

（2）散毛：从羊身上剪下的不连成一整块的毛。

（3）抓毛：在脱毛季节用梳状工具从动物身上梳下的毛，山羊绒一般为抓毛。

5. 按剪毛的季节分类

(1)春毛:春季从羊身上剪下的毛,纤维细长,绒毛含量多,油汗多,品质优良。

(2)秋毛:秋季从羊身上剪下的毛,纤维较粗短,光泽较好,色洁白,品质次于春毛。

(3)伏毛:夏季从羊身上剪下的毛,纤维粗短,含死毛较多,品质较差。

此外,按羊毛用途不同可以分为精梳用毛、粗梳用毛、地毯用毛、工业用毛,按照加工程度分为原毛、洗净毛,按绵羊品种分为细羊毛、半细羊毛、粗羊毛、长羊毛,按羊毛的产地分为澳毛、新西兰毛、新疆毛、河南毛、山东毛等。

(三)羊毛纤维的生长发育

羊毛纤维是由绵羊皮肤上的细胞发育而成。如图 3-1 所示,首先生长羊毛处的细胞开始繁殖,形成凸起物,向下伸展到皮肤 1 内,使皮肤在这里向内凹,成为毛囊 2。处于皮肤内的羊毛是毛根 3,它的下端被毛乳头 4 所包覆,毛乳头供给养分,使细胞继续繁殖,向上生长,凸出皮肤,形成羊毛纤维 5。羊毛生长时,几个脂肪腺 6 开口与毛囊,脂肪腺分泌出油脂性物质包覆在羊毛纤维的表面称为羊脂,汗腺 7 由皮肤深处通到毛囊附近并开口于皮肤表面,汗腺分泌出汗液包覆在羊毛纤维的表面称为羊汗。羊脂和羊汗混合在一起称为脂汗。

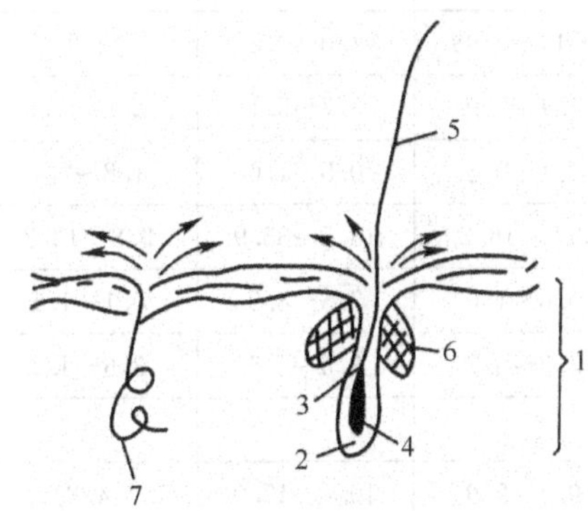

图 3-1 羊毛纤维的生长

1—皮肤 2—毛囊 3—毛根 4—毛乳头 5—羊毛纤维 6—脂肪腺 7—汗腺

羊毛在羊皮肤上不是均匀分布的,而是呈簇状密集在一起。在一小簇羊毛中,有一根直径较粗、毛囊较深的称为导向毛。围绕着导向毛生长的较细的几根或几十根羊毛称为簇生毛,形成一个个毛丛。毛丛之间有较大的距离。成簇生长的羊毛由于卷曲和脂汗相互粘连在一起。

毛丛中纤维形态相同,长度、细度相近,生长密度大,有较多的脂汗使纤维相互粘连,形成上下基本一致的形状,从外部看呈平顶状的,称平顶毛丛(封闭式毛被)。这种毛丛的羊毛品质最好,毛的密度较高,含土杂较少,同质细羊毛多属这一类型。

毛丛中纤维粗细混杂,长短不一,短而细的毛靠近毛丛底部,粗长纤维突出在毛丛外面并扭结成辫,形成底部大上部小的圆锥形,呈这种辫状的羊毛品质较差,称为开启式或开放式毛被。这种毛被毛的密度较稀,含土杂较多,异质粗羊毛多属这一类型。

(四)羊毛纤维的化学组成和结构特征

1. 羊毛纤维的组成 羊毛纤维的主要组成物质是一种不溶性蛋白质,称为角朊,其化学组成元素有碳(49.0%～52.0%)、氧(17.8%～23.7%)、氮(14.4%～21.3%)、氢(6.0%～8.8%)、硫(2.2%～5.4%)、灰分(金属氧化物0.16%～1.01%)。羊毛纤维是由多种α-氨基酸缩合而成,各种α-氨基酸的含量见表3-1。

表3-1　各种天然蛋白质α-氨基酸的含量(%)

氨基酸	羊毛纤维	桑蚕丝素	桑蚕丝胶	柞蚕丝素	酪素蛋白	大豆蛋白
甘氨酸	3.10～6.50	37.5～48.3	1.1～8.8	20.3～24.0	0.5	4.00～7.77
丙氨酸	3.29～5.70	26.4～35.7	3.5～11.9	34.7～39.4	1.9	4.31～4.85
亮氨酸	7.43～9.75	0.4～0.8	0.9～1.7	0.4	9.7	7.71～9.60
异亮氨酸	3.35～3.75	0.5～0.9	0.6～0.8	0.4	9.7	4.40～5.27
苯丙氨酸	3.26～5.86	0.5～3.4	0.3～2.7	0.5	3.9	5.70～6.12
缬氨酸	2.80～6.80	2.1～3.5	1.2～3.1	0.6	8.0	3.93～5.72
脯氨酸	3.40～7.20	0.4～2.5	0.3～3.0	0.3	8.7	5.32～6.78
鸟氨酸	—	—	—	—	—	—
赖氨酸	2.80～5.70	0.2～0.9	5.8～9.9	0.2	6.2	4.67～5.56
组氨酸	0.62～2.06	0.14～0.98	1.0～2.8	2.2	2.5	1.30～1.63
精氨酸	7.90～12.10	0.4～1.9	3.7～6.1	9.2～13.3	3.7	7.46～9.15
色氨酸	0.64～1.80	0.1～0.8	0.5～1.0	1.8～2.1	0.5	0.12～0.47
丝氨酸	2.90～9.60	9.0～16.2	13.5～33.9	9.8～12.2	5.0	4.32～4.83
苏氨酸	5.00～7.02	0.6～1.6	7.5～8.9	0.1～1.1	3.5	3.21～4.12
酪氨酸	2.24～6.76	4.3～6.7	3.5～5.5	3.6～4.4	5.4	0.11～0.24
羟脯氨酸	—	1.5	—	—	0.2	0.11～0.24
天冬氨酸	2.12～3.29	0.7～2.9	10.4～17.0	4.2	6.0	10.89～13.87
天冬酰胺	3.82～5.91	0.7～2.9	10.4～17.0	4.2	6.0	10.89～13.87
谷氨酸	7.03～9.14	0.2～3.0	1.0～10.1	0.7	21.6	20.96～24.73
谷酰胺	5.72～6.86	0.2～3.0	1.0～10.1	0.7	21.6	20.96～24.71
瓜氨酸	—	—	—	—	—	—
胱氨酸	10.84～12.28	0.03～0.9	0.1～1.0	—	0.4	0.00
半胱氨酸	1.44～1.77	—	—	—	—	0.00
蛋氨酸	0.49～0.71	0.03～0.2	0.1	—	3.3	0.91～1.76

2. 羊毛纤维的大分子结构　羊毛纤维主要由蛋白质组成,纤维易被酸或碱溶液水解,水解后的最终产物为α-氨基酸。α-氨基酸的分子式为COOH—CHR—NH,其中R代表多种化学结构的取代基(侧基)。R基团不同形成的α-氨基酸也不同,有酸性、碱性和中性的。

羟基(—OH)、氨基(—NH_2)、羧基(—COOH)、主链中的肽键(—CO—NH—)分子间的二硫键(—S—S—)是蛋白质纤维大分子的官能团,它们决定了蛋白质纤维耐酸不耐碱、吸湿性好等许多性质。

蛋白质纤维中各种 α -氨基酸的比例随着动物的种类、生长条件、生长部位及收获季节而有较大差别。在组成羊毛的20多种 α -氨基酸中，以精氨酸(二氨基酸)、松氨酸，谷氨酸(二羟基酸)、天门冬酸和胱氨酸(含硫氨基酸)等的含量最高，因此在羊毛角蛋白大分子主链间能形成盐式键、二硫键和氢键等空间横向联系。羊毛纤维大分子结构如图3-2所示。

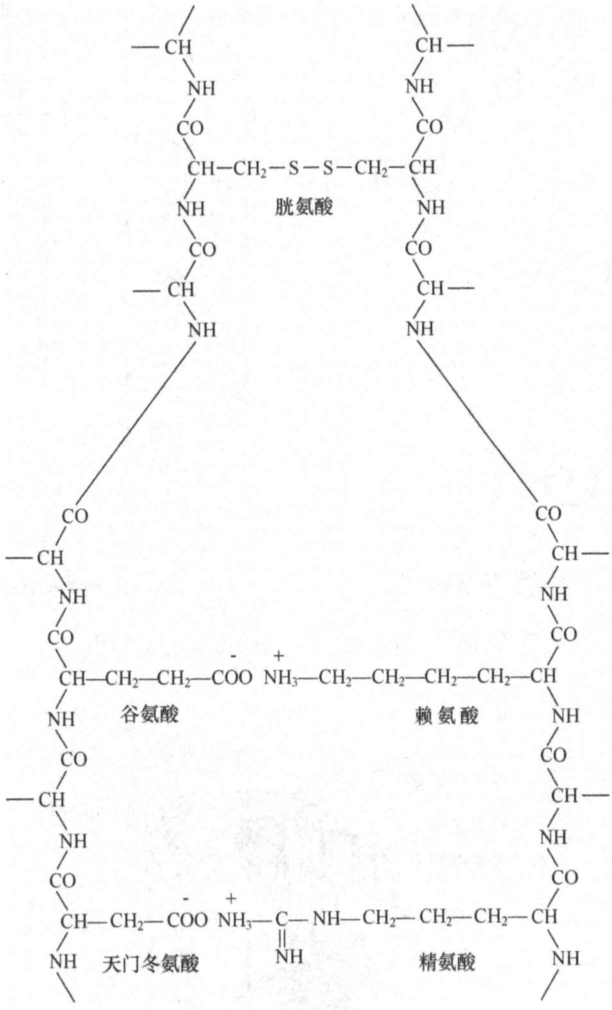

```
—CH                              CH—
 NH                              NH
 CO                              CO
 CH—CH2—S—S—CH2—CH
 NH          胱氨酸              NH
 CO                              CO
—CH                              CH—
 NH                              NH

 CO                                          CO
—CH                                          CH—
 NH                                          NH
 CO                                          CO
          -     +
 CH—CH2—CH2—COO NH3—CH2—CH2—CH2—CH2—CH
 NH   谷氨酸                 赖氨酸          NH
 CO                                          CO
—CH                                          CH—
 NH                                          NH
 CO                                          CO
          -     +
 CH—CH2—COO NH3—C—NH—CH2—CH2—CH2—CH
                ||
 NH 天门冬氨酸   NH          精氨酸          NH
```

图3-2 羊毛纤维大分子结构

蛋白质纤维大分子链的空间结构形式有两种，如图3-3所示，一种是线型的曲折链，另一种是螺旋链，其中最普通的是 α -螺旋链。羊毛的大分子间依靠分子引力、盐式键、二硫键和氢键等结合，形成稳定的空间螺旋结构，称为 α -角蛋白。

3. 羊毛纤维的形态结构 羊毛纤维的纵向形态呈鳞片覆盖的圆柱体，纤维的中部较粗，且有空间卷曲。羊毛纤维的截面呈圆形或椭圆形，长短径比为1.1～2.5之间，羊毛纤维的形态见表1-5。

羊毛纤维由外向内由表皮层、皮质层、有时还有髓质层组成。绵羊毛的结构如图3-4所示。

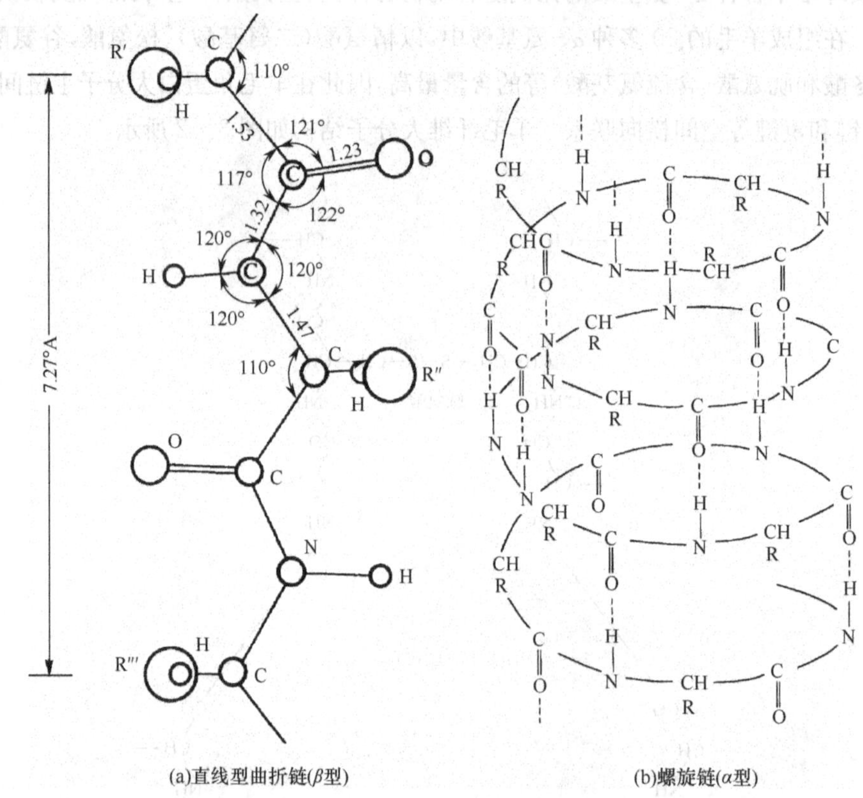

图 3-3 蛋白质纤维大分子链的空间结构

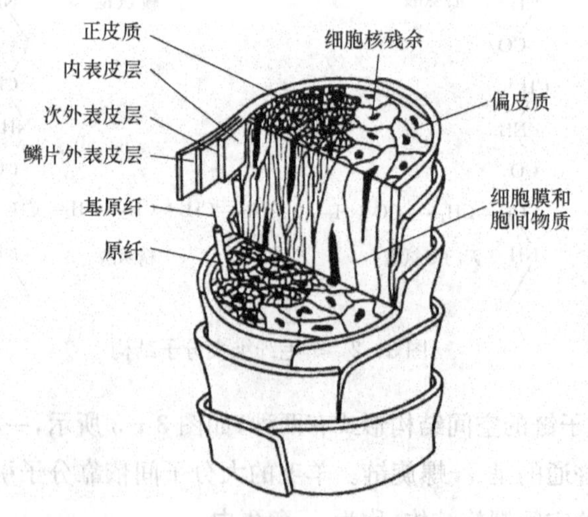

图 3-4 绵羊毛结构

(1)表皮层(cuticle layer):表皮层又称鳞片层,由片状角朊细胞组成,包覆在羊毛纤维的表面,平均厚度 0.2～2μm,宽度 25～30μm,高度 35.5～37.5μm。其根部附着于毛干,梢部伸出毛干表面并且指向毛尖,程度不同地突出于纤维表面并向外张开。鳞片层的主要作用是保护羊毛不受外界条件的影响。鳞片排列的疏密和附着程度对羊毛的光泽和表面性能影响很大。细羊毛的鳞片排列紧密，呈环状覆盖，伸出端较突出，所以光泽柔和，摩擦因数大。粗羊毛的鳞片排列较稀，呈龟裂状覆盖。此外，由于鳞片层的存在，使羊毛具有缩绒性。

(2)皮质层(cortex)：皮质层是羊毛纤维的主要组成部分，决定了羊毛纤维的物理化学性质。皮质层由两种不同皮质细胞组成，即由偏皮质和正皮质形成双侧结构，并在长度方向不断转换位置，使羊毛纤维形成天然卷曲。如果正、偏皮质层的比例差异较大或呈皮芯分布，则羊毛卷曲不明显。正皮质(软皮质)结构较疏松，处于卷曲弧形外侧，含硫量较少，对酶及化学试剂反应活泼，吸湿、染色较好；偏皮质(硬皮质)结构较紧密，处于卷曲弧形内侧，含硫量较多，对酸性染料有亲和力，对化学试剂反应差。羊毛的皮质层发育越完善，所占比例越大，纤维的品质越优良，纤维的强度、卷曲、弹性越好。有些纤维的皮质层还存在天然色素，这是这些纤维的颜色难以去除的原因。

(3)髓质层(medulla Layer)：由结构松散和充满空气的角朊细胞组成，细胞间相互联系较差而且呈暗黑色。髓质层影响纤维的强度、卷曲、弹性，影响纤维的纺纱价值。一般品质优良的羊毛纤维没有髓质层或只有断续的髓质层，羊毛纤维越粗，髓质层比例越大。髓质层多的羊毛脆而易断，不易染色。

(五)羊毛的初加工

羊毛的初加工包括毛纤维从动物体上取下到可以被纺织加工接受的干净纤维的全过程，其工艺流程包括：剪毛→分拣归类→分级(打包)→洗毛→炭化(洗净毛)→打包。

1. 羊毛的剪毛和分拣加工　剪毛通常在每年春季进行。细毛羊、半细毛羊一般一年剪一次毛，粗毛绵羊每年可剪两次，分春季和秋季。剪下来的毛被(套毛)应当连在一起，成为一整张套毛，便于分拣。

分拣是为了合理使用原料，做到优毛优用，套毛应按其品质进行分拣，包括将不同品质的套毛分开堆放；将套毛中的疵毛、草杂、二剪毛分离开来的过程，一般由人工来完成。

2. 羊毛的洗涤和除草杂　洗毛的目的是要洗去毛纤维上的羊毛脂、羊汗和砂土、污垢等，而其中关键是对羊毛脂的洗涤。洗毛采用的方法是加入含有洗涤剂的洗液，常用洗涤剂主要是皂碱和合成洗涤剂。经洗毛加工的洗净毛，虽经压水，一般仍含有40%左右的水分，必须进行烘干处理才能储藏或运输。目前工厂都采用开洗烘联合机完成开毛、洗毛、烘毛，得到洗净毛。

原毛中的某些植物性杂质，如草刺、枝叶、草籽等，统称草杂，会与羊毛紧密缠结，在开毛、洗毛中不易去除。用化学方法进行去草的方法称为"炭化"。该方法的原理是针对羊毛耐酸而植物性杂质不耐酸的特性，将含草毛通过硫酸液浸渍与烘干，使草杂成为易碎的炭质，再经压碎和开松分离，使之从羊毛中分离出去，达到降低草杂含量的目的。炭化前国毛含草杂率在1%～2%(国毛短毛2%～4%)，澳毛1%左右，炭化后含草杂率在0.1%以下(国毛短毛0.2%以下)。

(六)羊毛纤维的主要性能

1. 羊毛纤维的细度　羊毛纤维的细度主要取决于绵羊的品种、年龄、性别、生长部位、饲养条件等。羊毛纤维截面近似圆形，一般用直径来表示它的细度，单位为微米(μm)。羊毛纤维细度差异很大，最细绒毛直径达 7μm，最粗可达 240μm。同一根羊毛上直径差异可达 5～6μm，一般羊毛越粗，细度越不均匀。正常的细绒毛横截面近似圆形，截面长宽比在 1～1.2，不含髓质层。刚毛的横截面呈椭圆形，含有髓质层，截面长宽比在 1.1～2.5。死纤维的横截面呈扁圆形，截面长宽比在 3 以上。

细度是确定羊毛品质和使用价值的重要指标。一般羊毛愈细，离散愈小，相对强度高、卷曲度大、鳞片密、光泽柔和、脂汗含量高，但长度偏短。

羊毛纤维的细度对于毛织物的品质和风格影响较大，精纺产品多选用同质细羊毛，粗纺产品多选用细羊毛或一级改良毛，绒线多选用 46～58 支半细毛，内衣织物需要很细的羊毛原料。但羊毛纤维越细，在纺纱过程中越易纠缠成结，易使织物表面产生起毛起球现象。

绵羊毛的细度指标除直径外，还有线密度、公制支数和品质支数等。绵羊毛的平均直径为 11～70μm，直径变异系数 20%～30%，相应的线密度在 1.25～42dtex。

绵羊毛的品质支数简称"支数"，是毛纺生产活动中长期沿用下来的一个指标。目前商业交易中，毛纺工业的分级、制条工艺的制订都以品质支数作为重要依据。早期羊毛的品质是用主观法评定的，据当时情况，将各种细度的羊毛实际可纺得的支数叫品质支数，以此来表示羊毛的好坏。现在羊毛的品质支数仅表示直径在某一范围内的羊毛细度。各国对不同毛纤维制订有不同的品质支数对应表，我国规定的绵羊毛品质支数与平均直径对应表见表 3－2。

表 3－2　绵羊毛品质支数与平均直径的关系

品质支数	平均直径(μm)	一般可纺毛纱公支支数
70	18.1～20.0	64 以上
66	20.1～21.5	52～60
64	21.6～23.0	45～52
60	23.1～25.0	45～52
58	25.1～27.0	36～45
56	27.1～29.0	32～34
50	29.1～31.0	28～32
48	31.1～34.0	
46	34.1～37.0	
44	37.1～40.0	
40	40.1～43.0	
36	43.1～55.0	
32	55.1～67.0	

2. 羊毛纤维的长度　由于羊毛天然卷曲的存在，羊毛纤维的长度分为自然长度和伸直长度。一般用毛丛的自然长度表示毛丛长度，用伸直长度来评价羊毛品质。自然长度指纤维在自然卷曲条件下两端间直线距离。伸直长度指羊毛纤维除去卷曲后伸直的长度。

羊毛纤维的长度取决于羊毛的品种、年龄、性别、饲养条件、剪毛次数、剪毛季节。细绵羊毛的毛丛长度一般为6～12cm，半细绵羊毛的毛丛长度为7～18cm，长毛种绵羊毛的毛丛长度为15～30cm。在同一只羊身上，肩部、颈部和背部的毛纤维较长，头、腿、腹部的毛较短。

羊毛纤维的长度对于纺纱质量的影响仅次于细度。当纤维细度相同时，长度较长的羊毛纤维可纺纱线的支数高。当纺纱支数一定时，长度较长，成纱强度高，纱线条干好，纺纱断头率低。伸直长度在30mm以下为短毛，要加以控制，否则影响纱线的质量，如形成毛纱节、粗细节、大肚纱等。

对于原毛多采取简易的毛丛长度测量法，一般测量30个毛丛，计算毛丛的平均长度、均方差及变异系数。

对毛条和洗净毛采用梳片式长度分析仪，取试样2g左右，从长到短以10mm组距分组分别称重，整理后计算加权平均长度、长度均方差或变异系数、加权主体长度、短毛率等。

3. 卷曲　羊毛纤维沿长度方向有自然的周期性卷曲。羊毛卷曲的程度与绵羊品种、羊毛细度、生长部位有关，所以卷曲的多少对判断羊毛细度、同质性和均匀性有较大的参考价值。

根据卷曲波的深浅，羊毛纤维的卷曲形状分弱卷曲、常卷曲、强卷曲三类，羊毛纤维的卷曲形状如图3－5所示。弱卷曲的卷曲弧不到半个圆周，沿纤维长度方向较平直，卷曲数较少，半细毛的卷曲大部分属于这种类型，波宽与波高之比为4～5；常卷曲的卷曲波形近似于半圆形，细羊毛的卷曲大部分属于这种类型，多用于精梳毛纺纱，波宽与波高之比为3～4；强卷曲的卷曲波幅较高，卷曲数较多，细毛腹毛多属于这种类型，多用于粗梳毛纺纱，卷曲的波宽与波高<3。

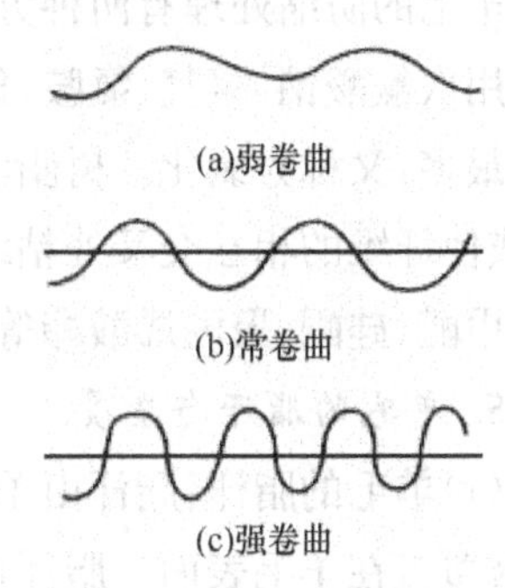

图3－5　羊毛纤维的卷曲形状

羊毛纤维的卷曲形态与羊毛正、偏皮质的分布情况有关。细羊毛的皮质层由两种不同皮质细胞组成，即由偏皮质和正皮质形成双侧结构，并在长度方向不断转换位置，使羊毛纤维形成天然卷曲。

表示羊毛纤维卷曲多少的指标是每厘米的卷曲数，一般细羊毛的卷曲数为6～9个/cm；表示羊毛纤维卷曲深浅的指标是卷曲率；表示羊毛纤维卷曲弹性的指标是卷曲回复率和卷曲弹性回复率。

4. 羊毛纤维的摩擦特性和缩绒性　羊毛表面有鳞片，鳞片的根部附着于毛干，尖端伸出毛干的表面指向毛尖。由于鳞片的这一特性，沿羊毛的不同方向滑动时，其摩擦因数的大小是不同的。逆鳞片摩擦因数比顺鳞片摩擦因数要大，这一摩擦特性称作方向性摩擦效应，可以用摩擦效应和鳞片度表示。

羊毛纤维的摩擦特性是羊毛缩绒的基础。羊毛集合体在湿热条件及化学试剂作用下，受机械外力的反复挤压、揉搓，纤维集合体逐渐收缩紧密、相互纠缠、交编毡化，这一性能称为缩绒性。其主要原因，首先是因为羊毛纤维具有方向摩擦效应，当纤维集合体受到外力的反复作用时，由于逆鳞片方向的摩擦阻力大于顺鳞片方向的摩擦阻力，使纤维始终保持向根部方向移动；其次是由于羊毛纤维天然卷曲的存在，使得羊毛的运动是无规律的，同时天然卷曲使羊毛之间易于互相缠结;最后,羊毛纤维本身具有良好的弹性,当外力作用时,纤维时而受力拉伸,时而回缩,形成纤维的反复蠕动、导致纤维蜷缩和缠绕。由此可见,方向摩擦效应、卷曲和弹性是羊毛缩绒的内在原因。温湿度、化学试剂和外力作用是促使羊毛缩绒的外部因素。

在毛织物整理过程中经过缩绒工序,可使织物长度收缩,厚度和紧度增加。织物表面露出一层绒毛,使其外观优美、手感丰厚、柔软,保暖性能提高。利用羊毛的缩绒性,还可把松散的短纤维制成具有一定机械强度、一定形状、一定密度的毛毡片,这种方法称为制毡。毡靴、毡帽等毛毡制品就是利用缩绒的原理制成的。

缩绒使毛织物具有独特的风格,另一方面,缩绒也会使毛织物在穿用和洗涤中产生尺寸收缩和变形。在洗涤过程中的揉搓、温水及洗涤剂等都会促进羊毛纤维产生缩绒。绒线针织物在穿用过程中,在汗渍和受摩擦较多的部位,也易产生毡合、起毛、起球等现象。大多数精纺毛织物和针织物要求纹路清晰,形状稳定,这些都要求减小或消除羊毛的缩绒性。因此,对一些高档的毛制品要求对羊毛进行防缩处理。

羊毛的防缩处理有两种方法:氧化法和树脂法。氧化法又称降解法,是对鳞片进行消除,通常使用次氯酸钠、氯气、氯胺、氢氧化钾、高锰酸钾等化学试剂使鳞片腐蚀。其中以含氯氧化剂用得最多,又称为氯化。树脂法是在羊毛上涂以树脂薄膜,减少或消除羊毛纤维之间的摩擦效应,或使纤维的相互交叉处粘结,限制纤维的相互移动,使其失去缩绒性。使用的树脂有尿醛、密胺甲醛、硅酮、聚丙烯酸酯等。为了增强防缩处理效果,有时两种方法并用。

5. 羊毛的脂汗与杂质

(1)羊毛的脂汗:脂汗由羊毛脂和汗两部分组成,分别由绵羊皮肤内的皮脂腺和汗腺分泌出来,被覆盖在羊毛表面。脂汗可作为羊毛纤维的油脂涂料,可以保护羊毛免受日光和雨露的侵蚀。脂汗能防止羊毛毡化,但能使纤维粘连成片,防止外界物质渗入套毛,只在毛尖部形成有限深度的黑色污染层。脂汗不足的羊毛,手感发硬、粗糙,没有正常毛纤维的光泽,纤维耐风蚀能力差,易造成染色不匀。羊毛脂由高级脂肪酸和高级一元醇组成。羊毛纤维的物理机械性能、化学性能及氨基酸的含量与羊毛脂汗含量的多少及色泽有关。

羊毛纤维含脂汗的多少,因绵羊品种、年龄、生长部位不同而有较大差异。比如细羊毛脂汗可达20%以上,粗羊毛脂汗在10%以下,羊体侧部毛含脂较多。表3-3为羊毛纤维脂汗含量。

羊毛脂的颜色随绵羊品种和含脂成分不同有很大差异,一般以白色和浅黄色等浅色羊毛脂的质量最好,其他还有黄色、橙色、黄褐色及茶褐色。不同色泽的油脂对羊毛品质的影响不同。根据羊毛油脂的颜色可以鉴定羊毛的品质,如带有白色或淡乳色油脂的羊毛品质较好,而黄色或更深色油脂的羊毛品质较差。

表3-3 羊毛纤维脂汗含量

羊毛种类	羊脂含量(%)	羊汗含量(%)
我国细羊毛	10~20	7~10
我国土种羊毛	3~7	8~11
澳洲美利奴羊毛	14~25	4~8

羊毛脂的抗化学作用和抗微生物的性能很强，它不会腐败，有渗透皮肤的特性，可用来制造化妆品及护肤用品，医疗上用于治疗烫伤，工业上可用作防锈剂等。羊毛脂作为洗毛工程中的一种副产品，具有很高的价值，一般是从羊毛的洗液中回收羊毛脂。

羊毛汗质的主要成分是无机盐，碳酸钾占 78.5%～86%，硫酸钾占 3%～5%，氯化钾占 3%～5%，一部分不溶性物质为 3%～5%和其他有机物为 3%～5%。羊毛汗质的含量一般为 4%～20%，其水溶液呈碱性。

(2)羊毛的杂质：羊毛的杂质指黏附在羊毛上的许多泥沙、尘土、粪块及一些植物质(危害最大的是带有钩刺的植物如苜蓿籽等)。直接从绵羊躯体上剪下来的羊毛称为原毛。原毛中带有很多杂质，原毛中所含的各类杂质的数量，因绵羊品种、饲养条件和当地气候环境的不同而有很大的差异。

原毛净毛率指原毛经过洗净，除去油脂，植物性杂质、砂土、灰分等，所得纯净毛重量折算成一定回潮率(Wk)、一定含脂率、一定灰分率后的重量占原毛重量的百分率。净毛率是一项评定羊毛经济价值的重要指标，对工厂成本核算和纺织品的用毛量关系极为密切，我国羊毛含杂率较高，净毛率普遍较低。

6. 羊毛纤维的其他性能　由于羊毛纤维的主要组成物质是蛋白质，所以羊毛纤维较耐酸不耐碱。羊毛在稀硫酸中沸煮几小时也无大的损伤，80%硫酸溶液短时间常温下处理，羊毛强力几乎不受损伤，醋酸和蚁酸等有机酸是羊毛染色工艺中的促染剂。

碱对羊毛纤维的作用比酸剧烈，随着碱的浓度增加、温度升高，处理时间延长，羊毛受到的损伤越严重。碱会使羊毛变黄，含硫量降低以及部分溶解。

天然纤维中，羊毛纤维的拉伸强度最小，而伸长能力最大，弹性回复能力最好。

羊毛的吸湿性在常用纤维中是最高的，一般大气条件下，回潮率为 15%～17%。主要原因在于羊毛分子中含有较多的亲水基团。

羊毛纤维导热系数小，而且有天然卷曲增加静止空气，因此羊毛纺织品保暖性好。羊毛耐热性较一般纤维差，在 100～105℃的干热条件下，纤维内水分蒸干后便开始泛黄、发硬；当温度升高到 120～130℃时，羊毛纤维开始分解。羊毛纤维的湿热定形效果较好。

羊毛纤维易被虫蛀。

(七)羊毛纤维的品质检测与评定

1. 绵羊毛原毛　依据国家标准 GB 1523—93《绵羊毛》中的规定对原毛进行分等分支。细羊毛、半细毛以细度、长度、毛丛高度、粗腔毛和干死毛含量四项作为定等定支的考核指标，以其中最低一项来定等定支，属纤维细度为主的检验。改良毛以长度、粗腔毛和干死毛含量三项为定等考核指标，以其中最低一项来定等，外观特征为参考指标，属毛中疵毛为主的检验。

2. 国产细羊毛及其改良毛洗净毛　国产细羊毛及其改良毛洗净毛定支定级规定是，支数毛：针对同质毛，按细度(品质支数)分 70 支、66 支、64 支、60 支；级数毛：针对基本同质毛和异质毛，按含粗腔毛率分为一级、二级、三级、四级甲、四级乙、五级。

洗净毛品等分一等和二等，低于二等的为等外品(一般不准出厂)。定等的条件有两项：即含土杂率、毡并率,以其中最低一项的品等为该批洗净毛的品等。定等时生产厂的保证条件有三项:即含油脂率、回潮率、含残碱率。

3. 国产细羊毛及其改良毛毛条 国产细羊毛及其改良毛毛条分为支数毛毛条与改良级数毛毛条两类。支数毛毛条的品级按羊毛平均细度评定,有70支(18.1~20.0μm)、66支(20.1~21.5μm)、64支(21.6~23.0μm)、60支(23.1~25.0μm)。级数毛毛条的品级按羊毛的粗腔毛含量评定,有一级、二级、三级、四级甲、四级乙、五级。

支数毛条和改良毛条分等的技术指标分物理指标与外观疵点。物理指标包括:细度离散、粗腔毛率、加权平均长度、长度离散、30mm及以下的短毛率、公定重量、重量公差、重量不匀率;外观疵点包括:毛粒、毛片、草屑、麻丝及其他纤维等。按其检验结果分为一等、二等、等外品。

4. 澳毛的检验与评价 世界最大细羊毛产毛国澳大利亚拥有成熟的羊毛客观检测体系,包括原毛打包前以手感目测为主的主观评价体系和打包后进入商业流通前(拍卖)的羊毛品质客观评价体系。目前主观评价体系也在逐渐客观化,如DFDA2000用于原毛的毛丛长度和毛丛细度均匀性的测量。客观评价体系主要针对羊毛细度和洗净率(第一检测证书),兼顾羊毛强度、长度、弱节(第二检测证书)的检验。第一检测证书包括的指标有纤维的平均直径、直径变异系数和粗纤维含量;原毛洗净率(毛基)、总含杂率和三类杂质含量,第一证书的检验率已达99%以上。第二检测证书包括的指标有毛丛强度、毛丛长度、以重量计算的断裂点位置等,第二证书的检验率也达60%以上。

所有检验都在澳大利亚羊毛检验机构(AWTA)完成,检验都用仪器进行客观测量。羊毛的检测结果均以数表的形式提供给羊毛拍卖中心,并有多种预报软件,用于原毛数据的价格和加工性能的分析。

二、特种动物毛

(一)山羊绒

山羊绒(Cashmere)是山羊的绒毛,通过抓、梳获得,称抓毛。山羊绒又叫"开司米"或克什米尔(Cashmere)。18世纪,印度克什米尔地区出产的山羊绒披肩闻名于世,此后国际上开司米便成了山羊绒制品的商业名称。我国、伊朗、蒙古、阿富汗为山羊绒主要产地。我国年产山羊绒约6000吨,占世界产量的60%左右,主要分布在西北、内蒙古、山西、河南、河北和山东等。

山羊绒按颜色分为白绒、紫绒和青绒三种。白绒是最优级的山羊绒,价值最高;紫绒的颜色为棕色,且深浅不同,从黄棕到红棕以至黑棕,以红色质量较好;青绒外观呈不同程度的灰青色。山羊绒的杂质较少,净毛率一般为68%~82%。

山羊绒纤维的结构与细羊毛近似,由鳞片层和皮质层组成,无髓质层。山羊绒的鳞片多呈环状覆盖,鳞片边缘光滑,间距比羊毛大。正、偏皮质不明显,卷曲较少且不规则,羊绒截面近似圆形。

山羊绒平均直径在15~16μm之间,细度离散系数为20%;长度一般为30~40mm,短绒率为18%～20%。由于山羊绒的长度较短，因此山羊绒长度是其价值的决定因素。

山羊绒的强度、伸长率、弹性均优于细羊毛，具有细、轻、柔软、保暖好的特点。羊绒的化学组成与羊毛类似，对碱的作用较羊毛敏感。

山羊绒主要用于制作针织羊绒衫，也用于高级羊绒大衣呢、毛毯、高档精纺服装面料等。其产品手感滑爽、细腻，没有刺痒感。

(二)绵羊绒

绵羊绒是土种绵羊毛异质毛被中的底层绒毛。长期以来，这种绒毛同绵羊异质毛被中的粗毛、两型毛等一起被混用，作为地毯和粗纺产品的原料。随着山羊绒的流行，导致用土种绵羊毛的混型毛，经梳理，将绒毛分离，加工成绵羊绒。

绵羊绒的细度、卷曲特性、鳞片形状和密度与山羊绒近似。绵羊绒粗细不匀、粗节、弱节较多，鳞片倾角大、鳞片边缘较薄、容易缺损而不光滑。绵羊绒比山羊绒抗酸、碱等化学物质的能力强，着色深度差异大于山羊绒。绵羊绒主要用于与山羊绒混纺，可降低成本。

(三)马海毛

马海毛(Mohair)是剪自安哥拉山羊的一种动物纤维，故又称安哥拉山羊毛。安哥拉山羊起源于中亚国家，主要产地为土耳其、南非和美国，其中土耳其所产马海毛的品质较好。我国宁夏的中卫山羊毛与马海毛类似，与安哥拉山羊杂交后的改良中卫山羊更接近于马海毛。安哥拉山羊一般分春、秋两次剪毛，成年羊每头通常可剪2～3kg，最高的可达10kg。毛色分白、褐两种。净毛率80%左右，含植物杂质很少，油汗含量5%～8%。

马海毛属异质毛，品质较好的马海毛无死毛，有髓毛不超过1%，品质较差的含有20%以上的有髓毛和死毛。马海毛的鳞片扁平，紧贴在毛干上，很少重叠，呈现不规则的波形衔接，大约每毫米有50～100个鳞片。鳞片长度为18～22μm。因鳞片大而平滑，互不重叠，光泽很强。马海毛的皮质层几乎都是由正皮质细胞组成的，纤维很少卷曲。马海毛强度高，具有良好的弹性，不易毡缩。对化学药品的反应较绵羊毛敏感。

马海毛的直径一般在10～90μm，幼年羊毛直径在10～90μm，成年羊毛直径分布为25～90μm。半年剪的幼年羊毛长度一般为100～150mm，一年剪的羊毛长度为200～300mm。

马海毛是制作提花毛毯、长毛绒、顺毛大衣呢等高光泽毛织物的理想原料，也可与其他纤维混纺制成高级坐垫、假鬓、衣边、帐幕等。

(四)兔毛

纺织工业用的兔毛(rabbit hair)主要是从安哥拉长毛兔上获取的。安哥拉兔原产于土耳其的安哥拉省，后引入英、法、德等国饲养，并逐渐形成各自的品系。我国饲养的长毛兔是由英系和法系安哥拉长毛兔与我国的家兔杂交培育而成。目前我国的兔毛产量占世界的90%左右。我国大部分省区都饲养长毛兔，以江苏、浙江的产量最多，品质最好。我国饲养的长毛兔，体重为3～3.5kg，年产兔毛约400g/只。兔毛每隔2～3个月剪毛一次，一年可剪4～6次。兔毛纤维分为绒毛和粗毛两种类型，兔毛的绒毛含量在90%左右。兔毛的含油率(0.6%～0.7%)和杂质很少，一般不需洗毛即可纺纱。

兔毛由鳞片层、皮质层和髓质层组成，极少量的绒毛无髓质层。兔毛鳞片少、光滑，且紧贴毛干。兔毛的正、偏皮质细胞呈不均匀的混杂分布，以正皮质细胞为主。兔毛皮质层所占的比例比羊毛少得多，绒毛的毛髓呈单列断续状或窄块状。兔毛的截面形状随其纤维的细度而变化，细绒毛接近圆形或不规则的四边形。

兔毛的直径较小，在5～30μm(多为10～15μm)，长度10～115mm(多为25～45mm)。兔毛的密度较小，在0.91～1.32g/cm^{3}之间，随纤维的粗细而变化，纤维越粗，其密度值越小。兔毛断裂强度较低，约1.6～2.7cN/dtex，断裂伸长率为30%～45%。

兔毛具有细、轻、蓬松的特点，但卷曲较少、强度较低、表面光滑，纤维之间抱合力差，可纺性较差，故不适于单独纺纱，主要与羊毛或化学纤维混纺，生产针织绒线，织制兔毛衫、帽子、围巾等，还可制造兔毛混纺大衣呢、花呢、女式呢等。兔毛产品的表面有一层绒毛覆盖，具有独特的风格，但在穿用过程中容易掉毛。

(五)牦牛绒(yak wool)

牦牛是高寒地带特有的牲畜，被称为“高原之舟”，主要分布在中国、阿富汗、尼泊尔等国家，我国西藏、甘肃、青海、新疆、四川等地的高山草原上大量饲养牦牛，目前世界上约有1300多万头牦牛，我国有1200万头，占世界牦牛总数的90%以上。牦牛的颜色有黑、褐、黑白花及灰白等。

牦牛的被毛由绒毛、两型毛和粗毛组成。牦牛的产绒量与牦牛生长的条件、年龄等关系密切，越是高寒地区，产绒量越高；年龄不同的牦牛，产绒量也不同，如一岁牦牛产绒毛约0.5kg，两岁牦牛产绒毛约1kg，三岁以上牦牛可产2kg以上绒毛。牦牛绒和毛是混杂在一起的，纺织加工之前要利用分梳机将粗毛和绒分开。牦牛被毛的含绒量为10%～15%。牦牛绒是稀有的纺织原料。

牦牛绒由鳞片层与皮质层组成，髓质层极少。牦牛绒鳞片呈环状，边缘整齐，紧贴于毛干上，有无规则卷曲。牦牛绒平均直径为18～20μm，平均长度30～40mm。牦牛绒断裂强度为0.6～0.9cN/dtex。牦牛绒产品不易掉毛、有身骨、膨松、丰满，手感滑软、光泽柔和，是毛纺行业的高档原料，可织制各类针织、机织衣料。

(六)驼绒

骆驼有单峰驼和双峰驼两种。毛的品质以双峰驼较好，单峰驼毛纤维质量较差，没有纺纱价值。我国的骆驼主要是双峰驼，多产于内蒙古、新疆、甘肃、青海、宁夏等地，总计约60万峰，约占世界双峰驼总数的2/3，是世界上最大的产地之一。毛的质量以宁夏产区的较好，被毛的含绒量达70%以上。

骆驼毛(camel hair)的颜色有乳白、浅黄、黄褐、棕褐色等，品质优良的骆驼毛多为浅色。骆驼被毛中含有细毛和粗毛两大类纤维，从骆驼身上自然脱落或用梳子采集而来。粗长纤维构成外层保护被毛，称为驼毛；细短纤维构成内层保暖被毛，称驼绒。

驼绒主要由鳞片层和皮质层组成，有的纤维有髓质层。鳞片少、鳞片边缘光滑。皮质层是由带有规则条纹和含有色素的细长细胞组成，少量粗绒毛有髓质细胞，呈不连续分布。驼绒的平均直径14～23μm，长度40～135mm；单根驼绒纤维的强力为6.86～24.5cN，伸长率45%～50%。去除粗毛后的驼绒可织造高级纺织面料、毛毯和针织品。

(七)羊驼毛(alpaca hair)

羊驼属于骆驼科，主要产于秘鲁。羊驼毛强力较高，断裂伸长率大，加工中断头率低，但是，羊驼毛髓腔随羊驼毛细度不同差异较大，造成羊驼毛物理机械性能存在较大差异。与羊毛相比，羊驼毛长度较长(15～40cm)，细度偏粗(20～30μm)，不适合纺细特纱。羊驼毛表面的鳞片贴伏、鳞片边缘光滑，卷曲少，顺、逆鳞片摩擦因数较羊毛小，所以，羊驼毛富有光泽、有丝光感，抱合力小、防毡缩性较羊毛好。羊驼毛的洗净率高达90%以上，不需洗毛直接应用。

南美高原野生的原驼和骆马毛是天然动物毛中最细、品质极优的纤维。纤维直径为6～25μm，平均为13.2μm。

(八)貂绒

水貂在动物分类学上属于食肉目、鼬科、鼬属中的一种小型珍贵毛皮动物。貂具有绒毛和针毛。貂绒纤维的横截面呈椭圆形或近似圆形，由鳞片层、皮质层和髓质层组成，纵向比较光滑，表面均匀分布有微小的突起。平均直径为14.16μm(2.5～40μm)，有效长度为48mm，密度为1.22g/cm^3。貂绒纤维由于髓质层的存在，使得力学性能较差，纤维易脆断，从而影响纤维可纺性。貂绒织物风格独特、手感柔软、绒面丰满，具有柔、轻、滑、糯、暖、爽的特性。

第二节　蚕　丝

蚕丝是蚕吐丝得到的天然蛋白质纤维，分为家蚕丝和野蚕丝两大类，家蚕丝即桑蚕丝(mulberry silk)，其茧是生丝的原料，野蚕丝有柞蚕丝、蓖麻蚕丝、樟蚕丝、柳蚕丝等。产量较高的是桑蚕丝和柞蚕丝，以桑蚕丝的质量最优。我国的蚕丝产量居世界第一位，江苏、浙江、安徽、四川等地是桑蚕丝的主产地，东北地区是柞蚕丝的主要产地。

一、桑蚕丝

(一)概述

桑蚕又称家蚕，由蚕茧(cocoon)缫得的丝称为桑蚕丝。桑蚕有中国种、日本种和欧洲种3个品系。中国种桑蚕茧多为白色或乳白色，日本种多为白色，欧洲种多为略带红色的乳白色或淡黄色。在彩色蚕茧的获得上，已有研究和结果，但多为浅色。桑蚕茧由外向内分为茧衣、茧层和蛹衬三部分。其中茧层可用来做丝织原料，茧衣与蛹衬因细而脆弱，只能用做绢纺原料。桑蚕丝主要用于织制各类丝织面料。

(二)蚕茧的结构与初加工

1. 蚕丝的形成　蚕丝是由蚕体内的一对绢丝腺的分泌液凝固而成，绢丝腺是透明的管状器官，左右各一条，在头部合并为一根吐丝管。蚕丝绢丝腺结构如图3-6所示，绢丝腺分为吐丝口、前部丝腺、中部丝腺和后部丝腺。前部丝腺的作用是输送丝液到吐丝口，后部丝腺的作用是分泌丝素，中部丝腺的作用是分泌丝胶。蚕吐丝时，后部丝腺分泌的丝素经过中部，从而被中部丝腺分泌的丝胶所包覆，通过前部丝腺输送至吐丝口合并吐出体外，在空气中凝固成蚕茧。

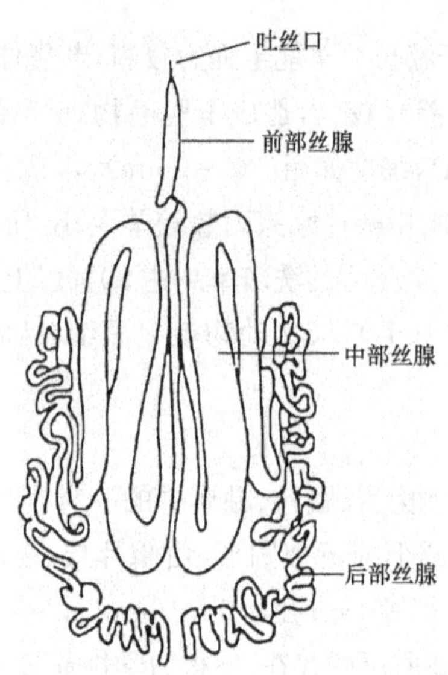

图 3-6 蚕丝绢丝腺结构示意图

2. 蚕茧与茧丝的结构 蚕茧(cocoon)包括茧衣、茧层、蛹衬、蚕蛹和蜕皮五个部分,可纺用的是前三项。茧衣是蚕茧最外面的一层细脆、凌乱的丝缕,约占茧重的 2%,不能作缫丝用,可作绢纺原料。茧层是用来缫丝的部分,其重量占蚕茧重量的 50%左右,占全部丝量的 70%~80%。蛹衬是蚕茧最内层的丝缕,约占茧重的 2.5%,不宜缫丝。

一根蚕丝由两根平行的单丝(丝素),外包丝胶构成。单丝截面呈三角形。蚕丝主要为丝素蛋白,其次是丝胶,还含有色素、蜡脂、无机物等少量杂质。桑蚕茧丝的细度随茧丝的吐出先后有所差异,以茧的中层最细和均匀,并且三角形特征明显。桑蚕丝的特征及工艺性质见表 3-4。其中茧丝量是指一粒茧所能缫得的丝量;茧层率为茧层占全茧的重量百分比;缫丝率为缫丝量占茧层的重量百分率;缫折为 100kg 的生丝所需的干茧重量;解舒长为一粒茧平均缫得的丝长;解舒率为解舒长相对茧丝长的百分比。

表 3-4 桑蚕茧丝的工艺性质参数表

指 标	春蚕茧	秋蚕茧
茧丝长(m)	1000~1400	850~950
茧丝量(g)	0.22~0.48	0.2~0.4
茧层率(%)	鲜:18~24;干:48~51	
缫丝率(%)	71~85	
缫折(kg)	220~280	
解舒长(m)	500~900	
解舒率(%)	65~80	

3. 桑蚕丝的初加工　桑蚕丝的初加工是在蚕茧的基础上进行，主要目的是将茧丝从茧中分离出来，均匀地汇集成丝束。蚕茧的初加工工艺包括：烘干→选茧→缫丝（silk reeling）。

（1）烘干：鲜茧不能长期储存，必须及时进行烘干，防止出蛾、生蛆；去除水分，避免霉烂、便于贮运，同时可使丝胶适当变性。鲜茧中蛹体的含水率为73%～77%，茧层含水率在13%～16%之间，烘后干茧的含水率是9.1%～10.7%，烘茧主要是除去蛹体的水分。干茧在制丝前，必须合理的储存，防止霉变和虫、鼠害。

（2）选茧：各批蚕茧都存在茧型大小，茧层厚薄、色泽等差异。为此，需按照工艺设计的要求进行选茧分类。选茧分粗选与精选，粗选是剔除原料茧中不能缫丝的下脚茧，去除下脚茧后的原料茧为上车茧；精选是在上车茧中，按茧子的大小、厚薄、色泽进行分离又称分型。

（3）缫丝：主要过程是煮茧和缫丝，煮茧能适当的膨润和溶解丝胶，保证茧丝能连续不断地顺序抽出；缫丝是指根据生丝的规格要求，把若干粒煮熟茧的茧丝离解后，利用丝胶的黏合作用，将原来细而不匀，长度有限的单根茧丝，汇集成粗细均匀、连续不断的丝束（生丝），其内容包括：索绪→理绪→添绪→集绪→捻鞘→卷绕→干燥→复摇→整理→打包。

（三）桑蚕丝的组成与结构

1. 桑蚕丝的组成　茧丝主要由丝素（fibroin）和丝胶（sericin）组成，一般丝素占72%～81%，丝胶占19%～28%。丝素和丝胶的主要组成物质是蛋白质，其化学组成情况见表3－5。丝素是一种不溶性蛋白质，称为丝朊，丝素蛋白质呈纤维状。丝胶分为丝胶Ⅰ、丝胶Ⅱ、丝胶Ⅲ和丝胶Ⅳ四部分，丝胶Ⅰ在热水中的溶解度大，丝胶Ⅱ、丝胶Ⅲ和丝胶Ⅳ在热水中的溶解度依次减小，丝胶蛋白质呈球形。另外，还含有蜡类物质、糖类物质、色素及矿物质等，约占茧丝重量的3%。

表3－5　蚕丝纤维中的各种元素

化学元素	丝素蛋白	丝胶蛋白
碳	48.0～49.1	44.3～46.3
氧	26.0～28.0	30.4～32.5
氮	17.4～18.9	16.4～18.3
氢	6.0～6.8	5.7～6.4
硫	—	0.1～0.2
磷	—	—

2. 桑蚕丝的结构　桑蚕茧丝的纵面比较光滑平直，表面带有丝胶瘤节，横截面形状呈半椭圆形或略成三角形，三角形的高度从茧的外层到内层逐渐降低，即茧丝横截面从圆钝渐趋扁平，如图3－7所示。

生丝是由若干根茧丝依靠丝胶黏合构成，大部分生丝的横截面呈椭圆形，占65%～73%，呈不规则圆形占18%～26%，呈扁平形约占9%。生丝经脱胶后称为熟丝或精练丝，其截面多呈近似三角形，表面比茧丝更光滑。桑蚕丝纤维的纵向和横向形态见本书第一章表1－5。

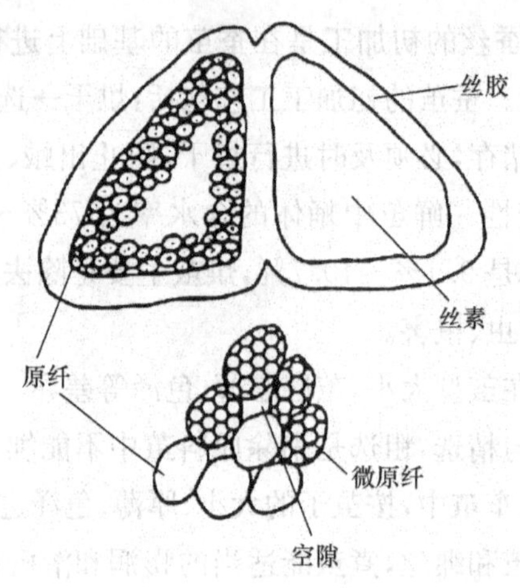

图 3－7　茧丝横截面示意图

(四)桑蚕丝的主要性能

1. 长度与细度　桑蚕丝的茧丝长度为 1000～1400m，平均直径为 13～18μm，线密度为 2.64～3.74dtex(2.4～3.4 旦)，经脱胶后的单根丝素纤维的线密度小于茧丝的 1/2。生丝的线密度是由缫丝时蚕茧的粒数所决定的。

2. 强伸度　桑蚕丝的强度大于羊毛而接近于棉纤维，干态强度为 2.5～3.5cN/dtex，湿态强度下降 10%～25%，桑蚕丝的断裂长度为 22～31km；桑蚕丝的伸长率小于羊毛大于棉，干态伸长率 15%～25%，湿态伸长增加约为 45%。

3. 光学性质　桑蚕丝的颜色因蚕的种类而不同，以白色、黄色最为常见，精练脱胶后呈纯白色。蚕丝具有其他纤维所不能比拟的美丽光泽，除去丝胶后的精练丝截面近似三角形，纵向表面对入射光的反射近似镜面反射，同时因丝素具有层状结构，光线入射后，在内部形成多层反射，使反射光更加均匀，亮而不刺眼。

蚕丝的耐光性较差，紫外线的照射会使丝素中的酪氨酸、色氨酸的残基氧化裂解，使蚕丝发脆、泛黄，强力下降。

4. 化学性质　桑蚕丝的分子结构中既有酸性基团(—COOH)，又有碱性基团(—NH_2—OH)，呈两性物质，其中酸性氨基酸含量大于碱性氨基酸，因此桑蚕丝的酸性大于碱性，是一种弱酸性物质。

蚕丝在酸碱作用下会被水解破坏，对碱的抵抗力更差。在稀碱条件下蚕丝会失去光泽，长时间在热碱液中会受损伤；在浓碱条件下蚕丝膨化水解。桑蚕丝在强无机酸中会溶解，在弱无机酸和有机酸中影响不大。桑蚕丝在中性盐中容易脆化。

5. 密度　生丝的密度比棉小，为 1.30～1.37g/cm^3，精练丝为 1.25～1.30g/cm^3，说明丝胶的密度比丝素大。一颗蚕茧上，外层茧丝的丝胶含量高而密度较大，内层的丝胶含量少而密度较小。因此外层、中层和内层的茧丝密度不一致。

6. 其他性质　桑蚕丝的标准回潮率为 9%左右。干燥的蚕丝相互摩擦时，产生一定频率的特殊音响效果，称为丝鸣，丝鸣是蚕丝特有的一种风格。

二、其他蚕丝

(一)柞蚕丝

1. 概述　柞蚕为鳞翅目大蚕蛾科柞蚕属，古称春蚕、槲蚕，因喜食柞树叶得名。柞蚕有中国种、印度种和日本种3个品系。中国是最早利用柞蚕和放养柞蚕的国家，现在中国的柞蚕生产分布于10多个省区，以辽宁、河南、山东等省为主，其中辽宁省柞蚕产量占全国总产量的70%。柞蚕丝是织造柞蚕茧绸、装饰绸以及一些工业、国防用丝织品的原料，一般用于织造中厚型丝织品。

2. 结构　柞蚕丝和桑茧丝一样，也是蚕体内的绢丝腺分泌的丝素和丝胶经过吐丝口凝固而成，柞蚕的绢丝腺分外前部丝腺、中部丝腺和后部丝腺。柞蚕结茧时，都作有茧柄，以便把茧子缠绕在柞树枝条上，在茧柄下部留有细小的出蛾孔，茧丝结构疏松，煮漂时易造成“破口茧”，给缫丝造成困难。

茧丝主要由丝素和丝胶组成，一般丝素占84%～85%，丝胶占12%左右，较桑蚕丝少12%～15%。另外还含有蜡类、糖类物质、色素及矿物质等，含量占总重量的3.0%～4.5%。柞蚕丝和桑茧丝的横截面相似，只是更为扁平，一般长径约为65μm，短径为12μm，长径为短径的5～6倍，越向内层，长短径差异越大，形态越扁平，如图3-8所示。

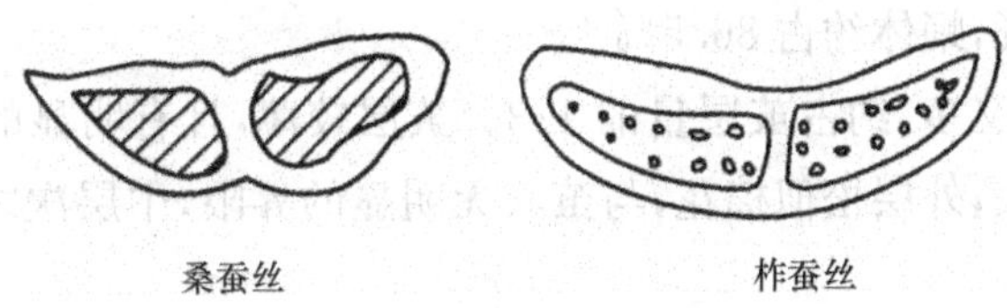

图3-8　柞蚕丝的横截面

柞蚕丝的茧形较桑蚕丝大，茧丝的平均细度为6.16dtex(5.6旦)，比桑蚕茧丝粗。柞蚕丝的茧丝细度，因茧形大小、茧层厚薄、茧层部位的不同而差异较大。表3-6是柞蚕茧丝的工艺性质参数表。

表3-6　柞蚕茧丝的工艺性质参数表

指　标	春蚕茧	秋蚕茧
茧丝长(m)	约600	700～1000
茧丝量(g)	0.24～0.28	0.42～0.58
茧层率(%)	6～11	
缫丝率(%)	60～66	
缫折(kg)	1340～1450	
解舒长(m)	360～490	
解舒率(%)	30～50	

3. 性质 柞蚕丝的强度和伸长率均大于桑蚕丝，坚牢度、吸湿性、抗脆性、耐热性、耐化学品性均比桑蚕丝好，耐日光性较桑蚕丝更好。

柞蚕茧的春茧为淡黄褐色，秋茧为黄褐色，而且外层较内层颜色深。这种天然的淡黄色赋予柞蚕丝产品华丽富贵的外观。柞蚕丝的光泽不如桑蚕丝柔和优雅，手感不如桑蚕丝光滑，略显粗糙。

柞蚕丝价格远低于桑蚕丝，在我国丝绸产品中占有相当的地位，在工业和国防上也有重要用途。但织物缩水率大。

(二)蓖麻蚕丝

1. 概述 蓖麻蚕是大蚕蛾科樗蚕的亚种。蓖麻蚕原产印度东北部的阿萨姆邦，18 世纪开始从印度传出，中国、美国、斯里兰卡、马耳他、意大利、菲律宾、埃及、日本、朝鲜等国先后引种饲养。蓖麻蚕原是野外生长的野蚕，食蓖麻叶，也食木薯叶、鹤木叶、臭椿叶、马松叶和山乌桕叶，是一种适应性很强的多食性蚕。蓖麻蚕为多化性，在适宜条件下无滞育期，可全年连续饲养。在中国一年最多可发生 7 代。现在多在野外生长，由人工放养，也有在室内由人工放养的。

2. 结构 蓖麻蚕茧两端尖细，中部膨大，形如枣核，也有呈不规则三角形的，尾部封闭，头部有一个出娥小孔。茧的厚薄不一致，中部最厚，尾部次之，头部最薄。在鲜茧重量中，茧衣约占 3.6%，茧层约占 10%，蛹体约占 86.5%。

蓖麻蚕的茧衣又厚又多，约占茧层量的 1/3。茧层较薄，且有明显的分层，茧层松软，缺少弹性，厚薄松紧差异较大，外层松似棉花，与茧衣无明显的界限，中层次之，内层紧密，手捏有回弹声。

蓖麻蚕茧丝的断面形状与桑蚕丝相类似，但比桑蚕茧丝更为扁。蓖麻蚕茧丝含丝胶为 7%～12%，丝素为 85%～92%，杂质为 1.5%～4.0%。茧丝的细度较细，为 1.65～3.3dtex (1.5～3.0 旦)。

3. 性质 蓖麻蚕丝的性质与桑蚕相近，强度比桑蚕丝低，耐碱性略强于桑蚕丝。蓖麻蚕茧呈洁白色，但光泽不如桑蚕茧明亮。

蓖麻蚕茧不能缫丝，只能作绢纺原料，经梳理后可得长纤维 60.9%，短纤维 35.3%，损耗仅 3.8%。

蓖麻蚕丝可纺制蓖麻绢丝，也可与桑蚕废丝、柞蚕废丝、苎麻、化纤等混纺，适纺 6.25tex (160 公支)绢纺纱。

(三)天蚕丝

1. 概述 天蚕是一种生活在天然柞林中吐丝作茧的昆虫。幼虫的形态与柞蚕酷似，只能从柞蚕幼虫头部有黑斑，而天蚕没有黑斑这一点来加以区别。天蚕一旦成熟，蚕体就会呈现出亮丽的绿光，故在国际上被誉为“绿色钻石”。天蚕适于生长在气温较温暖而半湿润的地区，但也能适应寒冷气候，主要产于中国、日本、朝鲜和俄罗斯的乌苏里等地区。

2. 结构 天蚕丝的丝胶含量比桑蚕丝和柞蚕丝多，约为 30%，纤维横截面呈扁平多棱三角形，如同钻石的结构，具有较强的折光性。天蚕丝细度比桑蚕丝稍粗，与柞蚕丝相近，平均细度为5.5～6.6dtex，粗细差异较大。

3. 性质　天蚕丝的性质与桑蚕相近，伸长率较高，约40%。天蚕丝是一种不需染色而能保持天然绿色的蚕丝，有着淡绿色的光泽，被誉之“纤维钻石”。在国际市场上，售价比桑蚕丝高约30倍。

用天蚕丝制作服装面料、饰品和绣品，是日本市场和东南亚市场的紧俏商品。由于纤维产量极低，仅在桑蚕丝织品中加入部分作为点缀。

思考题

1. 论述毛纤维的截面结构，各层与纤维性能的关系。
2. 毛纤维的缩绒性，分析主要原因。
3. 比较生丝与绢丝。

第四章　普通化学纤维

本章知识点

1. 化学纤维制造基础知识。
2. 再生纤维和普通合成纤维的结构与性能。
3. 化学纤维的品质检验与评定基础知识。

第一节　化学纤维制造概述

由于各种化学纤维的原料来源、分子组成及成品要求不同，制造方法也不一样，但其制造基本上可以概括为成纤高聚物的提纯或聚合、纺丝流体的制备、纺丝成形以及后加工四个过程。

一、成纤高聚物的提纯或聚合

化学纤维的高聚物可直接取自自然界，也可由低分子物经化学聚合而得。再生纤维、醋酯纤维是以天然高聚物为原料，合成纤维的原料是由低分子物经化学聚合而得。

二、纺丝流体的制备

将成纤高聚物做成纺丝流体有两种方法，即熔融法和溶液法。熔融法是将成纤高聚物加热熔融成熔体，溶液法是将成纤高聚物溶解于适当的溶剂中制成纺丝液。

纺丝流体的制备采用熔融法或溶液法主要决定于成纤高聚物的性质和产品要求，分解温度高于熔点的高分子物质，可直接将高聚物熔化成熔体然后进行纺丝，也可以溶解在适当的溶剂中进行溶液纺丝。熔体纺丝成本低、污染少。

分解温度低于熔点的高分子物质或非熔性物质只能选择溶液法。用适当的溶剂把高聚物溶解成纺丝液，或先将高分子物质制成可溶性中间体，再溶解成纺丝液，然后纺丝。粘胶、维纶、腈纶等均采用此法。制备纺丝溶液的溶剂要求溶解性能好、毒性低、不易燃烧或爆炸以及回收方便、价格低廉。

三、纺丝成形

将纺丝液从喷丝头的喷丝孔中压出，呈细流状，再在适当的介质中固化为细丝，这一过程称为纺丝成形。刚形成的细丝称为初生纤维。常用的纺丝方法有两大类，即熔体纺丝法和溶液纺丝法。喷丝板与纺丝如图 4－1 所示。

图 4－1 喷丝板与纺丝

(一)熔体纺丝(melt spinning method)

将高聚物加热到熔点以上的适当温度以制备熔体，熔体经螺杆挤压机由计量泵压出喷丝孔，使其成细流状射入空气中，经冷凝而成为细丝。此法纺丝过程简单，纺丝速度较高，但喷丝头孔数较少。纺丝速度一般在 900～1200m/min，高速可达 4000m/min 以上。喷丝板孔数长丝为 1～150 孔，短纤维一般为 300～1000 孔，多孔纺可达 2200 孔。熔体纺丝纺得的丝截面大多为圆形，也可通过改变喷丝孔的形状来改变纤维截面形态。熔体纺丝示意图如图 4－2 所示。

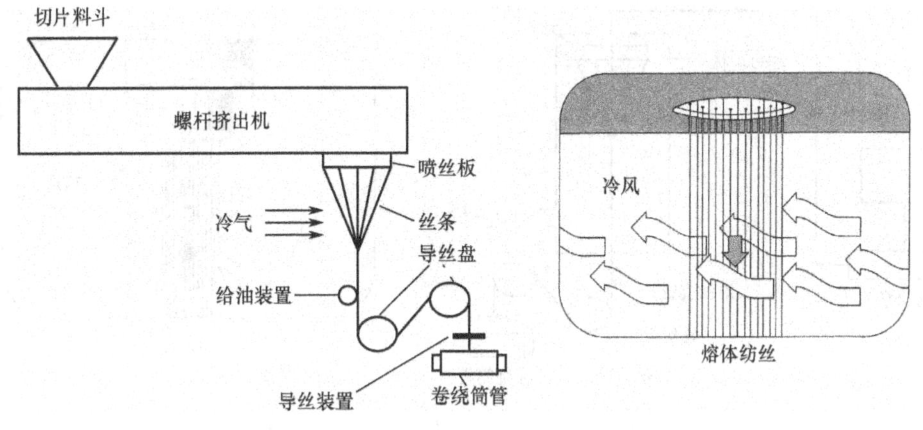

图 4－2 熔体纺丝示意图

(二)溶液纺丝(solution spinning method)

溶液纺丝法分为湿法纺丝和干法纺丝两种。

1. *湿法纺丝*(wet spinning) 将高聚物溶解于适当的溶剂以配成纺丝溶液，将纺丝液从喷丝孔中压出后射入凝固浴中凝固成丝条。湿法纺丝喷丝板孔数较熔体纺丝多，一般为 4000～20000 孔，但丝条凝固慢，纺丝速度低，为 50～100m/min。由于液体凝固剂的固化作用，纤维截面大多呈非圆形，且有较明显的皮芯结构。大部分腈纶、维纶短纤、氯纶、粘胶和铜氨纤维多用此法纺丝。湿法纺丝示意图如图 4－3 所示。

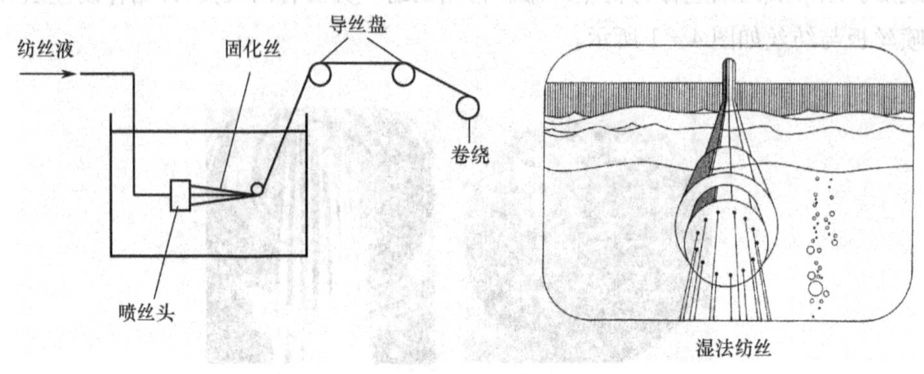

图 4－3　湿法纺丝示意图

2. 干法纺丝(dry spinning)　将高聚物溶解于适当的溶剂以配成纺丝溶液，纺丝液从喷丝孔中压出后射入热空气中，溶剂挥发，聚合体凝固成丝。只有溶剂挥发点低的纺丝黏液，才能用此法纺丝。热空气的温度需高于溶剂沸点。此法的纺丝速度较高，为 200～500m/min，而且可纺制较细的长丝。喷丝头的孔数较少，为 300～600 孔。由于溶剂挥发易污染环境，需回收溶剂，设备、工艺复杂，成本高，故该法较少采用。醋酯纤维、维纶、氨纶和部分腈纶可采用此法纺丝。干法纺丝示意图如图 4－4 所示。

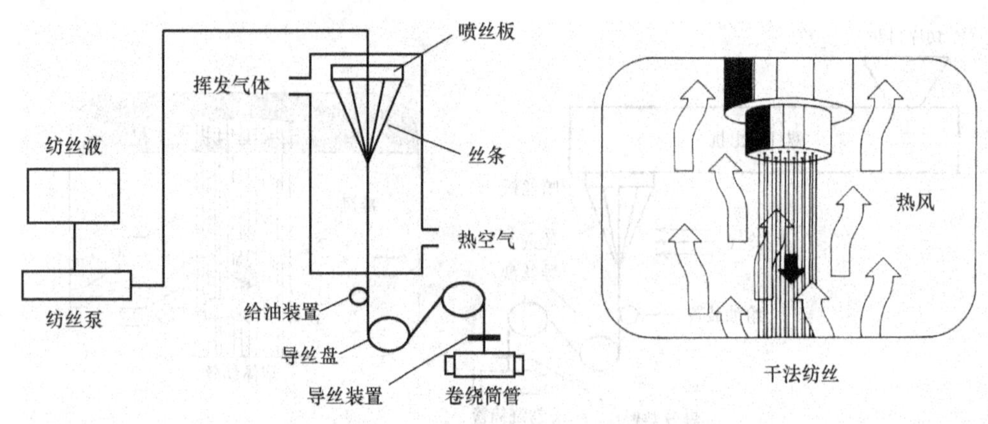

图 4－4　干法纺丝示意图

四、后加工

初生纤维的强度低，伸长大，沸水收缩率高，没有使用价值，所以必须进行一系列后加工，以改善纤维的物理性能。后加工的工序随短纤维、长丝以及纤维品种而异。

(一)短纤维的后加工

短纤维的后加工主要包括集束、拉伸、上油、卷曲、热定型和切断(或牵切)、打包等内容。对含有单体、凝固液等杂质的纤维还须经过水洗或药液处理等过程。

1. 集束　将几个喷丝头喷出的丝束以均匀的张力集合成规定粗细的大股丝束，以便于以后加工。集束时张力必须均匀，否则以后拉伸会使纤维细度不匀。

2. 拉伸　将集束后的大股丝束经多辊拉伸机进行一定倍数的拉伸。这样可以改变纤维中大分子的排列，使大分子沿纤维轴向伸直而有序排列（常称取向），从而改善纤维的力学性质。改变拉伸倍数可使大分子排列情况不同，从而制得不同强伸度的纤维。拉伸倍数小，制得的纤维强度低，伸长度大，属低强高伸型；拉伸倍数大，制得的纤维强度较高而伸长较小，属高强低伸型。

3. 上油　天然纤维表面有一层保护层，如棉蜡、羊脂等。它们能减少纤维与纤维、纤维与机件之间的摩擦及其他不良影响。为了改善化学纤维的工艺性能，需要上油。上油是将丝束经过油浴，在纤维表面加上一层很薄的油膜。上油一方面是纺丝工艺本身的要求，另一方面是化纤纺织加工的需要。因此，化纤油剂有纺丝油剂和纺织加工油剂之分。化纤油剂与纤维品种和加工工艺有关。按纤维品种不同有涤纶油剂、锦纶油剂、粘胶纤维油剂等，按纺织加工工艺不同有纺织油剂、织布油剂、针织油剂等。纺织油剂主要是为了减少纤维在纺织和使用过程中产生的静电现象，并使纤维柔软。织布油剂还要求乳化性好，上浆性良好，浆膜不易脱落。针织油剂主要是为了改善纤维的平滑性，减少对金属的磨耗和静电现象。加工变形纱（变形丝）的原丝还要求所加油剂能耐高温。

4. 卷曲　卷曲是使纤维具有一定的卷曲数，从而改善纤维之间的抱合力，以使纺纱工程得以正常进行并保证成纱强力，同时可改善织物的服用性能。可利用纤维的热塑性、内部结构的不对称性和并列型双组分等方法，实现纤维的卷曲。

5. 热定型　目的是除去纤维中的水分以达到规定含水量，并消除前段工序中产生的内应力，防止纤维在随后的加工或使用过程中产生收缩，改善纤维的物理性能。

6. 切断　将纤维丝束切成规定的长度，切断时要求刀口锋利，张力均匀，以免产生超长和倍长纤维。为了缩短纺纱工序和提高成纱强力，也可采用牵切法，在牵切机上依靠两对速度不同的加压罗拉牵伸拉断纤维，所得纤维长度不等，可直接成条。

最后将纤维在打包机上打成包。

（二）长丝的后加工

长丝的后加工过程比较复杂。粘胶丝的后加工包括水洗、脱硫、漂白、酸洗、上油、脱水、烘干、络筒（绞）等工序。涤纶和锦纶 6 长丝的后加工包括拉伸加捻、后加捻、压洗（涤纶不需要压洗）、热定型、平衡、倒筒等工序。

1. 拉伸加捻　在一定的温度下，将长丝进行一定倍数的拉伸，以使大分子沿纤维轴向伸直而有序地排列，从而改善纤维的力学性质。拉伸后的丝条被加上一些捻度。

2. 后加捻　是对拉伸加捻后的丝条追加捻回，使其达到要求的捻度，以增强丝的抱合力，减少使用时的抽丝，并提高复丝的强度。

3. 压洗　是用热水在压洗锅中对卷绕在网眼筒管上的丝条循环洗涤，以除去丝条上的单体等低分子物。

4. 热定形　是在定形锅内用蒸汽进行，以消除前段工序中产生的内应力，改善纤维的物理性能，并稳定捻回。

5. 平衡、倒筒 是将定型后的丝筒放在一定温、湿度的房间内24h，使丝筒内、外层的含湿量均匀一致，并达规定含湿量。然后，将丝从网眼筒管上倒到纸管上绕成宝塔形筒管。倒筒时还需上油。最后经检验成包。

第二节 再生纤维

再生纤维(regenerated fibre)也称人造纤维，是指以天然高分子化合物为原料，经过化学处理和机械加工制成的纤维。

一、再生纤维素纤维

再生纤维素纤维是以自然界中广泛存在的纤维素物质(如棉短绒、木材、竹、芦苇、麻秆芯、甘蔗渣等)为原料，提取纤维素制成浆粕，通过化学处理和机械加工制成的纤维。该类纤维由于原料来源广泛、成本低廉，因此在纺织纤维中占有相当重要的地位。

(一)粘胶纤维(rayon)

粘胶纤维是再生纤维素纤维的一个主要品种，也是最早研制和生产的化学纤维。粘胶纤维是从纤维素原料中提取纯净的纤维素，经过化学处理之后，将其制成黏稠的纺丝溶液，采用湿法纺丝加工而成。

1. 粘胶纤维的结构与形态 粘胶纤维的主要组成物质是纤维素，其分子结构与棉纤维相同，聚合度低于棉，一般为250～550。粘胶纤维的截面边缘为不规则的锯齿形，纵向平直有不连续的条纹。如对纤维切片用维多利亚蓝或刚果红染料进行快速染色，可以在显微镜中观察到纤维的表皮颜色较浅，而靠近中心的部分颜色较深。粘胶纤维中纤维素结晶结构为纤维素Ⅱ。通过对其结构的研究发现，纤维的外层和内层在结晶度、取向度、晶粒大小及密度等方面具有差异，纤维这种结构称为皮芯结构。

粘胶纤维结构与截面形状源于湿法纺丝中，从喷丝孔喷出的粘胶流表层先接触凝固浴，粘胶溶剂析出并立即凝固生成一层结构致密的纤维外层(皮层)，随后内层溶剂陆续析出，凝固较慢。在拉伸成纤时，皮层中的大分子受到较强的拉伸，取向度高，形成的晶粒小，晶粒数量多；芯层中的大分子受到的拉伸较弱，取向度低，而且由于结晶时间较长，形成的晶粒较大，致使粘胶纤维皮芯层在结晶与取向等结构上差异较大。当纤维芯层最后凝固析出溶剂，收缩体积形成纤维时，皮层已经首先凝固，不能同时收缩，因此皮层便会随芯层的收缩而形成锯齿形的截面边缘，可参考本书第一章表1-5。可以通过改变纺丝工艺，尤其是固化工艺来改变纤维的截面结构，进而改变纤维的力学性质。

2. 粘胶纤维的性能

(1)吸湿性和染色性：粘胶纤维的吸湿性是传统化学纤维中最高的，公定回潮率为13%。纤维在水中润湿后，截面膨胀率可达50%～140%。普通粘胶纤维的染色性能良好，染色色谱全，色泽鲜艳，染色牢度较好。

(2)力学性质：普通粘胶纤维的断裂强度较低，一般在1.6～2.7cN/dtex，断裂伸长率为16%～22%。润湿后的粘胶纤维强度下降很大，其湿强、干强比为40%～50%。此外，普通粘胶纤维初始模量低、弹性恢复性差、织物容易起皱，耐磨性差，易起毛起球。

(3)热学性质：粘胶纤维虽与棉纤维同为纤维素纤维，但因为粘胶纤维的相对分子质量比棉纤维低得多，所以其耐热性较差，在加热到150℃时强力降低比棉纤维慢，但在180～200℃时，会产生热分解。

(4)其他性质：粘胶纤维耐碱不耐酸，且其密度为1.50～1.52g/cm³。

3. 粘胶纤维的品种与用途 粘胶纤维按纤维素浆粕来源不同区分为木浆（木材为原料）粘胶纤维、棉浆（棉短绒为原料）粘胶纤维、草浆（草本植物为原料）粘胶纤维、竹浆（以竹为原料）粘胶纤维、黄麻浆（以黄麻杆芯为原料）粘胶纤维、汉麻浆（以汉麻秆芯为原料）粘胶纤维等。普通粘胶纤维有长丝和短纤维之分。粘胶短纤维有棉型、毛型和中长型，可纯纺也可与其他纤维混纺，可用于织制各种服装面料和家庭装饰织物及产业用纺织品，其特点是成本低，吸湿性好，抗静电性能优良。长丝可以纯织，也可与蚕丝、棉纱、合成纤维长丝等交织，用于制作服装面料、床上用品及装饰织物等。

(二)其他再生纤维素纤维

1. 高湿模量粘胶纤维(Polynosic rayon) 高湿模量粘胶纤维又称富强纤维，是通过改变普通粘胶纤维的纺丝工艺条件而开发的，其横截面近似圆形，厚皮层结构，断裂强度为3.0～3.5cN/dtex，高于普通粘胶纤维。湿强、干强比明显提高，为75%～80%。我国商品名称为富强纤维或莫代尔(modal)，日本称虎木棉。

2. 强力粘胶丝 强力粘胶丝结构为全皮层，是一种高强度、耐疲劳性能良好的粘胶纤维，断裂强度为3.6～5.0cN/dtex，其湿、干强度比为65%～70%。广泛用于工业生产，经加工制成的帘子布，可供作汽车、拖拉机的轮胎，也可以制作运输带、胶管、帆布等。

3. 铜氨纤维(cuprammonium fibre) 铜氨纤维是将纤维素浆粕溶解在铜氨溶液中制成纺丝液，再经过湿法纺丝制成的一种再生纤维素纤维。铜氨纤维平均聚合度比粘胶纤维高，可达450～550，截面是结构均匀的圆形、无皮芯结构，纵向表面光滑。铜氨纤维纺丝液的可塑性很好，可承受高倍拉伸，因此可制成很细的纤维，其单纤维线密度为0.44～1.44dtex。铜氨纤维成形工艺复杂、产量低，加工中的酸、碱残留物易于损伤纤维。铜氨纤维光泽柔和，具有蚕丝织物的风格，一般制成长丝，用于制作轻薄面料和仿丝绸产品，如内衣、裙装、睡衣等。铜氨纤维与涤纶、粘胶纤维交织，是高档西装的常用里料，滑爽、悬垂性好。几种再生纤维素纤维截面结构如图4-5所示。

4. Lyocell 纤维 Lyocell纤维是以*N*－甲基吗啉－*N*－氧化物(NMMO)为溶剂，用干法或湿法纺丝制得的再生纤维素纤维。1980年由德国Akzo－Nobel公司首先取得工艺和产品专利，1989年由国际人造纤维和合成纤维委员会(BISFA)正式命名为Lyocell纤维。英国Courtaulds公司生产的Lyocell纤维的商品名称为Tencel®，国内谐音商品名为“天丝”。目前可工业化生产的还有奥地利Lenzing公司生产的Lyocell纤维和德国Akzo－Nobel公司生产的

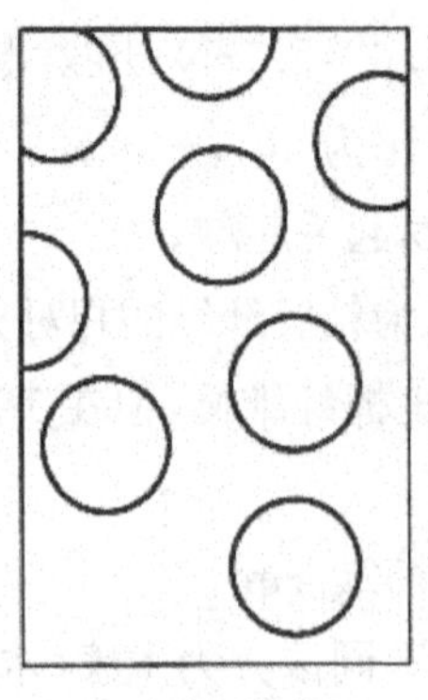
(a)全芯层粘胶
(铜氨纤维)

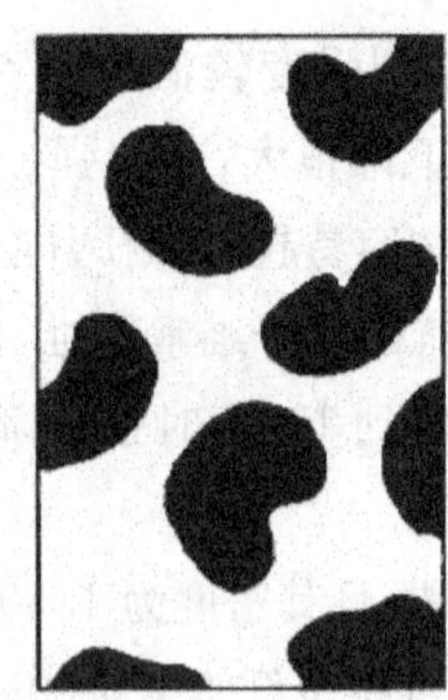
(b)全皮层粘胶
(高强纤维、强力粘胶纤维)

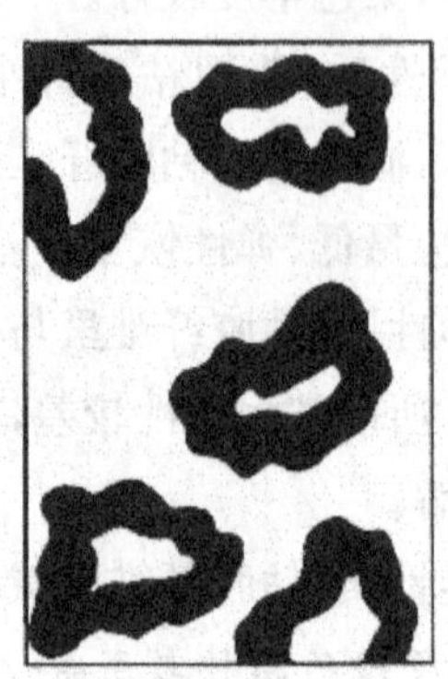
(c)皮芯层粘胶
(毛型普通粘胶纤维)

图 4－5　几种再生纤维素纤维截面结构

Newcell® 纤维。与其他合成纤维和再生纤维相比较，Lyocell 纤维最主要的特点是加工过程所用溶剂可接近 100％的回收，基本无污染。与现有的各种纤维素纤维相比，Lyocell 纤维属高强、高模、中伸型纤维。另外，湿强损失低。部分再生纤维素纤维性能见表 4－1。

表 4－1　部分再生纤维素纤维性能比较

物理性能	粘胶纤维	富强纤维	铜氨纤维	Tencel	棉纤维
干断裂强度(cN/dtex)	2.2～2.6	3.4～3.6	2.5～3.0	4.0～4.2	2.0～2.4
湿断裂强度(cN/dtex)	1.0～1.5	1.9～2.1	1.7～2.2	3.4～3.8	2.6～3.0
干断裂伸长率(％)	20～25	13～15	14～16	14～16	7～9
湿断裂伸长率(％)	25～30	13～15	25～28	16～18	12～14
湿模量/伸长(5％)	50	110	50～70	270	100
公定回潮率(％)	13	13	13	10	8.5

二、再生蛋白质纤维(regenerated protein fiber)

(一)概述

再生蛋白质纤维是指用天然蛋白质为原料经纺丝形成的纤维。1894 年就有在明胶液中加入甲醛进行纺丝，制得明胶纤维。蛋白质资源包括植物蛋白和动物蛋白，目前已使用过的蛋白质有酪素蛋白、牛奶蛋白、蚕蛹蛋白、大豆蛋白、花生蛋白和明胶等。

虽然再生蛋白质可以制成各种膜、粉末和块状材料，但制备纤维状物质存在分子量偏低，分子不易伸直取向排列，制得的纤维有强度低、耐热性差、染色色泽不好等缺点。此外，再生蛋白质原料成本高，产品的竞争力不强。

有实际意义的纯蛋白质的再生纤维很难制取，目前变通的方法有两种，一种是将蛋白质溶液与其他高聚物材料进行共混纺丝(高再生蛋白质含量)，另一种办法是将蛋白质与其他高聚物进行接枝(低再生蛋白质含量)。

依据再生纤维的定义，再生蛋白质纤维应该是完全或绝大部分组成为蛋白质，虽没有严格的含量限制，但一般认为蛋白质含量至少在80%以上，才是真正意义上的再生蛋白纤维；在20%～80%，应该是混合或复合纤维；而低于20%的只能是蛋白改性纤维。

总体来看，再生蛋白质纤维虽已经过多年的研究，并也有多种产品面市，但并未取得真正的成功。

(二)大豆蛋白复合纤维(soybeam protein fiber)

1. 概述 大豆蛋白复合纤维是由大豆中提取的蛋白质混合并接枝一定的高聚物(如聚乙烯醇)配成纺丝液，用湿法纺丝制得的纤维。

2. 结构 大豆蛋白复合纤维横截面呈扁平状哑铃形、腰圆形或不规则三角形，纵向表面有不明显的凹凸沟槽，纤维具有一定的卷曲。

3. 特性 大豆蛋白复合纤维的干态断裂强度接近于涤纶，断裂伸长与蚕丝和粘胶纤维接近，但变异系数较大；吸湿后，强力下降明显，与粘胶纤维类似，因此，在纺纱过程中应适当控制其含湿量，保证纺纱过程的顺利进行；初始模量较小、弹性回复率较低、卷曲弹性回复率亦低，在纺织加工中有一定困难；摩擦因数较低，而且动、静摩擦因数差异小，纺出的纱条抱合力差，松散易断，所以在纺纱过程中应加入一定量的油剂，以确保成网、成条、成纱质量，但摩擦因数低，皮肤接触滑爽。

大豆蛋白复合纤维的标准回潮率在4%左右，放湿速率比棉和羊毛快；本色为淡黄色，可用酸性染料、活性染料染色，尤其是采用活性染料染色时，其产品色彩鲜艳、光泽好，同时其耐日晒、汗渍色牢度较好；蛋白质在接枝不良时，洗涤中会溶解逸失，因此，在染整加工时须增加固着技术，防止蛋白质的逸失。

大豆蛋白复合纤维的电阻率接近于蚕丝，明显小于合成纤维，在抗静电剂适当时，静电不显著；热阻较大、保暖性能优于棉和粘胶纤维。

大豆蛋白复合纤维一般用于与其他纤维混纺、交织，并采用集聚纺纱以减少起球性，多用于内衣、T恤衫及其他针织产品等。

(三)酪素复合纤维

1. 概述 酪素(casein)复合纤维俗称牛奶蛋白复合纤维，由于100kg牛奶只能提取4kg蛋白质，所以其制造成本较高。将液态牛奶去水、脱脂，利用接枝技术将蛋白质分子与丙烯腈分子制成含牛奶蛋白的浆液，再经湿法纺丝制成复合纤维。日本生产的牛奶蛋白复合纤维含蛋白质约4%。

2. 结构 牛奶蛋白复合纤维截面呈腰圆形或近似哑铃形，表面光滑、纵向有沟槽、卷曲少。

3. 特性 牛奶蛋白复合纤维腰圆形或哑铃形的截面和纵向的沟槽有利于吸湿导湿性和透气性；化学和物理结构不同于羊毛、蚕丝等蛋白质纤维，适用的染色剂种类较多，上染率高、速度快，染色均匀、色牢度较好；具有淡黄本色，不宜生产白色产品。

牛奶蛋白复合纤维耐热性差，120℃以上泛黄，150℃以上变褐色，因此洗涤温度不要超过30℃，熨烫温度不要超过120℃，最好使用低温(80～120℃)熨烫；化学稳定性较低，耐碱性与其他蛋白质纤维相类似,不能使用漂白剂漂白,耐酸性稍好。

牛奶蛋白复合纤维经紫外线照射后,强力下降很少,说明纤维具有较好的耐光性;具有天然抗菌功效,对皮肤具有一定的亲和性。

牛奶蛋白复合纤维抱合力差、容易黏附机件、静电严重,给纺纱造成一定困难。

牛奶蛋白复合纤维制成的面料光泽柔和、质地轻柔、具有良好的悬垂性,给人高雅、潇洒、飘逸之感,可以制作多种高档服装面料及床上用品。

(四)蚕蛹蛋白复合纤维

1. 概述 蚕蛹蛋白复合纤维是将经过选择的新鲜蚕蛹经烘干、脱脂、浸泡,在碱溶液中溶解后,进行过滤,用分子筛控制相对分子质量,再经脱色、水洗、脱水、烘干制得蚕蛹蛋白,将蚕蛹蛋白溶解成蚕蛹蛋白溶液,加化学修饰剂修饰后,与高聚物共混或接枝后纺丝。

蚕蛹蛋白复合纤维是由18种氨基酸组成的蛋白质与其他高聚物复合生产的纤维。这些氨基酸大多是生物营养物质,与人体皮肤的成分极为相似,其中丝氨酸、苏氨酸、亮氨酸等具有促进细胞新陈代谢,加速伤口愈合,防止皮肤衰老的功能;丙氨酸可阻挡阳光辐射,对于防止皮肤瘙痒等皮肤病均有明显的作用。蚕蛹蛋白粘胶共混纤维由纤维素和蛋白质构成,具有两种聚合物的特性,该纤维有金黄色和浅黄色两种,从纤维切片染色后的照片显示是皮芯结构。

2. 结构 蚕蛹蛋白粘胶共混纤维为皮芯结构,纤维素在纤维的中间,蛋白质在纤维的外层,很多情况下纤维表现蛋白质的性质。蚕蛹蛋白丙烯腈接枝共聚纤维同时含有聚丙烯腈和蚕蛹蛋白分子,同时表现出两种纤维的化学性能。

3. 特性 蚕蛹蛋白粘胶共混纤维的断裂强度为1.32cN/dtex,断裂伸长率为17%,回潮率为15%;由于蛋白质在纤维的外层,其织物与人体接触时,对皮肤具有良好的保健作用;兼有真丝和粘胶纤维的优良特性,可制作仿真丝面料,还可以与真丝、棉纤维交织开发高档面料。

蚕蛹蛋白丙烯腈接枝共聚纤维的断裂强度为1.41cN/dtex,断裂伸长率为10%~30%,纤维中同时含有天然高聚物与合纤成分,具有天然高聚物纤维吸湿性、抗静电性好的特点,同时具有聚丙烯腈手感柔软、保暖性好的特性。

(五)再生动物毛蛋白复合纤维

1. 概述 再生动物毛蛋白复合纤维是指利用猪毛、羊毛下脚料等不可纺蛋白质纤维或废弃蛋白质材料与其他高聚物接枝(如聚丙烯腈等)或混合纺丝制得的纤维。

2. 结构 再生动物毛蛋白与丙烯腈复合纤维的截面形态呈不规则的锯齿形,纵向表面较光滑。随蛋白质含量的增加,其表面光滑度下降,纤维中的缝隙孔洞数量增多,体积增大,并存在一些球形气泡。

3. 特性 再生动物毛蛋白复合纤维干、湿态断裂强度均大于常规羊毛的干、湿态强度,伸长率大于粘胶纤维,接近桑蚕丝纤维;回潮率略小于羊毛纤维,且随着蛋白含量的增加而变大;体积比电阻随着蛋白质含量的增加而减小,且远小于羊毛、粘胶纤维和蚕丝,因此其抗静电性能好。再生动物毛蛋白复合纤维有较好的耐酸、碱和还原剂的能力。

三、半合成纤维

半合成纤维是以天然高分子化合物为骨架，通过与其他化学物质反应，改变组成成分，再生形成天然高分子的衍生物而制成的纤维。

(一)醋酯纤维(acetate fiber)

1. 概述 醋酯纤维俗称醋酸纤维，即纤维素醋酸酯纤维，是一种半合成纤维；它是以纤维素为原料，纤维素分子上的羟基—OH与醋酐作用生成醋酸纤维素酯，经干法或湿法纺丝制得。根据羟基被乙酰化的程度分为二醋酯和三醋酯两种。二醋酯纤维中至少74%但不到92%的羟基被乙酰化。三醋酯纤维则至少92%的羟基被乙酰化。通常所说的醋酯纤维是指三醋酯纤维。

2. 结构 二醋酯纤维素大分子的对称性和规整性差，结晶度很低。三醋酯纤维的分子结构对称性和规整性比二醋酯纤维好，结晶度较高。二醋酯纤维的聚合度为180～200，三醋酯纤维的聚合度为280～300。醋酯纤维无皮芯结构，截面形状为多瓣形叶状或耳状，纵向表面平滑，可参考本书第一章表1－5 。

3. 特性 醋酯纤维断裂强度较低，二醋酯纤维的断裂强度为1.1～1.2cN/dtex，三醋酯纤维为1.0～1.1cN/dtex，湿、干态强度比为67%～77%。醋酯纤维容易变形，断裂伸长率为25%左右，湿态断裂伸长率为35%左右；初始模量小，柔软，具有蚕丝的风格；当伸长变形小于1.5%时，其回复率为100%，不易起皱。

醋酯纤维由于纤维素分子上的羧基被乙酰基取代，因而吸湿性比粘胶纤维低得多，在标准大气条件下，二醋酯纤维的回潮率为6.0%～7.0%，三醋酯纤维为3.0%～3.5%。醋酯纤维的染色性较差，通常采用分散性染料染色和特种染料染色。

醋酯纤维耐热性较差，二醋酯纤维在150℃左右表现出显著的热塑性。195～205℃时开始软化，加热至230℃左右时，会随着热分解而熔融。三醋酯纤维有较明显的熔点，一般在290～300℃熔融，其玻璃化温度为186℃。

醋酯纤维耐酸碱性比较差，在碱的作用下会逐渐皂化而成为再生纤维素；在稀酸溶液中比较稳定，在浓酸溶液中会因皂化和水解而溶解。其耐光性与棉纤维接近。醋酯纤维密度小于粘胶纤维，二醋酯纤维为1.32g/cm^3，三醋酯纤维为1.30g/cm^3。醋酯纤维的电阻率较小，抗静电性较好。

醋酯纤维有丝一般的光泽，适用于制作衬衣、领带、睡衣等，同时可用作卷烟过滤嘴。

(二)聚乳酸纤维

1. 概述 聚乳酸纤维(poly1actic flber，PLA)是指用聚乳酸纺制的纤维。从玉米、木薯等一些植物中提取的淀粉经酸分解后得到葡萄糖，再经乳酸菌发酵生成乳酸，乳酸分子中的羟基和羧基的反应性较高，在适当条件下可合成高纯度的聚乳酸。聚乳酸纤维制备方法有溶剂挥发法和熔融法两种。从纤维力学性能上看，溶剂挥发法纺丝比熔融纺丝好，但由于成本低，环境污染少，熔融纺丝法仍非常受关注。

2. 特性 聚乳酸纤维具有良好的吸水性和快干效应，具有较小的密度，断裂比强度和断裂伸长性能与涤纶接近，非常适合开发运动服装。同时，聚乳酸纤维初始模量较高，尺寸稳定，保形性好，弹性和抗皱性优良，在外衣面料方面也具有一定的应用前景。

聚乳酸纤维具有耐紫外线、稳定性良好、发烟量少、燃烧热低、耐洗涤性好等特点，特别适合制作室内悬挂物（窗帘、帷幔等）、室内装饰品、地毯等产品。

聚乳酸纤维由于具有自然降解性能，废弃之后对环境不会造成污染，所以在农业（保温膜、捆绑绳、防虫网）、林业（防草袋、防兽网）、渔业（渔网、线缆、钓鱼线）等领域有广泛的应用前景。也可以用于垃圾袋、尿布、卫生材料以及汽车装饰材料等。

聚乳酸纤维可用于手术缝合线，具有身体吸收性能，可用于制作修复骨缺损的器械和生物工程组织。

第三节　普通合成纤维

一、普通合成纤维的命名

合成纤维（synthetic fiber）是由低分子物质经化学合成的高分子聚合物，再经纺丝加工而成的纤维。合成纤维可从不同的方面来进行分类，按其分子结构，可分为碳链和杂链合成纤维；按纵向形态特征，可分为长丝和短纤维；按截面形态与结构，可分成普通、异形纤维和复合纤维；按加工及性能特点，可分为普通合纤、差别化纤维及功能性纤维等。长丝可分为单丝、复丝，单丝中只有一根纤维，复丝中包含多根单丝，一般用于织造的长丝，大多为复丝。

普通合成纤维的命名，以化学组成为主，以学名和缩写代码，商品名为辅，或称俗名。国内以“纶”的命名，属商品名，主要是指传统的六大纶，即涤纶、锦纶、腈纶、丙纶、维纶和氯纶。部分合成纤维的名称及分类见表 4－2。

表 4－2　部分合成纤维的名称及代号

类　别	化学名称	代号	国内商品名	常见国外商品名	单　体
聚酯类纤维	聚对苯二甲酸乙二酯	PET 或 PES	涤纶	Dacron，Telon，Terlon，Teriber，Lavsan，Terital	对苯二甲酸或对苯二甲酸二甲酯，乙二醇或环氧乙烷
	聚对苯二甲酸环己基－1，4 二甲酯			Kodel，Vestan	对苯二甲酸或对苯二甲酸二甲酯，环乙烷二甲醇－1，4
	聚对羟基苯甲酸乙二酯	PEE		A－Tell	对羟基苯甲酸，环氧乙烷
	聚对苯二甲酸丁二醇酯	PBT	PBT 纤维	Finecell，Sumola，Artlon，Wonderon，Celanex	对苯二甲酸或对苯二甲酸二甲酯，丁二醇
	聚对苯二甲酸丙二醇酯	PTT	PTT 纤维	Corterra	对苯二甲酸，丙二醇

续表

类别		化学名称	代号	国内商品名	常见国外商品名	单体
聚酰胺类纤维	脂肪族	聚酰胺 6	PA6	锦纶—6	Nylon6, Capron, Chemlon, Perlon, Chadolan	己内酰胺
		聚酰胺 66	PA 66	锦纶—66	Nylon 66, Arid, Wellon, Hilon	己二酸,己二胺
		聚酰胺 1010	PA1010	锦纶 1010	Nylon 1010	癸二胺,癸二酸
		聚酰胺 4	PA4	锦纶 4	Nylon 4	丁内酰胺
	脂环族	脂环族聚酰胺	PACM	锦环纶	Alicyclic nylon, Kynel	双-(对氨基环己基)甲烷, 12 烷二酸
芳香聚酰胺纤维		聚对苯二甲酰对苯二胺	PPTA	芳纶 1414	Kevlar, Technora, Twaron	芳香族二元胺和芳香族二元羧酸或芳香族氨基苯甲酸
		聚间苯二甲酰间苯二胺	PMIA	芳纶 1313	Nomex, Conex, Apic, Fenden, Mrtamax	芳香族二元胺和芳香族二元羧酸或芳香族氨基苯甲酸
		聚苯砜对苯二甲酰胺	PSA	芳砜纶	Polysulfone amide	4,4′-二氨基二苯砜,3,3′-二氨基二苯砜和对苯二甲酰氯
聚杂环纤维		聚对亚苯基苯并二噁唑	PBO		Zylon	聚—p—亚苯丙二噁唑
		聚间亚苯基苯并二咪唑	PBI		polybenzimimidazole	
		聚醚醚酮	PEEK		Victrex ® PEEK	
聚烯烃类纤维		聚丙烯纤维	PP	丙纶	Meraklon, Polycaisis, Prolene, Pylon	丙烯
		聚丙烯腈纤维(丙烯腈与15%以下的其他单体的共聚物纤维)	PAN	腈纶	Orlon, Acrilan, Creslan, Krylion, Panakryl, Vonnel, Courtell	丙烯腈及丙烯酸甲酯或醋酸乙烯,苯乙烯磺酸钠,甲基丙烯磺酸钠
		改性聚丙烯腈纤维(指丙烯腈与多量第二单体的共聚物纤维)	MAC	腈氯纶	Kanekalon, Vinyon N	丙烯腈,氯乙烯
					Saniv, Verel	丙烯腈,偏二氯乙烯

续表

类 别	化学名称	代号	国内商品名	常见国外商品名	单 体
聚烯烃类纤维	聚乙烯纤维	PE	乙纶	Vectra, Pylen, Platilon, Vestolan, Polyathylen	乙烯
	聚乙烯醇缩甲醛纤维	PVAL	维纶	Vinylon, Kuralon, Vinal, Vinol	乙二醇，或醋酸乙烯酯
	聚乙烯醇—氯乙烯接枝共聚纤维	PVAC	维氯纶	Polychlal, Cordelan, Vinyon	氯乙烯，醋酸乙烯酯
	聚氯乙烯纤维	PVC	氯纶	Leavil, Valren, Voplex, PCU	氯乙烯
	氯化聚氯乙烯(过氯乙烯)纤维	CPVC	过氯纶	Pe Ce	氯乙烯
	氯乙烯与偏二氯乙烯共聚纤维	PVDC	偏氯纶	Saran, Permalon, Krehalon	氯乙烯，偏二氯乙烯
	聚四氟乙烯纤维	PTFE	氟纶	Teflon	四氟乙烯

二、常用普通合成纤维

(一)涤纶

1. 概述 涤纶属常用的普通聚酯纤维。聚酯(polyester)通常是指以二元酸和二元醇缩聚而得的高分子化合物，其基本链节之间以酯基连接。聚酯纤维的品种很多，如聚对苯二甲酸乙二酯(polyethylene terephthalatate, PET)纤维、聚对苯二甲酸丁二酯(polybutylene terephthalate, PBT)纤维、聚对苯二甲酸丙二酯(polytrimethylene terephthalate, PTT)纤维等，其中以聚对苯二甲酸乙二酯含量在85%以上的纤维为主，简称为涤纶，也称聚酯纤维。

2. 结构 涤纶分子是由短脂肪烃类、酯基、苯环、端醇羟基所构成，大分子结构式见本书第一章表1-1。

聚对苯二甲酸乙二酯是具有对称性苯环的线性大分子，分子链的结构具有高度的立体规整性，所有的苯环几乎处在同一平面上，没有大的支链，分子线型好，易于沿纤维拉伸方向取向而平行排列；相邻大分子上的凹凸部分便于彼此镶嵌，具有紧密聚集能力与结晶倾向。结晶度和取向度与生产条件及测试方法有关，涤纶的结晶度可达40%～60%，取向度高，双折射可达0.188。

涤纶采用熔体纺丝制成，具有圆形实心的横截面，纵向均匀而无条痕，可参考本书第一章表1-5。

3. 特性

(1)力学性能:涤纶的初始模量和弹性回复率高,织物抗皱性和保形性好,制成的衣服挺括、不皱,这是由于在涤纶的线型分子链中分散着苯环。

涤纶的耐磨性仅次于锦纶,比其他合成纤维高出几倍。而且干态和湿态下的耐磨性大致相同。涤纶和天然纤维或粘胶纤维混纺,可显著提高织物的耐磨性。

洗可穿性,涤纶织物优异的抗皱性和保形性,再加上吸湿性低,涤纶服饰穿着挺括、平整、形状稳定性好,能达到易洗、快干、免烫的效果。

涤纶具有较高的强度和伸长率,断裂强度和伸长率取决于纺丝过程中的拉伸程度,按实际需要可制成高模量型(强度高、伸长率低)、低模量型(强度低、伸长率高)和中模量型(介于两者之间)的纤维。涤纶由于吸湿性低,干、湿强度基本相等。

(2)吸湿、染色性能:涤纶吸湿性差,除了大分子两端各有一个羟基外,分子中不含有其他亲水性基团,而且其结晶度高,分子链排列紧密,因此,公定回潮率只有0.4%。由于涤纶的吸湿性低,在水中的溶胀度小,干、湿断裂强度和伸长率相近;导电性差,容易产生静电现象,穿着时感觉闷热。

涤纶染色比较困难,分子中缺少能和染料发生结合的活性基团,分子排列得比较紧密,染料分子很难渗透到纤维内部。涤纶染色必须采取一些特殊方法,如载体染色、高温高压染色和热熔染色法等。

(3)化学稳定性:在涤纶分子链中,苯环和亚甲基($—CH_2—$)均较稳定,主链中存在的酯基是唯一能起化学反应的基团,另外纤维的物理结构紧密,化学稳定性较高。

涤纶大分子中存在的酯基可被水解,酸、碱对酯基的水解具有催化作用,以碱更为剧烈。涤纶的耐酸性较好,无论是对无机酸或是有机酸都有较好的稳定性。将涤纶在60℃以下,用70%硫酸处理72h,其强度基本上没有变化,处理温度提高后,纤维强度迅速降低,利用这一特点用酸侵蚀涤棉包芯纱织物可制成烂花产品。涤纶在碱的作用下发生水解,水解程度随碱的种类、浓度、温度及时间不同而异。热稀碱液能使涤纶表面的大分子发生水解,使纤维表面一层层地剥落下来,造成纤维的失重和强度的下降,而对纤维的芯层则无太大影响,其相对分子质量也没有什么变化,这种现象称为"剥皮现象"或"碱减量处理"工艺,此工艺可以使纤维变细、表面变得粗糙。

涤纶对氧化剂和还原剂的稳定性很高,即使在浓度、温度、时间等条件均较高时,纤维强度的损伤也不十分明显,因此在染整加工中,常用的漂白剂有次氯酸钠、亚氯酸钠、过氧化氢(双氧水)等,常用的还原剂有保险粉、二氧化硫脲等。

常用的有机溶剂如丙酮、苯、三氯甲烷、苯酚－氯仿、苯酚－氯苯、苯酚－甲苯,在室温下能使涤纶溶胀,在70～110℃下能使涤纶很快溶解。涤纶还能在2%的苯酚、苯甲酸或水杨酸的水溶液、0.5%氯苯的水分散液、四氢萘及苯甲酸甲酯等溶剂中溶胀。所以酚类化合物常用作涤纶染色的载体。

(4)其他性能:涤纶的耐光性好,仅次于腈纶和醋酯纤维,优于其他纤维。涤纶对波长为300～330nm范围的紫外光较为敏感,如果在纺丝时加入消光剂二氧化钛等,可导致纤维的耐光性降低；而在纺丝或缩聚时加入少量水杨酸苯甲酸或2,5－羟基对苯二甲酸乙二酯等耐光剂，可使耐光性显著提高。

涤纶具有良好的热塑性，具有比较清楚的热力学形态。在主要常见合成纤维中，涤纶的热稳定性最好。在温度低于150℃时处理，涤纶的色泽不变；在150℃下受热168h后，涤纶比强度损失不超过3%；在150℃下加热1000h，仍能保持原来比强度的50%。

涤纶的缺点是吸湿性差，贴身穿着舒适性不好，易产生静电；耐磨性好，织物容易起毛起球。

(二)锦纶

1. 概述 锦纶6和锦纶66属常用的普通聚酰胺纤维(polyamide fibre,PA)，聚酰胺纤维是指其分子主链由酰胺键(—CO—NH—)连接的一类合成纤维。聚酰胺纤维是世界上最早实现工业化生产的合成纤维，也是化学纤维的主要品种之一。脂肪族(aliphatic series)聚酰胺主要包括锦纶6、锦纶66、锦纶610等；芳香族聚酰胺包括聚对苯二甲酰对苯二胺即对位芳纶(我国称芳纶1414,Kevlar)和聚间苯二甲酰间苯二胺即间位芳纶(我国称芳纶1313,Nomex)等；混合型的聚酰胺包括聚己二酰间苯二胺(MXD6)和聚对苯二甲酰己二胺(聚酰胺6T)等；另外还有酰胺键部分或全部被酰亚胺键取代的聚酰胺酰亚胺和聚酰亚胺等品种。

脂肪族聚酰胺纤维一般可分成两大类。一类是由二元胺和二元酸缩聚制成的。根据二元胺和二元酸的碳原子数目，可得到不同品种的聚酰胺纤维。命名原则是聚酰胺纤维前面一个数字是二元胺的碳原子数，后一个数字是二元酸的碳原子数，如聚酰胺66纤维(锦纶66)即由己二胺和己二酸缩聚而成，聚酰胺610纤维(锦纶610)是由己二胺和癸二酸缩聚而成的。另一类是由ω－氨基酸缩聚或由内酰胺开环聚合而得。聚酰胺后面的数字即氨基酸或内酰胺的碳原子数，聚酰胺6纤维(锦纶6)即由己内酰胺经开环聚合而制成的纤维。

2. 结构 聚酰胺的分子是由许多重复结构单元(链节)通过酰胺键连接起来的线型长链分子，在晶体中为完全伸展的平面曲折形结构。通常成纤聚己内酰胺的相对分子质量为14000～20000，成纤聚己二酰己二胺的相对分子质量为20000～30000。

锦纶是由熔体纺丝制成的，在显微镜下观察其截面近似圆形，纵向无特殊结构，可参考本书第一章表1－5，在电子显微镜下可以观察到丝状的原纤组织。

锦纶的聚集态结构是折叠链和伸直链晶体共存的体系。聚酰胺分子链间相邻酰胺基可以定向形成氢键，这导致聚酰胺倾向于形成结晶。纺丝冷却成形时由于内外温度不一致，一般纤维的皮层取向度较高，结晶度较低，而芯层则结晶度较高，取向度较低。锦纶的结晶度为50%～60%，甚至高达70%。

聚酰胺纤维大分子中的酰胺键与丝素大分子中的肽键结构相同，但聚酰胺分子链上除了氢、氧原子外，并无其他侧基，因此分子间结合紧密，纤维的化学稳定性、力学强度、形状稳定性等都比蚕丝高得多，但不及蚕丝柔软和轻盈。

3. 特性

(1)力学性能：锦纶的断裂强度在常见纤维中是最高的，一般纺织用锦纶长丝的断裂强度为

3.528～5.292cN/dtex，比蚕丝高1～2倍，比粘胶纤维高2～3倍；特殊用途的高强力丝断裂强度高达6.174～8.379cN/dtex，甚至更高，这种强力丝适合制造载重汽车和飞机轮胎的帘子线及降落伞、缆绳等。湿态时，锦纶的断裂强度稍有降低，为干态的85%～90%。

锦纶的断裂伸长率比较高，其大小随品种而异，普通长丝为25%～40%，高强力丝为20%～30%，湿态断裂伸长率较干态高3%～5%。

在所有普通纤维中，锦纶的回弹性最高，当伸长3%时，锦纶6的回弹率为100%，当伸长10%时，回弹率为90%，而涤纶为67%，粘胶长丝为32%。

由于锦纶的强度与伸长率、弹性回复率高，所以锦纶是所有纤维中耐磨性最好的纤维，它的耐磨性比蚕丝和棉纤维高10倍，比羊毛高20倍，因此最适合做袜子，与其他纤维混纺，可提高织物的耐磨性。

锦纶的初始模量接近羊毛，比涤纶低得多，其手感柔软。在同样条件下，锦纶66的初始模量略高于锦纶6。

(2)吸湿与染色性：锦纶除大分子首尾的一个氨基和一个羧基是亲水性基团外，链中的酰胺基也具有一定的亲水性，因此它具有较好的吸湿性，公定回潮率为4.5%。锦纶膨胀的各向异性很小，几乎是各向同性的，关于这个问题，多数认为是皮层结构限制了截面方向的溶胀。

锦纶大分子两端含有氨基和羧基，因此可以用酸性染料、阳离子染料（碱性染料）和分散染料染色。

(3)化学性质：与碳链纤维相比，锦纶因含酰胺键，因此容易发生水解。酸是水解反应的催化剂，因此锦纶对酸是不稳定的，对浓的强无机酸特别敏感。在常温下，浓硝酸、盐酸、硫酸都能使锦纶迅速水解，如在10%的硝酸中浸泡24h，锦纶强度将下降30%。锦纶对碱的稳定性较高，在温度为100℃、浓度为10%的苛性钠溶液中浸渍100h，纤维强度下降不多，对其他碱及氨水的作用也很稳定。

锦纶对氧化剂的稳定性较差。在通常使用的漂白剂中，次氯酸钠对锦纶的损伤最严重，氯能取代酰胺键上的氢，进而使纤维水解。双氧水也能使聚酰胺大分子降解。因此，锦纶不适于用次氯酸钠和双氧水漂白，而亚氯酸钠、过氧乙酸能使锦纶获得良好的漂白效果。

(4)其他性质：聚酰胺是部分结晶高聚物，具有较窄的熔融转变温度范围。锦纶6和锦纶66的分子结构十分相似，化学组成可以认为完全相同，但锦纶66的熔点比锦纶6高40℃。

锦纶的耐热性较差，在150℃下受热5h，断裂强度和断裂伸长率会明显下降，收缩率增加。锦纶66和锦纶6的安全使用温度分别为130℃和93℃。在高温条件下，锦纶会发生各种氧化和裂解反应，主要是酰胺键断裂形成双键和氰基。

锦纶的耐光性较差，但优于蚕丝，在长时间日光或紫外光照射下，会引起大分子链断裂，强度下降，颜色发黄。实验表明，经日光照射16周后，有光锦纶、无光锦纶、棉纤维和蚕丝的强度分别降低23%、50%、18%和82%。

聚己内酰胺的密度随着内部结构和制造条件的不同而有差异，通常聚己内酰胺是部分结晶的，测得的密度为1.12～1.14g/cm^3；聚己二酰己二胺也是部分结晶的，其密度为1.13～1.16g/cm^3。

由于聚酰胺纤维具有良好的力学性能及染色性能，因此其应用非常广泛，在衣料服装、产业和装饰地毯等三大领域均有很好的应用。在服用方面，它主要用于制作袜子、内衣、衬衣、运动衫等，并可和棉、毛、粘胶纤维等混纺，使混纺织物具有很好的耐磨损性，还可制作寝具、室外饰物及家具用布等。在产业方面，它主要用于制作轮胎帘子线、传送带、运输带、渔网、绳缆等，涉及交通运输、渔业、军工等许多领域。

(三)腈纶

1. 概述 聚丙烯腈系(polyacrylonitrile,PAN)纤维通常是指含丙烯腈85%以上的丙烯腈共聚物或均聚物纤维，我国称为腈纶；丙烯腈含量在35%～85%之间的共聚物纤维称为改性聚丙烯腈纤维或改性腈纶。腈纶自实现工业化生产以来，因其性能优良、原料充足，发展很快。该纤维柔软，保暖性好，力学性能近似羊毛，密度比羊毛小(腈纶密度为1.17g/cm^3，羊毛密度为1.32g/cm^3)，可广泛用于代替羊毛制成膨体绒线、腈纶毛毯、腈纶地毯，故有“合成羊毛”之称。

2. 结构

(1)化学组成：由于均聚丙烯腈制得的腈纶结晶度极高，不易染色，手感及弹性都较差，还常呈现脆性，不适应纺织加工和服用的要求，为此聚合时加入少量其他单体。一般的成纤聚丙烯腈大多采用三元共聚体或四元共聚体。通常将丙烯腈称为第一单体，它是腈纶的主体，对纤维的许多化学、物理及力学性能起着主要的作用；第二单体为结构单体，加入量为5%～10%，通常选用含酯基的乙烯基单体，如丙烯酸甲酯、甲基丙烯酸甲酯或乙酸乙烯酯等，这些单体的取代基极性较氰基弱，基团体积又大，可以减弱聚丙烯腈大分子间的作用力，从而改善纤维的手感和弹性，克服纤维的脆性，也有利于染料分子进入纤维内部；第三单体又称染色单体，是使纤维引入具有染色性能的基团，改善纤维的染色性能，一般选用可离子化的乙烯基单体，加入量为0.5%～3%。第三单体又可分为两大类：一类是对阳离子染料有亲和力，含有羧基或磺酸基的单体，如丙烯磺酸钠、苯乙烯磷酸钠、对甲基丙烯酰胺苯磺酸钠、亚甲基丁二酸(又称衣康酸)单钠盐等，其中用磺酸基的单体，日晒色牢度较高，而羧基的单体日晒色牢度差，但染浅色时色泽较为鲜艳；另一类是对酸性染料有亲和力，含有氨基、酰胺基、吡啶基的单体，如乙烯吡啶、2－甲基－5－乙基吡啶、丙烯基二甲胺等。显然，因第二、第三单体的品种不同，用量不同，可得到不同的腈纶，染整加工时应予注意。

(2)形态结构：腈纶的界面随溶剂及纺丝方法的不同而不同。用通常的圆形纺丝孔，采用硫氰酸钠为溶剂的湿纺腈纶，其截面是圆形的；而以二甲基甲酰胺为溶剂纺腈纶，其截面是花生果形的，可参考本书第一章表1-5。腈纶的纵向一般都较粗糙，似树皮状。

湿纺腈纶的结构中存在着微孔，微孔的大小和数量影响纤维的力学及染色性能。微孔的大小与共聚体的组成、纺丝成形的条件等有关。

(3)聚集态结构：由于侧基——氰基的作用，聚丙烯腈大分子主链呈螺旋状空间立体构象。在丙烯腈均聚物中引入第二单体、第三单体后，大分子侧基有很大变化，增加了其结构和构象的不规则性。

腈纶中存在着与纤维轴平行的晶面，也就是说沿垂直于大分子链的方向(侧向或径向)存在一系列等距离排列的原子层或分子层，即大分子排列侧向是有序的；而纤维中不存在垂直于纤维轴的晶面，也就是说沿纤维轴（即大分子纵向）原子的排列是没有规则的，即大分子纵向无序。因此通常认为腈纶中没有真正的晶体存在，而将这种只是侧向有序的结构称为蕴晶（或准晶）。正因此，腈纶的光学双折射率为-0.005。

腈纶的聚集态结构与涤纶、锦纶不同，它没有严格意义上的结晶部分，同时无定形区的规整度又高于其他纤维的无定形区。进一步研究认为，用侧序分布的方法来描述腈纶的结构较为合适，其中准晶区是侧序较高的部分，其余则可粗略地分为中等侧序度部分和低侧序度部分。

腈纶不能形成真正晶体的原因可以是聚丙烯腈大分子上含有体积较大和极性较强的氰基，同一大分子上相邻的氰基因极性方向相同而相斥，相邻大分子间因氰基极性方向相反而相互吸引。

3. 特性

（1）力学性能：腈纶的初始模量为 22～53cN/dtex，比涤纶小，比锦纶大，因此它的硬挺性介于这两种纤维之间。腈纶的弹性回复率在伸长较小时（2%），与羊毛相差不大，但在穿着过程中，羊毛的弹性回复率优于腈纶。

（2）吸湿性和染色性：腈纶的吸湿性比较差，标准状态下回潮率为 1.2%～2.0%。聚丙烯腈均聚物很难染色，但加入第二、第三单体后，降低了结构的规整性，而且引入少量酸性基团或碱性基团，从而可采用阳离子染料或酸性染料染色，使染色性能得到改善，其染色牢度与第三单体的种类密切相关。

（3）耐光、耐晒和耐气候性：腈纶具有优异的耐日晒及耐气候性能，在所有的天然纤维及化学纤维中居首位。腈纶优良的耐光和耐气候性，主要是聚丙烯腈的氰基中，碳和氮原子间的三价键能吸收较强的能量，如紫外光的光子，转化为热，使聚合物不易发生降解，从而使最终的腈纶具有非常优良的耐光性能。棉纤维如用丙烯腈接枝或氰乙基化处理后，耐光性能也大大改善。

（4）热弹性：由于腈纶为准晶高分子化合物，不如一般结晶高分子化合物稳定，经过一般拉伸定型后的纤维还能在玻璃化温度以上再拉伸 1.1～1.6 倍，这是螺旋棒状大分子发生伸直的宏观表现。由于氰基的强极性，大分子处于能量较高的稳定状态，它有恢复到原来稳定状态的趋势。若在紧张状态下使纤维迅速冷却，纤维在具有较大内应力的情况下固定下来，这种纤维就潜伏着受热后的收缩性，即热回弹性，这种在外力作用下，因强迫热拉伸而具有热弹性的纤维，称为腈纶的高收缩纤维，可制作腈纶膨体纱。

（5）其他性质：腈纶不像涤纶、锦纶有明显的结晶区和无定形区，而只存在着不同的侧向有序度区，所以腈纶没有明显的熔点，其软化温度为 190～240℃，250℃以上出现热分解。丙烯腈三元共聚物的玻璃化温度为 75～100℃，在含有较多水分或膨化剂的情况下，还会使玻璃化温度下降到 75～80℃。因此，染色、印花时的固色温度都应在 75℃以上。

聚丙烯腈具有较好的热稳定性，一般成纤用聚丙烯腈加热到 170～180℃时不发生变化，如存在杂质，则会加速聚丙烯腈的热分解并使其颜色变化。

腈纶能够燃烧，但燃烧时不会像锦纶、涤纶那样形成熔融黏流，这主要是由于它在熔融前已发生分解。燃烧时，除氧化反应外，还伴随着高温分解反应，不但产生 NO、NO_2，而且还产生

HCN以及其他氰化物，这些化合物毒性很大，所以要特别注意。另外，腈纶织物不会由于热烟灰或类似物质溅落其上而熔成小孔。

聚丙烯腈属碳链高分子化合物，其大分子主链对酸、碱比较稳定，然而其大分子的侧基一氰基在酸、碱的催化作用下会发生水解，先生成酰胺基，进一步水解生成羧基。水解的结果是使聚丙烯腈转变为可溶性的聚丙烯酸而溶解，造成纤维失重，强度降低，甚至完全溶解。

腈纶对常用的氧化性漂白剂稳定性良好，在适当的条件下，可使用亚氯酸钠、过氧化氢进行漂白；对常用的还原剂，如亚硫酸钠、亚硫酸氢钠、保险粉(连二亚硫酸钠)也比较稳定，故与羊毛混纺时可用保险粉漂白。

腈纶不被虫蛀，这是优于羊毛的一个重要性能，另外对各种醇类、有机酸(甲酸除外)、碳氢化合物、油、酮、酯及其他物质都比较稳定，但可溶解于浓硫酸、酰胺和亚砜类溶剂中。

(四)丙纶

1. 概述 聚丙烯纤维(polypropylene，PP)，我国称为丙纶，是以丙烯聚合得到的等规聚丙烯为原料纺制而成的合成纤维，其产品主要有普通长丝、短纤维、膜裂纤维、膨体长丝、工业用丝、纺丝黏合熔喷法非织造织物等。

2. 结构 从等规聚丙烯的分子结构来看，虽然不如聚乙烯的对称性高，但它具有较高的立体规整性，因此比较容易结晶。等规聚丙烯的结晶是一种有规则的螺旋状链，具有三维的结晶特征。

丙纶由熔体纺丝法制得，一般情况下，纤维截面呈圆形，纵向光滑无条纹。

3. 特性

(1)力学性能：丙纶与其他合成纤维一样，断裂强度和断裂伸长率与加工工艺有关。丙纶的断裂强度高，断裂伸长率和弹性回复率较好，所以丙纶的耐磨性也较好，特别是耐反复弯曲性能优于其他合成纤维，它与棉纤维的混纺织物具有较高的耐曲磨牢度，丙纶耐平磨的性能也很好，与涤纶接近，但比锦纶差些。

(2)吸湿、染色性：丙纶大分子上不含有极性基团，纤维的微结构紧密，其吸湿性是合成纤维中最差的，其吸湿率低于0.03%，因此用于衣着时多与吸湿性高的纤维混纺。

丙纶不含可染色的基团，吸湿性又差，故难以染色，采用分散染料只能得到很浅的颜色，且色牢度很差。通常采用原液着色、纤维改性、在熔融纺丝前掺混染料络合剂等方法，可解决丙纶的染色问题。

“芯吸效应”是细旦丙纶织物所特有的性能，其单丝线密度愈小，这种芯吸透湿效应愈明显，且手感柔软。因此，细旦丙纶织物导汗透气，穿着时可保持皮肤干爽，出汗后无棉织物的凉感，也没有其他合成纤维的闷热感，从而提高了织物的舒适性和卫生性。

(3)其他性质：丙纶的密度为0.90～0.92g/cm^3，在所有化学纤维中是最轻的，因此聚丙烯纤维质轻、覆盖性好。

丙纶是热塑性纤维，熔点较低，因此加工和使用时温度不能过高，在有空气存在的情况下受热，容易发生氧化裂解。

丙纶是碳链高分子化合物，又不含极性基团，故对酸、碱及氧化剂的稳定性很高，耐化学性能优于一般化学纤维。

丙纶耐光性较差，日光暴晒后易发生强度损失。从化学组成来看，丙纶分子链中叔碳原子的氢比较活泼，易被氧化，所以其耐光性差。

丙纶的电阻率很高（$7\times10^{19}\Omega\cdot cm$），与其他化学纤维相比，它的电绝缘性更高。

（五）维纶

1. 概述 聚乙烯醇缩甲醛（polyvinyl formal；PVAL）纤维是合成纤维的重要品种之一，我国的商品名为维纶，日本及朝鲜称为维尼龙。未经处理的聚乙烯醇纤维溶于水，用甲醛或硫酸钛缩醛化处理后可提高其耐热水性。狭义的维纶专指经缩甲醛处理后的聚乙烯醇缩甲醛纤维。维纶 1940 年投入工业化生产，目前世界上维纶的主要生产国有中国、日本、朝鲜等。

2. 结构 湿法纺丝成形的维纶，截面是腰子形的，有明显的皮芯结构，皮层结构紧密，而芯层有很多空隙，空隙与成形条件有关。

聚乙烯醇晶胞为单斜晶系，结晶区的密度为 $1.3435g/cm^3$，无定形区的密度为$1.269g/cm^3$，一般缩醛化后密度为 $1.26g/cm^3$。维纶的密度为 $1.26\sim1.30g/cm^3$，约比棉纤维轻 20%。

3. 特性

（1）力学性能：维纶外观形状接近棉纤维，因此俗称“合成棉花”，但强度和耐磨性都优于棉纤维。棉/维（50/50）混纺织物，其强度比纯棉织物高 60%，耐磨性可以提高 50%～100%。维纶的弹性不如聚酯纤维等其他合成纤维，在服用过程中易产生折皱。织物不够挺括。

（2）吸湿、染色性能：维纶在标准状态下的回潮率为 4.5%～5.0%，在常用合成纤维中名列前茅。

维纶的染色性能较差，存在上染速度慢、染料吸收量低和色泽不鲜艳等问题。

（3）耐热性：维纶的耐干热性能较好。普通的棉型维纶短纤维纱在 40～180℃范围内，温度提高，纱线收缩略有增加；超过 180℃时，收缩为 2%；超过 200℃时，收缩增加较快；220℃时收缩达 6%；240℃后收缩直线上升；260℃时达到最高值。

维纶的耐热水性能与缩醛化度有关，随着缩醛化度的提高，耐热水性能明显提高。在水中软化温度高于 115℃的维纶，在沸水中尺寸稳定性好，如在沸水中松弛处理 1h，纤维收缩仅为 1%～2%。

（4）其他性能：维纶的耐酸性能良好，能经受温度为 20℃、浓度为 20%的硫酸或温度为 60℃、浓度为 5%的硫酸作用。在浓度为 50%的烧碱和浓氨水中，维纶仅发黄，而强度变化较小。

耐日晒性能：将棉帆布和维纶帆布同时放在日光下暴晒六个月，棉帆布强度损失 48%，而维纶帆布强度仅下降 25%，故维纶适合于制作帐篷或运输用帆布。

耐溶剂性：维纶不溶解于一般的有机溶剂，如乙醇、乙醚、苯、丙酮、汽油、四氯乙烯等。在热的吡啶、酚、甲酸中溶胀或溶解。

耐海水性能：将棉纤维和维纶同时浸在海水中 20 日，棉纤维的强度会降低为零（即强度损失 100%），但维纶强度损失为 12%，故适合于制作渔网。

不醛化的聚乙烯醇纤维可溶于温水，称可溶性维纶纤维，是天然纤维纺制超细线密度纱线的重要原料。目前我国聚乙烯醇纺丝厂主要生产可溶性维纶。其次，聚乙烯醇纤维在适当条件下可纺制成高强高模量维纶,目前也有少量生产。

维纶良好的可溶性和纤维成形性,是作为其他原料共混或混合的重要的基本材料,如大豆蛋白改性纤维、角蛋白改性纤维、丝素蛋白改性纤维,大都用其作为载体、混合纺丝,维纶原液用量达50%,甚至达80%。

(六)氯纶

1. 概述 氯纶是聚氯乙烯(polyvinal chloride,PVC)纤维的中国商品名。聚氯乙烯于1931研究成功,1946年在德国投入工业化生产。氯纶吸湿、染色性差,对有机溶剂的稳定性和耐热性差,发展缓慢。

2. 结构 氯纶由聚氯乙烯或聚氯乙烯占50%以上的共聚物经湿法或干法纺丝而制得。截面接近圆形,纵向有1～2道沟槽。用一般方法生产的聚氯乙烯均属无规立构体,很少有结晶性,但有时能显示出在某些很小的区段上形成结晶区。随着聚合条件的改变,可以改变所得聚合物的立体规整性。随着聚合温度的降低,可使所得聚氯乙烯的立体规整性提高,使纤维的结晶度也随之提高,纤维的耐热性和其他一系列物理机械性能也可获得不同程度的改善。

3. 特性

(1)阻燃性:氯纶的独特性能就在于其难燃性,在明火中发生明显的收缩并炭化,离开火源便自行熄灭。由于氯纶分子中含有大量的氯原子,约占其总重量的75%,氯原子在一般条件下极难氧化,所以氯纶织物具有很好的阻燃性,这种难燃性在国防上有着特殊的用途。

聚氯乙烯与聚丙烯腈混合纺丝的纤维,我国称为腈氯纶,兼有两者的性能,一般在阻燃产品中使用。

(2)力学性能:氯纶的强度接近棉,约2.65 cN/dtex;断裂伸长率大于棉,弹性和耐磨性均较棉优良,但在合成纤维中属较差者。

(3)化学稳定性:氯纶对各种无机试剂的稳定性很好,对酸、碱、还原剂或氧化剂,都有相当好的稳定性。氯纶耐有机溶剂性差,它和有机溶剂之间不发生化学反应,但有很多有机溶剂能使它发生有限溶胀。

(4)其他性能:氯纶不吸湿,一般常用的染料很难使氯纶上色,所以生产中多采用原液着色。

耐热性:氯纶的耐热性极低,只适宜于40～50℃以下使用,65～70℃即软化,并产生明显的收缩。其黏流温度约为175℃,而分解温度为150～155℃。

氯纶易发生光老化,当长时间受到光照时,大分子会发生氧化裂解。在某些情况下会释放氯离子或含氯的分子,对人体有害,使用时宜采取有效措施。

氯纶的产品有长丝、短纤维及鬃丝等,以短纤维和鬃丝为主。氯纶的主要用途在民用方面,主要用于制作各种针织内衣、毛线、毯子和家用装饰织物等。由氯纶制作的针织服装,不仅保暖性好,而且具有阻燃性。另外,由于静电作用,该种服装对关节炎有一定的辅助疗效。在工业应用方面,氯纶可用于制作各种在常温下使用的滤布、工作服、绝缘布、覆盖材料等。鬃丝主要用于编织窗纱、筛网、绳索等。

(七)氨纶

1. 概述 聚氨酯(PU)弹性纤维(polyurethane elastic fibre)是一种以聚氨基甲酸酯为主要

成分的嵌段共聚物制成的纤维，我国的商品名为氨纶，国外的商品名中著名的有美国的莱卡(Lycra)。

由于氨纶不仅具有橡胶丝那样的弹性，还具有一般纤维的特性，因此作为一种新型纺织纤维受到人们的青睐。它可用于制作各种内衣、游泳衣、松紧带、腰带等，也可制作袜口及绷带等。

2. 结构　氨纶是软硬链嵌段共聚高分子化合物，氨纶根据主链结构中软链段部分是聚酯还是聚醚分为聚酯型和聚醚型，可通过干纺、湿纺或熔融纺制成氨纶。

氨纶大分子链中有两种链段：一种为软链段，它由不具结晶性的低相对分子质量聚酯(1000～5000)或聚醚(1500～3500)链组成，其玻璃化温度很低(－50～－70℃)，且在常温下，它处于高弹态，在应力作用下，很容易发生形变，从而赋予纤维容易被拉长变形的特征；另一种为硬链段，它由具有结晶性并能形成横向交联、刚性较大的链段(如芳香族二异氰酸酯链段)组成。这种链段在应力作用下基本上不产生变形，从而防止分子间滑移，并赋予纤维足够的回弹性。在外力作用下，软链段为纤维提供大形变，使纤维容易被拉伸；硬链段则用于防止长链分子在外力作用下发生相对滑移，并在外力去除后迅速回弹，起到物理交联的作用。

用化学反应纺丝法制造的氨纶只有一种软链段，但交错的软链段之间有由化学交联形成的结合点，它与软链段配合，共同赋予纤维高伸长、高回弹的特点。

3. 特性

(1)力学性能：氨纶的断裂伸长率可达500%～800%，瞬时弹性回复率为90%以上，与橡胶丝相差无几，比一般加弹处理的高弹聚酰胺纤维(弹性伸长大于300%)还大、它的形变回复率也比聚酰胺弹力丝高。氨纶的干态断裂比强度为0.5～0.9cN/dtex，是橡胶丝的2～4倍，湿态断裂比强度为0.35～0.88cN/dtex。另外，氨纶还具有良好的耐挠曲、耐磨性能等。

(2)密度和线密度：氨纶的密度为1.20～1.21g/cm^3，虽略高于橡胶丝(不加填料时，天然橡胶密度为0.95 g/cm^3，各种合成橡胶在0.92～1.3 g/cm^3)，但在化学纤维中仍属较轻的纤维，氨纶的线密度一般为22～47dtex，最细可达11dtex。

(3)吸湿与染色性：氨纶的公定回潮率为1.3%。氨纶的染色性能尚可，染锦纶的染料都能使用，通常采用分散染料、酸性染料等染色。

(4)耐热性：氨纶的软化温度约为200℃，熔点或分解温度约为270℃，优于橡胶丝，在化学纤维中属耐热性较好的品种。

(5)化学稳定性：氨纶对次氯酸型漂白剂的稳定性较差，推荐使用过硼酸钠、过硫酸钠等含氧型漂白剂。聚醚型氨纶的耐水解性好；而聚酯型氨纶的耐碱、耐水解性稍差。

第四节　化学纤维的品质检验与评定

一、化学短纤维的品质检验与评定

(一)长度与细度的选择

化学纤维是人工制造的，可以生产各种长度和细度的规格，以适应纺织加工与成品的要求。

化学短纤维可以单独纺纱，也可以与棉、毛、麻、丝或其他化纤混纺。化学短纤维的长度与细度一般可分为棉型、毛型或中长型。化学短纤维长度与细度的常用规格见表 4-3。

表 4-3 化学短纤维的长度与细度

项 目	毛 型		棉 型	中长型
	用于粗梳毛纺	用于精梳毛纺		
长度(mm)	64～76	76～114	33～38	51～76
线密度(tex)	0.33～0.55	0.33～0.55	0.13～0.18	0.22～0.33

一般棉型化纤与棉混纺或纯纺，长度较之混纺的棉纤维略长。化纤比较细长时，可以改善成纱条干，并提高纱线的强度。但化纤的长度与细度必须互相适应，过分细长时，在梳理过程中容易扭结，并造成大量短绒；过分粗短时，则影响条干，并降低纱线的强度。用于一般纺纱工艺时，化纤的长度与细度之比可以采用以下经验公式求得。

$$长度(英寸):线密度(旦)=1:1 \tag{4-1}$$

如果化纤经过牵切直接成条，则不受上式限制，可以选用比较细长的纤维纺纱。此外，在混纺时，利用纤维在纱线截面中分布变化的规律，也可以有意识地选取不同细度和长度的纤维混配，以得到合理的成纱结构。

棉型化纤一般都在化纤后加工时切断成等长纤维，毛型或中长型纤维可以是等长的，也可以加工成异长纤维。等长化纤的长度基本相同，但也含有少量的超长纤维或短纤维，异长纤维则是长长短短的，在化纤切断时，加工等长纤维比较容易，但长度差异控制适当的异长纤维，成纱条干均匀，织物具有更近似羊毛的风格，故这种异长纤维在毛型化纤中应用较广。

中长纤维是近年来迅速发展的新品种，长度和细度介于棉型化纤和毛型化纤之间。中长纤维可以在棉纺机台或稍加改造后的棉纺机台上加工仿毛型产品，用于化纤纯纺或混纺。由于中长纤维较棉型的长而粗，化纤厂加工中长纤维成本低，产量高，织物耐磨性好，纤维强度利用率高。又由于中长型纤维能在棉纺机台上进行加工，加工流程较毛纺系统短，工艺简单，使加工成本大大降低。

(二)品质检验与评定

1. 品质评定 化学短纤维根据物理、化学性能与外观疵点进行品质评定。一般分为优、一、二、三等。

各种化学纤维的分等项目和具体指标有所不同，物理、化学性能，一般包括断裂强度及其变异系数、断裂伸长率、线密度偏差、长度偏差、超长纤维率、倍长纤维含量、卷曲数、含油率等。疵点是指生产过程中形成的不正常异状纤维。

根据化学纤维不同品种的特点需对其他指标进行检验，如粘胶纤维增加湿断裂强度、残硫量、白度和油污黄纤维等。对合成纤维常需检验卷曲率、比电阻、干热或沸水收缩率等。检验10%定伸长强度。腈纶要检验上色率、硫氰酸钠含量、钩接强度。维纶要检验缩甲醛化度，水中软化点等。锦纶要检验单体含量。此外还要检验成包回潮率，要求在规定范围以内。

化学短纤维的品质检验按批随机抽样。同一批纤维的原料相同、工艺条件相同、产品规格相同，抽样数量根据批量大小按标准规定进行。

2. 部分检验内容

(1)长度指标：一般包括平均长度、长度偏差、超长纤维率、倍长纤维含量等。长度偏差是指实测平均长度和纤维名义长度差异的百分率；超长纤维率是指超长纤维(棉型化纤长度超过名义长度 5mm、中长型 10mm，并小于名义长度两倍的纤维)质量占试样质量的百分率；倍长纤维含量是指 100g 纤维所含倍长纤维质量(mg)。

超长纤维和倍长纤维的存在，会使纺纱过程中发生绕打手、绕罗拉、绕锡林等现象，引起断头增多、纱线条干不匀等，严重影响纤维的可纺性和成品质量，其危害性更甚于短纤维。因此，要求超长纤维率和倍长纤维含量越低越好。化学纤维的长度检验通常采用中端称重法。

(2)细度检验：化学短纤维的线密度按照我国法定计量单位用特(克斯)(tex)表示，而以往大都用旦尼尔(den)表示，现已废除。线密度的检验大都采用中段称重法。从伸直的纤维束上切取一定长度的中段纤维，称取重量，并计算中段纤维根数。计算线密度和线密度偏差。线密度偏差是指纤维实测线密度与名义线密度差异相对名义线密度的百分率。

(3)卷曲性能检验：化学纤维的表面比较光滑，既不像天然纤维棉那样具有天然转曲，又不像羊毛那样具有卷曲，因此它们之间的抱合力很差，影响成纱强力，使纺纱工程不能正常进行。为了改善纤维之间的抱合力，提高纤维的可纺性，并改善织物的服用性能，在化学纤维的制造过程中常使纤维具有一定的卷曲。表示卷曲性能的指标有卷曲数与卷曲率。

检验时将逐根纤维一端加上轻负荷(0.0018cN/dtex)，另一端置于卷曲仪的夹持器中，待轻负荷平衡后记下轻负荷平衡长度 L_0，并读取纤维上 25mm 内的全部卷曲峰数和卷曲谷数，然后再加上重负荷(维纶、锦纶、丙纶、氯纶等为 0.05cN/dtex，涤纶、腈纶为 0.075cN/dtex)平衡后记下读数重负荷平衡长度 L_1，待 30s 后去除重负荷，2min 后再加轻负荷，平衡后记下再轻负荷平衡长度 L_2。根据所测数值计算卷曲性能各项指标。

卷曲数是指每厘米长纤维的卷曲个数。卷曲率表示卷曲程度，卷曲波纹越深，卷曲数越多卷曲率越大，其计算公式如下：

$$\text{卷曲率} = \frac{L_1 - L_0}{L_1} \times 100\% \tag{4-2}$$

式中：L_1——纤维在重负荷下的平衡长度，mm；

L_0——纤维在轻负荷下的平衡长度，mm。

卷曲回复率：卷曲回复率表示卷曲的牢度，其值越大，表示回缩后剩余的波纹越深，即波纹不易失去，卷曲牢度高，其计算公式如下：

$$\text{卷曲回复率} = \frac{L_1 - L_2}{L_1} \times 100\% \tag{4-3}$$

式中：L_2——纤维在重负荷释放，经 2min 回复，再在轻负荷下测得的长度，mm。

卷曲弹性率：卷曲弹性率与卷曲回复率意义相近，其计算公式如下：

$$卷曲弹性率 = \frac{L_1 - L_2}{L_1 - L_0} \times 100\% \tag{4-4}$$

(4)疵点检验:疵点是指生产过程中形成的不正常异状纤维,包括僵丝、并丝、硬丝、注头丝、未牵伸丝、胶块、硬板丝、粗纤维等。疵点的存在会影响化纤的可纺性和成品质量。

疵点检验可以称取一定重量的试样,在原棉杂质分析机上反复处理二次后,将落下物放在黑绒板上,用镊子拣出疵点,称重后折算成每 100g 纤维中含疵点的毫克数(mg/100g),也可采用手拣法,直接用手拣出称重后,折算成每 100g 纤维的疵点的毫克数。

(5)含油率检验:含油率是指化纤上含油干重占纤维干重的百分率。含油率的高低与纤维的可纺性关系密切。含油率低的纤维容易产生静电现象;含油率过高则容易产生粘缠现象,都会影响纺织加工的正常进行。一般在满足抗静电性、平滑性等要求的情况下,含油率以少些为好。目前一般棉型化纤的含油率:涤纶、丙纶为 0.1%~0.2%,维纶为 0.15%~0.25%,腈纶为 0.3%~0.5%,锦纶为 0.3%~0.4%。毛型化纤的含油率要稍高些,如毛型涤纶的含油率以 0.2%~0.3%为宜。长丝一般掌握在 0.8%~1.2%。此外,含油必须均匀。

含油率检验是用一定的有机溶剂处理化纤,使化纤上的油剂溶解,称得试样去油干重和油脂干重,或称得试样含油干重和试样去油干重求得含油率。

二、化纤长丝的品质检验与评定

(一)细度及表示

化纤长丝的细度与短纤维一样,可用线密度、纤度和公制支数等表示,我国法定计量单位规定以特克斯(tex)表示,也可用直接测定化纤长丝的直径来表示。

复丝的线密度用组成复丝的单丝根数和总特数表示,如 16.5tex/30f,表示复丝总细度为 16.5tex,单丝根数为 30 根。复丝的线密度等于组成该复丝的单丝线密度之和。

复丝直径的大小,除了与细度比重有关外,还受到捻度的影响。当捻系数很小时,长丝比较松散,单丝之间就具有较大空隙,而随捻系数的增加,复丝直径减小。当捻系数较大时,捻缩增大,复丝直径有增加的趋势。

变形纱由于纱线体积膨松,与同样细度的长丝比较,直径要增大一倍至数倍,随变形程度的不同而有很大差异。

(二)品质检验与评定

1. 品质评定 长丝根据内在质量与外观疵点,分别评定为一、二、三等或等外,二者定等不同时,以两者中较差的一项定为该批长丝的最后品等。弹力丝或其他变形丝的品质评定,除了与一般长丝一样按照内在质量与外观疵点来评定外,还要增加丝条的膨松与回弹性等指标。

化学长丝的品质评定,内容与短纤维一样。生产厂对每批产品进行检验,不同产品有不同的质量指标。长丝的内在质量一般进行抽样检验,抽样比例为 2%左右。

长丝的检验项目一般有细度偏差与细度不匀、捻度不匀率、断裂强度、断裂伸长率与伸长不匀率。腈纶、富强纤维等的检验项目要增加湿强度与湿伸长率。另外,腈纶要检验上色率、白度;粘胶纤维要检验残硫量;涤纶要检验沸水收缩率;复丝要检验单丝纤维根数等。

长丝的外观疵点包括成形、色泽、毛丝、结头、污染、松紧丝、硬头丝以及跳丝、乱丝等,这些疵点直接影响织造加工,影响成品质量,因此对外观疵点要进行逐筒(绞、饼)检验。

化学纤维长丝一般都直接经过机织工艺加工成成品,长丝质量直接影响最后成品的质量,因此在化纤出厂时,长丝较短纤维的质量要求更高。

2. 部分检验内容

(1)变形丝的伸缩性与弹性:化纤长丝经过变形加工而成变形丝,它的特点是具有较大的伸缩性。这种伸缩性是由变形丝的卷曲形态造成的,可选择合适的伸缩性。弹力丝的伸缩性和弹性决定于单位长度的卷曲数和卷曲的稳定性,它可用紧缩伸长率和紧缩弹性回复率(或卷曲牢度)指标来表示:

$$\text{紧缩弹性回复率} = \frac{L_1 - L_2}{L_1 - L_0} \times 100\% \tag{4-5}$$

式中:L_0——试样在轻负荷(1.76×10^{-3}cN/dtex)作用下(时间 30s)的长度,cm;

L_1——去轻负荷,加上重负荷(8.8×10^{-3}cN/dtex),约 30s 后,试样的长度,cm;

L_2——试样去除重负荷,经 2min 后再加上轻负荷时试样的长度,cm。

(2)变形丝的蓬松性:变形丝的另一特性是蓬松性较普通长丝好得多。由于体积蓬松,变形丝的直径增加,体积重量减少。表示变形丝的蓬松性用蓬松因素和蓬松度表示:蓬松因素是指变形丝变形前后比容(单位质量的体积)之比,蓬松因素越大,表示蓬松性越好;蓬松度是指变形丝的蓬松体积和真实体积之差相对真实体积之比。

思考题

1. 化学纤维的生产一般要经历哪些步骤?
2. 比较湿法与干法纺丝。
3. 归纳常见服用化学纤维最突出的优缺点。

第五章　其他化学纤维

● 本章知识点 ●

1. 差别化纤维基础知识。
2. 功能性纤维基础知识。
3. 纺织纤维鉴别及性能汇总表。

第一节　差别化纤维

差别化纤维(differential fiber)通常是指在原来纤维的基础上进行物理或化学改性处理，使其与常规化学纤维的形态和结构有显著不同，性状上获得一定程度改善的纤维。纤维的差别化加工处理，起因于普通合成纤维的一些不足，大多采用简单仿天然纤维特征的方式进行形态或性能的改进。差别化纤维与功能性纤维在概念上有显著区别，前者以改进服用性能为主，后者突出防护、保健、安全等特殊功能。但是，目前两者的区别逐渐模糊而变得密不可分，某些功能性纤维可通过差别化技术获得。

一、差别化纤维的分类

差别化纤维通常有两种分类方法：一类是按照差别化纤维力求改善的性能，或者纤维改性后所具有的性能特点分类；另一种是按照纤维改性的方法进行分类。在现有各种常用纤维中，改性处理主要针对合成纤维中应用最广泛的几种纤维进行，如聚酯纤维、聚丙烯腈纤维、聚酰胺纤维等；另外对其他常用纤维(如粘胶纤维、棉、麻等)的改性也做了许多工作。一般来说，改性处理主要为了改善纤维下列性能中的某一项或几项，即吸湿性、覆盖性、收缩性、抗起毛起球性、抗静电性、热稳定性、原始色调、染色性等。因此，差别化纤维品种较多，如异形纤维、复合纤维、超细纤维、高吸湿性纤维、保暖纤维、抗起毛起球纤维等。此外通过差别化技术还可制得抗静电、抗菌、阻燃、远红外、防紫外、发光等功能性纤维。结合纤维改性方法上的某些特征，可将差别化纤维按照表 5 - 1 分类。

表 5－1　差别化纤维分类表

类　别	细　化　类　别
异形纤维	变形三角截面纤维、异形中空纤维、三角形截面纤维、五角形截面纤维、三叶形截面纤维、Y形截面纤维、双十字形截面纤维、扁平形截面纤维
复合纤维	并列型、皮芯型、海岛型
超细纤维	线密度在 0.44dtex(0.4 旦)以下的纤维
高吸湿性纤维	高吸放湿聚氨酯纤维、细旦丙纶纤维、高去湿四沟道聚酯纤维、聚酯多孔中空截面纤维、导湿干爽型涤纶长丝、高吸放湿锦纶、HYGRA 纤维、挥汗纤维、Sophista 纤维、高吸湿排汗＋双抗纤维
保暖纤维	蓬松保暖纤维、蓄热保暖纤维
新视觉纤维(仿生)	超微坑纤维、多重螺旋结构纤维、仿羽绒纤维
抗起球型纤维	抗起球型聚酯纤维、抗起球型聚丙烯腈纤维
自卷曲纤维	自卷曲聚酯纤维、自卷曲聚丙烯腈纤维
高收缩性纤维	高收缩性聚丙烯腈纤维、高收缩性聚酯纤维
特亮、亚光、消光纤维	特亮、亚光、消光聚酯纤维
易染纤维	CDT、PBT、ECDP
有色纤维	有色粘胶纤维、仿生纤维、仿麻纤维
仿真纤维	仿真丝纤维、仿毛纤维、仿麻纤维
功能性差别化纤维	抗静电纤维、阻燃纤维、抗紫外线纤维、远红外线纤维、抗菌纤维

二、差别化纤维的制备

(一)物理改性

通过改变高分子材料的物理结构使纤维性质发生变化，其主要方法有以下五种。

1. 复合法　复合纺丝是将两种或两种以上的高聚物或性能不同的同种聚合物通过同一喷丝孔纺成单根纤维的技术，需要特殊的喷丝板结构。图 5－1 是复合纺丝示意图。通过复合，在纤维同一截面上可以获得双组分的并列型、皮芯型、海岛型和其他复合方式的复合纤维以及多组分纤维。

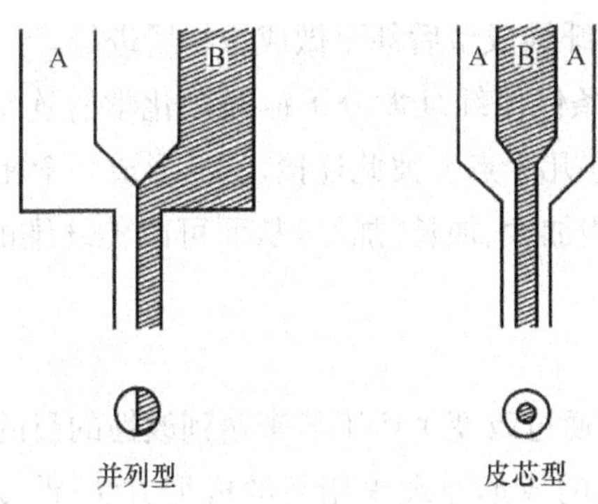

图 5－1　复合纺丝示意图

2. 混合(或共混)法 即利用聚合物的可混合性和互溶性,将两种或两种聚合物混合后喷纺成丝。即把某种特定的改性剂(或称添加剂)在纺丝前混入聚合物熔体或溶液中,再进行纺丝,如抗菌纤维就是将抗菌剂加入聚酯熔体中,然后经纺丝制得。

3. 改进聚合与纺丝条件法 此方法是通过改进温度、时间、介质、浓度、凝固浴,使高聚物的聚合度及分布、结晶度及分布、取向度等得到改变,达到改性的目的。

4. 改变纤维截面法 改变纤维截面法也称异形纺丝,是指采用特殊的喷丝孔形状开发异形纤维,图 5-2 是异形纤维喷丝孔及相应纤维截面形状。异形纤维一般采用非圆形孔喷丝板纺丝制得。除此之外,也可采用膨化黏着法、复合纤维分离法、热塑性挤压法和变形加工法等制得。

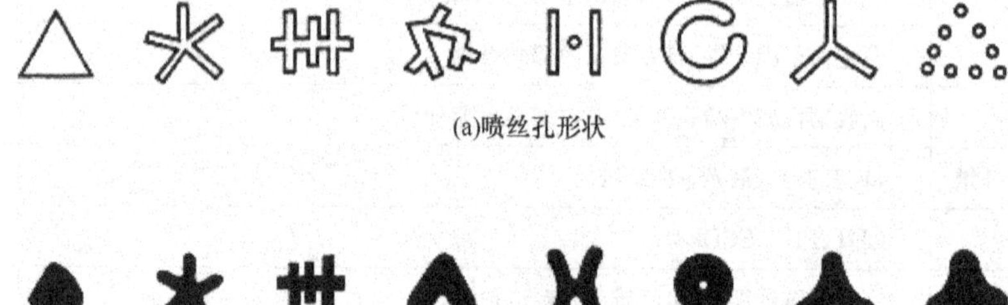

图 5-2 异形纤维喷丝孔及相应纤维截面形状

5. 表面物理改性法 采用等离子辐射等手段对纤维表面进行刻蚀、涂膜等。

(二)化学改性

化学改性是指通过改变纤维原来的化学结构来达到改性目的的方法。化学改性方法主要有以下三种。

1. 共聚法 共聚是采用两种或两种以上单体在一定条件下进行聚合。可改善合成纤维的染色性、吸湿性、防污性、阻燃性等。

2. 接枝法 通过化学方法,使纤维的大分子链上能接上所需要的某种特殊的基团,接枝过程既可在聚合时进行,也可在纤维成型后甚至做成织物后进行。

3. 交联法 指控制一定条件使纤维大分子链间用化学链连结起来。当聚合物交联时,所有的单个聚合物分子链通常在几个点上彼此连接,从而形成一个相对分子质量更大的特大三维网状结构。由于纤维分子结构加大、加长、加厚,从而可改善纤维的强度、初始模量、弹性、尺寸稳定性、耐热性、抗皱性等。

(三)工艺改性

在化学纤维生产过程中,通过改变生产工艺来达到改性的目的,其主要有:聚合时添加新的组分或优选工艺参数;根据新的成形原理采用新的成形方法;改变纺丝及后加工工艺;多道工序、工艺过程的联合,如纺牵一体化等。

三、常见差别化纤维

(一)变形丝

变形丝(textured filler)主要针对普通长丝的直、易分离或堆砌密度高所导致的织物光泽呆板、易于纰裂、手感滑溜、穿着冷湿而粘滑等缺陷，通过改变合成纤维卷曲形态，即模仿羊毛的卷曲特征来改善纤维性能的方法。通常被称为卷曲变形加工，简称变形加工。

变形加工一般是指通过机械作用给予长丝(或纤维)二度或三度空间的卷曲变形，并用适当的方法(如热定形)加以固定，使原有的长丝(或纤维)获得永久、牢固的卷曲形态。这种卷曲变形大大改善了纤维制品的服用性能，并扩大了它们的应用范围。现在主要的变形方法有填塞箱法、刀刃卷曲变形法、假捻变形法、空气变形法、网络变形法等。

(二)异形纤维

异形纤维(profile fiber)是指纤维截面形状非实心圆形而具有某种特殊形状的纤维。目的是改善合成纤维的手感、光泽、抗起毛起球性、蓬松性等特性。在纺织产品方面主要是以仿各种天然纤维为主，如仿蚕丝的光泽(三角形)，仿棉的保暖(中空形)。纤维截面形状的变化可使纤维反射光分布发生变化，导致纤维光泽的改变；使纤维间的摩擦与接触发生变化，导致纤维的触感及弯曲、扭转性质变化，以及织物手感和风格变化。对异形截面纤维而言，相同线密度的同种纤维，异形纤维截面宽度和抗弯刚度大于圆形纤维，故可减少织物的起毛、起球。异形纤维截面形状与特性见表 5－2。

表 5－2　异形纤维截面形状与特性

用　途		纤维截面	特　性
衣用			有丝的光泽与风格
			有丝的光泽与风格
			有类似金刚石的光泽
			有丝的风格
			有消光效果
		 (发泡丝)	轻、软，有消光效果
		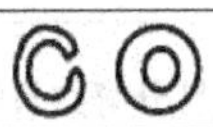	轻、软，有消光效果
			有麻、藤、竹、纸的风格
室内用品	地毯		压缩弹性好、耐脏
			压缩弹性好、保暖(锦纶)
	被褥		轻、蓬松、压缩弹性好、保暖(涤纶)

续表

用途		纤维截面	特性
产业用品	皮包料		毛皮风格(锦纶)
	叠材		蔺草风格(丙纶)
	藤椅用料		藤条风格(锦纶、丙纶)
	紫菜网		紫菜孢子易附生(聚乙烯)
	人造草坪		草坪风格(锦纶)
	保温材料		保暖(涤纶、腈纶)

(三)复合纤维

复合纤维(composite fiber)是将两种或两种以上的高聚物或性能不同的同种聚合物,通过一个喷丝孔纺成的纤维。通过复合,在纤维同一截面上可以获得并列型、皮芯型、海岛型等其他复合方式的复合纤维。复合纤维的起因应该是羊毛正、反皮质双边分布的永久卷曲和麻纤维的纤维基质结构。

复合纤维不仅可以解决纤维的永久卷曲和蓬松弹性,而且可以多组分的连续覆盖作用,提供纤维易染色、难燃、抗静电、高吸湿等特性。复合纤维具有"扬长避短"的特点,如涤锦复合纤维,用锦纶作皮层,涤纶作芯层,就能使两者的缺点相互弥补,两者的优点兼而有之。它既具有锦纶的耐磨、高强、易染、吸湿等优点,又有涤纶弹性好、保形性好、挺括、免烫的优点。复合纤维截面形状与特性见表5-3。

表5-3 复合纤维截面形状与特性

特点	纤维截面	特性实现机理
卷曲		热收缩率不同的组分并列复合,热处理产生卷曲,手感柔软、蓬松
导电	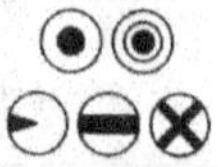	通过部分炭黑导电成分被高分子材料包围、覆盖,使纤维有导电性的同时,又可以减弱炭黑的黑色
抗静电	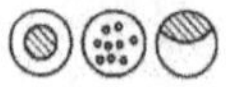	将含有PEG(聚乙二醇)的聚合物复合纺丝,提高吸湿和抗静电性
吸水		在聚酯中,中芯采用碱易分解的聚酯,碱处理得到中空高吸水纤维
超细		在聚酯中,斜线部分采用碱易分解的聚酯,碱处理制得超细纤维

(四)超细纤维

超细纤维(ultra-fine fiber)的定义在国际上说法不一,我国纺织业认可的标准是将单纤维线密度小于0.44dtex的纤维称为超细纤维。超细纤维源于仿制麂皮织物用的线密度小于0.9dtex的纤维。

超细纤维可通过直接纺丝法制得，如熔喷纺丝、静电纺丝等；也可采用分裂剥离法和溶解去除法等方法加工而得。分裂剥离法是将两种亲和性略有差异的聚合物通过复合纺丝法制得橘瓣形、米字形或齿轮形等复合纤维，然后采用化学或物理方法对复合纤维实施剥离，最终制得超细纤维。溶解去除法是选用对某种溶剂有不同溶解能力的两种聚合物，采用复合纺丝法纺制“海岛型”复合纤维，再用有机溶剂处理，则可溶去“海”组分，得到“岛”组分的超细纤维。图 5－3是分裂剥离和溶解去除法示意图。

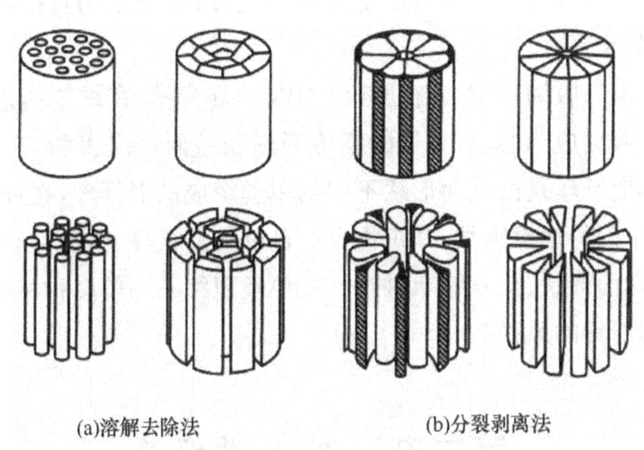

图 5－3　分裂剥离和溶解去除法示意图

超细纤维抗弯刚度小，织物手感柔软、细腻，具有良好的悬垂性、保暖性和覆盖性，但回弹性低、蓬松性差。超细纤维比表面积大，吸附性和除污能力强，可用来制作高级清洁布。但超细纤维的染色要比同样深浅的常规纤维消耗染料多，且染色不易均匀。

（五）高收缩纤维

高收缩纤维（high－shrinkage fiher）是指纤维在热或热湿作用下，长度有规律弯曲收缩或复合收缩的纤维。一般高收缩纤维在热处理时的收缩率在 20％～50％，而一般纤维的沸水收缩率小于 5％（长丝小于 9％）。高收缩纤维广泛应用于毛纺产品的改性，如泡绉织物、立体图形织物、提花织物、高密织物、膨体织物、人造麂皮等织物的制作。

（六）易染色纤维

所谓易染色是指可用不同染料染色，且色泽鲜艳，色谱齐全，色调均匀，色牢度好，染色条件温和（常温、无载体）等。涤纶是常用合成纤维中染色最困难的纤维，易染色合成纤维主要是指涤纶的染色改性纤维。易染色合成纤维常见的品种，除阳离子染料可染涤纶外，还有常温常压阳离子可染涤纶、酸性染料可染涤纶、酸性或碱性染料可染涤纶、酸性染料可染腈纶、深色酸性可染锦纶、阳离子可染锦纶等。

（七）吸水吸湿纤维

吸水吸湿纤维是指具有吸收水分并将水分向临近纤维输送能力的纤维。同天然纤维相比，多数合成纤维吸湿性较差，尤其是涤纶与丙纶，因而严重地影响了这些纤维服装的穿着舒适性和卫生性。同时，纤维吸湿性差也带来了诸如静电、易脏等问题。改善合成纤维吸湿性，如可以采用前述三种改性方法，提高纤维的润湿与膨胀能力。即纤维混合或复合引入高吸湿性高聚物，或表面改性，形成多微孔结构，增加纤维的吸水、吸湿能力。吸水吸湿纤维主要用于功能性内衣、运动服、训练服、运动袜和卫生用品等。

(八)混纤丝

混纤丝是指由几何形态或物理性能不同的单丝组成的复丝。混纤丝的目的在于提高合成纤维的自然感。常见的混纤丝有异收缩、异形、异细度及多异混纤等几种类型。在制造技术上常采用异种丝假捻、并捻、气流交络等后加工方法来混纤；也可采用直接纺制混纤丝的方法，其更为经济简便，混纤效果更好。

异收缩混纤丝是由高收缩纤维与普通纤维组成的复合丝，在织物整理及后加工过程中，高收缩纤维因受热发生收缩成为芯丝，普通的纤维因丝长差而浮出表面，产生卷曲，形成空隙，赋予织物蓬松感。异形混纤丝是由截面形状不同的单丝组成的混纤丝，在纤维之间存在空隙及毛细管结构，可降低纤维间的摩擦因数，其织物具有良好的蓬松性、吸湿性和回弹性。多异混纤丝是指将具有线密度、截面形状、热收缩率、伸长率、单丝粗细不匀等多种特性差异纤维的组合，目的是使之更接近天然纤维的风格。

第二节　功能性纤维

功能性纤维是指能满足某种特殊要求和用途的纤维，即纤维具有某种特定的物理和化学性质，如具有防护、保健、安全等特殊功能的纤维。

一、防护性功能纤维

(一)阻燃纤维(fire - retardant fiber)

由纤维制品燃烧引起的火灾已成为现代社会中重大灾害之一，严重威胁着人类生命财产的安全。因此，世界各国对纤维及纺织品的阻燃研究十分重视。阻燃纤维和阻燃纺织品与普通纤维和纺织品相比可燃性显著降低，在燃烧过程中燃烧速率明显减缓，离开火源后能迅速自熄，且较少释放有毒烟雾。

合成纤维阻燃纺织品可以通过使用阻燃纤维或通过织物阻燃整理来获得，而天然纤维的阻燃只能通过纤维、纱线或织物的阻燃整理来实现。阻燃纤维的生产方法有化学改性法和物理改性法。前者包括共聚、接枝阻燃单体、表面与阻燃剂反应；后者包括共混添加阻燃剂和表面涂敷阻燃剂。纤维、纱线或织物的阻燃整理可以通过喷涂、浸渍、浸轧或涂层等方式来实施。新型阻燃剂、纤维的燃烧及阻燃机理、阻燃整理工艺、阻燃性能测试方法和阻燃纺织品标准等方面的研究，是阻燃纤维及阻燃纺织品研究的主要内容。

(二)抗菌防臭纤维(anti - bacterial and purifying fiber)

1955 年日本成功开发了抗菌功能纤维，它是在纤维母体树脂中加入 Cu、Ag 的金属元素或它们的化合物制得的，最常用的是金属银盐和铜盐，如硫酸铜和硝酸银是最常用的抗菌添加剂。

金属或它们的盐类能破坏细菌细胞膜的代谢功能，导致细菌死亡，从而起到杀菌作用。

近年来还开发了许多其他的无机、有机抗菌剂，通过共混、复合纺丝或后整理方式，赋予纤维抗菌、防臭的性能。随着社会的发展，人们生活水平的提高，抗菌防臭纤维大有发展前途。

（三）导电纤维（electrically conductive fiher）

合成纤维及其织物容易产生静电，特别是在气候干燥的环境下，静电现象相当严重。目前解决抗静电问题的方法，主要采用在纤维内部混入吸湿性材料、引入亲水性基团或对织物进行吸湿性树脂整理，还可在织物中交织导电纤维。

导电纤维是利用纤维内的导电成分使纤维具有极强的抗静电性能。根据导电成分的不同，导电纤维的主要品种有金属纤维、碳纤维和有机导电纤维。导电成分在纤维中的分布状态，有均匀型、被覆型以及复合型。导电纤维的电阻率低，其抗静电性不受环境湿度的影响，故导电纤维的抗静电作用是永久的。导电纤维主要用于对抗静电性能要求很高的防静电工作服或防静电织物。

（四）抗紫外线纤维（ultraviolet resistant fiber）

抗紫外线织物是近几年来服装市场出现的一种功能性保健纺织品。它是将具有反射、衍射或吸收紫外线功能的无机超细颗粒或有机化合物添加于纤维中或对织物进行后整理，制得的纤维或织物能够屏蔽紫外光，防止皮肤病和皮肤癌的发生。有机类抗紫外线添加剂以水杨酸酯类、丙酮类化合物、苯并三唑类化合物为主，无机类抗紫外线添加剂以氧化锌和二氧化钛为主，它们能减少波长在 280～400nm 范围内的紫外光对人体的伤害。抗紫外线纤维的制备主要有共混法和共聚法。抗紫外线纤维和纺织品在户外纺织品和外衣服装领域具有良好的发展前景。

（五）电磁波屏蔽纤维

随着手机、计算机及微波炉等办公、家用电器的普及，电磁波辐射的危害也日益突出。为保护人体不受或尽量减少电磁辐射的危害，可对电磁辐射源进行屏蔽，减少其辐射量，还可穿着有效的防电磁波辐射防护织物进行自我保护。电磁波辐射防护织物所用材料可分为导电型和导磁型两类：导电型材料是指当材料受到外界磁场作用时产生感应电流，这种感应电流产生与外界磁场反方向的磁场，从而与外界磁场相抵消，达到对外界电磁场的屏蔽作用；导磁型材料则是通过磁滞损耗和铁磁共振损耗而大量吸收电磁波的能量，并将电磁能转化为其他形式的能量，以达到吸收电磁辐射的目的。电磁辐射防护纤维和织物的制备方法有电镀法、涂层法、共混纺丝法、复合纺丝法等。

二、保健功能性纤维

（一）医用功能性纤维

医用功能纤维及纺织品是生命科学与材料科学交叉的产物，是现代临床医学发展的重要物质基础。目前，医用功能纤维和纺织品在以下几个方面得到不同程度的应用。

外科移植用纺织品：人造血管、人造皮肤、人造骨、人造关节、人工心脏瓣膜、软组织修补、外科缝纫线等。

人工器官：人工心肺、人工肾、人工肝等。

医用辅料:纱布、绷带、药棉、手术巾、手术服等。

医用功能纤维及纺织品除了具有一定的机械强度、化学稳定性、易于加工成型等性能外,还必须具备生物相容性和生物降解性。

(二)磁性功能纤维

磁性纤维是纤维状的磁性材料,它可以分为磁性纺织纤维和磁性非纺织纤维。磁性非纺织纤维在十几年前已有报道,如磁性合金纤维用于制造磁性复合材料、磁性涂层材料,磁性木质纤维素纤维用于制磁性纸等。磁性非纺织纤维制成的磁制品可在磁记录、记忆、电磁转换、屏蔽、防护、医疗和生物技术、分离纯化等诸方面应用。对于纺织品来说需要的是磁性纺织纤维。磁性纺织纤维是一种兼具纺织纤维特性和磁性的材料,它具有其他纺织纤维所没有的磁性,又具有一些以往其他磁性材料所没有的物理形态及性能,如柔软、富有弹性等,通过纺织加工可做成纱线、织物,或加工制成非织造布以及各种形状的磁性医疗保健用品。

(三)远红外功能纤维

在常温下具有远红外发射功能的陶瓷粉(二氧化硅、二氧化锡、氧化铝等)作为添加剂与聚酯、聚酰胺等切片共混,纺制成远红外功能纤维。元素周期表中第三、第五周期中的一种或多种氧化物与第四周期中的一种或多种氧化物混合而成的远红外辐射材料,在环境温度为20~50℃时,具有较高的远红外发射率。目前,制备远红外功能性纤维的方法主要是共混法和复合纺丝法。远红外功能纤维织物具有优良的保健理疗、热效应、排湿透气和抑菌功能,它能吸收人体自身向外散发的热量,吸收并发射回人体所需要的4~14 μm波长的远红外线,促进血液循环并有保暖作用。理想的远红外织物具有良好的保温、抗菌和理疗功能。目前,国内外开发的远红外纺织品主要有内衣、被子、垫子等。

三、其他功能性纤维

(一)拒水拒油纤维

织物接触水或油类液体而不被水或油润湿,则称此织物具有拒水性或拒油性。织物具有一定的防水、防污、易去污或拒水拒油等功能,既可减少服装的洗涤次数,又能降低洗衣劳动强度和时间,对服装寿命、服装保洁和整体形象都是非常有益的。人类很早就能制造出防水服装抵御大自然的雨淋。譬如我国用桐油涂浸的油布可以做成雨伞、雨靴和衣服,另外一些衣着用品如油田工作服、家庭用的纺织品、汽车椅套布、部分军用织物以及其他特殊用途的纺织品都需具有一定的拒水拒油性。目前对拒水拒油纺织品的要求是既具有出色的拒水拒油效果,又有良好的耐久性。

(二)亲水性纤维

亲水性纤维是指具有吸收液相水分和气相水分性质的纤维。随着细旦、超细、复合纤维和改性合成纤维的研究不断发展,亲水性纤维的吸水速度、吸湿性以及轻量化、保湿性等性能不断提高。提高合成纤维的吸水、吸湿性能一直是功能纤维研究的重要内容之一。对疏水性纤维进行亲水改性的方法一般有化学法和物理法两种,前者主要是用纤维与亲水性物质反应制取吸水性纤维;后者则是对纤维进行物理处理,促进毛细现象,提高吸水性。高吸水性纤维目前主要用于运动服、内衣及毛巾、浴巾类。如日本的尤尼吉卡公司生产的亲水性纤维，其吸水除湿能力为棉纤维的1.6倍以上，用该纤维制成的纺织物表面总保持干燥的感觉。国内研制成功的高吸水聚酯纤维的保水率为20%，与棉纤维相似。

(三)离子交换纤维

离子交换纤维的应用范围和重要性日益扩大，已广泛用于水的软化、金属的提炼回收、药品精制、疾病的诊断与治疗以及生物化学领域等。离子交换纤维是由具有离子交换基团的聚合物或共聚物经纺丝而成的纤维，也可通过对天然纤维和合成纤维进行化学改性或接枝共聚反应，使之带有活性基团而具有离子交换性能。离子交换纤维具有交换速度快，再生能力强、流体阻力小、强度高和耐腐蚀等特点，它的实用价值在于具有比粒状离子交换剂更大的比表面。离子交换纤维在湿法冶金、环境保护、化工生产、卫生保健、天然产物的分离提取等领域的应用前景广阔。

(四)智能纤维

目前利用智能纤维开发的智能纺织品主要有自动调色服装、自动调温服装、具有“知觉”的“智能T恤衫”及自适应防护服等。光致变色纤维和温感变色纤维可制成智能滑雪衫、夹克衫、短上衣、连衣裙和帽子等，它们能随着室内外光线的变化而改变颜色。这种服装由于具有良好的光、热变色性和新颖性，深受消费者欢迎。其温度随人体和环境温度的变化而变化，能在不改变或较少改变穿戴负荷的情况下保护身体。由塑料光纤和传导纤维编织而成的“智能T恤衫”，可以协助医务人员监测病人心跳、体温、血压、呼吸等生理指标，也可被监测人员用来了解和掌握运动员、宇航员、飞行员的身体情况，还可制成婴儿睡衣，监测婴儿呼吸，防止婴儿在睡眠时因窒息死亡。美国已研制出一种新型智能防护衣，它在划破之后会自动发出报警信号，可以更好地保障在放射性、有毒环境中工作人员的安全。

第三节　纺织纤维鉴别及性能表

一、纺织纤维鉴别

纤维是组成纱线和织物的原料。纱线和织物的性能与纤维的品种及性能密切相关。所以，在纺织生产管理、产品分析设计、来样检测仿制，以及科学研究、考古断代、公安甄别、进出口商检中，常常要对纤维材料进行鉴别。而纤维鉴别的对象往往不是原来状态的纤维，已变成结构和组成复杂的纤维集合体，且来样微小或已遭破坏，尤其是考古和刑侦。因此，纤维鉴别是一项既实用又技术性很强的工作。

鉴别纤维就是根据纤维的外观形态、内在质量和基本性质的差异，采用物理或化学方法来区别。常用的方法有手感目测法、燃烧法、显微镜观察法、化学溶解法、着色法、红外光谱法等。

对于一般纤维，用常规方法的组合就可比较准确、方便地进行鉴别。对于一些组成结构比较复杂的纤维则需要用适当的仪器，如红外光谱仪、气相色谱仪、差热分析仪、X光衍射仪和电子显微镜等进行识别，但各种方法的原理、适合场合及其达到的精度有所不同。

(一)手感目测法

手感目测法主要是根据纤维的长短、粗细、卷曲、色泽及其不匀性，含杂与否及类型，纤维的刚柔性和弹性等，来区分棉、麻、毛、丝及化学纤维。此法较适用于呈现纤维状的纤维材料。对已加工成形的纺织材料，其判定的准确性和参照依据大大减小。

手感目测方法可通过对照纤维实物样的学习和认识，并对照已有文字的描述，提高判别力。

一般手感目测是按纤维原料来源所分的纤维大类在外观特征(目测)和力学特征(手感)上存在的差别进行。如棉纤维较短、柔软、有杂质；毛偏黄、有弹性、带有卷曲；麻纤维粗硬，有些带有淡黄绿色；蚕丝为长丝，光泽好、伸直、无卷曲，绢丝虽短也有此特征。化学纤维大多呈白色，可根据色泽区分有光、半光和无光化纤；仿棉、仿毛的短纤，虽色白、有卷曲，但无杂质、无转曲，长度均匀性好；化纤的长丝和短纤根据纤维长度很容易区别；长丝和变形丝因蓬松性和较大的拉伸弹性差异，亦可以方便地区分；但化纤与蚕丝的对应区别需借助燃烧闻味的方法进行。表5－4为天然纤维与化学纤维手感目测比较；表5－5为各种天然纤维手感目测比较。

表5－4　天然纤维与化学纤维手感目测比较

观察内容	天然纤维	化学纤维
长度、细度	差异很大	相同品种比较均匀
含杂	附有各种杂质	几乎没有
色泽	柔和但欠均一	近似雪白、均匀，有的有金属般光泽

表5－5　各种天然纤维手感目测比较

观察内容	棉	苎麻	羊毛	蚕丝
手感	柔软	粗硬	弹性好，有暖感	柔软、光滑
长度(mm)	15～40，离散大	60～250，离散大	20～200，离散大	很长
细度(μ)	10～25	20～80	10～40	10～30
含杂类型	碎叶、硬籽、僵片、软籽	麻屑、枝叶	草屑、粪尿、汗渍、油脂	清洁、发亮

(二)燃烧法

燃烧法的原理是根据纤维的化学组成不同，其燃烧特征也不同来区分纤维的种类。燃烧法可以通过纤维接近火焰、在火焰中和离开火焰后的燃烧特征、散发的气味及燃烧后的残留物，对纤维准确地分成三类，即纤维素纤维(棉、麻、粘胶纤维等)、蛋白质纤维(毛、丝等)及合成纤维(涤纶、锦纶、腈纶、丙纶、维纶、氯纶等)。

手感目测法配以燃烧法闻味及观察的方法，可以增加纤维判别的内容和准确性，故也归入感官判定。燃烧法简便易行，不需要特殊设备和试剂，但只能区别大类纤维，对混纺纤维、复合纤维和经阻燃处理的纤维等不能用此法鉴别。常见纤维的燃烧特征见本书第六章相关实验内容。

(三)显微镜法

显微镜法是利用显微镜观察纤维的纵向外观和横截面形状来鉴别纤维的方法。如有天然转曲的是棉纤维;有鳞片的是毛纤维;有横节、纵向裂纹的是麻纤维;纵向有多根沟槽,截面为锯齿形的是粘胶纤维;截面为不规则三角形且大小不一的是丝等。合成纤维一般纵向呈光滑棒状,有的还可见到呈颗粒状无规分布的二氧化钛消光剂。这种方法对鉴别天然纤维和再生纤维,尤其是对异形纤维和复合纤维的观察、分析,不仅方便而且直观。

显微镜还可用来确定是纯纺织物(由一种纤维构成)还是混纺织物(由两种或多种纤维的构成)以及混纺织物中的纤维种类或大类。但对外观特征相近的纤维,如涤纶、丙纶、锦纶等就必须借助其他鉴别方法。常见纤维的形态特征见本书第一章相关内容。

(四)溶解法

溶解法是利用各种纤维在不同化学试剂中的溶解性能不同来鉴别纤维的方法。这种方法操作简单,试剂准备容易,准确性较高。且不受混纺、染色等影响,应用范围较广。对于混纺纤维,可用某种试剂溶解掉其中一种组分,从而可进行定量分析。由于一种溶剂能溶解多种纤维,所以,必要时需进行几种溶剂的溶解试验,才能确认纤维的种类。常见纤维的溶解特征见本书第六章相关内容。

(五)着色法

着色法是利用纤维在着色剂中着色后的颜色不同来鉴别纤维的方法。所用着色剂有通用和专用两种。通用着色剂是由多种染料混合调制而成,可对各种纤维着色,根据所着颜色来鉴别纤维;专用着色剂是根据某种纤维适用的染料配制而成的专用着色剂,用来鉴别某一类特定纤维的。通常采用的用着色剂为碘—碘化钾溶液,1 号、4 号和 HI 等若干种着色剂。各种着色剂和着色反应参见表 5－6、表 5－7。

着色法比较简便易行,且比较准确,但只能用于未染色产品,对于有色纤维、复合纤维、涂层或经化学处理的纤维,就得借助其他方法进行鉴别。

表 5－6　常见纤维的着色反应

纤维种类	着色剂 1 号	着色剂 4 号	杜邦 4 号	日本纺检 1 号
纤维素纤维	蓝色	红青莲色	蓝灰色	蓝色
蛋白质纤维	棕色	灰棕色	棕色	灰棕色
涤纶	黄色	红玉色	红玉色	灰色
锦纶	绿色	棕色	红棕色	咸菜绿色
腈纶	红色	蓝色	粉玉色	红莲色
醋酯纤维	橘色	绿色	橘色	橘色

注　1. 杜邦 4 号为美国杜邦公司的着色剂。

2. 日本纺检 1 号是日本纺织检验协会的纺检着色剂。

3. 着色剂 1 号和 4 号是纺织纤维鉴别试验方法标准草案推荐的两种着色剂。

表 5－7　常见纤维的着色反应

纤维种类	HI 着色剂着色	碘—碘化钾着色	纤维种类	HI 着色剂着色	碘—碘化钾着色
棉	灰色	不染色	腈纶	桃红	褐色
苎麻	青莲	不染色	涤纶	红玉	不染色
蚕丝	深紫	淡黄	氯纶	—	不染色
羊毛	红莲	淡黄	丙纶	鹅黄	不染色
粘胶纤维	绿	黑蓝青	醋酯纤维	橘红	黄褐
维纶	玫红	蓝灰	铜氨纤维	—	黑蓝青
锦纶	酱红	黑褐	氨纶	姜黄	—

注　1. 碘－碘化钾饱和溶液是将 20g 碘溶解于 100ml 的碘化钾饱和溶液。

2. HI 着色剂是东华大学和上海印染公司共同研制的一种着色剂。

(六)熔点法

化学纤维中大部分具有可熔融性,但它们的熔融温度不相同。熔点法是根据合成纤维的熔融特征判别纤维。在熔点仪或附有加热和测温装置的偏光显微镜下观察纤维消光时的温度来测定纤维的熔点。不同纤维的熔点不同,由此可区别纤维的种类。此法不适于不溶纤维。由于有些合成纤维的熔点比较接近,有的纤维的熔点又不明显,因此该法一般不单独使用,而是在初步鉴别之后作为验证使用。常见合成纤维的熔点见表 5－8。

表 5－8　常见合成纤维的熔点

纤维种类	熔点(℃)	纤维种类	熔点(℃)
二醋酯纤维	255～260	维纶	223～239
三醋酯纤维	300 左右	锦纶 6	215～220
涤纶	255～260	锦纶 66	250～260
丙纶	165～173	乙纶	125～135
氯纶	200～210	氨纶	200～230
腈纶	不明显		

(七)密度梯度法

大多数纺织纤维,具有不同的密度。不同纤维集合体会在密度梯度液中等密度液位面悬浮,这样不同的纤维在梯度液中有不同的悬浮高度。因此,可由悬浮高度间接判断纤维品种,以区分和鉴别纤维品种。这种方法适用于纤维密度已知且有明显差异的纤维,但不适用于中空纤维。对纤维密度相同或相近的纤维也很难用此法来区分。

一般测试方法是将两种密度不同而能互相混溶的液体(例如二甲苯、四氯化碳),经过混合然后按一定流速连续注入梯度管内。由于液体分子的扩散作用,液体最终形成一个密度自上而下递增并呈连续性分布的梯度密度液柱。用标准密度玻璃小球标定液柱的密度梯度,并作出小球密度—液柱高度的关系曲线(应符合线性分布)。随后将被测纤维小球投入密度梯度管内,待其平衡静止后，根据其所在高度查密度—液柱高度曲线图即可求得纤维的密度。

(八)双折射法

纺织纤维多为各向异性材料，各向异性材料具有双折射特性，利用纤维种类不同，其双折射率不同来鉴别纤维。此方法适用于鉴别各种各向异性差异较大或各向异性有明显特征的纤维。

一般测试方法是利用偏振光显微镜分别测出进入纤维内部的两种偏振光的折射率，两者相减即得纤维的双折射率。常见纤维的双折射率见表5-9。

表5-9　常见纤维的双折射率

纤维种类	双折射率	纤维种类	双折射率
棉	0.050	醋酯纤维	0.005
麻	0.042～0.062	涤纶	0.188
蚕丝	0.053	腈纶	0.000
羊毛	0.008	锦纶	0.052
普通粘胶纤维	0.030	维纶	0.025
富强纤维	0.041	丙纶	0.032
铜氨纤维	0.031	氯纶	0.021

(九)红外光谱法

纤维大分子上的各种基团都有着自己特有的基团吸收谱带。同一基团对不同波长的红外线具有不同的吸收率，不同的基团对同一波长的红外线有着不同的吸收率，所以红外吸收光谱具有“指纹识别性”，可据此原理鉴别纤维种类。此法适用于所有纺织纤维，且能准确快速地判定纤维类别，也可以识别出同一类纤维的不同品种。

当样品受到一定频率的红外光照射时，如果样品里纤维分子中某个基团的振动频率和红外光的频率一致，两者会产生共振，光的能量会被纤维分子吸收。如果用连续不同频率的红外光照射试样，通过试样后，红外光会在不同频率处出现不同程度地被吸收，即出现吸收峰。将此红外光的透射率与波长的关系记录下来并制成曲线，就得到未知纤维的红外吸收光谱图。把它与已知纤维的红外光谱图进行比对，就能鉴别未知纤维。

(十)荧光法

不同纤维其组成物质的原子基团不同，在紫外线照射时，形成受激发射产生不同颜色的可见光。当紫外线照射停止，荧光颜色即消失。该法主要应用于荧光颜色不同的纤维、纱线或纺织制品的鉴别。此法设备简单，使用方便、快速，在生产中有十分广泛的实用价值。

一般测试方法是使用荧光紫外线灯照射纤维，根据纤维荧光颜色的荧光色谱不同，对纤维加以区分，如利用荧光灯对纱线进行照射。当车间内不同品种的管纱搞错时，可根据荧光颜色迅速找出错纱。但此方法对于荧光颜色彼此差异不显著的纤维，或者加入过助剂和进行某些处理后的纤维就无法加以鉴别了。几种纺织纤维的荧光颜色见表5-10。

表 5－10 几种纤维的荧光颜色

纤维种类	荧光颜色
棉	浅黄色
棉(丝光)	淡红色
黄麻(生)	紫褐色
黄麻	浅蓝色
羊毛	浅青白色
蚕丝	浅青色
醋酯纤维	深紫蓝色、青色
粘胶纤维	白色紫阴影
粘胶纤维(有光)	浅蓝色紫阴影
锦纶	浅蓝色
涤纶	白色青光很亮
丙纶	深青白色
维纶(有光)	浅黄色紫阴影
腈纶	浅黄色、浅青白色

(十一)系统鉴别

纤维的系统鉴别是将需鉴别的未知纤维看作为一个系统，而整个鉴别过程是单向、无重复、无误的判定。整个过程可采用一种或多种方法，这对多种未知纤维存在的情况下，十分有效、实用、省时。常用的系统鉴别方法是：

将未知纤维稍加整理，如果不属弹性纤维，可采用燃烧试验法将纤维初步分成纤维素纤维、蛋白质纤维和合成纤维三大类；

纤维素纤维和蛋白质纤维(如棉、麻、丝、羊毛、兔毛、驼毛、马海毛、牦牛毛等)有各自不同的形态特征，用显微镜就可鉴别；

合成纤维一般采用溶解试验法，即根据不同化学试剂对不同温度下的溶解特性来鉴别。对聚丙烯、聚氯乙烯、聚偏氯乙烯纤维还可利用含氯检测法和熔点法来验证。

但实际中大多为成对纤维的判定，如棉与涤纶、毛与腈纶等，相对较容易区分。而棉与亚麻、羊绒与绵羊绒、涤纶与改性涤纶等，鉴别就相对困难。这时鉴别不能采用系统鉴别，而须采用特征或特征组合鉴别，常称为特征鉴别或组合鉴别。如利用棉的转曲和亚麻上的麻胶作为特征鉴别的对象，以区别棉与亚麻；用羊绒的鳞片的多个特征加表面滑糯性与绵羊绒相区分等。

二、常用纺织纤维性能

常用纺织纤维性能汇总见表 5－11。

表 5-11 常用纺织纤维性能表

纤维名称	棉	苎麻	绵羊毛	家蚕丝	木棉	竹纤维	Locell 纤维
干态断裂强度(cN/dtex)	2.6～4.2	4.9～5.7	0.9～1.5			2.7～3.0	3.79～4.23
湿态断裂强度(cN/dtex)	2.9～5.6	5.1～6.8	0.67～1.43			1.3～1.5	3.44～3.79
相对湿强度(%)	102～110	102～110	76～96	70		48～50	90
相对勾结强度率(%)	70	80～85	80	60～80			
相对结节强度率(%)	90～100	—	85	80～85			
干态断裂伸长率(%)	3～7	1.5～2.3	25～35			20～24	14～16
湿态断裂伸长率(%)	—	2.0～2.4	25～50			27～31	16～18
弹性回复率(%)	74(2%伸长)	48(2%伸长)	99(2%伸长)	54～55(2%伸长)			95
初始模量(cN/dtex)	60～82	176～220	8.5～22	44～88		40～48	
密度(g/cm³)	1.54	1.54～1.55	1.32	1.33～1.45	0.29	1.38	
回潮率(%)	7	13	16	11	10.7	8	11.5
耐热性	不软化，不熔融，在 120℃下 5 小时发黄，150℃分解	200℃分解	100℃开始变黄，130℃分解	235℃分解，270～465℃燃烧		较强	较好。在 190℃下 30min，强度下降 10%
耐日光性	强度稍有下降	强度几乎不下降	发黄，强度下降	强度明显下降		耐日光，抗紫外线	
耐酸性	热稀酸、浓硫酸可使其分解，在冷稀酸中无影响		在热硫酸中会分解，对其他强酸有抵抗性	热硫酸中会分解，对其他强酸抵抗性比羊毛稍强	溶于 30℃下 75%的硫酸、100℃下 65%的硝酸、部分溶解 100℃下 35%的盐酸	不耐酸，对无机酸的稳定性比粘胶纤维差	
耐碱性	在氢氧化钠溶液中膨润(丝光化)，但不伤强度	耐碱性好	在强碱中分解，弱碱对其有损伤	丝胶在碱中易溶解，丝素稍好	在常温氢氧化钠溶液中无影响		经 5%碱处理后强度保持，湿强度为 2.3cN/dtex
耐溶剂型	不溶于一般溶剂	不溶于一般溶剂	不溶于一般溶剂			不溶于一般溶剂	溶于氯化铵等溶剂
耐虫蛀性	耐虫蛀，不耐霉菌	尚可	耐霉菌，不耐虫蛀	耐霉菌，不耐虫蛀	良好	良好	
耐磨性	尚好	一般	一般	一般	较强	好	
染色性	可用直接、还原、酸性染料及各种硫化染料	同棉	可用酸性、媒染、还原及靛蓝染料	可用直接、酸性、碱性染料及各种媒染染料	较差	染色和匀染性较好	可用与棉、粘胶纤维相同的染料

续表

纤维名称	聚酰胺纤维						
	锦纶 6			锦纶 66			芳纶 1313
	短纤维	长丝		短纤维	长丝		长丝
		普通	强力		普通	强力	
干态断裂强度(cN/dtex)	3.8～6.2	4.2～5.6	5.6～8.4	3.1～6.3	2.6～5.3	5.2～8.4	3.5～4.7
湿态断裂强度(cN/dtex)	3.2～5.5	3.7～5.2	5.2～7.0	2.6～5.4	2.3～4.9	4.5～7.0	2.6～3.6
相对湿强度(%)	83～90	84～92	84～92	80～90	85～95	85～90	90～95
相对勾结强度率(%)	65～85	75～95	70～90	65～85	75～95	70～90	～95
相对结节强度率(%)	—	80～90	60～70	—	80～90	60～70	75
干态断裂伸长率(%)	25～60	28～45	16～25	16～66	25～65	16～28	30～40
湿态断裂伸长率(%)	27～63	35～52	20～30	18～68	30～70	18～32	20～30
弹性回复率(%)(3%伸长)	95～100	98～100		100(4%伸长)			90～96
初始模量(cN/dtex)	7.0～26.4	17.6～39.8	23.8～44	8.8～39.6	4.4～21.1	21.1～51.0	123～132
密度(g/cm³)	1.14			1.14			1.38
回潮率(%)	3.3～5.0			4.2～4.5			6.5
耐热性	软化点:180℃,熔点:215～220℃			230℃发黏,250～260℃熔融,150℃稍发黄			不熔。285℃时强度为室温下的50%,370℃分解
耐日光性	强度显著下降,纤维发黄			强度显著下降,纤维发黄			不耐日光,易老化
耐酸性	16%以上的浓盐酸、浓硫酸、浓硝酸可使其部分分解而溶解			耐弱酸,浓盐酸、浓硫酸、浓硝酸可使其部分分解而溶解			耐大部分酸,长期在盐酸、硫酸中强度有些降低
耐碱性	在50%苛性碱溶液、28%氨水里,强度几乎不下降			在室温下耐碱性很好,但高于60℃时,碱对纤维有破坏			耐碱性良好,长期在浓氢氧化钠中强度有些降低
耐溶剂型	不溶于一般溶剂,但溶于酚类、浓蚁酸			不溶于一般溶剂,但溶于某些酸类化合物和90%甲酸中			不溶于一般溶剂
耐虫蛀性	良好			良好			良好
耐磨性	优良			优良			优良
染色性	可用分散性、酸性染料,其他染料也可			可用分散性、酸性染料,其他染料也可染料			染色性差

续表

纤维名称	聚酰纤维			聚乙燃醇缩甲醛纤维				聚丙烯腈纤维
	绦纶			维纶				腈纶
	短纤维	长丝		短纤维		长丝		短纤维
		普通	强力	普通	强力	普通	强力	
干态断裂强度(cN/dtex)	4.2～6.7	3.8～5.3	5.5～7.9	4.0～5.7	6.0～7.5	2.6～3.5	5.3～7.9	2.5～4.0
湿态断裂强度(cN/dtex)	4.2～6.7	3.8～5.3	5.5～7.9	2.8～4.6	4.7～6.0	1.9～2.8	4.4～7.0	1.9～4.0
相对湿强度(%)	100	100	100	72～85	78～85	70～80	75～90	80～100
相对勾结强度率(%)	75～95	85～100	75～90	40	35～40	88～94	62～65	60～75
相对结节强度率(%)	—	40～70	80	65	65～70	80	40～50	75
干态断裂伸长率(%)	35～50	20～32	7～17	12～26	11～17	17～32	9～22	25～50
湿态断裂伸长率(%)	35～50	20～32	7～17	12～26	11～17	17～25	10～26	25～60
弹性回复率(%)(3%伸长)	95～100	95～100		7～85	72～85	70～90	70～90	90～95
初始模量(cN/dtex)	722～44	79.2～140		22～62	22～62	53～79	62～158	22～54.6
密度(g/cm^3)	1.38			1.26～1.30				1.14～1.17
回潮率(%)	0.4～0.5			4.5～5.0		3.4～4.5	3.0～5.0	1.2～2.0
耐热性	软化点:238～240℃,熔点:255～260℃			软化点:220～230℃,熔点不明显				软化点:190～240℃,熔点不明显
耐日光性	强度几乎不下降			强度稍有下降				强度几乎不下降
耐酸性	35%盐酸、75%硫酸、60%硝酸对其强度无影响;在96%硫酸中会分解			浓盐酸、浓硫酸、浓硝酸能使其膨润或分解,10%盐酸、30%硫酸对纤维强度无影响				35%盐酸、65%硫酸对纤维强度无影响
耐碱性	在10%苛性碱溶液、28%氨水里,强度几乎不下降			在50%苛性碱溶液强度几乎不下降				在50%苛性碱溶液强度几乎不下降
耐溶剂型	不溶于一般溶剂,但溶于热间甲酚、热二甲基甲酰胺			不溶于一般溶剂,在酚、热吡啶、甲酸浓蚁酸中膨润或溶解				不溶于一般溶剂,溶于二甲基甲酰胺
耐虫蛀性	良好			良好				良好
耐磨性	优良			良好				尚好
染色性	可用分散性、色酚、还原、可溶性染料,高温高压下染色			可用分散性、酸性染料、直接、硫化、还原可溶性、色酚等染料				可用分散性、阳离子、碱性及酸染色

续表

纤维名称	粘胶纤维						聚丙烯纤维	
	短纤维		长　线		高湿模量		丙　纶	
	普通	强力	普通	强力	短纤维	长线	短纤维	长　丝
干态断裂强度(cN/dtex)	2.2～2.7	4.2～5.6	1.5～2.0	3.0～4.6	3.1～4.6	1.9～2.6	2.6～5.7	2.6～7.0
湿态断裂强度(cN/dtex)	1.2～1.8	2.4～2.9	0.7～1.1	2.2～3.6	2.3～3.7	1.1～1.7	2.6～5.7	2.6～7.0
相对湿强度(%)	60～65	70～75	45～55	70～80	70～80	50～70	100	
相对勾结强度率(%)	25～40	35～45	30～65	40～70	20～40	—	90～95	—
相对结节强度率(%)	35～50	45～60	45～60	40～60	20～25	35～70	70～90	
干态断裂伸长率(%)	16～22	19～24	10～24	7～15	7～14	8～12	20～80	
湿态断裂伸长率(%)	21～29	21～29	24～35	20～30	8～15	9～15	20～80	
弹性回复率(%)(3%伸长)	55～88		60～80		60～85	55～80	96～100	
初始模量(cN/dtex)	26～62	44～79	57～75	96.8～140	62～97	53～88	18～35	16～35
密度(g/cm³)	1.50～1.52						0.90～0.91	
回潮率(%)	12～14						0	
耐热性	不软化，不熔融，260～300℃开始变色分解						软化点：160～177℃，熔点：200～210℃，有热收缩	
耐日光性	强度下降						强度显著下降(在加防老化剂后有改进)	
耐酸性	热稀酸、冷浓酸能使其强度下降，以致溶解；5%盐酸、11%硫酸对其强度无影响						优良(氯磺酸、浓硝酸和某些氧化剂除外)	
耐碱性	强碱可使其膨润，强度下降；2%和4.5%氢氧化钠溶液对其强度无甚影响						优良	
耐溶剂型	不溶于一般溶剂，但溶于铜氨溶液、铜乙二氨溶液						不溶于脂肪醇、甘油、乙醚、二硫化碳和丙酮	
耐虫蛀、霉菌性	耐虫蛀优良，但不耐霉菌						良好	
耐磨性	较差						良好	
染色性	一般用直接、还原性染料、碱性、色酚、硫化、活性媒染染料等						可用分散、酸性染料、某些还原染料等	

续表

纤维名称	醋酯纤维				聚氯乙烯纤维			聚氨酯纤维
			三醋酸纤维		氯　纶			氨　纶
	短纤维	长　丝	短纤维	长　丝	短纤维	长　丝		短纤维
						普通	强力	
干态断裂强度(cN/dtex)	1.1～1.4	1.1～1.2	1.0～1.1		1.8～2.5	2.9～3.5	2.4～3.3	0.4～0.9
湿态断裂强度(cN/dtex)	0.7～0.9	0.6～0.8	0.7～0.9		1.8～2.5	2.9～3.5	2.4～3.3	0.4～0.9
相对湿强度(%)	61～67	60～64	62～77		100			80～100
相对勾结强度率(%)	70～95		80～90		—	87	—	—
相对结节强度率(%)	60～80		80～90		—	83	—	—
干态断裂伸长率(%)	25～35		35～40	26～35	70～90	15～23	20～25	450～800
湿态断裂伸长率(%)	35～50	30～45	30～40		70～90	15～23	20～25	—
弹性回复率(%)(3%伸长)	70～90	80～90	88		70～85	80～85	80～90	95～99(50%伸长)
初始模量(cN/dtex)	22～35	26～40	22～35		13～22	26～44	26～40	—
密度(g/cm³)	1.32		1.30		1.39			1.0～1.3
回潮率(%)	6.0～7.0		2.5～3.5		0			0.4～1.3
耐热性	软化点:200～230℃,熔点:260℃		软化点:260～300℃,有热收缩和变色		熔点:200～210℃,有热收缩			熔点:200～230℃
耐日光性	强度稍有下降				强度几乎不下降			强度稍有下降,稍微发黄
耐酸性	浓盐酸、浓硫酸、浓硝酸可使其分解				优良,浓盐酸、浓硫酸对其强度无甚影响			强酸对其强度无甚影响
耐碱性	强碱皂化后强度降低,0.03%氢氧化钠溶液对其强度无影响		强碱皂化后强度降低,2%氢氧化钠溶液对其强度无影响		优良,在50%氢氧化钠溶液、浓氨水中强度几乎不降低			强碱对其强度无甚影响
耐溶剂型	不溶于一般溶剂,但溶于丙酮、冰醋酸、酚类等		不溶于一般溶剂,溶于二甲基亚砜		不溶于乙醇、乙醚、汽油,但苯、丙酮、热四氯乙烯能使其膨润;溶于二甲基甲酰胺等			不溶于一般溶剂
耐虫蛀性	耐虫蛀性优良,耐霉菌性尚好				良好			良好
耐磨性	较差				良好			良好
染色性	一般用分散性染料、另外用还原性、酸性染料、碱性染料				一般用分散性染料、色酚染料、金属染料(以载体染色为主体)			可用酸性、碱性、金属和分散染料等

☞ 思考题

1. 举例说明复合纺丝与混合纺丝的异同。
2. 比较共聚、接枝、交联法。
3. 归纳常见差别化纤维最突出的特点。
4. 比较常用纺织纤维的性能。

第六章　纤维部分实验

本章知识点

1. 纤维切片、长细度测试、纤维鉴别。
2. 纤维吸湿、拉伸、卷曲的测试、棉纤维品质评定。

第一节　显微镜认识各种纤维

一、实验目的

用显微镜观察未知纤维的纵面和横截面形态，对照纤维的标准照片和形态描述来鉴别未知纤维的类别。感知纤维形态，熟悉普通生物显微镜结构并掌握正确使用方法。

二、基本知识

显微镜在纺织工业生产与科学研究中应用较广，除用来鉴别具有独特形态特征的纤维之外，尚用以测定棉纤维的成熟度、纤维粗细的测量、混纺纱中不同纤维的径向分布、染料在纤维内的渗透扩散程度及浆料在纱线上的包覆情况等都有赖于显微镜，因此，在使用显微镜时，应了解其结构原理，掌握操作步骤，达到正确地使用和充分发挥显微镜的性能，并更好地保护仪器。

用显微镜观察纤维表面形态与特征是较简单之方法。部分纤维有其独特的形态特征，可以用来鉴别纤维。将纤维试样在显微镜下放大100～500倍，依据不同纤维其纵向和横截面的特征进行纤维鉴别。常见纤维的横截面和纵向形态特征见表6-1，也可参考本书表1-5部分纤维的截面与纵向特征图像。

表6-1　常见纤维的横截面和纵向形态特征

纤维名称	纵向形态	截面形态
棉	正常成熟的呈扁管状，中间粗，两端细，有许多天然转曲，转曲沿纤维的长度呈不规则状。未成熟的棉纤维壁薄，转曲较少。过成熟的棉纤维呈棒状，转曲也少	正常成熟的棉纤维截面呈腰圆形，有中腔，普通棉的截面由外向内主要由初生层、次生层和中腔三部分组成

续表

纤维名称	纵向形态	截面形态
苎麻	苎麻纤维纵向有竹节，有的光滑，有的呈明显的束状条纹	苎麻纤维横截面大多呈椭圆形或扁平形，中腔也呈椭圆形或不规则形。胞壁厚度均匀有裂纹，直径较大
亚麻	亚麻纤维纵向有竹节，较平直，纤维直径较小并且均匀	亚麻纤维横截面呈不规则三角形，胞壁较厚，有中腔且中腔较小，呈线形、点形或圆形
羊毛	羊毛纤维从外表上看呈卷曲状的细长柱体，外表有鳞片	横截面细毛近似圆形，而粗毛则为椭圆形，并有毛髓存在
蚕丝	桑蚕丝纤维纵向光滑，纤维较细，粗细有差异 柞蚕丝其纤维纵向光滑，有明显的纵向条纹，粗细差异较大	桑蚕丝纤维横截面形状呈半椭圆形或不规则的三角形 柞蚕丝横截面呈长扁平形
兔毛	兔毛的鳞片的形态比绵羊毛复杂得多。细毛的鳞片有的近似一个个花盆叠在一起，有的类似竹笋的外壳，每个鳞片呈锐角三角形，还有的鳞片呈斜条状。粗毛的鳞片有的类似水纹状，有的类似不规则瓦片状，鳞片的上端大多为波浪形	大多数兔毛都有髓质层，而且其髓质层在所有可纺的动物纤维中最为发达。其中细绒毛多数为点状髓或单列断续髓，较细的兔毛则多数为单列或双列连续髓，两型毛和粗毛毛髓的列数较多，有三列、四列、甚至以上
粘胶纤维	粘胶纤维是皮芯结构，纤维纵向有条纹	粘胶纤维横截面边缘呈锯齿形
涤纶	涤纶形态多样，有带消光点的，有不带消光点的，甚至有表面有沟槽的	涤纶形态多样，截面有圆形的，异形的
锦纶	常见锦纶纵向光滑，粗细均匀，有的有消光点，有的没有消光点	常见的锦纶截面为圆形
腈纶	较多见的为干法纺丝的腈纶，在显微镜下感觉纤维比较“扁”，有的中间有一道沟槽	腈纶短纤维是采用湿法纺丝，腈纶长丝是采用干法纺丝。湿法纺丝的纤维截面一般为圆形；较多见的为干法纺丝的腈纶，其截面为哑铃形

三、实验准备

实验仪器和用品：普通生物显微镜，载玻片、盖玻片、擦镜头纸和蒸馏水等。

试样：棉、毛、蚕丝、苎麻、粘胶纤维、涤纶、锦纶、腈纶等，各种纺织纤维的切片标本若干。

四、实验步骤

1. 试样准备　用于观察纤维纵向特征。取纤维一小束，手扯整理平直，用右手拇指和食指夹取 20～30 根纤维，将夹取端的纤维按在载玻片上，用左手覆上盖玻片，并抽出多余的纤维，使附在载玻片上的纤维保持平直；

在盖玻片的两对顶角上各滴一滴蒸馏水，使盖玻片粘着并增加视野的清晰度。

2. 显微镜调节　图 6－1 是普通生物显微镜示意图。

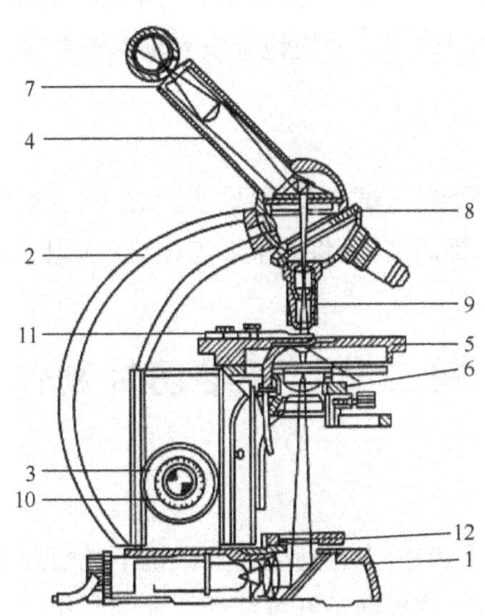

图 6－1　普通生物显微镜

1—底座　2—镜臂　3—粗调装置　4—镜筒　5—载物台　6—集光器　7—目镜
8—物镜转换器　9—物镜　10—微调装置　11—移动装置　12—光阑

(1)检查显微镜各主要部件状态是否正常，包括粗调和微调装置、物镜和目镜移动装置、集光器和光阑等。

(2)将显微镜面对光源，扳动镜臂，以适应自己能比较舒适地坐着观察。

(3)选择适当的目镜放在镜筒上，将低倍物镜转至镜筒中心线上，以便调焦。

(4)将集光器升至最高位置，并开启光阑至最大，用一目从目镜中观察，调节反射镜，使整个视野明亮而均匀。

(5)除去目镜，观察物镜后透镜，调节反射镜和集光器中心，使在物镜后透镜处光线明亮均匀，再调节光阑，使明亮光阑与物镜后透镜大小相一致或小些。

(6)装上目镜，用粗调将镜筒稍许升高，把试样玻片放在载物台的移动装置中。

(7)用粗调将镜筒放至最低位置，物镜不触及盖玻片，调节移动装置，使试样移在物镜中心。

(8)从目镜下视，旋转粗调，缓慢升起镜筒，见到试样像后，再调节微调装置，使试样成像清晰。

(9)若视野中光线太强，可将集光器稍稍降落，但不要随意改变光阑大小，以免影响通过集光器进入物镜的光锥顶角。

如果采用高倍物镜，一般先用低倍物镜，然后转动物镜转换器，使高倍物镜代替低倍物镜。此时只要稍微旋转微调便可得到清晰的物像。

为了充分利用高倍物镜的数值孔径，在用高倍物镜观察时，集光器光阑可适当放大些。

3. 观察纤维

(1)显微镜调节完毕后，依次观察各种纤维的纵向形态和截面形态。

(2)将纤维形态描绘在实验记录纸上，并说明纤维的形态特征。

(3)实验完毕，将显微镜揩拭干净，并使镜臂恢复垂直位置，将镜筒降至最低位置。

五、实验记录

实验条件：温湿度、仪器及型号、试样及编号、实验方法、实验日期等。

测试记录：记录所观察纤维的名称，将纤维形态描绘在纸上，并说明其形态特征。

第二节　纤维切片制作

一、实验目的

使用纤维切片器制作纤维切片，在普通生物显微镜下观察纤维截面形态特征。熟悉制作切片所用仪器的结构和使用方法，掌握纺织纤维截面切片的制作。

二、基本知识

切片在纺织材料实验中是一项被广泛采用的实验技术，常根据纤维纵向和截面的形态特征结合物理、化学性质进行鉴别和质量分析。在科研方面，如研究纤维的截面形态及其结构特征、染料在纤维内的渗透扩散程度、浆料在纱线上的包覆情况、混纺纱中不同纤维分布与转移特征以及纱线和织物的几何结构形态等，都需通过切片在显微镜下观察。

切片表面要平整，厚度需薄，原则上将纤维切成小于或等于纤维横向尺寸(纤维直径或宽度)的厚度，以免纤维倒伏。通常使用的切片器有哈氏切片器和手摇切片器。

三、实验准备

实验仪器和用具：哈氏切片器、生物显微镜，刀片、镊子、挑针、剪刀、载玻片、盖玻片等工具。

试剂：甘油、液体石蜡、火棉胶等。

试样：棉、羊毛、苎麻、蚕丝、粘胶纤维、涤纶、锦纶、腈纶、维纶等。

四、实验步骤

1. 熟悉切片器　哈氏切片法是利用 Y172 型纤维切片器(或称哈氏切片器)，将纤维或纱线切成薄片的方法。Y172 型纤维切片器的结构如图 6－2 所示。这种切片器有两块金属板，金属板 1 上有凸舌,金属板 2 上有凹槽,两块金属板啮合,凹槽和凸舌之间留有一定大小的空隙,试样就填在这个空隙中。空隙的正上方有与空隙大小相一致的小推杆,用螺杆控制推杆的位置。切片时,转动精密螺丝 3,将纤维从金属板的另一面推出,推出距离大小(即切片厚度)由精密螺丝控制。

Y172 型纤维切片器可切厚度为 10～30μm 的切片,但纤维在切片之前,受到较大挤压,纤维容易变形。

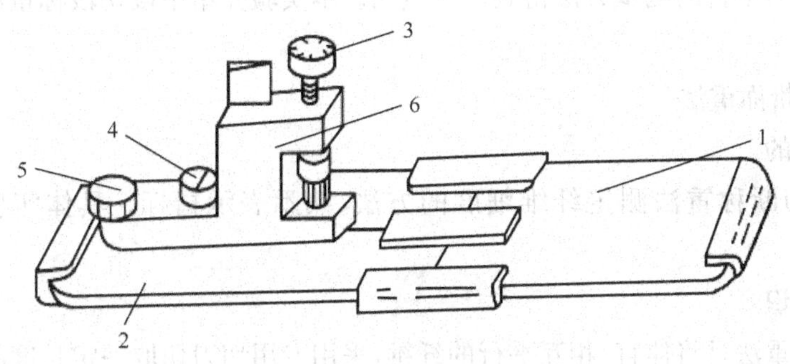

图 6－2　Y172 型纤维切片器结构

1—金属板(凸舌)　2—金属板(凹槽)　3—精密螺丝　4—螺丝　5—销子　6—螺座

2. 切片制作

(1)取 Y172 型纤维切片器,松开螺丝 4,取下销子 5,将螺座 6 取下,抽出金属板 1。

(2)取一束纤维,用手扯法整理平直,把一定量的纤维放入金属板 2 的凹槽中,将金属板 1 插入,压紧纤维,纤维数量以轻拉纤维束时稍有移动为宜。对有些细而柔软的纤维或异形纤维,为使切片中纤维适当分散,保形性好,可在纤维束中加入少量 3%的火棉胶,使其充分渗透到各根纤维间,再压紧纤维。

(3)用刀片切去露在金属板正反面外的纤维,将螺座 6 转向工作位置,销子 5 定位,旋紧螺丝 4(此时精密螺丝 3 的下端推杆应对准纤维束上方)。

(4)旋转精密螺丝 3,使纤维束稍伸出金属板表面,然后在露出的纤维上涂一薄层火棉胶,待火棉胶干燥后,用刀片沿金属板表面切下第一片试样。由于第一片厚度无法控制,一般舍去不用。然后由精密螺丝 3 控制切片厚度,重复进行数次切片,从中选择符合要求者。在切片时,刀片和金属板间夹角要小,并保持角度不变,使切片厚薄均匀。

(5)把切片放在滴有甘油的载玻片上,盖上盖玻片,即可放在显微镜下观察。

切片制作时,为了不使被切纤维变形,可把被切试样包在有色羊毛纤维中央进行切片。

五、实验记录

实验条件:温湿度、仪器及型号、试样及编号、实验方法、实验日期等。

测试记录:记录所观察纤维的名称,将纤维形态描绘在纸上,并说明纤维的形态特征。

第三节　纤维细度实验

纤维直径是指纤维粗细程度，也称纤维细度。主要方法有纤维中段切断称重法、气流法、振动法、显微镜投影法、OFDA法、激光扫描直径测试法等。特别是图像分析处理技术的发展，以显微镜和计算机为平台的测试方法得到广泛应用。本实验介绍中段切段称重法和投影法。

一、中断切断称重法

（一）实验目的

掌握中段切断称重法测定纤维细度的方法，熟悉表示指标。具体实验要求参阅GB/T 14334。

（二）基本知识

中断切断称重法是将伸直、相互平行的纤维，采用专用切刀切取一定长度的纤维段束，点数切取纤维束中纤维根数，根据切断长度和纤维根数计算纤维总长度，称重后根据线密度定义计算线密度，用特克斯表示。

（三）实验准备

实验仪器和用具：Y171型纤维切断器（30mm或20mm，允许误差为0.01mm），显微镜或投影仪，天平（精度0.1mg），烘箱，计数器、绒板、稀密梳、镊子等。

试样：化学短纤维。

（四）实验步骤

1. 样品调湿　将样品放入40～50℃烘箱中预调湿，时间为0.5h。然后，将样品置于温度(20±2)℃，相对湿度65%±30%条件下调湿，时间不少于2h。

2. 切断　从已调湿平衡的样品中取1500根到2000根纤维，手扯整理几次使之成为一端平齐、伸直的纤维束，依次取5束试样。在能消除卷曲所需要的最小张力下，用切断器从整理的纤维束的中部切下20mm长度的纤维束中段（名义长度51mm以上，可切30mm），切下的中段纤维中不得有游离纤维，切断时纤维束必须与刀口垂直。

用镊子夹取一小束中段纤维，平行排列在载玻片上，盖上盖玻片，用橡皮筋扎紧，在150～200倍显微镜或投影仪下计数纤维根数。切20mm时数350根，切30mm时数300根，共测5片。

3. 称重　将数好的纤维束放在试验用标准大气下进行调湿，平衡后将纤维逐束称量（精确至0.01mg）。

4. 计算　已知试样重量和对应长度，依细度定义可求得其线密度，用分特(dtex)表示。

（五）实验记录

实验条件：温湿度、仪器及型号、试样、实验方法、实验日期等。

测试记录：记录切断纤维的根数与对应的重量。

二、投影法

(一)实验目的

掌握投影法测定纤维细度的方法,熟悉表示指标。

(二)基本知识

显微镜投影法是将纤维片段在分散液中分散,在显微镜中放大至500倍,并投影到屏幕上,使用楔形尺测量屏幕内的纤维直径,逐次记录测量结果,并算出纤维平均直径。

(三)实验准备

实验仪器和用具:投影显微镜,印有放大500倍刻度的楔尺,纤维切片器,黏性介质(液状石蜡),载玻片、盖玻片等。

试样:毛条。

(四)实验步骤

1. 取样和试样的制备　任意抽取毛条不少于10根,每根剥取1/4~1/3。

2. 预调湿　将试样放置在标准大气条件下,平衡至恒重。

3. 制片　将纤维放置哈式切片器中,用刀片切断,将切得的0.4mm左右的纤维片段全部放置在载玻片上,不得丢失。滴入适量液状石蜡,用镊子搅拌均匀,盖上盖玻片。

4. 直径测试　将试样放在显微镜中,并投影到屏幕上,使用楔形尺测量屏幕内的纤维直径。仪器可给出纤维平均直径、标准差和变异系数。

(五)实验记录

实验条件:温湿度、仪器及型号、试样及编号、实验方法、实验日期等。

测试记录:记录纤维平均直径、标准差和变异系数。

第四节　纤维长度实验

纤维长度指纤维在充分伸直,但不伸长状态下的长度,也称为伸直长度。由于纤维性质的差异和历史的原因,不同的纤维,纤维长度测量方法不同。以下就棉纤维和化学纤维的传统纤维长度测量方法分别做一介绍。

一、棉纤维长度的测量

(一)实验目的

掌握用罗拉长度测试法测量棉纤维长度。

(二)基本知识

棉纤维长度测试的方法主要有手扯尺量法、罗拉长度测试法和HVI大容量测试仪法。手扯尺量法是徒手整理纤维,直尺测量长度,只有一个长度指标,重点在操作技术的学习。HVI大容量测试仪法属全自动光电测试仪器。罗拉长度测试法是借助仪器将纤维根据长度分组,进而得到系列长度指标,对操作技术有很高要求。

(三)实验准备

实验仪器和用具:Y111 型罗拉式长度分析仪、扭力天平、梳子(10 针/cm 和 20 针/cm)、绒板、限制器绒板、压板、一号夹子、二号夹子、钢尺、镊子等。

试样:棉条。

(四)实验步骤

1. **样品调湿** 样品预调湿、调湿平衡。

2. **取样** 从试验棉条抽取试样,每个试样细绒棉取 30mg 左右,长绒棉取 35mg 左右。

3. **试样整理** 用手扯法将纤维整理 2～3 遍,使纤维形成伸直、相互平行、一端平齐的棉束。

借助整理工具将试样排列在限制器绒板上,要求宽度 32mm,伸直、相互平行、一端平齐、厚薄均匀。

4. **分组称重** 用罗拉式长度分析仪将纤维根据长度分组。用扭力天平分别将各组纤维称重。

5. **数据处理** 根据各组纤维的长度和重量绘制纤维长度重量分布图,计算特征指标。

(五)实验记录

实验条件:温湿度、仪器及型号、试样及编号、实验方法、实验日期等。

测试记录:各组纤维的长度和相应的重量。

二、化学纤维长度的测量

(一)实验目的

掌握用切断称重长度测试法测量化学纤维长度。

(二)基本知识

将纤维梳理整齐,切取一定长度的中段纤维,在过短纤维极少的情况下,纤维的平均长度与中段长度成正比,比例系数为纤维的总质量与中段纤维质量之比。

(三)实验准备

实验仪器和用具:Y171 型纤维切断器、天平(最小分度值 0.01mg,0.1mg,1mg 各一台)、钢梳(10 针/cm 和 20 针/cm)、限制器绒板、置绒板、压板、一号夹子、钢尺、镊子等。

试样:化学短纤维。

(四)实验步骤

1. **取样调湿** 按 GB/T 14334 规定取出实验样品。从实验样品中随机均匀地取出大于 50g 作平均长度测试样品。按规定对测试样品进行预调湿和调湿,使样品达到吸湿平衡。

2. **纤维整理** 从已调湿平衡的样品中随机均匀抽取一定量的纤维,均匀铺放于绒板上。取纤维的数量要适宜,取样过多纤维整理时卷曲不能完全拉直;取样太少,纤维容易拉伸。一般棉型纤维取样 30～40mg,中长型 50～70mg,毛型 100～150mg。将试样进行手扯整理,使纤维束一端较为整齐。过短纤维含量极少时可以忽略不计。

将手扯后的纤维束在限制器绒板上整理,使其成为一端整齐,宽约 25mm 的纤维束。

3. 切断称重　双手各持纤维束的一端，对纤维束施加适当的力，使纤维伸直但不伸长，将纤维束放在切断器上，纤维束应与切断器刀口垂直，切取纤维束的中段。

4. 数据处理　过短纤维含量极少时纤维平均长度为：

$$L = \frac{L_c(W_c + W_t)}{W_c} \tag{6-1}$$

式中：L——纤维平均长度，mm；

L_c——切取长度，mm；

W_c——切下的中段纤维质量，mg；

W_t——切下的两端纤维质量，mg。

（五）实验记录

实验条件：温湿度、仪器及型号、试样及编号、实验方法、实验日期等。

测试记录：纤维的切取长度、中段纤维质量和两端纤维质量。

第五节　纺织纤维的鉴别

根据纺织纤维的外观形态特征和内在性质，采用物理或化学方法，认识并区别各种未知纤维。纤维鉴别不仅经常用于纤维集合体的识别，而且经常用于区别纱线、织物以及混纺制品的纤维组成。纺织纤维的一般鉴别方法包括感官鉴别、燃烧法、显微镜法，另外还有熔点法、溶解法、显色法、热分析法、红外吸收光谱法等，这里只学习燃烧法和溶解法。

纤维鉴别是利用纤维的外观形态或内在性质差异，采用各种方法把它们区分开来。各种天然纤维的形态差别较为明显，因此，鉴别天然纤维主要是根据纤维的外观形态特征。许多普通化学纤维特别是一般合成纤维的外观形态基本相似，其截面多数为圆形，这就很难从形态特征上分清纤维品种，因而必须结合其他方法进行鉴别。由于各种化学纤维的物质组成和结构不同，它们的物理、化学性质差别很大。因此，化学纤维主要根据纤维物理和化学性质的差异来进行鉴别。

一、燃烧法

（一）实验目的

掌握燃烧法鉴别纺织纤维的方法。

（二）基本知识

燃烧法是利用纤维的化学组成不同，其燃烧特征也不同来区分纤维的种类。取一小束待鉴别的纤维，用镊子夹住，缓慢地移近酒精灯火焰，仔细观察纤维接近火焰、在火焰中和离开火焰后的燃烧状态，燃烧时散发的气味，以及燃烧后灰烬的特征，对照纤维燃烧特征表，粗略地鉴别其类别。

燃烧法适用于纯纺产品，不适用于混纺产品，或经过防火、防燃及其他整理的纤维和纺织品。

(三)实验准备

实验仪器和用具：镊子、培养皿、剪刀和打火机等。要求将剪刀、镊子清理干净，以免带入其他试样，影响到试样的正常燃烧现象和气味。

试样：试样应具有代表性，散纤维制成小纤维束，如是纱线需要先解捻，若是织物，则应从织物中抽取数根经纱和纬纱分别解捻成为纤维束。

(四)实验步骤

(1)用镊子夹住试样，徐徐靠近火焰，仔细观察试样对热的反应情况，有无发生收缩及熔融现象。

(2)将纤维束移入火焰中，观察纤维在火焰中的燃烧情况。

(3)将试样离开火焰，注意观察燃烧情况，是继续燃烧，还是阴燃或是自熄。同时用鼻子闻试样燃烧刚熄灭的味道。

(4)将试样熄灭冷却后，观察残留物灰烬的状态。用手指搓捻一下残留物灰烬，是硬块还是可捏成松软粉末，并看一下灰烬的颜色。

(5)将燃烧过程中发生的详细情况记录下来，并对照表 6-2 鉴别。

表 6-2 常见纤维的燃烧特征

纤维名称	燃烧性能	燃烧状态			燃烧时的气味	灰烬残留物特征
		接近火焰时	火焰中	离开火焰		
棉	易燃	软化、不熔、不缩	立即快速燃烧，不熔融	继续迅速燃烧	燃烧臭味	灰烬很少，呈细而柔软灰黑絮状
麻纤维	易燃	软化、不熔、不缩	立即快速燃烧，不熔融	继续迅速燃烧	燃烧臭味	灰烬很少，呈细软灰或灰白絮状
毛纤维	可燃	熔并卷曲，软化收缩	一边徐徐冒烟，一边微熔、卷缩、燃烧	燃烧缓慢有时自灭	烧毛发臭味	灰烬多，呈松脆而有光泽的黑色块状，一捏就碎
丝纤维	可燃	熔并卷曲，软化收缩	卷曲，部分熔融，缓慢燃烧	燃烧缓慢有时自灭	烧毛发臭味	灰烬呈松脆而有光泽的黑色颗粒状，一捏就碎
再生纤维素纤维	易燃	软化、不熔、不缩	立即快速燃烧，不熔融	继续迅速燃烧	燃烧臭味	灰烬很少，呈浅灰色或灰白色

续表

纤维名称	燃烧性能	燃烧状态			燃烧时的气味	灰烬残留物特征
		接近火焰时	火焰中	离开火焰		
醋酯或三醋酯纤维	可燃	软化、不熔、不缩	熔融燃烧，燃烧速度快	边熔边燃	醋酸味	灰烬有光泽。呈硬而脆不规则的黑块，可用手指捏碎
聚酯纤维	可燃	软化，熔融卷缩	熔融，缓慢燃烧，有黄色火焰，焰边呈蓝色，焰顶冒黑烟	继续燃烧，有时停止自灭	略带芳香或甜味	灰烬呈硬而黑的圆球状，用手指不易捏碎
锦纶	可燃	软化收缩	熔融，缓慢燃烧，火焰很小，呈蓝色	停止自灭	氨基味或芹菜味	灰烬呈浅褐色透明圆球状，用手指不易捏碎
腈纶	易燃	软化收缩，微熔发焦	边软化熔融，边燃烧，燃烧速度快，火焰呈白色，明亮有力有时冒黑烟	继续燃烧，但燃烧速度缓慢	类似烧煤焦油的鱼腥味	灰烬呈脆性不规则的黑褐色块状或球状，用手指易捏碎
维纶	可燃	软化并迅速收缩，颜色由白色变黄到褐色	迅速收缩，缓慢燃烧，火焰小，无烟，当纤维熔融时，产生深黄色火焰	继续燃烧，缓慢停燃，有时会熄灭	带有电石气的刺鼻臭味	灰烬呈松而脆规则的黑灰色硬块，用手指可捏碎
玻璃纤维	不燃	不熔不缩	变软，发红光	不燃烧，变硬	无味	变形，呈硬珠状，不能捏碎

(五)实验记录

实验条件：温湿度、试样及编号、实验方法、实验日期等。

测试记录：燃烧过程中发生的详细情况。

二、溶解法

(一)实验目的

掌握溶解法鉴别纺织纤维的方法。

(二)基本知识

溶解法是利用各种纤维在不同的化学溶剂中的溶解性能来鉴别纤维的方法，它适用于各种纺织纤维，包括染色纤维或混合成分的纤维、纱线与织物。此外，溶解法还广泛用于分析混纺产品中的纤维含量。对于单一成分的纤维，鉴别时可将少量待鉴别的纤维放入试管中，注入某种溶剂，用玻璃棒搅动，观察纤维在溶液中的溶解情况，如溶解、微溶解、部分溶解和不溶解等几种。常见纤维的溶解特征见表6-3。

(三)实验准备

实验仪器和用具：电热恒温水浴锅、天平、锥形瓶、量筒、镊子、玻璃棒、漏斗、烘箱等。

试样：试样应具有代表性，散纤维制成小纤维束，如是纱线需要先解捻，若是织物，则应从织物中抽取数根经纱和纬纱分别解捻成为纤维束。

(四)实验步骤

对于单一成分的纤维，鉴别时可将少量待鉴别的纤维放入试管中，注入某种溶剂，用玻璃棒搅动，观察纤维在溶液中的溶解情况，如溶解、微溶解、部分溶解和不溶解等。由于溶剂的浓度和温度不同，对纤维的溶解性能表现不一，因此在用溶解法鉴别纤维时，应严格控制溶剂的浓度和温度，同时也要注意纤维在溶剂中的溶解速度。

对有些在常温下难溶解的纤维，需做加温实验。将装有试样和溶剂或溶液的试管或小烧杯加热至沸腾并保持3分钟，观察纤维的溶解情况。为防止溶剂燃烧或爆炸需将试样和溶剂放入小烧杯中，在封闭电炉上加热，并于通风橱内进行实验。一般用显微镜投影法和溶解法相结合的方法鉴别纤维。

将溶解过程中发生的详细情况记录下来，并对照表6-3鉴别。

表6-3 常见纤维的溶解特征

溶剂 纤维	盐酸(37%，24℃)	硫酸(75%，24℃)	氢氧化钠(5%，煮沸)	甲酸(85%，24℃)	冰醋酸(24℃)	间甲酚(24℃)	二甲基甲酰胺(24℃)	二甲苯(24℃)
棉	I	S	I	I	I	I	I	I
羊毛	I	I	S	I	I	I	I	I
蚕丝	S	S	S	I	I	I	I	I
麻	I	S	I	I	I	I	I	I
粘胶纤维	S	S	I	I	I	I	I	I
醋酯纤维	S	S	P	S	S	S	S	I
涤纶	I	I	I	I	I	S(93℃)	I	I
锦纶	S	S	I	S	I	S	I	I
腈纶	I	SS	I	I	I	I	S(93℃)	I
维纶	S	S	I	S	I	S	I	I
丙纶	I	I	I	I	I	I	I	S
氯纶	I	I	I	I	I	I	S(93℃)	I

注 S—溶解；SS—微溶；P—部分溶解；I—不溶。

(五)实验记录

实验条件:温湿度、试样及编号、实验方法、实验日期等。

测试记录:溶解过程中发生的详细情况。

第六节 烘箱法测定纺织纤维吸湿性

一、实验目的

掌握实验室纤维回潮率的测试方法。

二、基本知识

称取纺织纤维的湿重,然后烘干纺织纤维,称取干重,通过回潮率定义求出纺织纤维的回潮率。

去除纤维中的水分包括烘箱干燥法、卤素灯干燥法、红外线干燥法、高频加热干燥法、真空干燥法、吸湿剂干燥法、电阻测湿法、电容式测湿法、微波吸收法、红外光谱法等,本实验介绍烘箱干燥法。试样在烘箱中暴露于流动的加热至规定温度的空气中,直至恒重,烘燥过程中试样的质量损失都为水分。

三、实验准备

实验仪器和用具:八篮烘箱、天平、试样盒、干燥器、电测器、盛样器等。

试样:棉花等各种纺织纤维。

四、实验步骤

1. 试样制备 棉花试样的制备:每10包抽取1包,从每个取件棉包上部开包,去除棉包表层,再向内层15~20cm处,抽取回潮率检验样品100g,装入盛样器内密封,严禁在包头取样。部分纤维抽取试验样品个数和试样质量依据表6-4。

表6-4 部分纤维抽取试验样品个数和试样质量

样品种类	试验样品	试样的质量(g)	相关标准
棉花	1个/每10包	50	GB 1103、GB 19635
分梳骆驼绒分梳山羊绒	至少3个	50	GB/T 6500
洗净毛分梳牦牛绒毛条	至少3个	80	GB/T 6500
兔毛	8个	50	GB/T 13835.1、GB/T 13835.4
化纤长丝	2个	60	GB/T 6502、GB/T 6503
化纤短丝	最多20个	30~60	GB/T 6503、GB/T 14334

2. 回潮率测定 烘燥时间的确定：为防止产生虚假的烘燥平衡，不同的试样有不同的烘燥时间及连续称重的时间间隔。为确定合适的时间，可预先进行试验，测出相对于烘燥时间的试样质量损失，画出其失重与烘燥时间的关系曲线，从烘燥特性曲线上找出失重至少为最终失重的98%所需时间，作为正式试验的始称时间，用该时间的20%作为连续称重的时间间隔。表6－5是试样的烘燥温度和烘燥参考时间。

表6－5 试样的烘燥温度和烘燥参考时间

材　　料	烘燥温度(℃)	烘燥参考时间(h)
涤纶、锦纶、维纶	105±3	1
涤纶(DTY)	65±3	1
腈纶	110±2	2
氯纶	65±3	4
桑蚕丝	140±2	2
粘胶纤维、莱赛尔、莫代尔	100～105	2
原棉	105±3	2
分梳骆驼绒、分梳山羊绒、分梳牦牛绒	105±2	2.5
洗净毛、毛条	105±2	2
兔毛	105±2	1.5
其他纤维	105±2	2

注　当有协议或其他规定时，也可采用其他温度，但须在试验报告中说明。

采用箱内热称法试验，将试样盒或试样放入各烘篮中并分号记数，挂在烘箱挂钩上用吊钩钩住吊篮称取烘前质量，烘篮归位，取出吊钩，关闭烘箱上的天平门。

烘至规定时间，关闭风机、加热器和转篮，待1min后，进行烘后第一次称重。

重新开启风机、加热器和转篮，继续烘燥，回升至规定温度，每隔15min进行烘后第二次称重，直至恒重。

关闭烘箱电源、取出试样。

注意事项：取样后应立即快速称取试样烘前质量，如对烘前质量有规定，则在30s时间内将试样调整至规定质量。每次称完8个试样不应超过5min。

3. 数据处理 依据回潮率定义式计算，每份试样的回潮率精确至小数点后两位；几份试样的平均值，精确至小数点后一位。

五、实验记录

实验条件：温湿度、仪器及型号、试样及编号、实验方法、实验日期等。

测试记录：每份试样的烘前质量和干燥质量。

第七节 纤维拉伸性能实验

一、实验目的

使用电子式单纤维强力仪测定各种纤维的单纤维强度、伸长及有关指标。通过试验，掌握仪器操作方法及有关指标。熟悉各种纤维的拉伸曲线和强度、伸长值范围。

二、基本知识

拉伸性能是表征纤维性能最基本的指标，是决定纤维材料的耐用性和坚牢度的主要因素，拉伸性能主要包括强力和伸长两方面。单纤维在规定条件下，在拉伸仪上将纤维拉伸至断裂，从负荷—伸长曲线或数据显示采集系统中得到纤维的断裂强力、断裂伸长等指标。纤维强力测试仪主要有三种类型：等速伸长型、等速牵引型、等加负荷型。这里介绍等速伸长型单纤维强力试验机测试方法。

三、实验准备

实验仪器和用具：单纤维强力机、绒板、镊子、张力夹等。

试样：普通化学纤维。

四、实验步骤

1. 样品调湿 当试样回潮率超过公定回潮率时，需进行预调湿：温度≤50℃，相对湿度5%～25%，时间≥30min。样品调湿平衡：温度(20±2)℃，相对湿度65%±5%，时间4h(涤纶、腈纶和丙纶)，其他纤维推荐用16h。

2. 仪器预热、校准 开机预热、设置试验条件，调零、调满及校验，进入测试。不同仪器略有差异，由实验指导老师结合仪器演示单纤维强力仪使用操作方法。

3. 试样准备 从调湿平衡的样品中取出约500根纤维，均匀铺放于绒板上。

4. 测试 用镊子从待检试样中随机取出一根纤维，用规定的张力夹夹持纤维的一端，将纤维置于仪器的夹持器中，保证纤维沿着轴向伸长，然后进行拉伸试验，得出试样断裂时的负荷及伸长值。

注意事项：夹持器状态原则不打滑，不夹断纤维；测试时纤维断裂在钳口或在夹持头中发生滑移，该值应该剔除。

五、实验记录

实验条件：温湿度、仪器及型号、试样及编号、实验方法、实验日期等。

测试记录：预加张力，试样断裂时的负荷及伸长值。

第八节 纤维卷曲性实验

一、实验目的

掌握纤维卷曲性能的测试原理和方法。

二、基本知识

测试的原理：在规定负荷下，在一定的受力时间内，测量纤维的长度变化，确定纤维的卷曲数、卷曲率、卷曲回复率和卷曲弹性率等指标。表示卷曲指标的定义参考本教材第四章第四节化学纤维的品质检验与评定。

三、实验准备

实验仪器和用具：卷曲弹性仪、绒板、镊子、张力夹等。

试样：普通化学纤维。

四、实验步骤

1. 试样调湿 试样回潮率超过公定回潮率时需进行预调湿。样品调湿平衡条件为温度(20±2)℃，相对湿度65%±5%，一般涤纶、腈纶和丙纶采用4h，其他纤维推荐用16h。

2. 仪器预热、校准 预热仪器半小时以上，仪器校正，测试前检查隔距和预设数是否相符。由实验指导老师结合仪器演示卷曲弹性仪使用操作方法。

3. 试样准备 从调湿平衡的样品中随机抽取20束纤维（纤维卷曲未被破坏），置于绒板上。

4. 测试 从每束纤维中随机用张力夹夹取1根纤维悬挂于卷曲弹性仪的测力挂钩上，然后用镊子将纤维的另一端置于下夹持器中。

加轻负荷平衡后，记录 L_0［纤维在轻负荷下的长度，轻负荷采用(0.0020±0.0002)cN/dtex］，同时通过放大镜读取 L_0 内全部卷曲峰和卷曲谷数。

加重负荷平衡后，记录 L_1［纤维在重负荷下的长度，重负荷：维纶、锦纶、丙纶、氯纶等为(0.050±0.005)cN/dtex，涤纶、腈纶为(0.0750±0.0075)cN/dtex］。

保持重负荷30s后，去除重负荷，回复至预置夹持距离，保持2min后，加轻负荷平衡后，记录 L_2［纤维在重负荷释放后，经2min回复，再在轻负荷下的长度］。

重复测试步骤，测得各根纤维的相应值，代入相应公式计算各卷曲性能指标，结果以平均值表示。

五、实验记录

实验条件：温湿度、仪器及型号、试样及编号、实验方法、实验日期等。

测试数据：试样细度，预加轻、重负荷，L_0、L_1、L_2。

第九节　棉纤维品级检验

一、实验目的

掌握棉纤维品级及检验方法。

二、基本知识

棉花品级是依据棉花的成熟度、色泽特征、轧工质量评定的综合性指标，按照我国棉花标准规定，细绒棉品级分为7个级，即一至七级，三级为标准级；长绒棉分为五级，即一至五级，三级为标准级，五级以下为级外棉。

主体品级是指含有相邻品级的一批棉花中，所占比例80%及以上的品级。按照GB 1103—2007《棉花　细绒棉》国家标准规定，细绒棉分级条件见表6-6。

表6-6　细绒棉品级条件

品级	籽　棉	皮辊棉			锯齿棉		
		成熟程度	色泽特征	轧工质量	成熟程度	色泽特征	轧工质量
一级	早、中期优质白棉，棉瓣肥大，有少量一般白棉和带淡黄尖、黄线的棉瓣，杂质很少	成熟好	色洁白或乳白，丝光好，稍有淡黄染	黄根、杂质很少	成熟好	色洁白或乳白，丝光好，稍有淡黄染	索丝、棉结、杂质很少
二级	早、中期好白棉，棉瓣大，有少量轻雨锈棉和个别半僵棉瓣，杂质少	成熟正常	色洁白或乳白，有丝光，有少量淡黄染	黄根、杂质少	成熟正常	色洁白或乳白，有丝光，稍有淡黄染	索丝、棉结、杂质少
三级	早、中期一般白棉和晚期好白棉，棉瓣大小都有，有少量雨锈棉和个别僵瓣棉，杂质稍多	成熟一般	色白或乳白，稍见阴黄，稍有丝光，淡黄	染、黄染稍多黄根、杂质稍多	成熟一般	色白或乳白，稍有丝光，有少量淡黄染	索丝、棉结、杂质较少
四级	早、中期较差的白棉和晚期白棉，棉瓣小，有少量僵瓣或轻霜、淡灰棉，杂质较多	成熟稍差	色白略带灰、黄，有少量污	黄根、杂质较多	成熟稍差	色白略带阴黄，有淡灰、黄染	染棉索丝、棉结、杂质稍多

续表

品级	籽 棉	皮 辊 棉			锯 齿 棉		
		成熟程度	色泽特征	轧工质量	成熟程度	色泽特征	轧工质量
五级	晚期较差的白棉和早、中期僵瓣棉，杂质多	成熟较差	色灰白带阴黄，污染棉较多，有糟绒	黄根、杂质多	成熟较差	色灰白有阴黄，有污染棉和糟绒	索丝、棉结、杂质较多
六级	各种僵瓣棉和部分晚期次白棉，杂质很多	成熟差	色灰黄，略带灰白，各种污染棉、糟绒多	杂质很多	成熟差	色灰白或阴黄，污染棉、糟绒较多	索丝、棉结、杂质多
七级	各种僵瓣棉、污染棉和部分烂桃棉，杂质很多	成熟很差	色灰暗，各种污染棉、糟绒很多	杂质很多	成熟很差	色灰黄，污染棉、糟绒多	索丝、棉结、杂质很多

按照GB 19635—2005《棉花　长绒棉》国家标准规定，长绒棉分级条件见表6-7。

表6-7　长绒棉品级条件

类 别		一 级	二 级	三 级	四 级	五 级
籽棉	感官特征	早中期优质白棉，大部分棉瓣肥厚而富有弹性和丝光，个别略带僵尖，杂质很少	早中期好白棉，个别棉瓣稍有僵尖，有丝光。棉瓣中等和较大部分的棉瓣紧凑，保持原铃室状态，大部分的棉瓣有细的皱纹，个别棉瓣较浅，有弹性，杂质较少	早中期一般白棉，中后期较差白棉和晚期白棉，有少量轻霜棉瓣，并带光块片，僵尖较少，稍有丝光。棉瓣紧凑，保持原铃室状态，棉瓣较小，大部分的棉瓣皱纹较少，手感略有弹性，杂质较多	晚期较差白棉和早期僵瓣棉，有僵瓣、霜黄、软白、带光块的棉瓣，丝光差。棉瓣紧缩，保持原铃室状态显著，棉瓣小，皱纹显见，手感弹性差，杂质甚多	各种僵瓣棉和部分晚期次白棉，软白棉、带光块片，少量霜后的各类棉瓣，无丝光。棉瓣为本品种最小，保持原铃室状态的软白棉瓣很多，皱纹特显，手感软弱，无弹性。杂质很多
皮辊棉	成熟程度	成熟良好	成熟正常	基本成熟	成熟稍差	成熟较差
	色泽特征	色呈洁白，乳白或略带奶油色，富有光泽	色呈洁白，乳白或略带奶油色，有轻微的斑点棉，有光泽	色白或有深浅不同的奶油色，夹有霜黄棉及带光块片，稍有光泽	色略阴黄，霜黄棉，带光块片与糟绒较显，并有软白棉及僵瓣棉，光泽差	色滞较暗，有滞白棉。霜黄棉，软白棉、带光块片及糟绒等显著，无光泽
	轧工质量	稍有叶屑，轧工好，黄根少	叶片、叶屑等杂质较少，轧工尚好，黄根较少	叶片、叶屑等杂质较多，轧工正常，黄根较多	叶片、叶屑等杂质甚多，轧工稍差，黄根多	叶片、叶屑等杂质很多，轧工差，黄根很多

每个产棉国都有本国国家标准样照。我国棉花标准实物样照分为基本标准和仿制标准，基本标准由中国纤维检验局制定，仿制标准由各产棉大省按照基本样照结合本地区棉花情况进行仿制标样，自当年九月一日至次年八月三十一日有效。

棉花品级以检验人员目光结合标准实物样照进行感观比较，是评定棉花品级常用的办法。我国从20世纪80年代引进HVI棉纤维测试仪，逐步用于评定棉花的等级。本实验介绍的是棉花收购、纺纱、贸易、检验机构中常用的方法：感官检验法。

三、实验准备

1. 取样

(1)籽棉抽样：收购籽棉每500kg(不足500kg的按500kg计)抽样数量不少于1.5kg。籽棉大垛以垛为单位抽样，抽样数量：10吨及以下大垛抽样10kg；10吨以上，50吨及以下大垛抽样20kg；50吨以上大垛抽样25kg。

(2)成包皮棉抽样：每10包(不足10包的按10包计)抽1包。从棉包包身两侧开包，去掉棉包表层棉花，抽取2块不少于250g完整样品，形成批样。

2. 棉花标准实物样照 根据检验棉花的产地、类别，准备好对应地区的棉花标准实物样照。

四、实验步骤

1. 样品制备 采用手工抓取或使用专用取样装置，在每个棉包两侧中部分别切取长260mm、宽105mm或124mm，重量不少于125g的切割样品。

取样时，将每个切割样品按层平均分成两份，其中一个切割样品中对应棉包外侧的一半和另一个切割样品中对应棉包内侧的一半合并形成一个检验用样品，剩余的两半合并形成备用样品。棉花样品应保持原切割的形状、尺寸，即样品为长方形且平整不乱。

2. 品级评定

(1)把块状棉样平放在黑色的检验台上，通过观察，将棉样逐个用手握持成与标准实物样照相近的密度，在北光或D75标准光源照明下，与标准实物样照对比。

(2)检验棉样好于或差于标准实物样照，则取高一级别或低一个级别的标准实物样照进行比较，直到相符为止。

(3)评定原则：检验棉样的品级须好于或等于标准实物样照，逐样记录检验结果。

品级检验应在棉花分级室进行，分级室应符合GB/T 13786《棉花分级室的模拟昼光照明》标准或具备北窗光线。

五、实验记录

实验条件：光照条件、试样及编号、实验方法、实验日期等。

测试记录：填写棉花等级检验记录单。

第七章 纤维的力学性质

本章知识点

1. 纺织纤维的拉伸性质。
2. 纺织纤维的蠕变、松弛与疲劳。
3. 纺织纤维的弯曲、扭转与压缩。
4. 纺织纤维的摩擦与抱合。

纺织材料在加工和使用过程中要受到各种类型的外力作用，同时，纺织材料的力学性能(mechanical property)对服装面料的服用性能有很大影响，所以，纺织材料的力学性质是其最重要的性能之一。纺织材料可分为纤维、纱线和织物，本章主要讨论纺织纤维的力学性质基本内容，实际上也是纱线和织物力学性质的基础，它们有许多共同之处。

检测纺织纤维力学性质的常用方法有一次拉伸破坏、小负荷长时间拉伸和反复拉伸等，有些情况下还需检测纤维的弹性、摩擦、弯曲、扭转、压缩等力学性能。

第一节 纺织纤维的拉伸性质

拉伸试验是材料力学性能检测中最常用的试验方法，材料拉伸性能指标是表示其力学性能最常用的指标，纺织纤维也不例外。这里主要介绍表示纺织纤维拉伸性质(tensile property)的常用指标、拉伸断裂机理和主要影响因素。

一、表示指标

表示纺织纤维拉伸性质的主要指标包括基本指标、拉伸曲线及相关指标。

(一)基本指标

表示纺织纤维拉伸性质的基本指标包括断裂强度与断裂伸长率，与其相关的指标是断裂强力与断裂伸长。

1. 断裂强力与断裂强度 断裂强力(breaking load)又称绝对强力，它是指单根纤维所能承受的最大拉伸力，或单根纤维受外力拉伸到断裂时所需要的力，单位为 N (牛顿)。纺织纤维的线密度较细，其强力单位通常用 cN (厘牛顿或厘牛)，1 N＝100 cN。显然，断裂强力的大小不仅与被测纤维的力学性质有关，还与其细度有关。

断裂强度(breaking tenacity)又称相对强度，有时也简称为比强度或比应力，它是指单位细度的纤维所能承受的最大拉伸力，或单位细度的纤维受外力拉伸到断裂时所需要的力，也就是纤维的断裂强力除以纤维的细度。断裂强度的大小只与被测纤维的力学性质有关，与其细度无关，可用于比较不同粗细纤维的拉伸断裂性质，这是与断裂强力的主要区别。

对纺织纤维而言，断裂强度中所用的细度指标通常为间接细度指标，如线密度、纤度等，所以，比较时一定要注意单位。以下是特克斯制与旦数制断裂强度的表达式：

$$P_t = \frac{P}{\mathrm{Tt}} \tag{7-1}$$

式中：P_t——特克斯制断裂强度，N/tex 或 cN/tex；

P——断裂强力，N 或 cN；

Tt——纤维的线密度，tex。

$$P_d = \frac{P}{N_d} \tag{7-2}$$

式中：P_d——旦数制断裂强度，N/旦或 cN/旦；

N_d——纤维的纤度，旦。

纺织纤维断裂强度除以上表示方法外，还有两种较为特殊的表示方法，即断裂应力与断裂长度。

断裂应力(breaking stress)是指单位截面积上纤维能承受的最大拉力，表示细度的指标是截面积。标准单位为 Pa (帕，N/m^2)，常用单位为MPa (兆帕，N/mm^2)。断裂应力是表示各种材料断裂强度的通用指标。纤维截面积较难测得，所以，在表示纤维断裂强度时较少使用，不过在纺织纤维与其他材料力学性能进行比较时需要用到这一指标。断裂应力的表达式如下：

$$\sigma = \frac{P}{S} \tag{7-3}$$

式中：σ——断裂应力，Pa 或MPa；

P——断裂强力，N 或 cN；

S——纤维截面积，m^2 或 mm^2。

断裂长度(breaking length)是表示纺织纤维断裂强度的惯用指标，其物理意义是设想将一根连续的纤维悬挂起来，直到其因自重而断裂时的长度，即纤维重力等于其断裂强力时的纤维长度，单位为 km(千米)，是以长度形式表示的相对强度指标。断裂长度的表达式如下：

$$L_p = \frac{P}{\mathrm{Tt}} \tag{7-4}$$

式中：L_p——断裂长度，km(千米)；

P——断裂强力，gf(克力)；

Tt——纤维的线密度，tex。

需要注意的是这里断裂长度与特克斯制断裂强度的表达式(7-1)与式(7-4)是相同的，只是两者断裂强力的单位不同，式(7-1)中断裂强力用cN，式(7-4)中断裂强力用gf，所以，断裂长度本质上是相对强度。如细绒棉的断裂强度为2.6～3.2cN/dtex(断裂长度为21～25km)，长绒棉的断裂强度为3.3～5.5cN/dtex(断裂长度在30km以上)。

不同断裂强度指标之间的换算差异较大，特克斯、旦数制断裂强度之间的换算实际是两种间接细度指标之间的换算；特克斯制或旦数制断裂强度与断裂长度之间的换算主要是不同单位断裂强力指标之间的换算；断裂应力与其他断裂强度指标之间的换算主要是纤维截面积与间接细度指标之间的换算。断裂应力与特克斯制断裂强度之间的换算公式如下：

$$\sigma = \gamma P_t \tag{7-5}$$

式中：σ——断裂应力，MPa(N/mm^2)；

γ——纤维密度，g/cm^3；

P_t——特克斯制断裂强度，mN/tex。

2. 断裂伸长与断裂伸长率 断裂伸长是指纤维拉伸至断裂时的伸长，也就是纤维试样拉伸断裂时的长度减去纤维拉伸前的试样长度。断裂伸长的大小不仅与被测纤维的变形能力有关，还与纤维拉伸前的试样长度有关。

断裂伸长率(extension at break)又称断裂应变，是指纤维断裂伸长相对拉伸前的纤维试样长度的百分率。断裂伸长率是表示纤维拉伸变形能力的指标。断裂伸长率只与被测纤维的变形能力有关，与纤维拉伸前的试样长度无关，其表达式为：

$$\varepsilon_c = \frac{l_c - l_0}{l_0} \times 100\% \tag{7-6}$$

式中：ε_c——断裂伸长率；

l_0——拉伸前的试样长度，又称隔距或夹持距离，mm；

l_c——拉伸断裂时的试样长度，mm。

(二)拉伸曲线及相关指标

1. 拉伸曲线 拉伸曲线(tensile curve)是表示纤维拉伸过程中负荷和伸长关系的曲线。断裂强度与断裂伸长率是表示纺织纤维拉伸性质的特征指标，有测量、表述简洁与方便的优势。但是，要全面反映纺织纤维的拉伸性质需要用拉伸曲线。拉伸曲线不是一个单一指标，是一条曲线，是对纺织纤维受力与变形的完整描述。

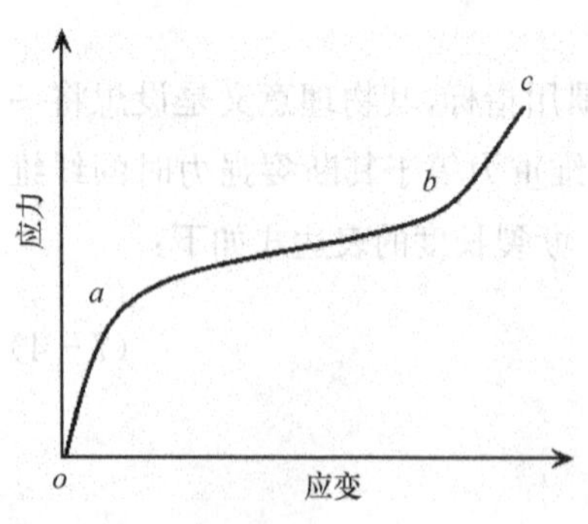

图7-1 纺织纤维应力—应变曲线

纺织纤维的拉伸曲线分负荷—伸长曲线与应力—应变曲线。负荷—伸长曲线以负荷为纵坐标，伸长为横坐标；应力—应变曲线以应力作为纵坐标，以伸长率作为横坐标。同一试样两种形式的拉伸曲线是相似的。图7-1是纺织纤维应力—应变曲线。图7-2是部分常见纤维的应力—应变曲线。

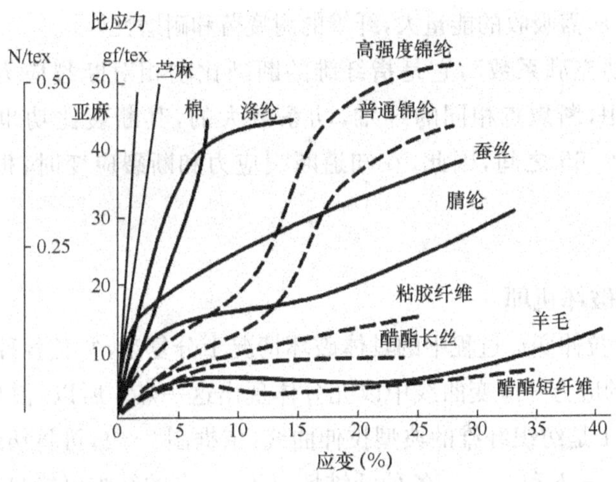

图 7-2　部分常见纤维的应力—应变曲线

2. 相关指标　初始模量(initial modulus)：初始模量是指纤维拉伸曲线的起始部分直线段的应力与应变的比值，即应力—应变曲线在起始段的斜率。模量表示产生单位应变所需的应力，这里的初始是指应力较小时的模量。如果拉伸曲线上起始段的直线不明显，可取伸长率为1%左右的一点来求初始模量，但纤维拉伸前，必须处于伸直状态，即有初张力。依据应力—应变曲线(图 7-1)，可在曲线起始直线段上任取一点，根据该点的纵、横坐标值，可求得其初始模量，表达式如下：

$$E_0 = \frac{P_t}{\varepsilon} \tag{7-7}$$

式中：E_0——初始模量，N/tex；

P_t——拉伸曲线起始直线段上任取一点的应力，N/tex；

ε——拉伸曲线起始直线段上相应点的应变。

初始模量的大小表示纤维在小负荷作用下变形的难易程度，即纤维的刚性。纤维的初始模量大，其制品比较挺括；反之，初始模量小，制品比较柔软。

屈服应力(yield stress)与应变(yield extension prcentage)：在纤维的拉伸曲线上，应力—应变曲线斜率由大变小的转变点称为屈服点(如图 7-1 中的 a 点)，对应屈服点处的应力和应变就是屈服应力和应变。纺织纤维的屈服点不明显，往往表现为一段区域，通常用作图法定出。纤维在屈服以前产生的变形主要是急弹性变形，而屈服点以后产生的变形中，塑性变形增多。一般屈服点高，即屈服应力和屈服应变大的纤维，不易产生塑性变形，拉伸回弹性好，纤维制品的尺寸稳定性好。

断裂功(work of break)与断裂比功：断裂功是指拉伸纤维至断裂时外力所做的功，即纤维的拉伸曲线中，负荷—伸长曲线下的面积。断裂比功又称拉伸断裂比功，是指拉断单位线密度与单位长度纤维材料所需做的功，即纤维的拉伸曲线中，应力—应变曲线下的面积。断裂比功是应力与应变的综合指标，它可以有效地评定纤维材料的坚牢度和耐用性能。断裂功或断裂比功大的纤维在断裂时所需吸收的能量大，纤维的耐疲劳和耐磨性好。

功系数：又称“功充满系数”，它是指纤维的断裂比功相对断裂应力和断裂应变的乘积之比。在拉伸曲线中，断裂点相同的纤维，功系数大的，其断裂比功也大。各种纤维的功系数大致在 0.46～0.65 之间，因此，在知道断裂应力和断裂应变时，根据功系数可知其断裂比功的大小。

二、纤维的拉伸破坏机理

纺织纤维在整个拉伸变形过程中的具体破坏情况十分复杂，并且各种纤维差异很大，从图 7－2 部分常见纤维的应力—应变曲线中以充分体现出这一点。所以，很难准确描述纤维的拉伸破坏机理。图 7－1 是纺织纤维的典型拉伸曲线，依据图 7－1，可将纺织纤维拉伸破坏过程分为三个阶段，*o*—*a*、*a*—*b* 和 *b*—*c*。各种纤维情况不同，有的纤维可能只有 *o*—*a* 段或 *o*—*a* 和 *a*—*b* 段。

在 *o*—*a* 段，纤维开始受力时，其变形主要是纤维大分子链本身的拉伸，即键长的伸长与键角的增大。同时也存在无定型区中大分子链克服分子链间次价键力而进一步伸展和取向，一部分大分子链伸直，紧张的可能被拉断，也有可能从不规则的结晶部分中抽拔出来。力学性能表现为拉伸曲线接近直线，基本符合虎克定律。

在 *a*—*b* 段，当外力进一步增加，纤维大分子间次价键的断裂使非结晶区中的大分子逐渐产生错位滑移，力学性能表现为纤维变形显著增加，模量相应减小，纤维进入屈服区 *a*—*b* 段。

在 *b*—*c* 段，当错位滑移的纤维大分子链基本伸直平行时，大分子间距靠近，分子链间会形成新的次价键。这时继续拉伸纤维，产生的变形主要又是分子链的键长、键角的改变和次价键的破坏，进入强化区 *b*—*c* 段，力学性能表现为模量再次提高，直至达到纤维大分子主链和大多次价键的断裂，致使纤维解体。

三、影响纤维拉伸破坏的因素

影响纤维拉伸破坏的因素包括纤维本身结构和试验条件，这里主要讨论纤维本身结构的影响。

从纤维拉伸破坏机理的讨论可以看出，纤维拉伸破坏的主要特征是纤维大分子主链的断裂和纤维大分子之间结合力的破坏引起的大分子之间的滑脱。影响主要体现在纤维中大分子受力的均衡性和纤维大分子之间结合力的大小，可通过以下特征指标加以讨论。

1. 聚合度 纤维的强度随纤维大分子聚合度增大而增加，但当聚合度增加到一定值后，再继续增加聚合度时，纤维的强度增加减慢甚至不再增加。这是因为大分子聚合度较小时，大分子较短，大分子之间重叠部分次价键数目少，剪切阻力小，大分子链间容易滑移，纤维拉伸破坏以大分子之间的滑脱为主。聚合度增加时，纤维大分子链加长，大分子之间重叠部分次价键数目增多，剪切阻力增大，大分子链间不易滑移，所以纤维断裂强度提高。当聚合度足够大时，分子链间滑动阻力已大大超过分子链的断裂强力，纤维拉伸破坏以大分子链的断裂为主，再增加聚合度，其作用也就不显著了。

2. 取向度　取向度高的纤维，有较多的大分子排列在平行于纤维轴的方向，拉伸纤维时，分子链张力在纤维轴向的有效分力大，纤维中大分子受力的均衡性好，纤维强度高，但伸长率会降低。在化学纤维中，纤维大分子取向度随纺丝过程中的拉伸倍数增大而增大，进而影响其力学性质，如图 7－3 所示粘胶纤维取向度对拉伸性能的影响。

3. 结晶度　纤维的结晶度愈高，纤维中分子排列愈规整，缝隙孔洞较少且较小，分子间结合力强，纤维的断裂强度、屈服应力和初始模量较高，但其伸长率低，脆性增加。

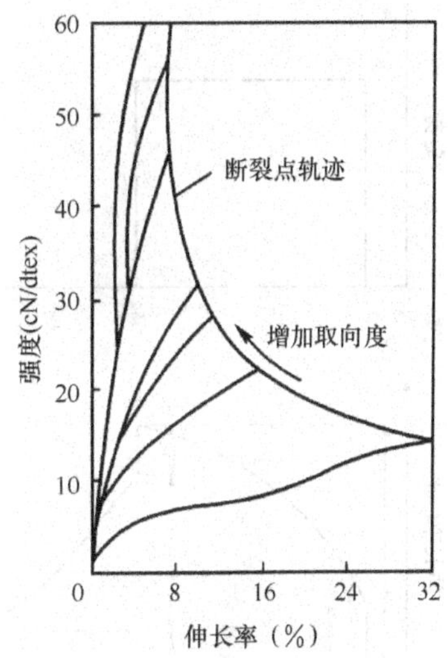

图 7－3　粘胶纤维取向度对拉伸性能的影响

第二节　纺织纤维的蠕变、松弛与疲劳

纺织纤维的力学性质除了用一次拉伸破坏试验检测外，还经常用长时间受力时的变形情况检测纺织纤维的蠕变与松弛性；用受力变形的回复情况检测纺织纤维的弹性；用小负荷长时间或反复作用下的受力破坏情况检测纺织纤维的耐疲劳性。

一、纤维的蠕变与松弛

（一）纤维的蠕变与松弛

纺织纤维的蠕变（creep）和应力松弛（relaxation of stress）是外力作用延续时间的影响。蠕变是指纤维在恒定拉伸外力作用下，变形随受力时间的延长而逐渐增加的现象；松弛是指纤维在拉伸变形恒定的条件下，应力随时间的延长而逐渐减小的现象。

纤维材料的蠕变和应力松弛是一个性质的两个方面，都是由于纤维中大分子重新排列引起的。蠕变是由于随着外力作用时间的延长，使大分子逐渐沿着外力方向伸展排列或产生相互滑移而导致伸长增加，增加的伸长基本上都是缓弹性和塑性变形。

应力松弛是由于纤维发生变形时具有的内应力使大分子逐渐重新排列，同时部分大分子链段间发生相对滑移，逐渐达到新的平衡位置，形成新的结合点，从而使内应力逐渐减小。纤维的蠕变和松弛曲线如图 7－4 所示。

根据纤维应力松弛现象可知，各种卷装（纱管、筒子、经轴）中的纱线都受到的一定拉伸伸长作用，如果储藏太久，就会出现松弛；织机上的经纱和织物受到一定的张紧力作用，如果停台太久，经纱和织物就会松弛、经纱下垂、织口移动，再开车时由于开口不清、打纬不紧，就会产生跳

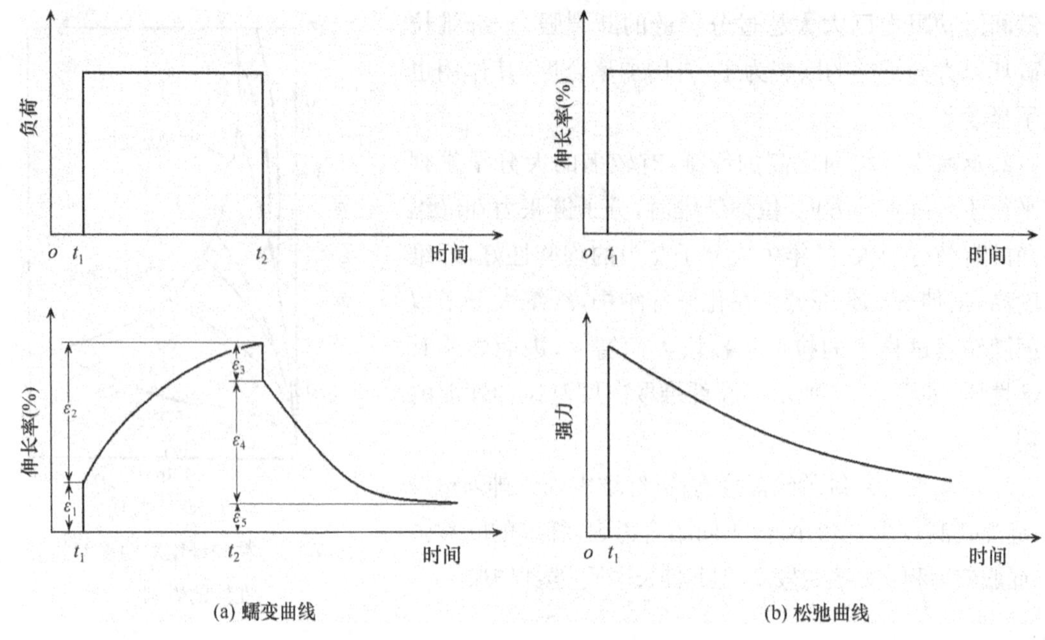

图 7－4　纤维的蠕变和松弛曲线

花、停车档等织疵。

(二)纤维的拉伸变形

这里主要讨论纤维的弹性,之所以要提到变形,是因为变形与弹性有非常密切的关系。

纤维拉伸变形能力的大小可以用断裂伸长率来表示,但它无法反映变形的回复特征,这是纺织纤维力学性质的一个主要方面。依据纤维拉伸变形的回复情况及回复的快慢,可将纤维拉伸变形分成三类。

急弹性变形(fast－elastic－deformation):是指外力作用下能够立即响应的变形,即施加拉伸力几乎立即产生伸长变形,去除拉伸力几乎立即产生回缩的变形。

缓弹性变形(delayed－elastic deformation):是指在拉伸力不变的情况下,随时间的延续,产生的伸长与回缩变形。

塑性变形(plastic strain):是指在拉伸力作用下能伸长,但拉伸力去除后不能回复的变形。

(三)纤维的弹性

纤维弹性(elastic performance, elasticity)是指纤维变形的回复能力,又称弹性回复性能或回弹性,分急弹性与缓弹性,对应急弹性变形与缓弹性变形。

表示纤维弹性大小的常用指标是弹性回复率或回弹性。它是指急弹性变形和一定时间内的缓弹性变形占总变形的百分率。也可以用急弹性回复率与缓弹性回复率分别表示。

除了用拉伸弹性回复率表示纤维的弹性,也可以用拉伸弹性曲线表示纤维的弹性,它是应力或应变与弹性回复率的关系曲线。部分纤维的拉伸弹性曲线如图 7－5 所示。

弹性回复率影响因素较多,一般是在一定条件下,如负荷大小、负荷作用时间、去负荷后变

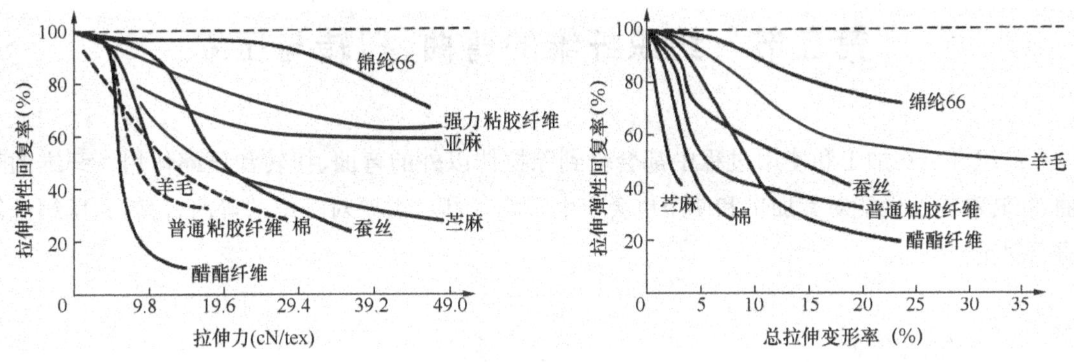

图 7－5　部分纤维的拉伸弹性曲线

形回复时间等，测定并计算而得的。我国对化纤常采用 5%定伸长弹性回复率，其指定条件是使纤维产生 5%伸长后，保持一定时间（如 1min）测得的伸长长度，去负荷休息一定时间（如 3s）测得回缩长度，以回缩长度比伸长长度求得弹性回复率。

二、纤维的疲劳

纤维的疲劳特性（fatigue property）是反映纤维在小负荷长时间作用或反复作用下，抵抗破坏能力的概念，它分为两种形式。

静态疲劳：也称蠕变疲劳，是指小负荷长时间作用，使纤维破坏的现象。纤维在小于断裂强力的恒定拉伸力作用下，开始时纤维材料迅速伸长，然后伸长逐步缓慢，最后趋于不明显，到达一定时间后，纤维会发生断裂。这是由于蠕变过程中，外力对材料不断做功，直至材料破坏的结果。

动态疲劳：也称多次拉伸疲劳，是指小负荷反复拉伸，使纤维破坏的现象。纤维经受多次加负荷、减负荷的反复循环作用，因为塑性变形的逐渐积累，纤维内部的局部损伤叠加，最后被破坏的现象。图 7－6 为纤维经受多次定负荷加负荷、减负荷反复循环作用的拉伸图。

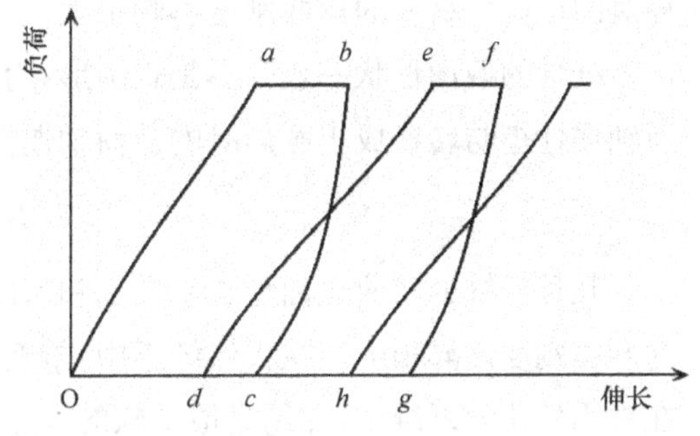

图 7－6　纤维定负荷动疲劳拉伸图

表示材料疲劳特征的指标常采用耐久度或疲劳寿命，它是指纤维材料能承受的加负荷、减负荷的反复循环的次数。

纤维的拉伸断裂功大，弹性回复性能好，耐疲劳性好。因为，纤维在反复循环负荷过程中，产生的塑性变形不易积累，不易很快达到纤维的断裂伸长率，外力作功不易很快积累到纤维的断裂功。

第三节　纺织纤维的弯曲、扭转与压缩

纺织纤维在加工和使用过程中都会受到除拉伸以外的弯曲、扭转和压缩作用。纤维的弯曲、扭转和压缩性能对其加工和使用也会产生影响，所以，需要对纤维的弯曲、扭转和压缩性能进行讨论。

一、纤维的弯曲

纤维的弯曲性能包括纤维抵抗弯曲变形和纤维抵抗弯曲破坏的能力两个方面。

弯曲刚度：弯曲刚度是表示一般材料抵抗弯曲变形能力的指标，材料的弯曲刚度大，则不易产生弯曲变形。纤维抵抗弯曲变形的能力也用弯曲刚度表示，纤维的弯曲刚度大，则不易产生弯曲变形，手感较刚硬。由材料力学可知，一般材料的弯曲刚度为：

$$R_B = EI \tag{7-8}$$

式中：R_B——弯曲刚度，$cN \cdot cm^2$；

E——材料的弹性模量，cN/cm^2；

I——材料的截面轴惯性矩，cm^4。

材料的弹性模量 E 只与材料本身的力学性质有关与材料的几何形状无关。材料的截面轴惯性矩 I 与材料的截面形状有关，半径为 r 的圆形截面材料的截面轴惯性矩 $I_0 = \pi r^4/4$，可见半径对圆形截面材料的弯曲刚度影响很大。

纤维的截面形状一般都不是正圆形，为简化计算，引入截面形状系数 η_f，它是纤维的实际截面轴惯性矩与转换成正圆形时的截面轴惯性矩 I_0 之比值。因而，纤维的实际弯曲刚度可写为：

$$R_f = EI_0\eta_f$$

几种纤维的弯曲截面形状系数 η_f 和弯曲刚度 R_f 见表 7－1。由表 7－1 可以看出，各种纤维的弯曲刚度差异很大。在天然纤维中，羊毛是所有纺织纤维中最柔软的，而麻纤维是最刚硬的。在常用的化学纤维中，锦纶是最柔软的，涤纶是最刚硬的。弯曲刚度小的纤维制成的织物柔软贴身、舒适，但易起球，抗弯刚度大的纤维制成的织物比较挺爽，服装有身骨，适合做外衣。

表 7－1　部分纤维的弯曲截面形状系数和弯曲刚度

纤维种类	截面形状系数 η_f	体积质量 $\gamma(g/cm^3)$	初始模量 $E(cN/tex)$	弯曲刚度 $R_f(cN \cdot cm^2)$
长绒棉	0.79	1.51	877.1	3.66×10^{-4}
细绒棉	0.70	1.50	653.7	2.46×10^{-4}
细羊毛	0.88	1.31	220.5	1.18×10^{-4}
粗羊毛	0.75	1.29	265.6	1.23×10^{-4}

续表

纤维种类	截面形状系数 η_f	体积质量 γ(g/cm³)	初始模量 E(cN/tex)	弯曲刚度 R_f(cN·cm²)
桑蚕丝	0.59	1.32	741.9	2.65×10^{-4}
苎麻	0.80	1.52	2224.6	9.32×10^{-4}
亚麻	0.87	1.51	1166.2	4.96×10^{-4}
普通粘胶纤维	0.75	1.52	515.5	2.03×10^{-4}
强力粘胶纤维	0.77	1.52	774.2	3.12×10^{-4}
富强纤维	0.78	1.52	1419.0	5.8×10^{-4}
涤纶	0.91	1.38	1107.4	5.82×10^{-4}
腈纶	0.80	1.17	670.3	3.65×10^{-4}
维纶	0.78	1.28	596.8	2.94×10^{-4}
锦纶 6	0.92	1.14	205.8	1.32×10^{-4}
锦纶 66	0.92	1.14	214.6	1.38×10^{-4}
玻璃纤维	1.00	2.52	2704.8	8.54×10^{-4}
石棉	0.87	2.48	1979.6	5.54×10^{-4}

纤维弯曲时截面上各部位的变形是不同的，如图 7－7(a)所示。中性面以上受拉伸，中性面以下受压缩。弯曲曲率越大(曲率半径 r_0 越小)，各层变形差异也越大。曲率半径过小时将发生外层破裂，如图 7－7(b)所示。一般纺织纤维很少出现弯曲断裂。

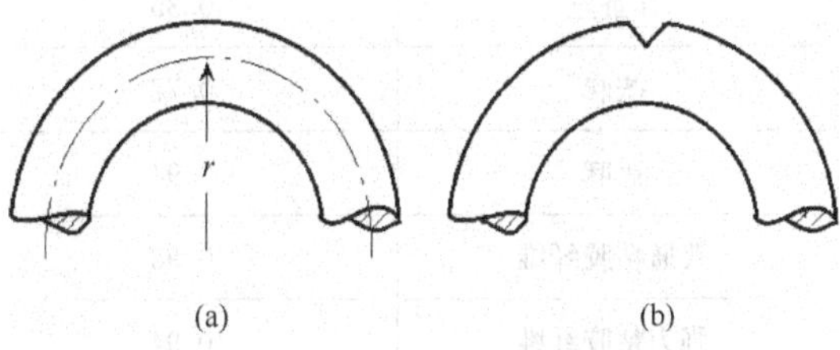

图 7－7 纤维弯曲时的变形与破坏

二、纤维的扭转

纤维的扭转与纺纱的加捻有关，纤维抵抗扭转变形的能力越强，加捻越困难。纤维的扭转弹性越好，纱线越容易解捻。纤维过度扭转时，也会出现破坏。

扭转刚度是表示材料抵抗扭转变形能力的指标，材料的扭转刚度大，则不易产生扭转变形。纤维抵抗扭转变形的能力也用扭转刚度表示，纤维的扭转刚度大，则不易产生扭转变形。由材料力学可知，材料的扭转刚度为：

$$R_t = GJ \tag{7-9}$$

式中：R_t——扭转刚度，cN·cm²；

G——材料的剪切弹性模量，cN/cm²；

J——材料的截面极惯性矩，cm⁴。

材料的剪切弹性模量 G 只与材料本身的力学性质有关与材料的几何形状无关。材料的截面极惯性矩与材料的截面形状有关，半径为 r 的圆形截面材料的截面极惯性矩 J_0 可用下式表示：

$$J_0=\frac{\pi}{2}r^4$$

纤维的截面形状一般都不是正圆形，为简化计算，引入截面形状系数 η_t，它是纤维的实际截面极惯性矩与转换成正圆形时的极惯性矩之比值。因而，纤维的实际扭转刚度为：

$$R_t = GJ_0\eta_t$$

几种纤维的扭转截面形状系数 η_t 和相对扭转刚度 R_t 值见表 7－2。

表 7－2　部分纤维的扭转性能

纤维种类	扭转截面形状系数 η_t	剪切弹性模量 G(cN/tex)	相对扭转刚度 R_t(cN·cm²)
棉	0.71	161.7	7.74×10^{-4}
木棉	5.07	197	71.5×10^{-4}
羊毛	0.98	83.3	6.57×10^{-4}
桑蚕丝	0.84	164.6	10.00×10^{-4}
柞蚕丝	0.35	225.4	5.88×10^{-4}
苎麻	0.77	106.2	5.49×10^{-4}
亚麻	0.94	85.3	5.68×10^{-4}
普通粘胶纤维	0.93	72.5	4.6×10^{-4}
强力粘胶纤维	0.94	69.6	4.41×10^{-4}
富强纤维	0.97	64.7	4.31×10^{-4}
铜氨纤维	0.99	100	6.86×10^{-4}
醋酯纤维	0.70	60.8	3.33×10^{-4}
涤纶	0.99	63.7	4.61×10^{-4}
锦纶	0.99	44.1	3.92×10^{-4}
腈纶	0.57	97	5.1×10^{-4}
维纶	0.67	73.5	3.53×10^{-4}
乙纶	0.99	5.4	4.9×10^{-4}
玻璃纤维	1.00	1607.2	62.72×10^{-4}

当扭转变形达到一定程度时，沿纤维纵向的剪切可能使纤维劈裂，甚至使纤维解体或断裂，纤维的剪切强度小于拉伸强度。表示纤维抵抗扭转破坏能力的指标是捻断纤维时的加捻角，称作断裂捻角。各种纤维的断裂捻角见表 7－3。

表 7-3　部分纤维的断裂捻角

纤　维	断裂捻角 α(°)	纤　维	断裂捻角 α(°)
棉	34～37	铜氨纤维	40～42
羊毛	38.5～41.5	醋酯纤维	40.5～46
蚕丝	39	涤纶	59
亚麻	21.5～29.5	锦纶	56～63
普通粘胶纤维	35.5～39.5	腈纶	33～34.5

涤纶、锦纶和羊毛的断裂捻角较大，不易扭断；麻的断裂捻角较小，玻璃纤维的断裂捻角极小，极易扭断。

三、纤维的压缩

纤维在运输和储存时，可能会压缩打包，纤维在加工和使用过程中也会受到压缩作用。纤维集合体的压缩变形及压缩变形的回复能力与保暖性关系密切。纤维的压缩涉及压缩变形及压缩变形的回复能力和纤维的压缩破坏。

纤维集合体的压缩变形能力以纤维集合体压缩变形前后的体积变化率来表示。当纤维集合体密度很小，压力稍有增大，纤维间空隙缩小，密度增加极快，而且压力与密度间对应的关系并不稳定。当压力很大，纤维间空隙很少时，再增大压力，将挤压纤维本身，纤维集合体密度增加极微，抗压刚性增大，并表现出以纤维密度为极限的渐近线的特征。

纤维集合体加压，再去除压力后，纤维集合体体积逐渐膨胀，但一般不能恢复到原来的体积。纤维集合体压缩后的体积恢复率是表示纤维集合体压缩弹性恢复性能的指标，它是指纤维集合体压缩后恢复的体积相对纤维集合体压缩的体积百分率。

纤维集合体加压过程中的变形，也与拉伸相似，有急弹性、缓弹性和塑性变形三种类型。作为保暖絮制品，要求具有优良的压缩恢复率，这样它的密度较稳定，能始终保持相当数量的空隙，从而具有优良的保暖性。

纤维集合体受压严重时，会出现纵向劈裂。例如，棉纤维集合体压缩后的容重达 1.00g/cm^3以上时，恢复后的纤维在显微镜中可以发现纵向劈裂条纹，因此，原棉棉包密度均在 0.40～0.65g/cm^3之间，不超过 0.8 g/cm^3。

第四节　纺织纤维的摩擦与抱合

纤维成纱，织物成形是靠纤维相互间的摩擦和抱合作用。纤维的加工性能、织物的服用性能及手感都与纤维的摩擦和抱合性质有密切关系。

一、纤维的摩擦与抱合力

摩擦力(friction force)是指两个相互接触的物体在法向压力作用下，沿着切向相互移动时的阻力。抱合力(cohesion force)是指相互接触的物体在法向压力等于零时，相对移动的阻力。在摩擦力和抱合力同时存在的情况下，这两种阻力统称为切向阻力，可表示为：

$$F = F_1 + F_2 \tag{7-10}$$

式中：F——切向阻力，N；

F_1——抱合力，N；

F_2——摩擦力，N。

很难将摩擦力从切向阻力中区分出来，工程中也无此必要，所以，表示纤维的摩擦性质一般用切向阻抗系数(tangential impedance coefficient)，可表示为：

$$\mu = \frac{F}{N} \tag{7-11}$$

式中：μ——切向阻抗系数，

N——正压力，N。

纤维的切向阻抗系数分静态和动态切向阻抗系数，分别以 μ_s 和 μ_d 表示。表 7－4 是部分纤维的动、静态切向阻抗系数。

表 7－4　部分纤维的动、静态切向阻抗系数

纤维种类	μ_s	μ_d	纤维种类	μ_s	μ_d
棉	0.27～0.29	0.24～0.26	涤纶	0.38～0.41	0.26～0.29
羊毛	0.31～0.33	0.25～0.27	维纶	0.35～0.37	0.30～0.33
粘胶纤维	0.22～0.26	0.19～0.21	腈纶	0.34～0.37	0.26～0.29
锦纶	0.41～0.43	0.23～0.26			

抱合力是因为纤维弯曲和表面粗糙，使纤维在纤维集合体中相互纠缠、勾挂，造成纤维集合体不易松开分散的力。表示纤维抱合能力大小的指标有抱合系数和抱合长度。

抱合系数(cohesion coefficient)是指单位长度纤维上的抱合力。从不施加法向压力的纤维条中夹取一根纤维，测定抽出这根纤维所需的力和纤维长度，求两者的比值，即为抱合系数：

$$h = \frac{F_1}{l} \tag{7-12}$$

式中：h——纤维的抱合系数，cN/cm；

F_1——抽出纤维所需的力，cN；

l——纤维的长度，cm。

抱合长度(cohesion length)是指没有法向压力的纤维条，设想将该纤维条悬挂起来，直到其因自重而断裂时的长度。即纤维条重力等于其断裂强力时的纤维条长度，与纤维断裂长度概念相同，只是这里抱合长度的单位为米(m)。实验时将纤维制成一定规格的没有法向压力的纤维条，在强力仪上以大于纤维长度的适当上下夹持距离将其拉断，根据测得的强力和纤维条线密度，按下式计算：

$$L_h = \frac{F_1}{\text{Tt}\ 10^3} \tag{7-13}$$

式中：L_h——纤维的抱合长度，m；

F_1——纤维条的强力，gf（克力）；

Tt——纤维条的线密度，tex。

影响纤维抱合力的因素很多，主要是纤维的几何形态（表面结构、纤维长度、卷曲度）、排列形状、纤维弹性和表面油剂等。此外，温湿度也有明显影响。一般卷曲多、转曲多、细、长、柔软的纤维，抱合力较大。部分纤维的抱合性能见表7－5。

表7－5　部分纤维的抱合性能

纤维种类	纤维线密度（dtex）	纤维长度（mm）	20℃时的抱合长度（m）
羊毛	直径23μm	55	30
涤纶	4.4	70	65
腈纶	3.85	90	47
锦纶	3.3	70	95

二、影响纤维切向阻抗系数的因素

影响纤维切向阻抗系数的因素基本可以分为两类，纤维的表面性质与测试条件。

（一）表面性质

纤维的表面性质主要指纤维表面的光滑或粗糙程度。现代摩擦理论认为，摩擦的切向阻力的一部分是粗糙凹凸部分所产生的机械握持阻力；另一部分是接触表面层间的分子引力。对比较粗糙的表面，机械握持阻力是主要的；对比较光滑的表面，表层分子间的引力是主要的。所以，纤维的表面粗糙度、截面形状、纵向的弯曲与转曲、表面的油剂都会影响纤维切向阻抗系数。另外，羊毛的鳞片会产生顺、逆鳞片切向阻抗系数不同的现象。

（二）测试条件

从测试条件看，影响纤维切向阻抗系数的因素非常复杂。从已有的研究可知，有影响的测试条件包括温湿度、法向压力、滑动速度、滑动方向、摩擦材料等。所以，引用和测试纤维的切向阻抗系数时，必须注意测试条件。

思考题

1. 从拉伸曲线上可求得哪些指标？说明各指标的含义及其与纤维性质的关系。

2. 比较断裂长度与特克斯制断裂强度的异同。

3. 分析决定纤维弯曲与扭转刚度的因素。

4. 比较纤维的抱合长度与断裂长度。

5. 测得某批棉纤维的公制支数为5500公支，断裂强力为5.1cN，断裂伸长为0.55mm，试样长度为10mm，求该批棉纤维的特克斯制相对强度和断裂伸长率。

第八章 纤维的吸湿及热学、光学、电学性质

本章知识点

1. 纤维的吸湿性。
2. 纤维的热学、光学与电学性质。

第一节 纤维的吸湿性

纺织纤维的吸湿性(hygroscopicity)是指纺织纤维吸收气态水的性质。润湿性是指纺织纤维吸收液态水的性质。水汽分子进出纺织纤维是一个双向过程,水汽分子在进入纺织纤维的同时,也有水汽分子离开纺织纤维,如果前者占主导称作吸湿,后者占主导称作放湿,当进出纺织纤维的水汽分子相等时,称作吸湿或放湿平衡。

一、纤维的吸湿指标与吸湿机理

(一)吸湿指标

1. 回潮率 回潮率(moisture regain)是表示纺织纤维吸湿性能的常用指标,它是指纺织纤维中所含的水分质量相对纺织纤维干燥质量的百分比:

$$W=\frac{G-G_0}{G_0}\times 100\% \tag{8-1}$$

式中:W——纺织材料的回潮率;

G——纺织材料的湿重,g;

G_0——纺织材料的干重,g。

2. 标准回潮率 纤维的实际回潮率是指纤维在实际大气条件下测得的回潮率。为了比较各种纤维的吸湿能力,需采用标准回潮率,即纤维在标准大气条件下的回潮率。大气标准状态的规定,国际上是一致的,而允许的误差,各国略有出入。我国的标准温湿度条件规定见表8-1。实际工作中可以根据试验要求,选择不同的标准级别。

3. 公定回潮率 公定回潮率(conventional moisture regain)源于纺织纤维贸易中的交易重量的需要。因为纺织纤维吸收的水分随大气条件变化,其称得的重量也随大气条件的不同而变

表 8-1　标准温湿度及允许误差

级　别	标准温度(℃)		标准相对湿度(%)
	温带	热带	
1	20±1	27±2	65±2
2	20±2	27±3	65±3
3	20±3	27±5	65±5

化，不能反映纺织纤维的真实重量。为了排除纺织纤维中的水分对其真实重量的影响，需要一个公认的回潮率，贸易中的交易重量都以这个公认回潮率下的重量进行交易，这个业内公认的回潮率称作公定回潮率。公定回潮率原来的依据是指一般常规条件下纺织纤维的正常带水量，该值与纤维的标准回潮率十分接近，故以后出现的纤维，公定回潮率一般以标准回潮率为准设立。GB 9994—2008《纺织材料公定回潮率》标准规定了纺织材料的公定回潮率，可参考本书第二十章表 20-4。

(二)吸湿机理

纤维的吸湿机理是指水分与纤维的作用及其附着与脱离的过程。有关纤维的吸湿机理，由于纤维种类繁多，吸湿过程复杂，不同观点较多。目前，影响较大的有 Peirce 针对棉纤维吸湿的两相理论和 Speakman 针对羊毛纤维吸湿的三相理论。

Peirce 理论认为，棉纤维的吸湿包括直接吸收水和间接吸收水。直接吸收水是由棉纤维分子的亲水性基团直接吸着的水分子，它紧靠在棉纤维大分子上，会影响棉纤维大分子间的结合力；间接吸收水接续在直接吸收水上，属液态水，也包括凝结于表面和孔隙的水。间接吸收水由于水分子间的结合力较小，容易蒸发。纤维吸收的水分子绝大部分进人纤维内的无定形区。

Speakman 理论认为，羊毛纤维吸湿的第一相水分子是与角朊分子侧链中的亲水基相结合的水，对结构的刚性无影响；吸湿的第二相水分子被吸着在主链的各极性基团上，并取代分子链段间的相互作用，由此对纤维的刚性有很大影响；吸湿的第三相水分子是填充在纤维空隙间和分子间的汽、液态水，发生在高湿度时，与棉纤维的间接吸收水类似。

其他纤维的吸湿，对于高吸湿纤维的材料，可以参考 Peirce 的二相理论；对于低吸湿性或主要依靠表面和凝结液态水吸附的纤维，可参考间接吸水的概念。

从纺织材料吸着水分的本质看，间接吸收水和毛细管凝结水属于物理吸着水，直接吸收水属于化学吸着水。物理吸着水的吸着力是范德华力，吸着时没有明显的热反应，吸着比较快。化学吸着水分的吸着力与一般原子之间的作用力很相似，是一种化学键力，因此有放热反应。

二、影响纺织纤维回潮率的因素

影响纤维回潮率的因素有内因和外因两个方面。内因是指纤维自身结构对回潮率的影响，外因则指大气条件、时间、吸放湿过程对回潮率的影响。

(一)影响纺织纤维回潮率的内因

影响纤维回潮率的内因涉及纤维的大分子、超分子和形态结构三个层次,并且与纤维伴生物有关。

1. 大分子亲水基团的多少和亲水性的强弱 纤维大分子中的亲水基团(hydrophilic group)能与水分子形成氢键结合,形成直接吸收水。所以,纤维大分子中亲水基团的多少和亲水性的强弱是影响纤维吸湿性的根本因素。常见纺织纤维中的亲水基团包括羟基(—OH)、酰胺键(—CONH—)、氨基($—NH_2$)、羧基(—COOH)等。

2. 纤维的结晶度 纤维结晶区中的大分子均形成规则有序的空间排列,水分子很难进入,水分子只能进入纤维的非结晶区。所以,纤维的结晶度越低,吸湿能力就越强。

3. 纤维的比表面积 纤维表面分子由于引力的不平衡使它比内层分子具有多余的能量,称为表面能,表面能会使水分子吸附在纤维表面。纤维相对表面积的大小用比表面积(specific surface area)表示,即纤维单位体积所具有的表面积。纤维的比表面积越大,表面吸附的水分子越多,纤维的吸湿性也越好。越细的纤维比表面积越大,则吸湿性越好。纤维内的孔隙越多、越大,纤维比表面积越大,加之毛细管凝结水,纤维的吸湿性越好。

4. 纤维伴生物的性质和含量 纤维的各种伴生物(concomitant)和杂质(foreign matter)有的亲水、有的拒水,所以,纤维伴生物的性质和含量也会影响纤维的吸湿性。

(二)大气条件对纤维回潮率的影响

影响纤维回潮率的大气条件包括大气压、温度、湿度。但是,日常气压变化和温度变化引起的纤维平衡回潮率的变化很小,研究其影响的实际意义不大。对纤维回潮率有实质影响的大气条件是湿度。为了避免大气压、温度、湿度对纤维平衡回潮率影响的复杂性,一般在一定的温度和压力条件下,分析纺织纤维因吸湿(或放湿)达到的平衡回潮率和大气相对湿度(relative humidity)之间的关系,平衡回潮率与相对湿度之间的关系曲线称为纺织纤维的吸湿(或放湿)等温等压线,简称"吸湿等温线"(moisture adsorption isotherm)。图 8-1 是部分纤维的吸湿等温等压线。

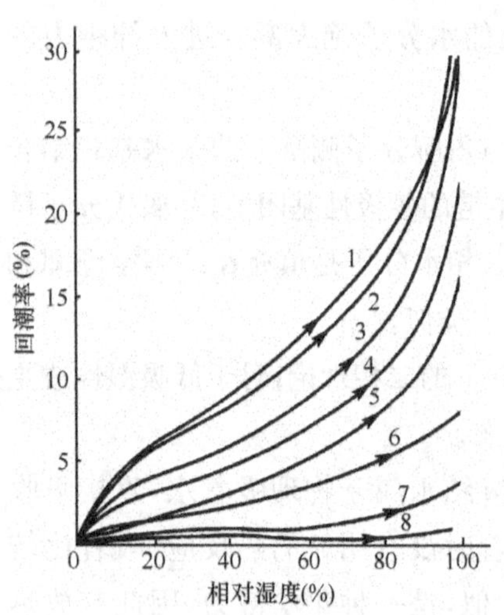

图 8-1 部分纤维的吸湿等温等压线

1—羊毛 2—粘胶纤维 3—蚕丝 4—棉 5—醋酯纤维 6—锦纶 7—腈纶 8—涤纶

这里的等温等压是在标准温度和压力下,测量空气相对湿度与纺织纤维吸湿(或放湿)平衡回潮率。

由图 8-1 可以看出,虽然不同纤维的吸湿等温线不一致,但曲线的形状都呈反 S 形,说明它们的吸湿机理基本上是一致的,即相对湿度很小时,回潮率增加率较大;相对湿度很大时,回潮率增加率亦大;但在相对湿度 10%~70%范围内,回潮率的增加率较小。

(三)时间对纤维回潮率的影响

水汽分子进出纺织纤维是一个双向过程,水汽分子在进入纺织纤维的同时,也有水汽分子离开纺织纤维,如果前者占主导称作吸湿,后者占主导称作放湿,当进出纺织纤维的水汽分子相等时，称作吸湿或放湿平衡。当大气条件发生变化时，这种平衡被打破，纤维重新进入吸湿或放湿过程，直至新大气条件下的平衡。

在一定大气条件下，纤维吸、放湿过程达到平衡状态时的回潮率称作平衡回潮率。纺织纤维吸湿或放湿平衡需要时间，这是吸湿或放湿平衡概念的本质。单纤维很细又与空间直接接触，其平衡时间很快，约在几秒至几十秒内达到平衡；松散的纤维团因内部纤维水分的扩展，一般几分钟至几十分钟可达到平衡；通常的纱线和织物，因为加捻和织编的紧密化作用，一般需几十分钟至几小时，而对棉包和毛包，因为表面有包布，内部紧密压缩堆砌，再加上体积庞大，一般需一年至几年达到平衡。

（四）吸放湿过程对纤维回潮率的影响

同样的纤维放在相同的大气条件下，分别从放湿和吸湿到平衡，两者平衡回潮率不同，前者大于后者，二者的差值称为吸湿滞后值，这种性质称作吸湿滞后性，或吸湿保守性。吸湿滞后性的概念说明，纤维在新环境下的平衡回潮率与其原来所处的大气条件有关。

吸湿滞后性也体现在同一种纤维在相对湿度从0%～100%整个范围内，放湿等温线高于吸湿等温线，在极端状态下它们形成的闭合曲线称作吸湿滞后圈，如图8-2所示。

在标准大气条件下，部分纤维的吸湿滞后值为：蚕丝为1.2%，羊毛为2.0%，粘胶纤维为1.8%～2.0%，棉为0.9%，锦纶为0.25%。吸湿能力大的纤维，吸湿滞后值也大。涤纶等吸湿性差的合成纤维，其吸湿等温线与放湿等温线基本重合。

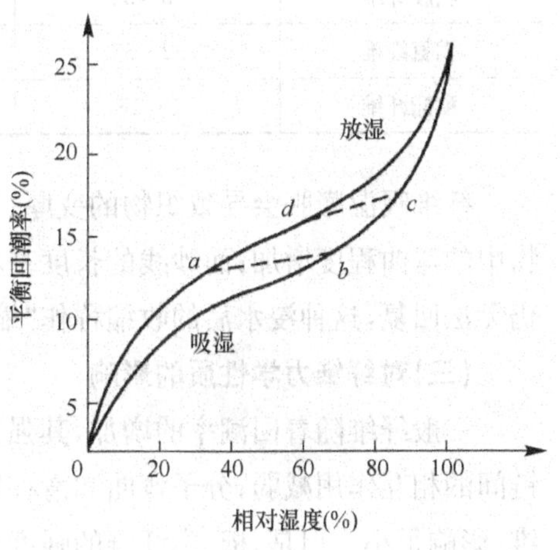

图8-2 纤维吸湿滞后圈示意图

由此可见，为了得到准确的回潮率指标，应避免试样历史条件不同而造成误差。除吸湿差的合成纤维之外，纤维试验需先在低湿、低温下（相对湿度5%～25%、温度45℃±2℃）预调湿，然后进行调湿平衡，以获得准确的回潮率指标。实际生产中，车间温湿度的调节，也要考虑这一因素，如果纤维处于放湿状态，车间的相对湿度应该调节得比规定值略低一些；反之，则相反，这样才能使纤维得到比较合适的平衡回潮率。

三、吸湿对纤维性质及加工的影响

（一）吸湿对纤维重量和密度的影响

纤维材料的重量随吸水量的多少而变化，纺织贸易中为了避免这种影响，采用公定重量进行交易。公定重量是纤维材料在公定回潮率下的重量，简称“公量”：

$$G_k = G_a \frac{1+W_k}{1+W_a} \tag{8-2}$$

式中：G_k——纤维材料的公定重量，g；

G_a——纤维材料的实测重量，g；

W_k——纤维材料的公定回潮率；

W_a——纤维材料的实际回潮率。

纤维的密度随回潮率的增加呈先增后降的特征，其原因是水分先进入纤维的空隙，纤维质量增加但体积没变，随后体积膨胀，水的密度小于纤维的密度，故密度下降。

（二）吸湿后纤维体积膨胀

纤维吸湿后体积膨胀，其中横向膨胀大而纵向膨胀小。纤维的膨胀值可用直径、宽度、截面和体积的增大率来表示。部分纤维在水中的膨胀性能见表8－2。

表8－2　部分纤维在水中的膨胀性能

纤　　维	直径增大率(%)	长度增大率(%)	截面增大率(%)	体积增大率(%)
棉	20～30	≈0	40～42	42～44
蚕丝	16.3～18.7	1.3～1.6	19	30～32
羊毛	15～17	≈0	25～26	36～41
粘胶纤维	25～52	3.7～4.8	50～114	74～127
铜氨纤维	32～53	2～6	56～62	68～107
醋酯纤维	9～14	0.1～0.3	6～8	—

纤维吸湿膨胀会导致织物的变厚、变硬并产生收缩。因为吸湿后纱线变粗，导致纱线在织物中的弯曲程度增加；而纱线的长度基本不变，致使织物收缩，而且即便织物干燥后，这种收缩仍无法回复，这种浸水后的收缩称作“缩水”。

（三）对纤维力学性质的影响

一般纤维随着回潮率的增加，其强力、模量、弹性和刚度下降，伸长增加。其原因是大分子链间的相互作用减弱，分子弯曲和滑移容易，故强力、模量下降，伸长增加。吸湿性差的合成纤维，影响很小。但是，棉、麻纤维的强度会因吸湿而上升。

（四）对纤维电学性能的影响

干燥纤维的电阻很大，是优良的绝缘体，但吸湿会使纤维的电阻下降。另外，纤维材料的吸湿会使纤维的介电常数变大，抗静电性能增强，给纺织加工和正常使用提供方便。

（五）对纤维热学性能的影响

纤维有吸湿放热现象，这是由于运动中的水分子被纤维大分子吸附时，水分子会将动能转化成热能而释放，这种放热会使温度上升。纤维吸湿放热量的多少可以用吸湿积分热和吸湿微分热来表示。纤维在给定回潮率下，吸着1g水放出的热量称为吸湿微分热，各种干燥纤维的吸湿微分热是差不多的。随着回潮率的增加，各种纤维的吸湿微分热会不同程度地减小。在一定的温度下，1g重的绝对干燥纤维从开始吸湿到完全润湿时所放出的总热量称为吸湿积分热。吸湿能力强的纤维，其吸湿积分热也大。部分干燥纤维的吸湿积分热见表8－3。

表 8-3　完全润湿热和吸湿微分热比较

纤维种类	吸湿积分热(J/g)	纤维种类	吸湿积分热(J/g)
棉	46.1	醋酯纤维	34.3
羊毛	112.6	锦纶	30.6
苎麻	46.5	涤纶	3.4
蚕丝	69.1	腈纶	7.1

第二节　纤维的热学、光学与电学性质

一、纤维的热学性质

纤维的热学性质是指纤维与热、温度相关联的热物理性质。本节主要讨论比热、导热系数、热作用时的纤维性状、耐热性与热稳定性，以及纤维的燃烧性质等。

(一)纺织纤维的比热与导热

1. 纤维的比热　纤维的比热(specific heat capacity)是指单位质量的纤维，温度升高(或降低)1℃所需要吸收(或放出)的热量。比热的单位是 J/(g·℃)，曾用单位 cal/(g·℃)。

纤维比热是反映纤维材料温度变化难易程度的指标。比热较大的纤维，纤维的温度变化相对困难。不同的纤维通常具有不同的比热值，部分干燥纺织纤维的比热见表 8-4。

表 8-4　常见干燥纺织纤维的比热表(测定温度为 20℃)　　单位:J/(g·℃)

纤维种类	比热值	纤维种类	比热值	纤维种类	比热值
棉	1.21～1.34	粘胶纤维	1.26～1.36	芳香聚酰胺纤维	1.21
羊毛	1.36	锦纶 6	1.84	醋酯纤维	1.46
桑蚕丝	1.38～1.39	锦纶 66	2.05	玻璃纤维	0.67
亚麻	1.34	涤纶	1.34	石棉	1.05
大麻	1.35	腈纶	1.51		
黄麻	1.36	丙纶(50℃)	1.80		

静止干空气的比热为 1.01 J/(g·℃)。水的比热为 4.18 J/(g·℃)，大约为一般干燥纺织纤维比热的 2～3 倍。

对涉及快速热加工的染整工艺，纤维的比热对制订工艺参数有一定影响，因为在供热量恒定的条件下，纤维比热不同，升温速度不同。

2. 纤维的导热　热的传递有热传导、热对流和热辐射三种方式，热传导是固体材料的主要传热形式。固体材料导热性能的大小用导热系数(thermal conductivity)表示，定义是当材料的厚度为 1m，两表面的温度差为 1℃时，1h 内通过截面 $1m^2$ 材料传导的热量千卡数，也称为传热系数、或热导率，用 λ 表示，单位是 W/(m·℃)。

纤维集合体是纤维、空气、水分共同构成的复合体，因此热传递的三种形式都有。但为表达简化与方便，将纤维集合体看成一个均匀介质的固体材料，也采用导热系数表示其导热性能。部分纺织纤维、静止空气及水的导热系数见表 8－5。

表 8－5　部分纺织纤维、静止空气及水的导热系数　　单位：W/(m・℃)

纤维制品	导热系数 λ
棉纤维	0.071～0.073
羊毛纤维	0.052～0.055
蚕丝纤维	0.05～0.055
粘胶纤维	0.055～0.071
涤纶	0.084
腈纶	0.051
锦纶	0.244～0.337
丙纶	0.221～0.302
氯纶	0.042
羽绒	0.024
静止干空气	0.026
纯水	0.697

一般测得的纺织材料的导热系数，是纤维、空气和水分这个混合体的导热系数。由表 8－5 可知，静止空气的导热系数最小，是最好的热绝缘体。因此，纺织材料的保温性主要取决于纤维中夹持的静止空气的数量，在空气不流动的情况下，纤维层中夹持的静止空气越多，纤维层的绝热性越好；水的导热系数是纺织材料导热系数十多倍，因此，纺织材料中的水分会极大地影响其保暖性。

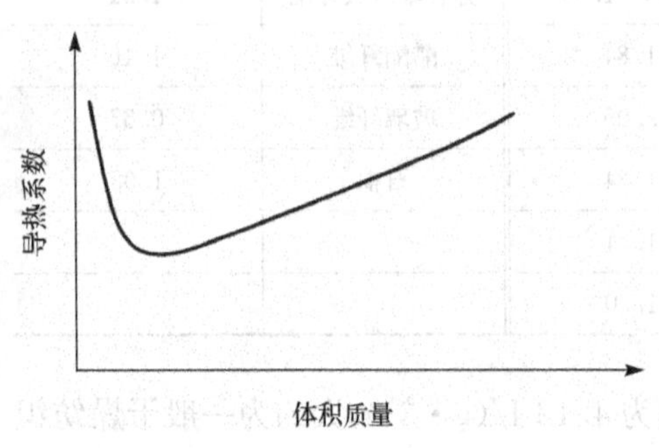

图 8－3　纤维层的导热系数与其体积质量的关系

空气发生流动，纤维层的保温性就大大下降。纤维层的导热系数与其体积质量的关系如图 8－3 所示。纤维层的体积质量在 0.03～0.06g/m^3 范围时，导热系数最小，即纤维层的保温性最好。如图 8－3 所示，在导热系数极小值的左边，纤维层的体积质量太小，纤维间的空隙太大，流动空气占主导，所以纤维层的体积质量越小，流动空气越多，纤维层的导热系数越大；在极小值的右边，纤维层的体积质量较大，静止空气占主导，所以纤维层的体积质量越大，静止空气越少，纤维层的导热系数越大。

(二)纺织纤维受热时的状态

根据纤维受热时的状态，可以将纤维分为两类：热塑性纤维(thermoplastic fiber)和非热塑性纤维(non-thermoplastic fiber)。热塑性纤维在受热以后，随着温度的提高将相继处于玻璃态、高弹态和黏流态三种物理状态，在三个不同的温度范围中，表现出完全不同的变形能力，比如锦纶、涤纶等合成纤维；非热塑性纤维在较高温度时不出现熔融而直接发生分解、炭化，比如棉、麻、毛、丝及再生纤维。热塑性纤维的温度与力学性能关系曲线如图 8-4 所示。

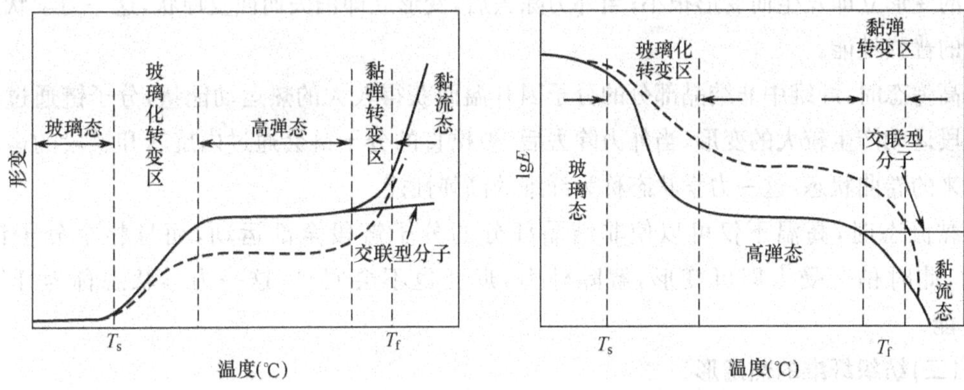

图 8-4 热塑性纤维的温度与力学性能关系曲线

由图 8-4 可知，热塑性纤维随着温度的提高将相继出现玻璃态、高弹态和黏流态三种物理状态，称作纺织纤维的热力学三态。随着态的转变，纤维的力学性质与物理性质发生显著变化。因此，将各态发生转变时的温度称为纤维的热转变点(thermal inversion point)。热塑性纤维的热转变点包括玻璃化温度、黏流温度(熔点)、软化温度和分解点。

玻璃化温度是指从玻璃态向高弹态转变的温度；黏流温度是指从高弹态向黏流态转变的温度，也称作熔点；软化温度是指在一定的压力及条件下，试样达到定变形时的温度；熔点是指高聚物内晶体完全消失时的温度；分解点是指纤维发生化学分解时的温度。部分纺织纤维的热转变点参考值见表 8-6。

表 8-6 部分纺织纤维的热转变点参考值 单位：℃

纤 维	玻璃化温度	软化点	熔 点	分解点	熨烫温度
棉	—	—	—	150	200
羊毛	—	—	—	135	180
蚕丝	—	—	—	150	160
麻	—	—	—	150	100
粘胶纤维	—	—	—	150	110
醋酯纤维	186	195～205	290～300	—	110
锦纶 6	47，65	180	215	—	125～145
锦纶 66	82	225	253	300	120～140
涤纶	80，67，90	235～240	256	—	160
腈纶	90	190～240	—	280～300	130～140
维纶	85	干：220～230 水：110	—	—	干：150
丙纶	-35	145～150	163～175	—	100～120
氯纶	82	90～100	200	—	30～40

玻璃态时，纤维中非结晶部分的分子热运动能量很低，不能激发链段的运动，处于所谓的被冻结的状态。这时给纤维有限的外力，非结晶部分的分子主链仅发生链长和键角的微小变化，相应的变形立即发生而变形很小；当外力除去后，变形立即消失而回复原状，这一力学状态称为纤维的普弹性能。

高弹态时，纤维中非结晶部分的分子因升温而获得较大的热运动能量，分子链通过内旋转和链段运动产生较大的变形，当外力除去后，被拉直的分子链会通过内旋转和链段的运动回复到原来的卷曲状态，这一力学状态称为纤维的高弹性能。

黏流态时，高温不仅可以使非结晶部分的分子链段全部运动，而且整个分子链产生运动，此时稍一受力即可变形，解除外力，形变也不会回复，这一力学状态称为纤维的可塑性能。

(三)纺织纤维的热定形

热定形是指材料借助热和外力作用得到所需稳定形状的加工过程。材料的热塑性(thermoplasticity)是热定形(thermosetting)加工的基础，热定形是热塑性材料成形的一种重要途径。所以，纺织纤维的热定形主要是针对热塑性纤维及制品而言。

热定形加工中的加热是为了弱化大分子间的联结，便于外力作用下大分子间联结的切断。

纤维的热定形一般采用高于玻璃化温度，低于熔融温度。主要是针对无定形区的大分子作用，使其分子链段产生内旋转运动，调整分子构象，并在新的位置上重建，达到分子间结构的稳定。当冷却后，这种结构被保留下来，并在温度不超过玻璃化温度时，仍保持这种定形的状态。

影响热定形效果的主要因素是温度、时间、张力和定形介质。热定形的温度要高于纤维的玻璃化温度，但低于软化点。温度太低，达不到热定形的目的；温度太高，会使纤维及其织物的颜色变黄、手感发硬、损伤纤维，损坏织物的风格。定形温度一般不允许超过软化点，这样会使纺丝成形中所得的稳定结构(结晶)消失，纤维的基本力学性能丧失。在一定范围内，温度较高时，热定形时间可以缩短，反之则需较长时间。但合适的定形时间能使分子充分调整，达到结构稳定及均匀化。

在热定形中，对纤维或其织物施加张力，不仅有利于纤维或其织物的舒展和平整，也有利于热定形效果的提高。对于轻薄织物，要求具有滑爽挺括风格，施加的相对张力应当大一些。厚而要求松软的织物，相对张力可小一些。

按热定形时所采用的热媒介质或加热方式可有干热空气定形、接触加热定形、水蒸气湿热定形和浴液(如水、甘油)定形等。

另外，也有对非热塑性纤维制品的热定形，如棉、麻织物的热定形和羊毛织物的湿热定形，这些热定形一般被认为是暂时性或半永久性热定形。

(四)热收缩与熔孔性

1. 热收缩(thermal shrinkage)　纤维的热收缩是指温度升高时纤维的收缩现象。纤维热收缩的程度用热收缩率表示，其定义为加热后纤维缩短的长度占纤维加热前长度的百分数。根据加热介质的不同，热收缩率分为沸水收缩率、热空气收缩率（180℃或 204℃ ）、饱和蒸汽收缩率（130℃）等。如维纶、锦纶的湿热收缩率大于干热收缩率。纤维受热时的温度越高，热收缩率越大；长丝与短纤维相比，一般长丝的热收缩率较大。

纤维热收缩的机理是温度升高时纤维内大分子间的作用力减弱，以致在内应力的作用下大分子回缩，或者由于伸直大分子间作用力的减弱，大分子克服分子间的束缚通过热运动而自动的弯曲缩短，形成卷曲构象，从而产生纤维收缩的现象。

纤维的热收缩是不可逆的，与可逆的"热胀冷缩"现象有本质的区别。由于内应力原因而产生的热收缩一般不会导致明显的纤维性能恶化，只是长度缩短，横截面有所增大；纤维中伸直的大分子因为受热而获得运动能量，克服分子间的作用力取得卷曲构象而产生的热收缩，不但使纤维形态丧失，而且使纤维的性能明显恶化。

纤维的热收缩是其他热变形的基础，对其成品的服用性能是有影响的，纤维的热收缩大时，织物的尺寸稳定性差；纤维的热收缩不匀时，织物会起皱不平。

2. 熔孔性　熔孔性是指织物接触到热体，在局部熔融、收缩、形成孔洞的性能，织物抵抗熔孔现象的性能称作抗熔孔性（melt resistance）。对于常用纤维中的涤纶、锦纶等热塑性合成纤维，在其织物接触到温度超过其熔点的火花或其他热体时，接触部位就会吸收热量而开始熔融，熔体随之向四周收缩，在织物上形成孔洞。天然纤维和再生纤维素纤维在受到热的作用时不软化、不熔融，在温度过高时会分解或燃烧。

影响织物熔孔的主要因素包括：热体的温度要高于纤维的熔点；热体要有足够的热量；热体与纤维的接触时间要足够长；相对湿度的提高会使纤维中的水分含量增加，形成孔洞将需要更多的热量。

织物抗熔孔性的测试方法有落球法和烫法。落球法是先把玻璃球或钢球加热到所需要的温度后，使之落在水平放置并具有一定张力的织物试样上，这时试样与热球接触的部位开始熔融，最后在试样上形成孔洞，球落下。可以用在试样上形成孔洞所需要的热球的最低温度，或用热球在织物试样上停留的时间来表示织物的抗熔孔性。烫法是使用加热到一定温度的热体（金属棒、纸烟）与织物试样接触，经过一定时间后，观察试样接触部分的熔融状态，进行评定。

研究表明，采用落球法，织物的抗熔孔性大约在 450℃以上就是良好的。涤纶和锦纶的抗熔孔性较差，腈纶织物优良，棉涤混纺和毛涤混纺后可大大提高涤纶的抗熔孔性。织物的重量与组织等对抗熔孔性也有影响，如在其他条件相同时，轻薄织物更容易出现熔孔。

（五）纺织纤维的耐热性与热稳定性

纺织纤维的耐热性（heat endurance）与热稳定性（heat steadiness）表达同一件事，纺织纤维受热时性能发生的变化，耐热性侧重经热作用后纤维力学性能的变化，热稳定性侧重纤维结构的变化。

纤维的耐热性有多种表达方法，一般采用纤维受不同温度作用一定时间后，纤维强度降低的程度，表 8－7 是部分纤维受热后的剩余强度。

表 8-7　常见纺织纤维受热后的剩余强度　　单位:%

纤　维	在 20℃未加热	在 100℃经过 20 天	在 100℃经过 80 天	在 130℃经过 20 天	在 130℃经过 80 天
棉	100	92	68	38	10
亚麻	100	70	41	24	12
苎麻	100	62	26	12	6
蚕丝	100	73	39	—	—
粘胶纤维	100	90	62	44	32
锦纶	100	82	43	21	13
涤纶	100	100	96	95	75
腈纶	100	100	100	91	55
玻璃纤维	100	100	100	100	100

纤维的热稳定性可以从纤维的化学组成、内部结构和形态特征三方面的变化分别进行考核。

(六)纺织纤维的阻燃性(non-flame property)

纤维的燃烧过程是纤维受热分解,产生可燃气体并与氧反应燃烧,所产生的热量反馈作用纤维导致进一步的裂解、燃烧和炭化,直至纤维全部烧尽和炭化。

表示纤维阻燃性能的定性指标大致可分为易燃、可燃、难燃和不燃四种,表 8-8 是部分纤维燃烧性能的分类。

表 8-8　部分纤维燃烧性能的分类

分　类	极限氧指数 LOI(%)	燃烧状态	纤维品种
不燃	≥35	常态环境及火源作用后短时间不燃烧	多数金属纤维、碳纤维、石棉、硼纤维、玻璃纤维及 PBO、PBI、PPS 纤维
难燃	26～34	接触火焰燃烧,离火自熄	芳纶、氟纶、氯纶、改性腈纶、改性涤纶、改性丙纶等
可燃	20～26	可点燃及续燃,但燃烧速度慢	涤纶、锦纶、维纶、羊毛、蚕丝、醋酯纤维等
易燃	≤20	易点燃,燃烧速度快	丙纶、腈纶、棉、麻、粘胶纤维等

表示纤维阻燃性能的定量指标包括极限氧指数 LOI、着火点温度 T_1、燃烧时间 θ、火焰温度 T_B等。

极限氧指数(LOI)是指试样在氧气和氮气的混合气中,维持完全燃烧状态所需的最低氧气体积分数。极限氧指数数值愈大,说明燃烧时所需氧气的浓度越高,常态下越难燃烧。空气中氧所占的比例接近20%，因此，从理论上讲只要极限氧指数大于21%，就有自灭作用，但考虑到空气对流等因素，极限氧指数大于27%，才能达到阻燃要求。

着火点温度(T_I)是指纤维产生燃烧所需的最低温度，也称点燃温度。该值取决于纤维的热降解温度和裂解可燃气体的点燃温度，其值愈高，纤维越不易被点燃。

燃烧时间(θ)是指纤维放入可燃环境(有氧、高温)中，观察纤维从放入到燃烧所需的时间。燃烧时间反映纤维被点燃的快慢程度，取决于纤维的导热系数λ、比热C、热降解速率、点燃温度。纤维的燃烧时间越短，越易被快速点燃。

燃烧温度(T_B)是指材料燃烧时的火焰区中的最高温度值，故又称火焰最高温度。燃烧温度反应纤维材料在燃烧中的反应速度及其热能的释放量。燃烧温度越高，说明纤维的燃烧性越强，而且对纤维进一步燃烧的正反馈作用越强，是表达材料着火后燃烧剧烈程度的指标。部分纺织纤维燃烧性指标见表8-9。

表8-9　主要纺织纤维的燃烧性比较

纤　维	T_I(℃)	T_B(℃)	LOI(%)
棉	400	860	20.1
粘胶纤维	420	850	19.7
醋酯纤维	475	960	18.6
三醋酯纤维	540	885	18.4
羊毛	600	941	25.2
锦纶6	530	875	20.1
锦纶66	532	—	—
涤纶	450	697	20.6
腈纶	560	855	18.2
丙纶	570	839	18.6
阻燃棉	370	710	26～30
Nomex	430	—	27～30
kynol	430；576	2500	29～30
杜勒特	—	—	35～38

二、纤维的光学性质

光线是某一特定波长的电磁波。光线照射在纤维上，会有反射与折射。反射光从反射部位看，有表面反射光和经折射后从纤维内部反射的内部反射；从反射光强分布看，有镜面反射光和漫反射光；从反射光波长看，有不同波长分布。对折射进入纤维的光线而言，纤维内部结构的各向异性会产生双折射；纤维内部结构的不均匀会产生散射；纤维内部对波长的选择吸收会改变内部反射光和透射光的波长分布；纤维内部对入射光的吸收会减弱内部反射光和透射光的强度。另外，光线的照射会对纤维造成破坏等。以上就是纤维光学性质所讨论的问题。

(一)纤维的反射光与光泽

当光线照射在纤维上，在纤维与空气的界面处将发生反射与折射现象。当光线入射普通圆形截面纤维时，光线的表面反射、折射、内表面反射和透射如图 8－5 所示。

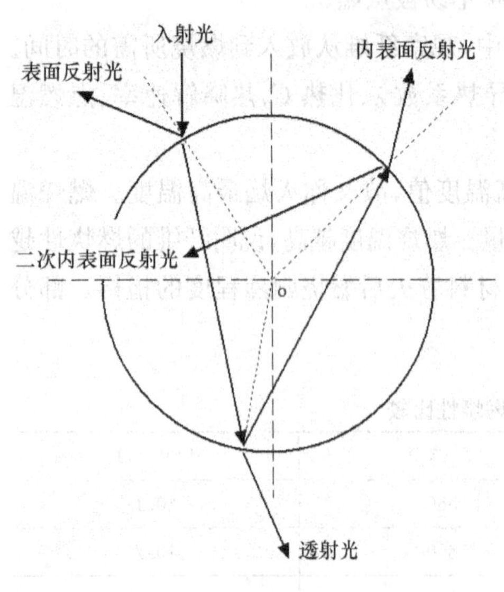

图 8－5　光线入射纤维的光路示意图

纤维的光泽(luster)是指纤维反射光强度的分布，方向性反射光越强、漫射光与散射光越弱，也就是纤维反射光强度的分布越不均匀，纤维的光泽越强。可见，纤维光泽与纤维的表面形态、截面形状和内部结构均匀性关系密切。

纤维的表面状态差异很大，有些纤维的表面很光滑，如天然纤维中的蚕丝，化纤长丝中的有光涤纶、锦纶等；而大部分纺织纤维的表面是不光滑的，如棉纤维表面的皱纹、沟槽和天然转曲，羊毛表面的鳞片和天然卷曲，多数湿法纺丝的化学纤维及加二氧化钛粉末制作的半光或无光化学纤维的凹凸不平等。纤维的表面状态会影响到镜面反射光的强弱，纤维表面光滑，镜面反射光就强，其光泽就强。

纤维的截面形状多种多样，天然纤维中除羊毛纤维为近似圆形外，多数纤维为非圆形截面；化学纤维的截面形状可以人为改变，其形状更是多种多样。不同截面形状的纤维，其光泽效应差异很大，其中 Y 形和三角形截面的纤维光泽最强，而且有“闪光”效果，因此，称这类纤维为“闪光纤维”。

如果纤维的截面有层状构造时，会在纤维内部各层形成多级内表面反射光，这些内表面反射光在纤维表面会形成柔和、均匀、有层次，类似珍珠的光泽，会提高纤维的光泽的质感。

光泽感的研究与服装面料视觉风格的研究有很大关系，相关研究者提出过光泽量与质的概念及许多测试方法与指标，但由于问题的复杂性，目前还没有实用性的研究结果。

(二)纤维的折射与双折射

各向异性物质，当光沿其不同方向传播时，光的传递速度会有差异，即折射率的大小与光的传播方向有关，这种现象称为双折射现象。表征双折射特征的指标为双折射率 Δn，是该物质的最大折射率和最小折射率之差。由于纤维是轴对称的各向异性体，故纤维的双折射定义为：

$$\Delta n = n_{\parallel} - n_{\perp} \qquad (8-3)$$

式中：$n_{\parallel}$——光波振动方向平行于纤维轴的平面偏振光传播时的折射率；

$n_{\perp}$——光波振动方向垂直于纤维轴的平面偏振光传播时的折射率。

常见纤维折射率、双折射和纤维密度见表 8－10。

表 8-10　常见纤维的折射率、双折射和纤维密度

（温度 20±2℃，相对湿度 65%±2%）

纤　维	密度（g/cm³）	n//	n⊥	n// — n⊥
丙纶	0.91	1.523	1.491	0.032
乙纶	0.95	1.552	1.507	0.045
锦纶 6	1.14～1.15	1.568	1.515	0.053
锦纶 66	1.14～1.15	1.570～1.580	1.520～1.530	0.040～0.060
腈纶	1.14～1.19	1.510～1.516	1.510～1.516	0.000～-0.005
维纶	1.26～1.30	1.547	1.522	0.025
羊毛	1.30～1.32	1.553～1.556	1.542～1.547	0.009～0.012
三醋酯纤维	1.30	1.474	1.479	—0.005
蚕丝	1.00～1.36	1.578～1.585	1.537～1.538	0.040～0.047
涤纶	1.38～1.39	1.725	1.537	0.188
氯纶	1.37～1.40	1.500～1.510	1.500～1.505	0.000～0.005
苎麻	1.54～1.55	1.595～1.599	1.527～1.540	0.057～0.058
粘胶纤维	1.52～1.53	1.539～1.550	1.514～1.523	0.018～0.036
棉	1.54～1.55	1.573～1.581	1.524～1.534	0.041～0.051
亚麻	1.54～1.55	1.594	1.532	0.062
玻璃纤维	2.54	1.547	1.547	0.000

由于纺织纤维的结构不完全均匀，在纤维之间或单一纤维的表层与内部都会存在差异，故纤维的折射率和双折射率也必然存在差异。

纤维双折射率的大小与纤维分子的取向程度和分子本身结构的不对称程度有关。纤维中大分子与纤维轴平行排列时，纤维双折射率最大，大分子完全紊乱排列时，双折射率为零。因此，可以用测定纤维双折射率大小的方法衡量和比较纤维分子取向度的高低。

纤维大分子本身结构的非线型、极性方向、多侧基和非伸直构象等，都会使双折射率减小。

（三）纤维的耐光性

纤维的光照损伤主要是短波长高能量的紫外线辐射所致，特别是在有氧环境下，将促使纤维氧化裂解，对纤维损伤较大。几种常用纤维日晒后强力损失程度如表 8-11 所示。

表 8-11　几种常用纤维日晒后强力损失程度

纤　维	日晒时间（h）	强力损失（%）	纤　维	日晒时间（h）	强力损失（%）
蚕丝	200	50	粘胶	900	50
棉	940	50	腈纶	800	10～25
羊毛	1120	50	锦纶	200	36
亚麻	1100	50	涤纶	600	60

三、纤维的电学性质

(一)纤维的导电性

纤维的导电性是指在电场作用下,电荷在纤维中定向移动而产生电流的特征。电流在纤维中的传导途径主要取决于电流的载体,例如对吸湿性好的纤维来说,由于有 H^+ 和 OH^- 离子,电流能进入纤维内部,因此体积传导是主要的;而对吸湿性差的合成纤维来说,由于纤维在后加工中的导电油剂主要分布在纤维的表面,因此表面传导是主要的。

反映纤维材料导电性质的物理量为纤维的比电阻(specific electric resistance),包括表面比电阻、体积比电阻和质量比电阻。

表面比电阻(ρ_s)是指电流通过宽度为 1cm、长度为 1cm 的材料表面时的电阻。单位是 Ω(欧姆)。

体积比电阻(ρ_v)是指电流通过截面积为 $1cm^2$、长度为 1cm 的材料内部时的电阻。单位是 Ω · cm(欧姆 · 厘米)。

质量比电阻(ρ_m)是指电流通过长度为 1cm,重 1g 的纤维束时的电阻。单位是 Ω · g/cm²(Ω · g/cm²)。

表面比电阻表示纤维表面的导电性能;体积比电阻与质量比电阻表示纤维整体的导电性能;质量比电阻测量比较方便,质量比电阻与体积比电阻的关系为:

$$\rho_m = \rho_v \gamma \tag{8-4}$$

式中:γ——纤维的堆砌密度,g/cm³。

影响纤维比电阻的因素有内部和外部两方面,内部因素指纤维的内部结构,外部因素主要指外界大气条件、纤维的附着物和测量方法等。

吸湿对纤维比电阻的影响很大,干燥的纺织纤维导电性能极差,由相对湿度引起的纺织纤维比电阻的变化可达 4~6 个数量级。对于大多数吸湿性好的纺织纤维来说,当空气相对湿度在 30%~90%范围内时,纺织纤维的含水率和质量比电阻之间近似存在以下关系:

$$\rho_m M^n = K \tag{8-5}$$

式中:ρ_m——质量比电阻;

M——纤维的含水率(纤维含水量占纤维湿重的百分率);

n 和 K——系数,与纤维品种有关(见表 8 - 12)。

纤维质量比电阻 ($\lg\rho_m$)与空气相对湿度(RH)之间的关系如图 8 - 6 所示。

纤维的比电阻随温度升高而降低。一般认为,这是因为温度升高以后,纤维和杂质等电离的电荷数增多,纤维的体积增大,故比电阻下降。

纤维上的附着物,特别是附着具有吸湿能力和具有导电能力的杂质,如棉纤维的果胶、杂质、羊毛的脂汗、蚕丝的丝胶等,都会降低纤维的比电阻。在化学纤维中,特别是对于吸湿性差、比电阻高的合成纤维,抗静电剂能大大降低纤维的比电阻。

测试纤维比电阻所采用的电压高低、测定时间长短和使用的电极材料等,对纤维比电阻的测定有一定影响。

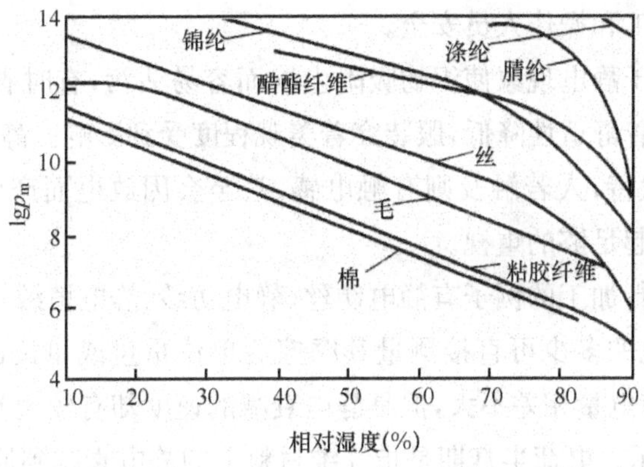

图 8-6　纤维质量比电阻与相对湿度关系

内部因素中，由非极性分子组成的纤维(如丙纶等)导电性能较差；聚合度、结晶度大，取向度小的纤维，比电阻大。

纺织纤维是电绝缘体，质量比电阻很大。部分纺织纤维的质量比电阻见表 8-12。

表 8-12　纺织纤维的质量比电阻　　单位：Ω·g/cm²

纤维种类	$\lg\rho_m$(RH 65%)	n	$\lg K$
棉	6.8	11.4	16.6
苎麻	7.5	12.3	18.6
蚕丝	9.8	17.6	26.6
羊毛	8.4	15.8	26.2
粘胶纤维	7.0	11.6	19.6
锦纶	9～12		
醋酯纤维	11.7	10.6	20.1
腈纶	8.7		
腈纶(去油)	14		
涤纶	8.0		
涤纶(去油)	14		

(二)纤维的静电

两种电性不同的物体相互接触和摩擦时，会发生电子转移而使一个物体带正电荷，另一个物体带负电荷。金属是电的良导体，电荷极易漏导，所以静电荷不会积累。纺织纤维的比电阻很高，特别是吸湿能力差的合成纤维，因此，纤维在纺织加工和使用过程中相互摩擦或与其他材料摩擦时产生的静电荷不易散逸而积累(漏导的速度小于产生电荷的速度)，造成静电现象(static electrical phenomenon)。

纤维材料在加工中若产生静电将引起绕胶辊或罗拉，引起纱条和丝束分离不清，织机织造时开口不清，卷装成形不良，飞花和灰尘积聚，棉网成网不良以及放电等。其结果造成产品质量不良，甚至危害生产加工和操作人员安全。

在服用过程中，由于静电现象使织物吸附尘埃而容易沾污，有时衣服与衣服或衣服与人体之间会吸附，使人体穿着舒适性降低，服装穿着美观程度受到影响。静电现象严重时，静电压可以高达几千乃至几万伏特，人若触及则有触电感，甚至会因放电而产生电火花，引起火灾。因此，必须对静电现象引起足够的重视。

相反，利用静电进行加工的例子有静电纺丝、静电纺纱、静电植绒等。

纺织纤维所带静电的多少可直接测量其摩擦后单位重量或单位面积的带电量或静电压。通常各种纤维的最大带电量相差不大，但是静电衰减的速度却有较大差异。静电衰减的速度可用电荷半衰期($t_{1/2}$)表示。电荷半衰期是指纤维材料上的静电衰减到原始数值的一半所需要的时间。半衰期的长短主要取决于纤维材料的表面比电阻。一些织物表面比电阻与电荷半衰期的关系见表 8－13。

表 8－13　部分织物表面比电阻与电荷半衰期的关系

织物表面比电阻 ρ_s(Ω)	2×10^{10}	2×10^{12}	2×10^{14}	2×10^{16}
电荷半衰期 $t_{1/2}$(s)	0.01	1.0	100	10000

一般纺织纤维质量比电阻的对数值在 7 以下为好，否则应该采取防静电措施，9 以上必须采取防静电措施。

消除纤维静电现象的主要措施有适当提高空气的相对湿度、使用抗静电剂、采用不同纤维混纺、增加纤维导电性或采用导电纤维、加工机械的接地与尖端放电等。

思考题

1. 推导下列关系式：

$$G_k = G_a \frac{1+W_k}{1+W_a}$$

2. 吸湿等温线应如何测量，为什么？

3. 分析纤维层的导热系数与其体积质量的关系。

4. 某纺织纤维的极限氧指数为 28%，遇火时燃烧状态如何？

5. 日常生活中服装如何消除静电？

6. 已知涤/棉混纺纱的干重混纺比为 65∶35，求投料时的湿重混纺比(实际回潮率：涤为 0.2%，棉为 7.5%)。

第九章　纱线的分类、结构与规格

本章知识点

1. 纱线的分类。
2. 纱线的结构及常用纱线的规格。

第一节　纱线的分类

纱线是织布的基本材料，主要有两类：一类是用短纤维经纺纱得到的纱线，如用棉纤维纺得的棉纱；另一类是不用纺纱，可以直接用来织布的长丝，如桑蚕丝。

一、短纤维纱

短纤维纱线是由短纤维经纺纱加工形成，具有一定的力学性质、细度和柔软性的连续细长条。

（一）按纱线的结构外形分

1. ***单纱***　单纱是指由短纤维经纺纱工艺过程的拉细加捻形成的，单根的连续细长条。

2. ***股线***　股线是指由两根及以上单纱合并加捻而形成的线。双股线是指两根单纱捻合在一起；复捻股线是指股线捻合在一起。

3. ***花式线***　用特殊工艺制成的，具有特种外观形态与色彩的纱线称为花式线，包括花色线和花饰线。

4. ***长丝短纤维组合纱***　长丝短纤维组合纱是指由短纤维和长丝采用特殊方法纺制的纱，如包芯纱、包缠纱等。包芯纱是以长丝或短纤维纱为纱芯，外包其他纤维或纱线而形成的纱线。

（二）按组成纱线的纤维种类分

1. ***纯纺纱***　纯纺纱是指用一种纤维纺成的纱线。

2. ***混纺纱***　混纺纱是指用两种或两种以上纤维混合纺成的纱线。混纺纱线的命名规则为：原料混纺比不同时，比例大的在前；比例相同时，则按天然纤维、合成纤维、再生纤维顺序排列。

3. ***交捻纱***　交捻纱是指由两种或两种以上不同纤维原料或不同色彩的单纱捻合而成的纱线。

(三)按组成纱线的纤维长度分

1. **棉型纱** 棉型纱是指由原棉或棉型纤维在棉纺设备上纯纺或混纺加工而成的纱。

2. **中长纤维型纱** 中长纤维型纱是指中长型纤维在棉纺或专用设备上加工而成的、具有一定毛型感的纱。

3. **毛型纱** 毛型纱是指由毛纤维或毛型纤维在毛纺设备上纯纺或混纺加工而成的纱。

(四)按花色(染整加工)分

1. **原色纱** 原色纱是指未经任何染整加工而具有纤维原来颜色的纱线。

2. **漂白纱** 漂白纱是指经漂白加工,颜色较白的纱线。通常指的是棉纱线和麻纱线。

3. **染色纱** 染色纱是指经染色加工,具有各种颜色的纱线。

4. **色纺纱** 色纺纱是指有色纤维纺成的纱线。

5. **烧毛纱** 烧毛纱是指经烧毛加工,表面较光洁的纱线。

6. **丝光纱** 即经丝光加工的纱线,有丝光棉纱和丝光毛纱等。将棉纱线在一定浓度的碱液中处理,使纱线具有丝一般的光泽和较高的强力,即形成丝光棉纱;将毛纱中纤维的鳞片去除,即成为丝光毛纱。丝光纱线柔软,对皮肤无刺激。

(五)按纺纱工艺分

1. **精梳纱** 经过精梳工程纺得的纱线称为精梳纱。与普梳纱相比,精梳纱用料较好,纱线中纤维伸直平行,纱线品质优良,纱线的细度较细。

2. **粗梳纱** 经过一般的纺纱工程纺得的纱线称为粗梳纱,也叫普梳纱,棉纺和毛纺稍有区别。

3. **废纺纱** 用较差的原料经粗梳纱的加工工艺纺得的品质较差的纱线,称为废纺纱。通常纱线较粗,杂质较多。

(六)按纱线线密度分

棉型纱线按线密度分为粗特纱、中特纱、细特纱和超细特纱。

1. **粗特纱** 粗特纱是指线密度为32tex以上的纱线。

2. **中特纱** 中特纱是指线密度为21~31tex的纱线。

3. **细特纱** 细特纱是指线密度为11~20tex的纱线。

4. **超细特纱** 超细特纱是指线密度为:10tex及以下的纱线。

二、长丝纱

(一)按长丝的结构外形分

1. **单丝** 单丝是指长度很长的连续单根丝。

2. **复丝** 复丝是指两根及以上的单丝并合在一起的丝束。

3. **捻丝** 捻丝是指由复丝经加捻而形成的丝束。

4. **复合捻丝** 捻丝经过一次或多次并合、加捻即成复合捻丝。

5. **变形丝** 变形丝是指化纤原丝经过变形加工使之具有卷曲、螺旋、环圈等外观特性的长丝,典型的有弹力丝和膨体纱。

(二)按涤纶长丝的纺丝工艺分

1. 初生丝　初生丝是指长丝的半成品,主要用于后加工生产,又可进一步分为未拉伸丝(UDY)、半预取向丝(MOY)、预取向丝(POY)和高取向丝(HOY)。

2. 拉伸丝　拉伸丝是指经过拉伸加工的长丝,又可进一步分为拉伸丝(DY)和全拉伸丝(FDY)。

3. 变形丝　变形丝是指经过变形加工的长丝,又可进一步分为常规变形丝(TY)、拉伸变形丝 (DTY)和空气变形丝 (ATY)等。

另外,长丝也可以按组成长丝的纤维种类分为普通长丝和由两种及以上长丝混并纺制成的混纤丝,按纤维的光泽分为大有光、有光和消光;按长丝线密度分类,按颜色分类等。

第二节　纱线的结构

纱线的结构与纺纱原料及方法有密切关系,根据已有的纺纱体系这里分为三个方面进行介绍。

一、短纤维纱线的结构

(一)环锭纱

传统的纺纱方法,技术成熟。环锭纱旋转器件为锭子,受到机构的限制,速度和效率较低。最大转速为 25000r/min,最大纺纱速度为 40m/min,可纺纱细度为 2.9～194.3tex(3～200 英支)。纱线中纤维呈圆锥形螺旋线,纱线结构紧密、表面光滑、细度不匀率高,强度高、伸长小、不耐磨,染色性差。图 9－1 是环锭纱纺纱方法示意图。

(二)气流纺纱(转杯纺)

转器件为转杯,最大转速为 130000r/min,最大纺纱速度为 179m/min。可纺纱细度为 19.4～116.6tex(5～30 英支)。纱线中纤维呈分层排列的圆柱形螺旋线。由于加捻区的纤维缺乏积极握持,呈松散状,纤维所受的张力小,伸直度差,纤维内外转移程度低。纱的结构分纱芯与外包纤维两部分,外包纤维结构松散,无规则地缠绕在纱芯外面。纱芯结构紧密,近似环锭纱,因此它和环锭纱相比,结构比较蓬松,外观较丰满,条干均匀,耐磨性较优,吸色性好,但强度较低。图 9－2 是转杯纺纱方法示意图。

(三)喷气纺纱

喷气纺纱的旋转器件为高速喷射涡流,最大转速为 200000～300000r/min,最大纺纱速度为 250m/min,可纺纱细度为 7.3～39tex(15～80 英支)。成纱结构分纱芯与外包纤维,纱芯几乎无捻,外包纤维随机包缠,纱较疏松,手感粗糙,强度较低。图 9－3 是喷气纺纱方法示意图。

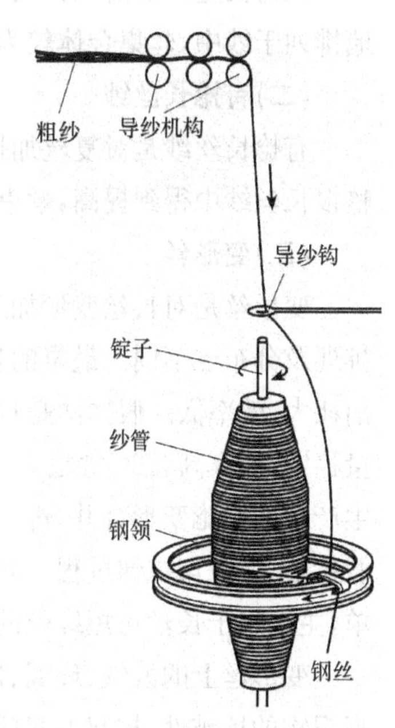

图 9－1　环锭纺纱方法示意图

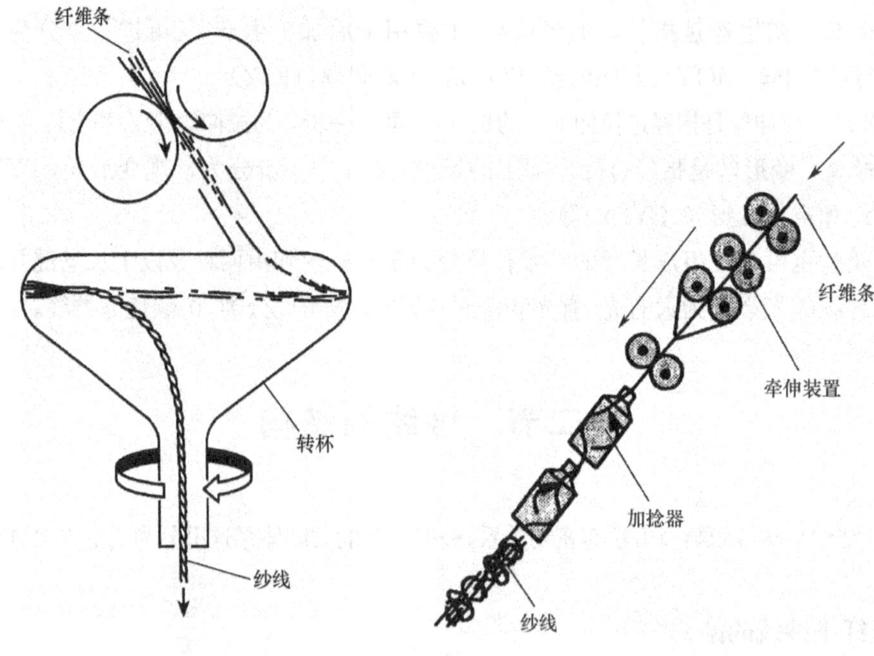

图 9-2　转杯纺纱方法示意图　　　　图 9-3　喷气纺纱方法示意图

二、长丝纱的结构

(一)无捻长丝纱

无捻长丝纱是由几根或几百根长丝组成。在无捻长丝纱中,各根长丝受力均匀,平行顺直地排列于纱中,丝集合体较为柔软,但横向结构极不稳定,易于钩丝、分离。

(二)有捻长丝纱

有捻长丝纱是对复丝加捻而得。加捻作用可使丝束纵、横向都较稳定,纤维各向均匀性在整根长丝纱中得到提高,丝束集合体较为硬挺。

(三)变形丝

变形丝是对长丝变形加工而得。因其加工方法不同,变形丝的卷曲形态、长丝的堆砌密度、排列及分布也不同。最早的长丝变形加工方法是加捻—热定型—解捻法。这种方法三步分开,消耗大、效率低。假捻法是将加捻—热定型—解捻三个过程在同一台设备上一次完成,简单、质量稳定、效率高。20 世纪 70 年代又实现了拉伸假捻法,即将长丝生产中的拉伸加捻与弹力丝生产中的假捻变形合并,进一步降低了生产成本,目前是最主要的加工方法。填塞箱法仅次于假捻法,一般与拉伸过程一起进行,速度高,主要生产地毯纱等粗特变形纱。空气喷射法设备简单,主要用于长丝仿短纤丝的加工。

变形丝上的波纹、环圈、螺旋和皱曲使其具有良好的蓬松性,外观丰满,织物保暖性好;可提高织物的抗皱性、抗起毛起球性、保形性、耐用性、覆盖性和含湿量;可使织物有良好的挠曲性、延伸性。图 9-4 是部分变形纱加工方法与纱线结构示意图。

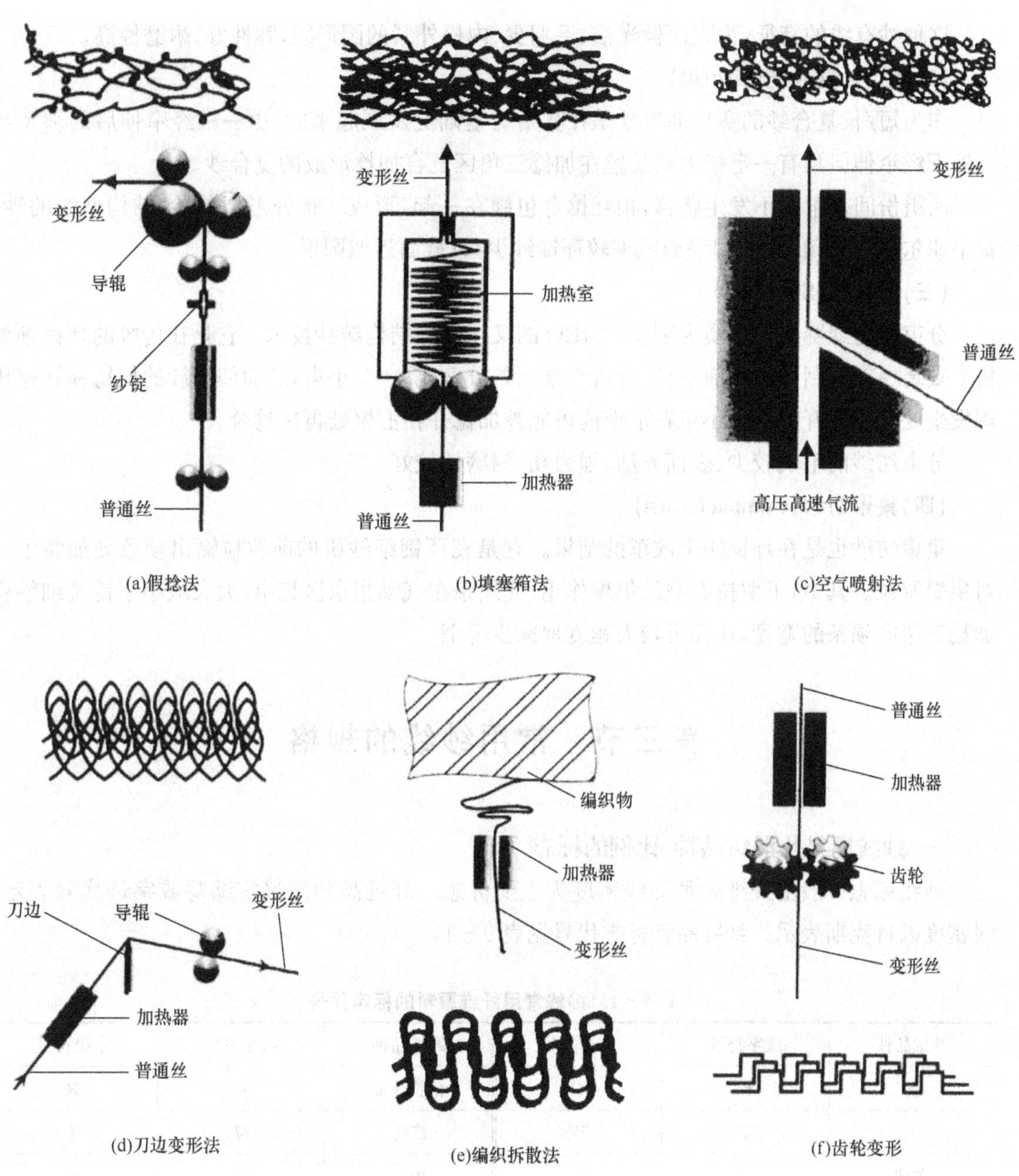

(a)假捻法　(b)填塞箱法　(c)空气喷射法

(d)刀边变形法　(e)编织拆散法　(f)齿轮变形

图 9-4　部分变形纱加工方法与纱线结构示意图

三、复合纱结构

(一)赛络纺(Sirospun)

赛络纺是由澳大利亚联邦科学与工业研究所(CSIRO)在 1975～1976 年发明的,是一种集纺纱、并线、捻线为一体的新型纺纱方法。其原理是将 2 根粗纱以一定间距平行引入细纱机牵伸区内,同时牵伸,并在集束三角区内汇合加捻形成单纱,须条和纱均有同向捻度。

这种纱有线的特征，为表面较光洁、毛羽少、内松外紧的圆形纱，弹性好、耐磨性高。

（二）短/长复合纺（Sirofill）

作为短/长复合纱的赛络菲尔纱是在赛络纺基础上发展起来的，由一根经牵伸后的须条与一根不经牵伸但具有一定张力的复丝在加捻三角区复合加捻形成的复合纱。

两组份间基本上不发生转移，相互捻合包缠在一起，形成一种外形似单纱，结构似线的纱。赛络菲尔纱（sirofill yarn）表面毛羽较环锭纱少，且截面近似圆形。

（三）分束纺（Solospun）

分束纺是继赛络纺后澳大利亚 CSIRO 的又一新型结构纺纱技术。它是在传统的环锭细纱机上安装一对特制的沟槽前罗拉，可将纤维须条分劈成 3～5 小束，从而使纺纱的加捻和转移机理发生变化。分开的纤维小束在汇聚前可能被加捻并在汇聚处再次捻合。

分束纺纱的毛羽较少、表面光洁，强力高、耐磨性较好。

（四）集聚纺纱（Compact yarn）

集聚纺纱也是在环锭纺上改革的结果。它是在环锭细纱机的前罗拉输出须条处加装了一对集聚罗拉。其中，下罗拉有吸风集聚作用，使须条在气动集束区集束，大大减小了传统细纱机加捻三角区须条的宽度，从而可较大程度地减少毛羽。

第三节　常用纱线的规格

一、纱线原料及混纺品种、比例的标志

纱线标志一般由纤维品种和线密度为主要标志。纤维品种用汉字缩写或字母代号表示。线密度以特克斯表示。纤维品种标志代号见表 9－1。

表 9－1　纱线常用纤维原料的标志代号

纤维品种	汉字符号	字母符号	纤维品种	汉字符号	字母符号
棉	棉	C	粘胶纤维	粘	R
毛	毛	W	涤纶	涤	T
羊绒	绒	C_a	锦纶	锦	P
苎麻	苎	R_a	维纶	维	V
亚麻	亚	L	腈纶	腈	PAN
黄麻	黄	J	丙纶	丙	PP
汉（大）麻	汉	H			

混纺纱线中纤维原料混纺比用斜杠分开，含量高者在前，含量低者在后。如涤纶 65％、棉 35 ％混纺纱为涤/棉（65/35）或 T/C（ 65/35）；涤纶 50％、棉 35 ％、粘胶纤维 15％为涤/棉/粘（50/35/15）或 T/C/R（50/35/15）。

二、棉型纱线的主要品种、规格和用途

棉型纱线按照粗细或线密度被分为粗特纱、中特纱、细特纱、特细特纱、超细特纱五类。

粗特纱适用于制织粗厚织物或起绒、起圈的棉型织物，如粗布、绒布、棉毯等。中特纱适用于中厚织物，如平布、斜纹布、贡锻等织物。细特纱适用于细薄织物，如细布、府绸、针织汗布、T恤衫面料、棉毛布(针织内衣面料)等。特细特纱适用于高档精细面料，如高档衬衫用的细特府绸等。特细特纱又称超细特纱，是 5 tex 以下(英制 120 英支及以上)的纱线，用于特精细面料。

普梳棉纱一般可纺纱特数为 14tex 以上的棉纱。普梳棉型纱的主要规格及用途见表 9－2。精梳棉型纱的主要规格及用途见表 9－3。普梳棉纱的标志符号用棉的代号 C 后加线密度(特克斯数或公制支数或英制支数)。精梳棉纱的标志符号用棉的代号 C 后加精梳代号 J 再续线密度，如精梳棉纱 14tex 记为 CJ14。

表 9－2　普梳棉型纱的主要规格及用途

用　途		线密度[tex(英支)]
针织用纱		98.4(6)、59.1(10)、28.1(21)、18.5(32)、15.5(38)、14.1(42)
机织用纱	毛巾被单用纱	42.2(14)、36.9(16)、32.8(18)
	中平布、纱卡、哔叽用纱	29.5(20)、24.6(24)
	细平布、床品用纱	18.5(32)
	纱府绸、手帕、麻纱、线卡、华达呢用纱	14.8(40)
	巴里纱用纱	10.0～14.8(40～59)
工业用纱	橡胶帆布用纱	29.5(20)、28.1(21)、59.0(10)多股
	造纸帆布用纱	28.1(21)

表 9－3　精梳棉型纱的主要规格及用途

用　途		线密度[tex(英支)]
针织用纱		J18.5(J32)、J 14.8(J 40)、J 12.8 (J 46)、J 9.8 (J 60)、J 7.0×2 (J84/2)、J 5.9×2 (J100/2)
高档卡其、细纺或府绸用纱		J1.9(J300)、J 2.4(J250)、J3.0 (J 200)、J 3.9 (J 150)、J 4.9 (J120)、J 5.9 (J100) 、J 7.4 (J80)、J 9.8 (J 60)、J 14.8 (J40)
羽绒布用纱		J 7.4×2 (J80/2)、J 5.9 ×2 (J100/2) 、J 4.9×2 (J120/2)、J 3.9×2 (J 150/2)
缝线及编结线	绣花线及编结线	J 98.4 (J6)、J 29.5 ×2×2 (J20/2×2) 、J 14.1×4 (J42/4) 、J 29.5×2 (J 20/2) 、J 65.6 (J9) 、J 11.8×4 (J50/4)
	缝线	J 14.8×3 (J40/3)、J 11.8×3 (J50/3) 、J 9.8×3 (J60/3)、J 7.4×3 (J80/3)

续表

用途		线密度[tex(英支)]
工业用纱	印刷胶版布用纱	J 24.6 (J24)、J 24.6×2 (J24/2)、J 16.4×2 (J36/2)、J 16.4×4 (J36/4)
	打字带用纱	经:J 7.7 (J77)、纬:J 6.2 (J95)
	导带用纱	J 10.5×4 (J56/4)
手帕用纱		J 11.8 (J50)、J 9.8 (J60)、J 7.4×2 (J80/2)

三、毛型纱线的主要品种、规格和用途

按照纺纱加工系统,毛型纱线分为精梳毛纱、粗梳毛纱、半精梳毛纱三种。

精梳毛纱是采用精梳毛纺生产线制成毛条再纺成纱线,使用细绵羊毛或超细绵羊毛及相应化学纤维生产细密高档毛织物。在纱线中纤维排列较为平直,抱合紧密,条干均匀度和纱线强度较高,产品外观较为光洁,线密度较小,弹性好,其织物称为精纺毛织品。精梳毛纱的规格一般在 5.5～28 tex (36～180 公支),并以股线居多,近年在向低线密度(高支)方向发展。

粗梳毛纱采用粗梳毛纺生产线纺成,其中短纤维多、纤维排列不太整齐、绒毛较多、线密度大而不太光滑,条干均匀度和强度不及精梳毛纱。粗梳毛纱的织物一般较厚重,称为粗纺毛织物。粗梳毛纱的一般规格为 50～250tex (4～20 公支)。

半精梳毛纱的加工工艺比精梳纱简单,比粗梳纱精细,以细绵羊毛及相应化学纤维生产线密度较小的毛纱,工艺流程缩短、成本降低,其产品性状介于精梳和粗梳之间。近年也用棉型纤维、中长纤维纺制半精纺毛纱,所以产品风格多变。半精梳毛纱其线密度一般在 10～33 tex (30～100 公支)之间。

针织用的毛型纱线叫绒线。其捻度较低,结构蓬松、手感柔软而有弹性,具有较好的保暖性和舒适贴身性,一般用于织制绒线衫、羊毛衫以及围巾、手套等。绒线按用途不同可分为供手工编结的手编绒线和供针织机编结的针织绒线两大类,具体规格特征见表 9-4。

表 9-4 针织绒线规格

大类	结构特征	小类	线密度[tex(公支)]
手编绒线	三股或多股合捻的绞绒和团绒	粗绒线	400 以上(2.5 以下)
		细绒线	142.9～333.3(7～63)
针织绒线	单股、双股、多股		33.3～125(8～30),多为 50～100(10～20)

四、化纤长丝主要品种、规格和用途

化纤长丝的主要品种是涤纶、锦纶、氨纶、粘胶丝长丝等。氨纶长丝、涤纶和锦纶绞边丝及锦纶钓鱼线一般有单丝,其他长丝都是复丝。

化纤长丝的规格用总线密度和组成复丝的单丝根数组合表征,如 165dtex/30f 表示复丝总

线密度为165dtex，单丝根数为30根。化纤长丝的总线密度和复丝根数都是标准化的系列数值，参见表9-5。

表9-5　化纤长丝总线密度和复丝根数标准系列

线密度(dtex)	22.2、33.3、44.4、55.6、75、83.3、111.1、133.3、116.7、222.2等
复丝根数	2、3、12、24、36、48、72、96、144、196、248等

机织、针织面料用的绝大多数合成纤维、再生纤维长丝都按表9-5中规格生产，锦纶高弹丝有复丝根数为3的高档品种，主要用于透明女袜。另外，再生纤维一般只有牵伸丝，而热塑性的涤纶和锦纶等合纤长丝一般都有牵伸丝(full draw yarn ，FDY)和弹力丝(draw textured yarn ,DTY)两大系列，国内只有极少部分化纤长丝有空气变形丝(air textured yarn ，AMY)品种。

思考题

1. 比较纱与线。
2. 比较混纺与交捻纱。
3. 解释FDY、DTY、AMY。
4. sirofill、sirospun、solospun的主要区别？

第十章　纱线的细度不匀和加捻

本章知识点

1. 纱线的细度和细度不匀。
2. 纱线的加捻及对纱线性能影响。

纱线的结构特征包括纱线的细度和细度不匀、加捻特征、纱线表面的毛羽、捻缩、纤维在纱线中的形态及分布特征，以及内部蓬松性等。纱线的结构特征决定着纱线的外观和性质。在纱线的众多结构特征中，无疑纱线的细度不匀和加捻特征是最重要的。

第一节　纱线的细度和细度不匀

一、纱线的细度

纱线的细度也称作线密度，是描写纱线粗细程度的指标，决定着织物的品种、规格、风格和用途等。这里主要介绍纱线细度的表示方法。

(一)纱线的间接细度指标

由于纱线截面形状不规则和容易变形，短纤纱的毛羽较多使纱的边界不清，加上几何形态的测量繁琐不便，通常采用与纱线粗细相关的物理量，也就是间接细度指标来表示纱线粗细。

间接细度指标的基本内容和计算公式在第一章中已有介绍，这里继续介绍与纱线有关的内容。

纱线的间接细度指标也分为定长制的线密度(tex)、纤度(旦)和定重制的公制支数(公支)和英制支数(英支)。

1. 线密度　线密度的单位为特克斯(tex)，是法定的纱线细度指标，是指纱线长度 1000m 时的公定重量。我国的棉纱线、棉型化纤纱线、中长化纤纱线等多采用线密度表示，习惯简称特。

纱线间接细度指标的测量用测长称重法，即在纱框测长器上摇出规定长度的绞纱试样、烘干绞纱试样后称重、根据纱线所用纤维计算绞纱试样的公定重量，最后可根据第一章中介绍的定义式计算出纱线的间接细度指标。

公定重量是纱线公定回潮率下的重量。各种纯纺纱的公定回潮率与所用纤维相同，可以参考本书第二十章表 20－4。表 10－1 是部分常用混纺纱的公定回潮率。

混纺纱线的公定回潮率按各组分的纱线公定回潮率和混纺比的加权平均来计算，四舍五入取一位小数，见式(10－1)。

$$W = \sum_{i}^{n} \alpha_i W_i \tag{10-1}$$

式中：W——混纺纱线的公定回潮率；

W_i——各组分的纱线公定回潮率；

a_i——混纺纱线各组分的干重比，如 65/35 涤棉纱的涤干重比为 35，棉为 35；

i——混纺纤维数，$i=1,2,\cdots$。

表 10－1　部分常用混纺纱的公定回潮率

纱线名称	公定回潮率(%)	纱线名称	公定回潮率(%)
65/35 涤棉纱	3.2	50/50 维棉纱	6.8
50/50 涤棉纱	4.5	50/50 腈棉纱	5.3
65/35 涤粘纱	4.8	50/50 丙棉纱	4.3
50/50 涤粘纱	6.7	精梳毛纱	16.0
50/50 涤腈纱	1.2	粗梳毛纱	15.0

单纱线密度的表示，如 14tex 是指 14 特单纱；股线线密度表示，如 14tex×2 或 14×2 是指 14 特单纱双股线；复捻股线线密度表示，如 14tex×2×3 或 14×2×3 是指 14 特单纱双股初捻 3 股复捻。不同线密度的纱合股，其线密度的表示以单纱线密度相加来表示，如 18tex＋16tex 或 18＋16。

2. 纤度　纤度的单位为旦尼尔或旦，是指纱线长度 9000m 时的公定重量。长丝纱的粗细指标习惯采用纤度。

复丝纤度的表达，如 150 旦/48f 是指复丝纤度为 150 旦，由 48 单丝组成。

3. 公制支数　公制支数也称公支，是指公定重量 1g 的纱线的长度米数。毛纱和毛型化纤纱习惯沿用公制支数来表示细度。

单纱公制支数的表示，如 48 公支是指 48 公制支数单纱；合股纱线公制支数的表示，若组成股线的单纱支数相同，如 48/2 是指 48 公支单纱组成的双股线；若组成股线的单纱支数不同，如 24/48 是指 24 公支单纱和 48 公支单纱组成的双股线。

股线公制支数的计算：组成股线的单纱支数相同，则以单纱的公制支数除以合股数；若组成股线的单纱支数不同，股线的公制支数的计算(不计捻缩)则按以下公式计算：

$$N = \frac{1}{\frac{1}{N_1} + \frac{1}{N_2} + \cdots + \frac{1}{N_n}} \tag{10-2}$$

式中：N——股线公制支数；

N_1, N_2, N_n——单纱的公制支数。

4. 英制支数 英制支数也称英支、支或在数字后跟上标S来表示(如32^s),是指英制公定回潮率时,1磅重的纱线所具有的某标准长度的倍数。纱线的种类不同,该标准长度也不同。棉、棉型化纤纱和棉型混纺纱的标准长度为840码,精梳毛纱为560码,粗梳毛纱为256码,麻纱为300码。英制支数是我国计量棉纱线及棉型纱线细度的惯用指标。

英制公定重量是指英制公定回潮率时纱线的重量(磅)。除棉纱线外,其他纤维的公、英制公定回潮率是相同的。棉纱线的公制公定回潮率是8.5%,英制公定回潮率是9.89%。所以,其他纤维与棉纤维的混纺纱的公、英制公定回潮率也是不相同的。表10-2是部分棉型纱线的公、英制公定回潮率。

表10-2 部分棉型纱线的公、英制公定回潮率

纱线名称	公制公定回潮率(%)	英制公定回潮率(%)	换算系数 C
纯棉纱	8.5	9.89	583
纯化纤纱	公制公定回潮率	同公制公定回潮率	590.5
65/35涤棉纱	3.2	3.72	588
50/50维棉纱	6.8	7.45	587
50/50腈棉纱	5.3	5.95	587
50/50丙棉纱	4.3	4.95	587

股线的英制支数的表示与计算与股线的公制支数相同。如$60^s/2$是指60英支单纱组成的双股线。

(二)细度指标的换算

1. 间接细度指标之间的换算 依据定义,线密度、纤度和公制支数之间的换算如下式:

$$N_m = \frac{9000}{N_d} \quad N_m = \frac{1000}{\mathrm{Tt}} \quad N_d = 9\mathrm{Tt}$$

英制支数与其他间接细度指标之间的换算比较复杂,要同时考虑公、英制长度和重量单位的差异,还要考虑公、英制公定回潮率的差异。棉型纱线英制支数与特克斯之间的关系式(10-3):

$$\mathrm{Tt}\,N_e = 590.5\,\frac{1+W_m}{1+W_e} \tag{10-3}$$

式中:Tt——线密度,tex;

N_e——英制支数;

W_m——纱线的公制公定回潮率;

W_e——纱线的英制公定回潮率。

全棉纱:$W_m=8.5\%$,$W_e=9.89\%$,$\mathrm{Tt}N_e=583$;

纯化纤纱:$W_m=W_e$,$\mathrm{Tt}N_e=590.5$;

65/35涤棉纱:$W_m=(65\times0.4+35\times8.5)/100=3.2\%$,

We=(65×0.4+35×9.89)/100=3.7%，

TtN_e=588。

为了便于使用，一般将式(10－3)简化为式(10－4)：

$$N_e \mathrm{Tt} = C \tag{10-4}$$

式中：C——换算系数，与纱线的公、英制公定回潮率有关。

部分棉型纱线的换算系数 C 和对应的公、英制公定回潮率见表 10－2。

2. 直接与间接细度指标之间的换算 纱线直径是表征纱线细度的直接指标。在纺织工艺中，要根据纱线直径来调整清纱板的隔距。织物设计与织物结构研究中也必须考虑纱线的直径。但要精确测定纱线的直径相当困难。一般是假设纱线为实心等径圆柱体，借助纱线间接细度指标长度与质量关系的概念进行理论估算。

假设纱线是实心等径圆柱体，直接细度指标与间接细度指标之间的换算关系式为：

$$d = 0.03568 \sqrt{\frac{\mathrm{Tt}}{\delta}} \tag{10-5}$$

式中：d——纱线的直径，mm；

Tt——纱线的线密度，tex；

δ——为纱线的体积重量，g/cm^3。

表 10－3 是部分纱线的体积重量。

表 10－3 部分纱线的体积重量

纱线种类	体积重量(g/cm^3)	纱线种类	体积重量(g/cm^3)
棉纱	0.8～0.9	生丝	0.9～0.95
精梳毛纱	0.75～0.81	绢纺纱	0.73～0.78
粗梳毛纱	0.65～0.72	粘胶复丝	0.81～1.2
65/35 涤棉纱	0.85～0.95	醋纤复丝	0.6～1.0
50/50 维棉纱	0.74～0.76	锦纶复丝	0.6～0.9
粘胶纤维纱	0.8～0.9	玻纤复丝	0.7～2.0

(三)细度偏差

纱线名义上的细度叫公称细度；纺纱工艺上的设计细度叫设计细度；纱线检验测得的细度叫实际细度。单纱成品的设计细度应与公称细度相同。为了保证股线的设计细度与公称细度相同，考虑到股线的捻缩，纺股线用的单纱的设计细度与公称细度不相同。

纱线的细度偏差是指纱线实际细度相对设计细度的偏差百分率。间接细度指标不同对应的细度偏差也不同，特克斯称作重量偏差、旦数称作纤度偏差、支数称作支数偏差。

在纱线和化纤长丝的品质标准中，细度偏差都规定有一定的允许范围。如果抽样检验结果超出允许范围，表明纱线偏细或偏粗了。如果纱线偏细，在织物密度一定的情况下，会影响织物的紧度、厚度、平方米重量和坚牢度；如果纱线偏粗，一定质量的纱线就会因长度较短而影响织物的产量。因此,在纱线或化纤长丝的评定等级中,要考核细度偏差。

二、纱线的细度不匀

纱线的细度不匀是指纱线沿长度方向上的粗细不匀性。纱线的细度不匀可分为质量不匀和条干不匀。质量不匀是指用定长度纱线的质量差异表示的纱线粗细不匀,也称为线密度不匀;条干不匀是指纱线的外观粗细差异。由于纱线的紧密程度不同或混纺纱中混纺比的不均匀,质量不匀和条干不匀有时会不一致。纱线的细度不匀不仅会影响纱线的外观,也会影响纱线的强度,会影响纱线的加工和织物的外观及内在质量。因此,纱线细度均匀度是纱线质量评价的最重要的指标之一。

(一)纱线细度不匀的组成

一般认为纱条粗细不匀由三部分组成,即随机不匀、加工不匀和偶发不匀。

1. 随机不匀 纱条的随机不匀也称极限不匀,主要是由纱条中纤维根数的分布不匀、纤维本身粗细不匀和纤维间排列不匀产生的。

假设纱线为一理想的纤维均匀集合体,或称为理想均匀纱条,设纱条中全部纤维数为 N,纱条某截面中纤维的平均根数为 n,则纤维在某截面中的出现概率符合泊松分布,均方差 $\sigma_n = \sqrt{n}$,故纱条截面中纤维根数分布的不匀率为:

$$C_n = \frac{\sigma_n}{n} = \frac{1}{\sqrt{n}} \tag{10-6}$$

式(10-6)说明纱截面中的纤维根数越多,成纱条干越均匀。

如纤维粗细不匀,设 A 为纤维平均截面积;σ_A 为纤维截面积的均方差,那么由纤维粗细不匀引起的纱条的不匀率为:

$$CV = \frac{1}{n} \times \sqrt{1 + C_A^2} \tag{10-7}$$

$$C_A = \sigma_A / A。$$

式(10-7)就是著名的马丁代尔(Martin dale)纱条极限(理论)不匀率公式。

纱线截面中的纤维根数不仅与纱线条干有关,也是极为重要的可纺性指标,尤其在纺制细特纱时,要保证纱条截面中纤维根数的最低值。有资料表明,一般棉纱截面中的纤维根数,环锭纱中不少于 60 根,转杯纺纱中不少于 130 根;毛纺高支纱截面中一般不少于 35 或 42 根纤维。实际最低值取决于纺纱技术与设备,以及对纱线使用的要求。现有技术可以再降低这些值,但纱线的均匀度会恶化。

2. 加工不匀 纺纱加工中因工艺或机械因素造成的不匀,一般称加工不匀或附加不匀。由机械转动件的偏心和振动导致的纱条不匀具有周期性,称为周期性不匀,或称械波不匀;由牵伸隔距不当,使浮游纤维变速失控导致的纱条不匀,为非周期性不匀,称牵伸波不匀。

3. 偶发不匀 人为和环境因素不良,如因接头、飞花附着、纤维纠缠颗粒、杂质、成纱机制上的偶发性，以及偶发机械故障等偶发因素造成的粗细节、竹节、纱疵、条干不匀等，统称为偶发不匀，其大多为纱疵。

(二)纱线细度不匀的表征

下面是数理统计中相关概念在纱线细度不匀中的应用。

1. 平均差系数 U　平均差系数指各数据与平均值之差的绝对值的平均数对平均值的百分比，数学表达式如下：

$$U=\frac{\frac{1}{n}\sum_{i=1}^{n}|x_i-\bar{x}|}{\bar{x}}\times 100\% \tag{10-8}$$

式中：x_i——第 i 个数值；

$\bar{x}$——平均值；

n——数据个数。

2. 变异系数 CV　变异系数又称均方差系数或离散系数，指均方差 σ 对平均值 $\bar{x}$ 的百分比。数学表达式如下：

$$\mathrm{CV}=\frac{\sigma}{\bar{x}}\times 100\% \tag{10-9}$$

其中，$\sigma=\sqrt{\sum_{i}^{n}(x-\bar{x})^2/n}$；当数据个数 $n<50$，$\sigma=\sqrt{\sum_{i}^{n}(x-\bar{x})^2/(n-1)}$。

3. 极差系数 p　极差系数指数据中最大值与最小值之差(极差 R)对平均值的百分比。

$$p=100R/\bar{x} \tag{10-10}$$

式中，$R=x_{\max}-x_{\min}$，$x_{\max}$和 $x_{\min}$分别为测试数据中的最大值和最小值。

根据国家标准规定，目前各种纱线的细度不匀率已全部用变异系数表示。但生产中，粗纱和条子的条干不匀率常用极差系数表示；纱线的线密度不匀率常用平均差系数表示。

(三)纱线细度不匀的测试

1. 目光检验法　目光检验法又称黑板条干检验法，是将纱线均匀地绕在一定规格的黑板上，然后在规定的距离和光照下，与标准样照进行目光对比，判断其条干等级。这种方法简便、直观，还可以将棉结杂质分类计数，结果接近织物疵点规律。缺点是与检验人员的水平有关、缺乏客观性与可复性，主要用于生产日常条干检验。

2. 测长称重法　测长称重法又称切断称重法，即取一定长度的一组纱线，分别称得各自的重量，然后按规定计算其平均差系数、变异系数或极差系数，来描述纱线的细度不匀。纤维条、粗纱和细纱均可采用此方法来测定细度不匀率，但片段长度(切取长度)设定不一样。测长称重法是检测纱线细度不匀的传统方法。依据细度表示指标的不同，一般又分别称为重量不匀率、支数不匀率和纤度不匀率。

3. 电测法

(1)电容式条干均匀度仪，是目前使用最广泛的电子条干均匀度仪，即国际上通用的乌斯特

(Uster)条干均匀度仪。其基本原理是借助电容两极板间的纱条细度变化会引起电容极板感应电容量的变化,将纱条细度变化转换为电量的变化进行分析。

Uster 条干均匀度仪包括主机、积分仪、纱疵仪、波谱仪和记录仪。可直接读出平均差系数 U 或变异系数 CV;纱疵仪会按预先设定的要求,自动记录纱条上的粗节、细节和棉结数目;波谱仪能给出波谱图;记录仪能给出纱条不匀的直观图,纱条不匀率曲线。图 10-1 是纱条的不匀率曲线,图 10-2 是纱条的波谱图。

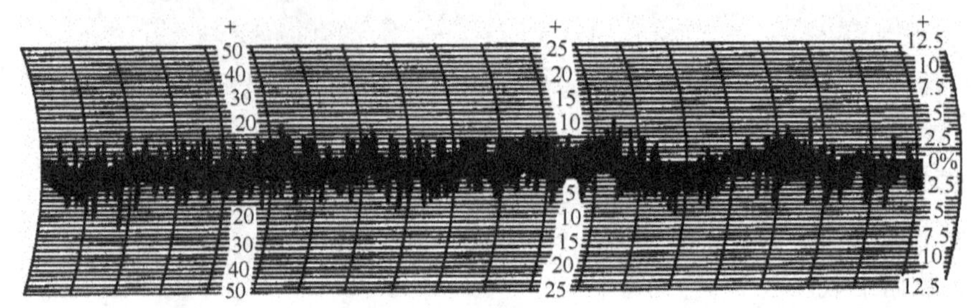

图 10-1　纱条不匀率曲线

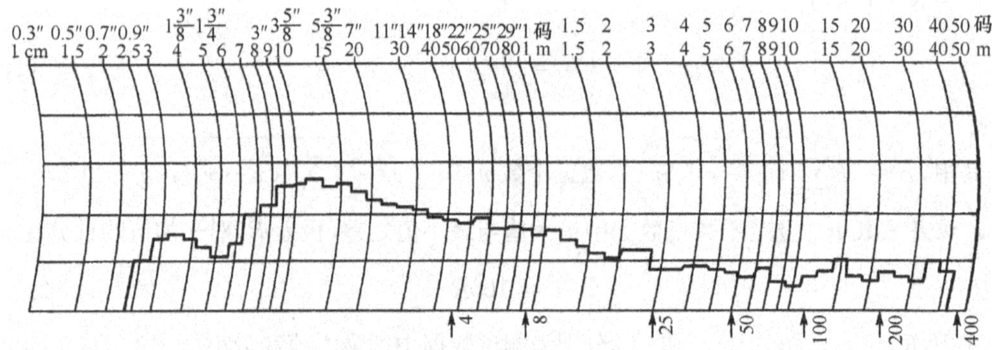

图 10-2　纱条的波谱图

波谱图是对纱条的不匀率曲线的再处理,是用傅里叶级数将纱条的不匀率曲线分解成许多波长和振幅不同的正弦波,用这些分解所得的正弦波的波长和振幅在平面坐标上作出的曲线。波谱图的横坐标对应正弦波的波长,纵坐标对应正弦波的振幅。

理论波谱图:假设在理想条件下纺纱,即纤维是等长和等粗细的,纤维沿纱条长度方向完全伸直且随机分布,这样纱条截面内纤维根数分布符合泊松分布,即纱条波谱图的振幅与波长的关系为:

$$S(\log \lambda)=\frac{1}{\sqrt{\pi n}}\sin\frac{\pi}{\lambda}/\sqrt{\frac{\pi L}{\lambda}} \qquad (10-11)$$

式中:$S(\log \lambda)$ —— $\log \lambda$ 的振幅;

λ ——波长;

n——纱条截面内纤维的平均根数;

L——纤维长度。

图 10－3 是实测的纱条波谱图与理论波谱图比较示意图。理论波谱图为一光滑曲线，如图 10－3(a)所示。曲线最高峰的波长 λ 一般在纤维平均长度 L 的 2.5～3 倍。

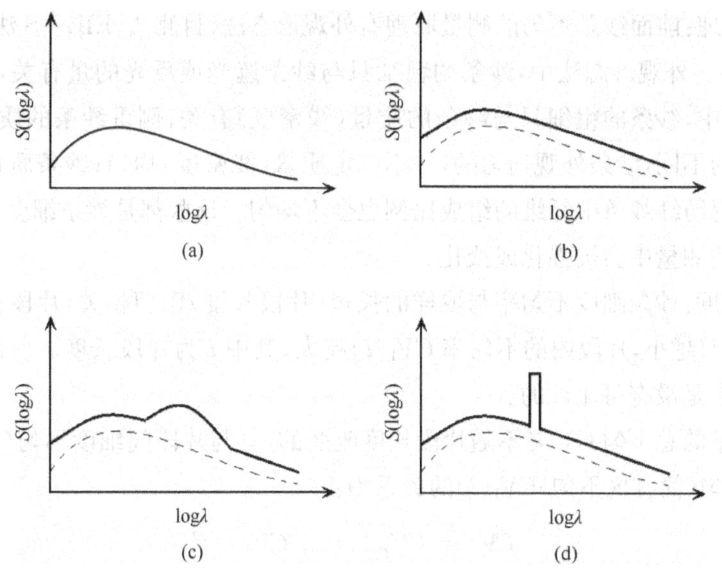

图 10－3　纱条实测波谱图与理论波谱图对比示意图

波谱图可以用来协助分析纱条不匀产生的原因，基本思路是将实测的纱条波谱图与理论波谱图比较。正常状态下的纱条细度不匀波谱图如图 10－3(b)所示；牵伸波不匀的波谱图如图 10－3(c)所示，为非周期性的"山峰"形不匀，是因为在牵伸区内，对纤维运动控制不良所致；机械波不匀波谱图如图 10－3(d)所示，为周期性的突起"烟囱"形不匀，是由于牵伸机构或传动部件的缺陷造成的纱条周期性的不匀。

乌斯特(Uster)条干均匀度仪的另一服务用户的特色是乌斯特统计值。乌斯特公司从世界各地采集试样，并将测试结果整理后在该公司出版的《新闻公报》(USTER YEWS BULLETIN) 上每隔几年发布一次，已将近 50 年。一般根据世界各国细纱质量的统计值，用占 50%的指标作为一般水平来评定细纱条干均匀度的质量。通过乌斯特统计公报，可及时了解当前全球范围内纱线的质量水平及发展状况；纺纱厂通过乌斯特公报可以比较本企业纱线质量处于何种水平；购买纱线的企业可通过对比乌斯特统计公报对采购纱线的质量提出具体要求。

(2)光电子条干均匀度仪，测量原理是利用 CCD 摄取纱条的投影宽度，并在 X—Y 两个正交方向上测量、分析。

1995 年，由美国劳森一亨普希尔公司(Lawson—Hemphill)制造的 EIB－S 光电子条干均匀度仪(电子检视板)由纱线输送系统、CCD 视频采集图像系统和数据处理、记录、储存，以及屏幕显示等硬件组成。带有纱线轮廓模式(YAS)和模拟布面效果模式(CYROS)两套软件，分别是用于纱线外观显示、纱线不匀分析和纱线平均直径、直径不匀度及纱疵计算与统计；以及模拟纱线条干及疵点在布面上的效果，模拟纱条黑板效果，给出纱线疵点的分布直方图等。

光电子条干均匀度仪的测试结果更接近于黑板条干法，而且测量分辨率高，受环境温湿度影响小。但对较厚、较松、表面多毛羽的纱条，边界划分存在误差。

4. 影响测量的因素

(1)测试原理：前面纱条不匀的测量原理有外观形态法（目测法、EIB－S法等）和质量法（称重、Uster法等）。外观形态法中，纱条的粗细只与纱条遮光或反光的量有关，侧重纱条的外观均匀性；质量法中，纱条的粗细只与纱条的质量（线密度）有关，侧重纱条的质量（线密度）均匀性。测量原理的不同，纱条外观均匀的，并不一定质量（线密度）均匀；纱条质量均匀的，外观并不一定均匀。混纺纱纱条中纤维的组成比例也会不均匀。这些都是纱条细度不匀的重要方面，而在单一原理的测量中会被强化或淡化。

(2)取样长度：纱条细度不匀率与取样的长短（片段长度）密切相关，片段长度越长，片段间的不匀率 $CV_B(l)$ 越小，片段内的不匀率 $CV_I(l)$ 越大，其中 l 为片段长度。所以，不同片段长度间的细度不匀率是没有可比性的。

理论上纱条的总不匀 CV 是不随片段长度改变的，其与片段间细度不匀（简称外不匀）$CV_B(l)$ 和片段内不匀（简称内不匀）$CV_I(l)$ 的关系为：

$$CV^2 = CV_B(l)^2 + CV_I(l)^2 \tag{10-12}$$

当 $l=0$ 时，$CV_I(l)=0$，$CV=CV_B(0)$；当 $l\to\infty$ 时，$CV_B(\infty)=0$，$CV=CV_I(\infty)$。变异系数的平方称为变异，则令 $CV^2=V$；$CV_B(l)^2=B(l)$；$CV_I(l)^2=I(l)$，可得

$$V = B(l) + I(l) = B(0) = I(\infty) \tag{10-13}$$

由变异对长度 l 作曲线，称为变异—长度曲线，如图 10－4 所示。

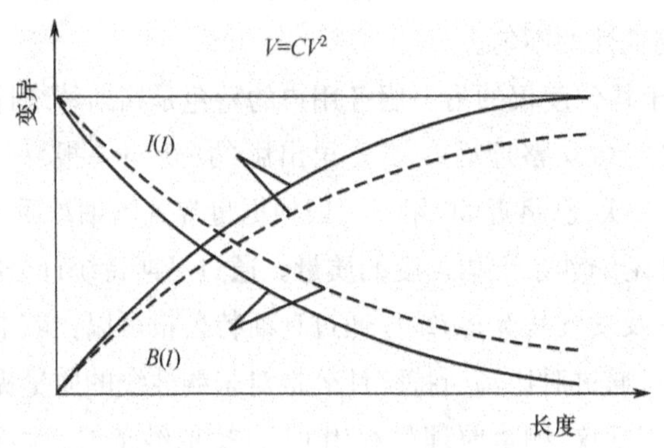

图 10－4　变异—长度曲线

理论上，可以测出纱条任意截面的粗细值，但实测中只能取一定长度的纱条测量其间的不匀率，即片段间的不匀 $CV_B(l)$。常规的切断称重法，因 l 偏大，故不能反映纱条的总不匀 CV；Uster 条干均匀度仪的测量，$l=8$mm，其外不匀 CV_B 值已大致接近纱条的总不匀率；光电投影取决于光带的宽度或CCD的感应宽度像素值，一般 $l<1$mm，故实测值基本上等于总不匀。

第二节　纱线的加捻

纱线的加捻是指将纤维束条、纱、连续长丝束等纤维材料绕其轴线的扭转、搓动或缠绕的加工过程。加捻使纱线具有一定强伸性和稳定的外观。对短纤维纱而言,加捻使纤维间产生正压力,从而产生切向摩擦阻力,使纱条受力时纤维不致滑脱,具有一定的强力。对于长丝束和股线来说,加捻可以形成紧密的稳定结构,不易被横向外力所破坏。

一、纱线加捻时的纤维运动

纺纱方法不同,纤维性状不同,纱线加捻时的纤维运动特征不同,这里以短纤维环锭纱为例进行分析。

在环锭精纺机上,对纤维须条的加捻是在前罗拉和钢丝圈之间完成的,纤维须条加捻示意图如图 10－5 所示。须条的截面形状由扁平带状逐渐变成圆柱形。这里须条由于加捻作用,宽度逐渐收缩形成的三角形过渡区称为加捻三角区。

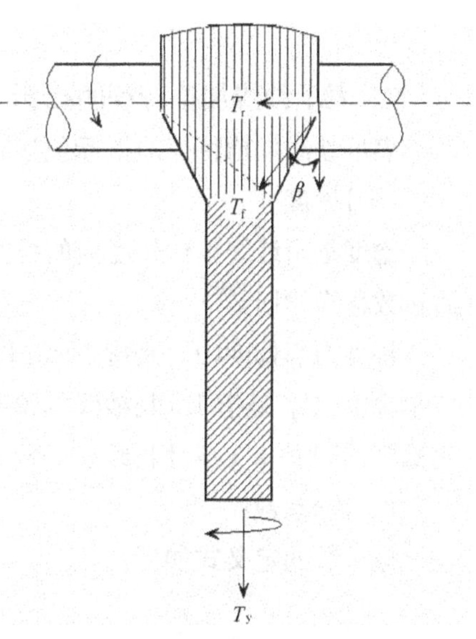

图 10－5　环锭纱加捻示意图

在加捻三角区中,由于加捻作用和纺纱张力,使纤维产生伸长变形和张力,从而对纱轴有向心压力。由于内外层纤维与须条轴线的夹角(捻回角 β)不同,内外层纤维受到的拉伸力和施加的向心力也不同。纺纱张力一定时,纤维距须条轴线越远,对应的捻回角、受到的拉伸力、产生的伸长越大,纤维对须条的向心压力也越大。

距须条轴线越远的外层纤维由于张力和向心压力大,会向须条的中间转移;中间的纤维由于张力和向心压力较小,比较松弛而被挤到外面来。这种转移仅在加捻三角区这个弱捻区发生,一根纤维可以发生多次这样的内外转移。

加捻与内外转移使纱中平行于纱轴排列的纤维形成了复杂的圆锥形螺旋线,这是环锭纱中纤维的主要几何形态。环锭纱中各根纤维的内外转移程度并不相同,发生上述内外转移而形成复杂的圆锥形螺旋线的纤维约占 60%。内外转移使纤维两端常露在纱体外面,形成毛羽。

部分纤维在纱中没有发生内外转移,而形成圆柱形螺旋线;另外还存在弯钩、折叠和纤维束等情况。

研究纤维在纱中的形态较为独特的方法是示踪纤维,它是将低于 1%的染色纤维混入未染色的纤维中共同纺纱,然后将这种混入示踪纤维的纱浸入与纤维折射率一致的溶液中,当光线照射溶液时,未染色的纱条基本上是透明的,变得较透明,在投影屏上可以清晰地观察到染色示踪纤维的几何形态，如图 10－6 所示。

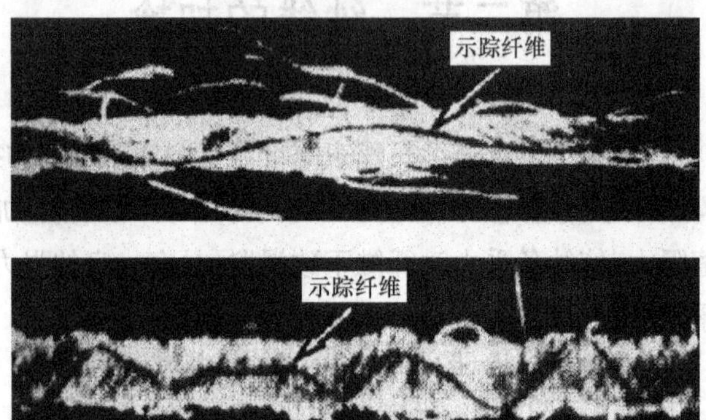

图 10－6　染色示踪纤维的几何形态

二、表示纱线加捻特征的指标

表示纱线加捻特征的指标包括表示纱线加捻程度的指标和表示纱线加捻方向的指标。

(一)捻度

捻度是指纱线单位长度内的捻回数，加捻使纱线的两个截面产生相对回转，两截面的相对回转数称为捻回数。

特克斯制捻度(T_t)是指 10cm 长纱线的捻回数，一般用于表示棉纱线及棉型纱线的捻度；公制捻度(T_m)是指 1m 长纱线的捻回数，一般用于表示精梳毛纱、绢纺纱及化纤长丝的捻度；英制捻度(T_e)是指 1 英寸长纱线的捻回数。

(二)捻系数

捻系数的定义式如下：

$$\alpha_t = T_t \cdot \sqrt{\text{Tt}} \tag{10-14}$$

$$\alpha_m = \frac{T_m}{\sqrt{N_m}} \tag{10-15}$$

$$\alpha_e = \frac{T_e}{\sqrt{N_e}} \tag{10-16}$$

式中：α_t——特克斯制捻系数；

α_m——公制捻系数；

α_e——英制捻系数。

各捻系数间的换算式为：

$$\alpha_t = 95.67 \cdot K \cdot \alpha_e = 3.162\alpha_m \tag{10-17}$$

式中，$K=\sqrt{(100+W_m)/(100+W_e)}$，$W_m$和$W_e$分别是纱线的公制公定回潮率和英制公

定回潮率。对于纯棉纱，$K=0.9937$；对于涤/棉(65/35)混纺纱，$K=0.9975$，非棉类纱 $K=1$。

纱线直径不同，捻度相同对纱的加捻程度是不相同的，纤维相对纱轴线的倾角不相同，纱线直径大，纤维相对纱轴线的倾角也大。因此，捻度只能用来比较同样粗细纱条的加捻程度，不能用来比较不同粗细纱条的加捻程度。若要比较不同细度纱线的加捻程度，应该采用捻系数 α 或捻回角 β。

捻回角 β 是指加捻纱条表层纤维与纱条轴线的夹角，如图 10－7 所示。

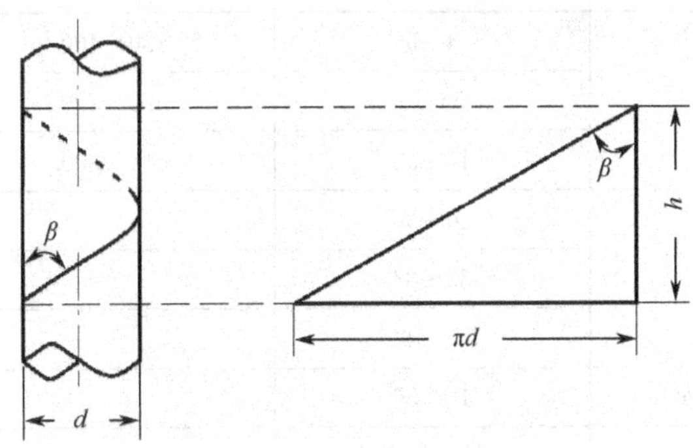

图 10－7　捻回角示意图

如图 10－7 所示，将纱线看作等径圆柱体并展开可知：

$$\tan\beta = \frac{\pi d}{h} = \frac{\pi d T_t}{100} \tag{10-18}$$

式中：d——纱的直径，mm；

h——捻距，mm。

将式(10－5)代入式(10－18)，可得：

$$\tan\beta = \frac{T_t}{892} \cdot \sqrt{\frac{\mathrm{Tt}}{\delta}}$$

则有：

$$\alpha_t = T_t \cdot \sqrt{\mathrm{Tt}} = 892 \cdot \tan\beta \cdot \sqrt{\delta} \tag{10-19}$$

式中：α_t——特克斯制的捻系数；

δ——纱线的体积质量，g/cm^3；

β——捻回角。

从上式可知，捻系数的物理意义是当纱线的体积质量 δ 相等时，捻系数与捻回角的正切值($\tan\beta$)成正比，而与纱线粗细无关。因此，捻系数可以用来比较相同体积质量、不同细度纱线的加捻程度。

捻系数的选择，主要取决于纤维性质和纱线用途。较粗短纤维纺纱时，捻系数要适当大些；较细长纤维纺纱时，捻系数可适当小些。经纱一般捻系数比同细度的纬纱大。针织内衣用纱一般要求纱较柔软，则捻系数可适当小一些。起绒织物用纱，除了纤维应选择偏粗以外，一般捻系数也应小些，以利于起绒。另外，纱的细度不同时，捻系数也有所不同，如细特纱的捻系数应稍大一些。表 10－4 是棉型纱线常用捻系数，表 10－5 是粗纺毛纱常用捻系数，表 10－6 是精纺毛纱常用捻系数。

表 10-4　棉型纱线常用捻系数

类　别	线密度(tex)或用途	捻系数 α_t	
		经纱	纬纱
梳棉织布用纱	8～11	330～420	300～370
	12～30	320～410	290～360
	30～192	310～400	280～350
精梳棉织布用纱	4～5	330～400	300～350
	5～15	320～390	290～340
	16～36	310～380	280～340
梳棉织布、针织起绒用纱	10～30	≤330	
	32～88	≤310	
	96～192	≤310	
精梳棉织布、针织起绒用纱	14～36	≤310	
涤棉混纺纱	单纱织物用纱	362～410	
	股线织物用纱	324～362	
	针织内衣用纱	305～334	
	经编内衣用纱	382～400	

表 10-5　粗纺毛纱常用捻系数

类　别		捻系数 α_m/10	
		呢　绒	毛　毯
单纱	纯毛纱	13～15.5	10～13
	化纤混纺纱	12～14.5	9～12
	纯化纤纱	10～13	7～9
	纯毛起毛纬纱	11.5～13.5	10～12.5
	化纤混纺起毛纬纱	11～13	9～11.5
股线	弱捻纱(起毛大衣呢及女式呢)	8～11	—
	中捻纱(粗纺花呢)	12～15	—
	强捻纱(平纹板司呢)	16～20	—

表 10-6　精纺毛纱常用捻系数

品　种	单纱捻系数 α_m	股线捻系数 α_m
全毛 40 公支/2 以下平纹花呢	75～80	130～140
全毛 40 公支/2～50 公支/2 中厚花呢	80～85	135～145
全毛 50 公支/2 以上中厚花呢	80～85	140～160
全毛华达呢、贡呢	85～90	130～155
全毛哔叽、啥味呢	80～85	100～120

续表

品　　种	单纱捻系数 α_m	股线捻系数 α_m
毛涤薄花呢	85～100	140～170
毛涤中厚花呢	75～80	115～125
毛粘薄花呢	85～90	130～150
涤粘中厚花呢	85～90	120～140
粘腈薄花呢	85～90	125～135
粘腈中厚花呢	80～85	120～130
粘锦花呢	85～90	125～135
单股纬纱	100～130	—
绒线	55～70	100～130

(三)捻向

捻向是指纱线加捻的方向,分顺时针和逆时针两类。较为形象的表述是依据纱条表层纤维的倾斜方向分为 S 捻和 Z 捻。图 10－8 所示为纱条捻向示意图。

多数情况下,单纱采用 Z 捻,股线采用 S 捻,互为反向,纤维排列方向与股线轴平行。这样股线柔软、光泽好、捻回和结构稳定。

股线捻向的表示法:如 ZSZ,表示单纱为 Z 捻,股线初捻为 S 捻,股线复捻为 Z 捻。

经、纬纱线捻向的配合,对织物的外观和手感有一定的影响。经纬纱捻向相同,表面纤维反向倾斜,纱线反光不一致,组织点清晰;经纬纱捻向相反,则织物表面的纤维朝一个方向倾斜,从而使织物表面反光一致,光泽均匀、组织点不明显。

图 10－8　纱条捻向

经纬纱捻向相同,交织点纤维同向相嵌、不易移动,织物紧密稳定;经纬纱捻向相反,交织点纤维反向交叠、易于移动,织物较为松厚柔软。如图 10－9 所示。

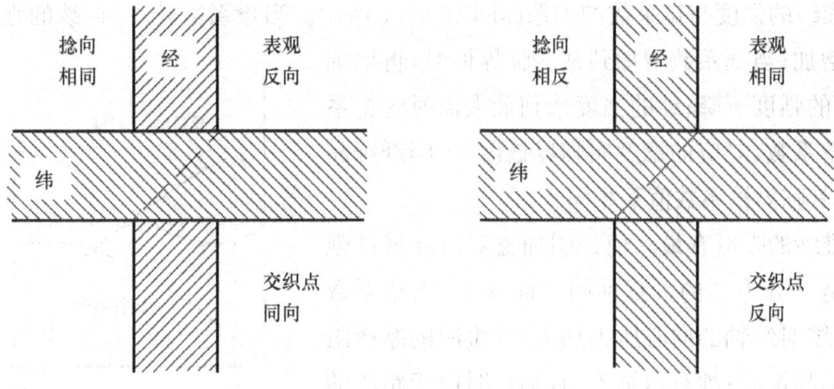

图 10－9　经、纬纱线捻向的配合

斜纹组织中，若经线采用S捻，纬纱采用Z捻，则经纬纱线的捻向与织物斜纹方向垂直，因而可得到明显的斜纹效应。如果在经向(纬向)将Z捻纱线和S捻纱线相间排列，则可以得到隐条、隐格效应。

三、纱线的捻缩

捻缩是指因加捻引起的纱线长度收缩。加捻成纱时，纤维发生倾斜，纤维沿纱轴上的投影长度变短，故引起纱的收缩。捻缩直接影响纱线的线密度和捻度值。在纺纱和捻线工艺设计中，必须考虑捻缩。捻缩通常用捻缩率来表示：

$$\mu=\frac{L_0-L_1}{L_0}\times100\% \tag{10-20}$$

式中：μ——捻缩率；

L_0——须条输出长度，mm；

L_1——加捻后的纱长，mm。

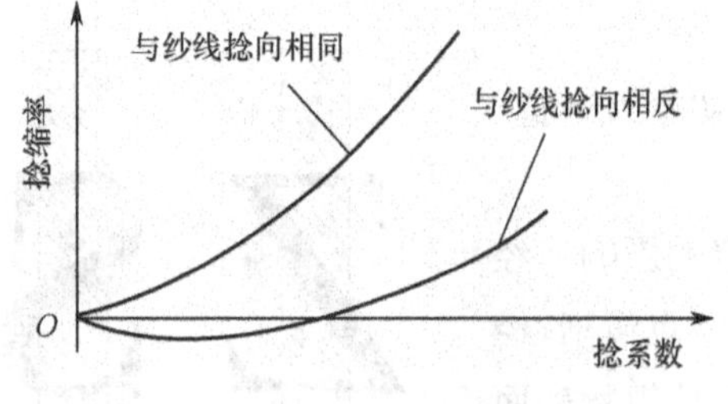

图 10－10　股线捻缩与捻系数关系

股线的捻缩与单纱、股线的捻向配合有关。如果股线的捻向与单纱的捻向相同，股线会缩短，捻缩为正值。如果股线的捻向与单纱捻向相反，则在开始加捻的一段范围内，因单纱解捻产生伸长大于股线加捻引起的捻缩，综合反映股线会发生伸长，出现负捻缩或称为捻伸，但随着加捻，股线的捻缩将转变为正值，股线捻缩与捻系数关系如图 10－10 所示。

四、加捻对纱线性能的影响

(一)加捻对纱线强度的影响

短纤维纱的断裂特征是部分纤维断裂，部分纤维滑脱，而这两者都与纱的加捻程度有关。

短纤维纱的强度与捻系数的关系如图 10－11 所示。当捻系数较小时，纱的强度随捻系数的增加而增加；当捻系数增加到某一临界值时，再增加捻系数，纱的强度下降；纱的强度达到最大值时的捻系数叫临界捻系数，对应的捻度叫临界捻度，不同纤维品种的细纱，其临界捻系数值不相同。

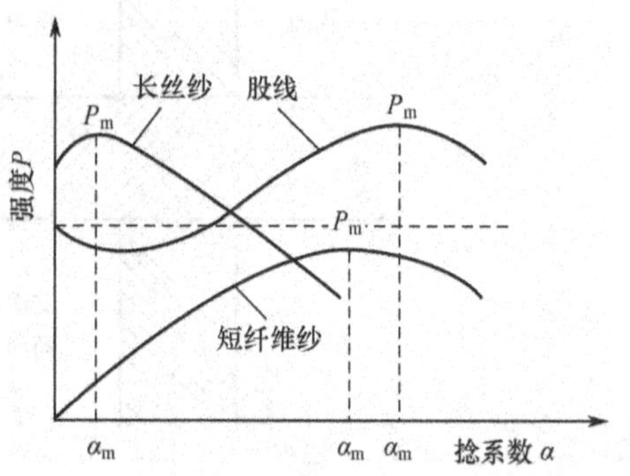

图 10－11　断裂强度与捻系数的关系

短纤维纱的强度有最大值说明加捻对短纤维纱强度的影响是一分为二的。有利的一面在于，当捻系数增加时，纤维对纱轴的向心压力加大，纤维间的摩擦阻力增加而不易滑脱；纱有粗细不匀，加捻时由于粗段的抗扭刚度大于细段，使捻度较多地分布在细段，而粗段的捻度较少，这样纱的弱环得以改善。不利的一面在于，加捻时，捻回角增大，使纤维强力在纱轴方向的分力降低；加捻时，纤维张力、伸长增大，影响其后进一步承受拉力的能力；捻度过大会使纱条内外层纤维的应力分布不匀增加。捻系数较小时，有利因素大于不利因素，纱的强度随捻系数的增加而增加；当捻系数大于临界捻系数时，不利因素大于有利因素，纱的强度下降。

长丝纱加捻有利于在单丝间形成良好的抱合、稳定形态、使单丝断裂不一致性得到改善，使长丝纱强度有所提高。但这仅发生在较低的捻度下，随着捻系数的增加，长丝纱强度很快便下降，因为有效分力减少，断裂不一致性增加，故长丝纱的临界捻系数要比短纤纱小得多，如图10－11所示。

股线捻向一般与单纱捻向相反，开始时随股线捻系数的增加，股线强度下降，然后，随捻系数的增加又开始上升，并出现股线强度的峰值（双股线为股线捻系数与单纱捻系数的比值等于1.414时），如图10－11所示，以后随股线捻系数的增加，股线强度又逐渐下降。对股线来说，单纱的并合有利于股线条干均匀，提高各股纱受力的一致性、使纤维强力在纱轴方向的分力增大。

（二）加捻对纱线其他性质的影响

常见捻系数范围内，纱线捻系数增加，纤维捻回角加大，纱线的伸长可通过纤维捻回角的减小而增加，使纱线的伸长增大。

在一定范围内，随着捻系数增加，纤维间空隙减小，纱条紧密度增加，纱条直径变小、纱的体积质量增大。但当捻系数增大到一定程度时，纱的可压缩空间越来越小，体积重量和直径变化趋小，相反，由于纤维过于倾斜，造成纱的捻缩增大，反而使纱的直径有所增大。

五、混纺纱中纤维的径向分布

混纺纱中纤维的径向分布是指在混纺纱中，如果参与混纺的纤维之间差异较大，它们在混纺纱截面上的分布将是不均匀的，有些纤维较多地分布在纱的外层，另一些纤维较多地分布在纱的内层。

在混纺纱中主动地运用纤维在纱中径向分布的规律，可以得到更理想的纱线性能和经济效益。例如涤棉混纺纱中，使涤纶具有分布在纱外层的趋势，制成的织物耐磨性较好，手感也较滑挺；使棉纤维分布在外层较多，既可以改善成纱条干和强力，又体现出棉的舒适感。

混纺纱中纤维的径向分布不匀是一种复杂的统计现象，既与纤维性质有关也与纺纱工艺有关，目前相对公认的观点如下。

纤维长度不等时，较长的纤维会优先向纱内转移，较短纤维倾向于在纱的外层。因为长纤维容易同时被前罗拉和加捻三角区下端成纱处握持，在纺纱张力作用下受到的力大，向心压力也大，所以向内转移；较短纤维则易被挤到纱的外层。

纤维粗细不等时，一般粗的纤维会较多地趋向纱的外层，而细的纤维则位于纱的内层，这是因为粗纤维一般较硬挺，空间位阻大，在细纱加捻区中不容易挤入纱中心部分，细软的纤维则相对容易嵌入纱的内层。

初始模量较大的纤维会较多地趋向纱的内层，因为加捻时纤维的张力较大，故产生较大的向心压力。

在细度、长度和初始模量三个影响因素中，长度和细度的影响更为显著，初始模量的影响较小。

除此之外，抗弯刚度大的纤维容易分布在纱的内层；圆形截面纤维因比表面积小，或体积小，则容易克服阻力挤入纱的内层；纤维的卷曲性、摩擦因数，纱的细度和捻系数也是影响纤维转移的因素。

表达纤维在纱中径向分布的最经典方法是汉密尔顿(J. B. Hamilton)指数和只表达表面纤维含量的 Onion 指数。

汉密尔顿指数是以计算纤维在纱截面中的分布矩为基础，求出每种纤维的转移指数 M，用转移指数 M 来表示每种纤维在纱截面中的分布趋向。有关汉密尔顿指数的物理概念、公式及具体计算方法比较复杂，可参阅相关文献。这里以两种纤维混纺为例，说明转移指数 M 的特点。

对两种纤维混纺纱来说，两种纤维的转移指数 M 值是数值相等符号相反，与混纺比无关。

一般 $-100\%<M<+100\%$，当 M 值为负时，表示该组纤维优先向内转移；M 值为正值时，则表示该组纤维优先向外转移；当 M 值为零时，表示纤维按原混合比均匀分布。M 值的绝对值越大，纤维的分布不匀越明显。表 10－7 是纤维长度、细度、环锭纱及自由端纱对转移指数 M 的影响的相关研究，纱的混纺比均为 50∶50，细度是 30tex。

表 10－7　纤维长度、细度、环锭纱及自由端纱对转移指数 M 的影响

纤维名称	纺纱方法	细度(dtex)	长度(mm)	转移指数 M(%)
蓝色粘胶纤维	环锭纱	1.65	38	-7.7
无光粘胶纤维			32	+7.7
蓝色粘胶纤维	自由端纱		38	-2.2
无光粘胶纤维			32	+2.2
粘胶纤维	环锭纱	1.65	38	-5.5
涤纶		3.3		+5.5
粘胶纤维	自由端纱	1.65		-0.45
涤纶		3.3		+0.45

Onion 指数用来表征纱表层纤维的混和比。若 A、B 两种纤维混纺，混和比为 $p:q$，当实测纱表观 A、B 纤维根数时，A 纤维根数为 a_0，B 纤维根数为 b_0，则在均匀分布时：

$$a_0/b_0 = p/q$$

Onion 指数 Ω 为：

$$\Omega = \frac{a_0 q}{b_0 p}$$

如果 $\Omega=1$，则表示 A、B 纤维在外层均匀分布。当 $\Omega>1$ 时，则 A 纤维较多地集结在纱的表层；相反，则 B 纤维较多分布在纱的表层，以此来表征不同纤维在纱表层的分布。

☞ 思考题

1. 推导纱线直径与特克斯之间的换算关系式。

2. 分析纱线波谱图的制作原理。

3. 分析加捻对纱线强度的影响。

4. 比较捻度与捻系数。

5. 纤维原料的混纺比为羊毛 40/粘胶纤维 40/涤纶 20，求该批原料的公定回潮率（纤维公定回潮率：羊毛为 15%、粘胶纤维为 13%、涤纶为 0.4%）。

6. 测得棉纱 30 绞（每绞 100m）的总干重为 52.8g，求它的特数和直径（纱的体积质量为 $0.85g/cm^3$）。

7. 已知涤 70/棉 30 的混纺纱每绞（100m）的平均重量为 1.6g，该纱的实际回潮率为 4%，在捻度机上测的捻回数为 90 捻（测试距离为 10cm），试计算该纱的捻系数。

第十一章　纱线的其他性质和品质评定

本章知识点

1. 纱线的疵点与毛羽。
2. 纱线的力学性质。
3. 常用纱线品等技术要求。

第一节　纱线的疵点与毛羽

一、纱线的疵点

纱线的疵点也称纱疵，是指纱线上附着的影响纱线质量的物体。纱疵的存在严重影响着纱线和织物的质量，尤其是其外观质量，是纱线质量评定的一项重要内容。

(一)常发性疵点

常发性纱疵通常分为细节、粗节、糙节三种，一般以每千米纱上出现的个数表示，有时以一定重量的纱线上存在的纱疵个数表示。

粗节和细节是指纱条的粗细发生异常变化，超过一定范围，是纱线上短片段的过粗或过细的疵点，主要影响纱线的粗细均匀度。

纱线的糙节是指由数根、甚至数十根纤维互相缠绕形成的节瘤，节瘤上的游离纤维端在纺纱过程中与其他纤维一起形成纱线，使得节瘤非常牢固地附着在纱线上。纱线上的节瘤不仅影响纺织品的外观，在织造时还很容易引起断头。糙节是影响纱线光洁度的主要疵点，棉纱上的糙节被称为棉结，毛纱上的糙节被称为毛粒，麻纱上的糙节被称为麻粒，生丝上的糙节被称为颣结。

常发性纱疵目前用电容式条干均匀度仪进行检测，细节、粗节、糙节的计数界限可供选择或设定，按相对于平均线密度变粗或变细的程度纱疵的计数界限设定为四档。表 11－1 是电容式条干均匀度仪细节、粗节、棉结界限设定。

表 11－1　电容式条干均匀度仪细节、粗节、棉结界限设定

纱疵	粗细设限(%)				长度设限(mm)
细节	－30	－40	－50	－60	12～320
粗节	＋35	＋50	＋70	＋100	
棉结/毛粒	＋140	＋200	＋280	＋400	≤4

通常环锭纱的设定范围取细节－50%，粗节＋50%，棉结＋200%；气流纺纱棉结取＋280%；细节、粗节的长度上限统一为320mm，对于长度超过此范围的纱疵被视为条干不匀。

(二)偶发性纱疵

偶发性纱疵也称10万米纱疵，是指偶然出现的纱线疵点。电容式条干均匀度仪对细纱进行条干测定时的试验长度较短(100～1000m)，对那些出现概率较低的偶发性纱疵不足以发现其纱疵规律。一般以每10万米长度细纱中发现的各类疵点数来衡量偶发性纱疵。

偶发性纱疵采用电容式纱疵分级仪检测，能按纱疵的粗度和长度进行自动分级计数。根据纱疵长度和粗细将偶发性纱疵分成短粗节、长粗节或双纱、细节3大类23小类。

短粗节纱疵共分16小类，按其线密度(粗细)大小分四档，按纱疵的长度分四档；长粗节纱疵分3小类；细节纱疵共分4小类，按其线密度大小分两档，按纱疵的长度分两档。

(三)杂质、污物等疵点

杂质、污物等疵点是指附着在纱线上的有害纤维(如丙纶膜裂纤维，一般称异性纤维)和较细小的、非纤维性物质，主要是梳理等加工过程中清理不干净而引发的疵点。棉纱中常见的杂质是带有纤维的籽屑及碎叶片、碎铃片等杂质；毛纱中的草刺、皮屑等及其他植物性夹杂物；麻纱中的表皮屑、秆芯屑等。

纱线中的杂质影响着织物的外观质量和印染加工。在评定纱线质量时，一般也是以一定长度或者一定重量纱线内所含有的杂质粒数来表示。

纱线的污物主要是指纱线在生产和保管过程中因管理不善造成的各种污染，其中最为常见的是生产时被机油污染的油污纱、棉纤维中夹入的异性纤维(丙纶丝、头发等)、毛纤维中夹入的绵羊标记物料(沥青、油漆等)，这些污物对于染整加工非常不利，不能用于织造高质量织物或者浅色织物。

二、纱线的毛羽

(一)毛羽的形成

纱线的毛羽是指伸出纱线主干部分的纤维。多数情况下，纱线毛羽会影响织物的透气、抗起毛球、织纹清晰、表面光滑、柔软和吸水等性能，还会影响纱线中纤维的有效利用与强度。毛羽是纱线品质的重要参考指标。

纱线的毛羽可分为端毛羽、圈毛羽和浮游毛羽。端毛羽是指纤维的端部伸出纱体，而其余部分位于纱体内的毛羽；圈毛羽是指纤维的两端伸入纱体内部，中间部分露出纱体表面，形成一个圈或环的毛羽；浮游毛羽是指黏附或缠绕在纱体表面的纤维，极易分离掉落。

纱线毛羽的成因可分为加捻形成和其后加工过程形成。加捻形成的毛羽是指在加捻过程中形成的毛羽。其主要原因是须条出前罗拉钳口时，表层纤维不受约束，而端部翘起或分离，形成前向毛羽；其二是加捻纤维的尾端因不在须条包卷内侧，又无外力拉入时，易伸出在纱的表面，而形成后向毛羽。前向和后向都是端毛羽。其后加工过程形成的毛羽主要是后加工过程中的摩擦、离心力和空气阻力等因素作用的结果。主要是与纱体联系不够紧密的纤维段被拉扯出纱表面，以及原有毛羽的拉出、拉长，该过程会形成毛羽、圈毛羽和浮游毛羽。

环锭纺纱时，纱线毛羽的82%～87%是端毛羽；细纱在中、小管纱时，产生的毛羽量要比满纱时多20%～30%；其中前向毛羽约占75%，后向毛羽约占20%。

(二)毛羽的表示指标

1. 毛羽总根数(N) 毛羽总根数(N)是指单位长度内纱体单侧的毛羽累加根数(根/m)。纱线四周都有毛羽，一般表示和检测都只考虑纱体单侧的毛羽。

2. 毛羽指数(η) 毛羽指数(η)是指单位长度纱线内，单侧面上伸出长度超过设定长度的毛羽根数(根/m)。以上指标是表示毛羽密度的特征指标。

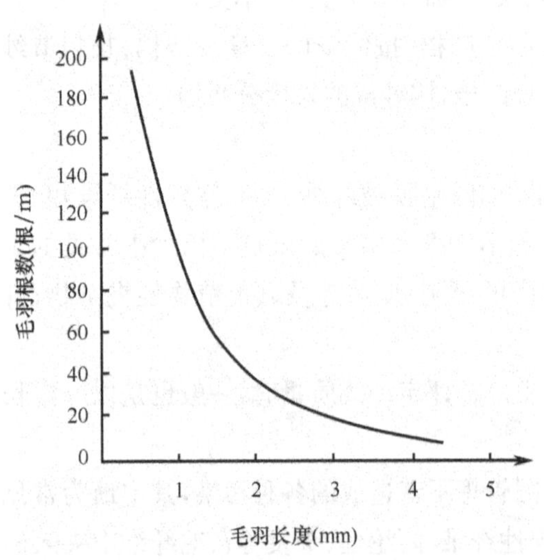

图11-1 短纤纱毛羽长度—根数分布示意图

3. 毛羽长度—根数分布图 毛羽长度—根数分布图是指单位长度内纱体单侧不同长度毛羽的分布或出现频率，即毛羽长度与根数的关系曲线。图11-1短纤纱毛羽长度—根数分布示意图。

测试表明，正常纱线，一般0.5mm及以下的毛绒较多，约占毛羽总数的68%；特长毛羽较少，长度在4mm以上的约占2%；长度在0.5～3mm之间的毛羽约占30%。

4. 毛羽平均长度和总长度 毛羽平均长度和总长度是指单位长度内纱线毛羽的平均长度和总长度(mm/m)。是表示毛羽尺寸的特征指标。

据研究，棉纱的毛羽的平均长度为1.07～1.6mm；毛纱的毛羽的平均长度为1.35～1.7mm。

(三)毛羽的测量

1. 投影计数法 把纱放大后，人工计数纱上的毛羽数，以单位长度纱线内的毛羽根数来表示。这种方法直观、简单，但费工、费时、取样小、工作效率较低，代表性也不足。

2. 光电式测量法 利用光电测试原理自动检测纱线单位长度上的毛羽数量。这类方法是目前广泛使用的测量方法。代表性测试仪有德国Zweigle G565、瑞士UsterⅢ、UsterⅣ、英国Shirley和中国YG171B、YG172等。

3. 烧毛称重法 以烧毛方式去除毛羽，根据有毛羽纱重与无毛羽纱重的差异来评定纱线的毛羽量。此法影响因素较难控制，且只能求得毛羽相对质量百分比；对含有涤纶、锦纶等合成纤维的纱线来说，烧毛是熔融粘结，不适合。

(四)减少毛羽的方法

1. 增加纤维长度 短纤纱的毛羽与纤维的长短和短纤维含量密切相关，纤维越短，单位体积内的头端数越多，毛羽的出现概率越大，毛羽的长度越长，量越多。因此，可以选择较长的纤维纺纱，以减少纱线的毛羽。

2. 改善加工条件 纺纱及后道加工中应该尽量避免各种不必要的摩擦和降低摩擦长度及

包围角；添加油剂、增加摩擦器件的光洁度和导电性；选择合适的温湿度条件，减少静电；减小加捻三角区的大小和形态；给纱上浆、烧毛等。

3. 改进纺纱方法　结构和复合纺纱可以有效地降低纱线的毛羽，如紧密纺纱、喷气纺纱、平行纺纱、赛络纺纱、赛络菲尔纺纱等。紧密纺纱由于吸风负压的集聚作用，可缩小加捻三角区，减少纱线的毛羽80%以上；喷气纺纱 3 mm 以上的毛羽仅是同线密度环锭纱毛羽的 10%～12%，这主要是因为喷气纱是由头端自由纤维包缠；平行纺纱由于长丝的包覆作用，毛羽比环锭纱降低1.5～3.5倍；赛络纺因为加捻三角区中须条被加捻，两束纱也被加捻，故对毛羽减少有利。

第二节　纱线的力学性质

纱线是纤维须条或长丝束经加捻得到的集合体，每个截面有数十根到上百根纤维。纱线的力学性能不仅与纤维性状有关，而且与纤维在纱中的排列形态有关。用于表征纤维力学性能的方法与指标完全适用于纱线，这里只对不同之处加以分析。

一、纱线的拉伸性质与弹性

(一)纱线的拉伸断裂特征

纱线的断裂强度比相应纤维的断裂强度要小，这一现象可以用纱线中纤维强力利用率来表示。纱线中纤维的强力利用率是指纱线强度与组成该纱线的纤维强度之比的百分率。

纱线中纤维强力利用率总是小于 1，且短纤纱均小于 50%。另有资料报道，一般纯棉纱的强力利用率为 40%～50%，精梳毛纱为 25%～30%，粘胶短纤维纱为 65%～70%，长丝纱的强力利用率要比短纤维纱大，如锦纶丝的强力利用率为 80%～90%。

不同纤维的纱线，强度利用率也不同，其大小主要决定于纱线的结构和纤维的性质，包括纤维长度、线密度、表面摩擦性能，及其不匀情况，也与纺纱加工方法密切相关。表 11－2 是部分纤维与相应纱线的拉伸断裂指标的对比。

表 11－2　部分纤维与相应纱线的拉伸断裂指标的对比

纤维名称	断裂应力 ($Pa\times10^3$)	断裂伸长（%）	纤维名称	断裂应力 ($Pa\times10^3$)	断裂伸长（%）
细绒棉	19～20	8～9	细羊毛	20～25	30～40
长绒棉	32～36	7～8	粗羊毛	15～20	25～35
普梳棉纱	10～15	6～9	粗梳毛纱	8～20	2～12
精梳棉纱	10～21	5～8	精梳毛纱	4～14	6～20
亚麻单纤维	45～75	2～3	蚕丝	40～45	14～15
亚麻干纺纱	6～12	5～6	生丝	25～42	16～17
亚麻湿纺纱	14～20	4～5	粘胶短纤维	27	15
大麻单纤维	40～45	3～4	粘胶纤维纱	12	10
大麻纱	8～14	4～5	普通粘胶复丝	24	18

表 12－2 中数字表明，加捻长丝纱的断裂伸长一般大于组成纤维的断裂伸长。而短纤维纱的伸长率情况较复杂，如棉纱断裂伸长率小于棉纤维的断裂伸长率，一般比值为 0.89～0.95；毛纱和粘胶短纤纱的断裂伸长率均较其纤维的断裂伸长率低，但亚麻纱则例外。

纱线与相应纤维的拉伸曲线在形态上有一定相似性。图 11－2 是部分纤维与对应纱线的拉伸曲线。

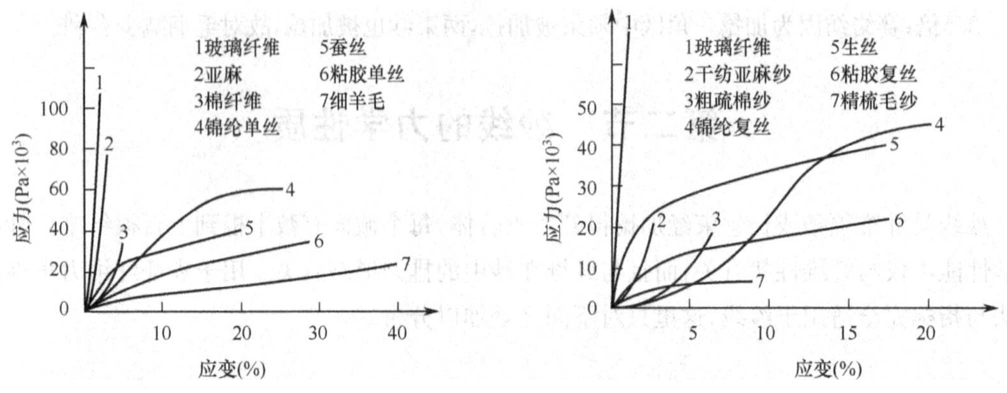

图 11－2　部分纤维与对应纱线的拉伸曲线

(二)纱线的拉伸断裂机理

1. 短纤维纱的拉伸断裂机理　短纤维纱拉伸断裂的主要特征是：第一纱中纤维受拉断裂时的不一致；第二纱中纤维的受拉断裂和纤维之间的滑脱并存。这两个特征最终导致纱线中纤维的强力利用率很低。

由于短纤维纱加捻结构的特点，纱线受到拉伸时，纤维皱曲减少，伸直度提高，纱线截面开始收缩，增加了纱中外层纤维对内层纤维的压力。在传统的环锭纺纱方法纺成的细纱中，任一小段都是外层纤维的圆柱螺旋线长，内层纤维圆柱螺旋线短，中心纤维呈直线。因而外层纤维伸长大，张力高；内层纤维伸长小，张力低；中心纤维可能并未伸长，甚至被压皱着，各层纤维受力是不均匀的。因此，在细纱拉伸过程中伸长大的外层纤维先被拉断，然后逐渐向内层纤维断裂扩展。纱线结构原因是纱中纤维受拉断裂不一致主要特征。另外，纤维性能不同，纱中纤维伸长能力、强力不一致时，也会导致纱中纤维断裂的不一致。

细纱拉伸过程中外层纤维断裂，导致向心压力减小，纤维间摩擦阻力减小，使得纤维间容易出现滑脱。

纱线断裂时，断裂截面的纤维是断裂还是滑脱，要视断裂点两端周的纤维对这根纤维的摩擦阻力的大小而定。如图 11－3 所示，设断裂点两端的摩擦阻力各为 F_1 和 F_2，纤维的强力为 P，当 F_1 和 F_2 均大于 P 时，这根纤维就断裂。当 F_1 和 F_2 中有一个小于 P 时，这根纤维就滑脱。而 F_1 和 F_2 与纤维在纱线断裂面两端的伸出长度有关。摩擦阻力 F 等于纤维强力 P 时的长度称为滑脱长度 L_c。当纤维伸出断裂截面一端的长度小于滑脱长度时，纤维滑脱而不会断裂。长度小于两倍滑脱长度的纤维，在纱线断裂时必定是滑脱而不会是断裂。因此，为了保证纱线的强力，应控制长度小于两倍滑脱长度的短纤维含量。

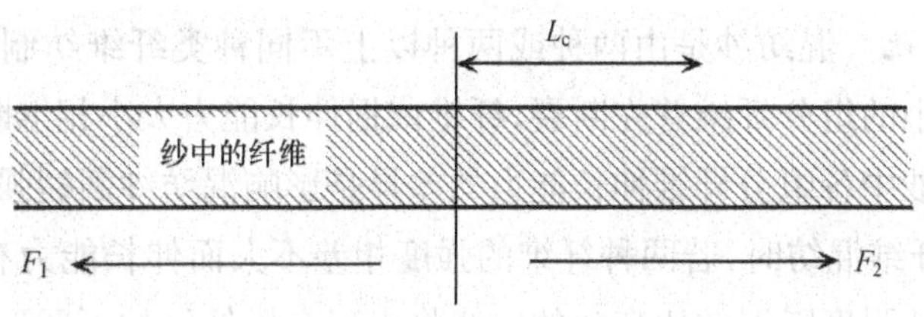

图 11－3　滑脱长度示意图

2. 其他纱线的拉伸断裂机理　加捻长丝纱随着捻度增加，长丝纱的断裂强度开始增加，随后就降低，如图 11－11 所示。弹性模量与捻度间关系也有类似的结果。模量或断裂强度在开始时的上升主要是由于长丝纱中纤维拉伸性能的不均匀性在加捻中得到改善。当捻度为零时，相当于平行纤维束，各根长丝纤维是在各自最薄弱的地方断裂。随着捻度的增加，纤维间压力增加，相互抱合，减少了纤维在自身薄弱处断裂的可能性。随着捻系数增加，逐步达到在整根长丝纱条截面上最薄弱环节处的纤维同时断裂，这时的长丝纱条强度最大，当进一步增加捻系数，纤维倾斜产生的副作用增加显著，纱条强度开始下降。

膨体纱是利用两种热收缩性相差很大的纤维混纺后进行热收缩处理，使纱条中高收缩性的纤维充分回缩，同时迫使热收缩性小的正常纤维沿纱轴向压缩皱曲而呈现膨体特性。因此，膨体纱受拉伸时负担外力的纤维根数较小，而且各根纤维的张力很不均匀。在膨体纱开始被拉伸时，只有一小部分纤维承担外力，其他纤维皱曲松弛着。当前一种纤维被拉断后，后一种纤维才伸直并承担拉伸力，直至整体断裂。因此，膨体纱的拉伸断裂强度比传统纱小，而断裂伸长率则较大。

变形纱和弹力丝都是依靠各种定形方法，使每根纤维呈螺旋弹簧形或卷曲状的定向皱曲曲线，因此有很高的断裂伸长率，甚至在开始拉伸的相当一段过程中，实际上是在拉伸力增加很小的条件下使纤维逐渐伸直的。部分变形纱拉伸曲线如图 11－4 所示。

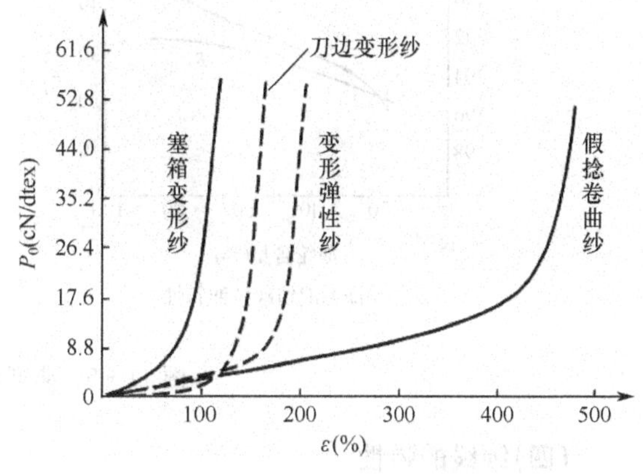

图 11－4　部分变形纱拉伸曲线

(三)影响纱线拉伸断裂的因素

1. 纤维性质与纱线结构　纤维的强度越高，纱线强度也越高。影响纤维强度的各项因素（参考本书第二章）同样会表现在纱线上，但因和纱线结构有关，又不完全相同。

纤维长、细度对纱线强度有较大影响，参考本书第一章。

传统纺纱的纱线，最重要的影响因素是纱线的捻度，参考本书第十一章。另外，纱线中纤维排列的平行程度、伸直程度、内外层转移次数等对纱线拉伸断裂强度也有影响。

几种特种纱线(膨体纱、变形纱、弹力丝等)的结构对拉伸特性的影响已如上述。

2. 混纺纱的混纺比 混纺纱是由两种或两种以上不同种类纤维纺制而成。当拉伸混纺纱时,纱中伸长能力较小的组分纤维首先断裂,纤维依据伸长能力大小相继断裂,有明显的断裂不一致性。所以,混纺纱中各组分纤维伸长能力的差异是影响混纺纱断裂强度的主要因素。如图11-5所示,当两种纤维混纺时,若两种纤维的强度相差不大而伸长能力有较大差异时,由于分阶段被拉伸断裂,成纱强度随混纺比变化的曲线将出现有极低值的下凹形。如果两种纤维的伸长能力差异不大时,则曲线呈现渐升(或渐降)的形状。因而,混纺纱的强度总比其组分中性能好的那种纤维的纯纺纱强度低。

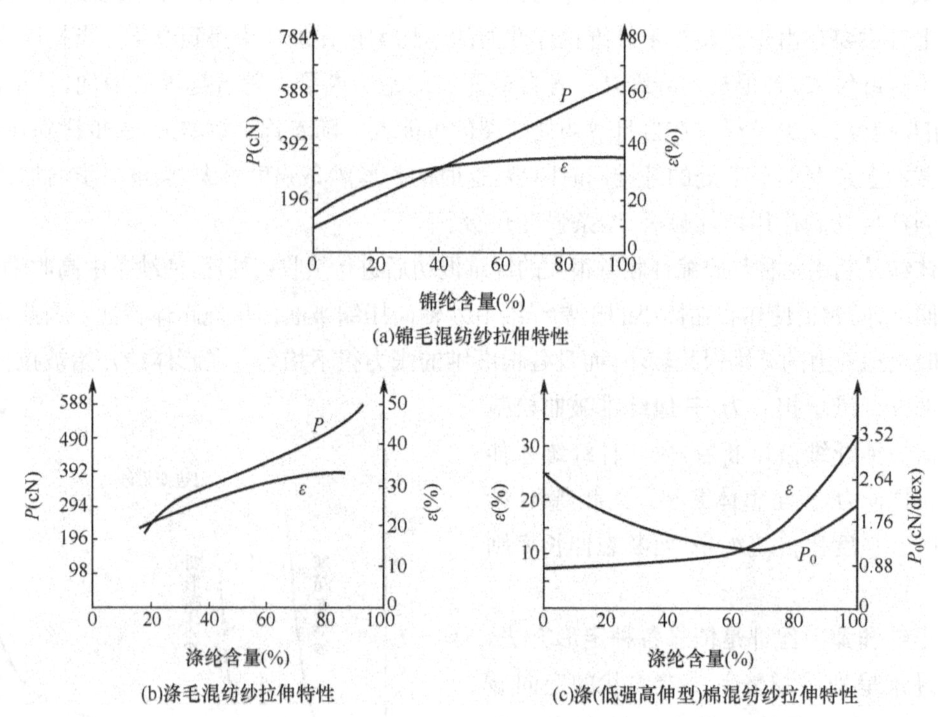

图11-5 典型混纺纱拉伸曲线

(四)纱线的弹性

纺织材料在外力作用下的变形可分为可逆变形(急弹性变形和缓弹性变形)和不可逆变形(塑性变形)两部分。急弹性变形的传播速度在合股棉线中为1425m/s,在亚麻纱中为1900m/s。因此,在1m长的纱线片段中,急弹性变形传播是瞬时的。缓弹性变形的主要部分将在短时间内完成,全过程需要几个昼夜。例如粘胶长丝和锦纶6长丝在标准大气条件下,缓弹性变形要经历12昼夜。塑性变形是不可逆的,它是纤维本身的塑变和纤维间的错位及滑移造成纱线的不可逆变形。几种纤维和纱线的拉伸变形组分数据见表11-3。

表 11-3　几种纤维和纱线的拉伸变形组分数据

纤维或纱线	施加负荷终了时的应变(%)	各种变形组分占总应变的比例		
		急弹性变形	缓弹性变形	塑性变形
棉纤维	4	0.23	0.21	0.56
普梳棉纱	3.7	0.22	0.14	0.64
亚麻工艺纤维	1.1	0.51	0.04	0.45
干纺亚麻纱	1.8	0.22	0.11	0.67
细羊毛纤维	4.5	0.71	0.16	0.13
精梳毛纱	3.7	0.60	0.22	0.18
生丝	3.3	0.30	0.31	0.39
普通粘胶复丝	6.4	0.11	0.19	0.70
强力粘胶复丝	4.9	0.12	0.20	0.68
锦纶 6 短纤维	6.3	0.76	0.21	0.03
涤纶短纤维	16.2	0.49	0.24	0.27
涤纶废纺纱	10	0.29	0.22	0.49
腈纶短纤维	8.6	0.45	0.26	0.29

由表 11-3 可知，急弹性变形率的绝对值最大的是羊毛、锦纶 6 以及这些化纤制成的纱线。亚麻工艺纤维的急弹性变形比例较高，但它的总变形率相当小。纱线与其中的纤维相比，塑性变形比例较高，这是因为纱线中纤维的滑移产生了不可逆变形。纱线的弹性除与纤维的弹性有关外，还与纱线的结构和混纺比有关。结构良好紧密的纱线弹性好。混纺纱的弹性，与混纺纤维的弹性及其含量有关。例如加入氨纶后，混纺纱的弹性将大大增加；混入 PTT 纤维和复合变形丝，混纺纱的弹性及蓬松度都明显改善。涤/毛混纺纱的弹性，随涤纶含量的增加而下降；但涤/棉混纺纱弹性，因涤纶纤维的弹性回复率比棉高而随涤纶含量的增加而提高。

二、纱线的拉伸疲劳与耐磨性

(一)纱线的拉伸疲劳

纱线成形后紧跟着的加工和使用多数是循环拉伸作用。在多次拉伸过程中，纤维和纱线结构会发生变化而导致疲劳破坏。

结构良好的纱线，多次拉伸循环的疲劳破坏可分为三个阶段，如图 11-6 所示。

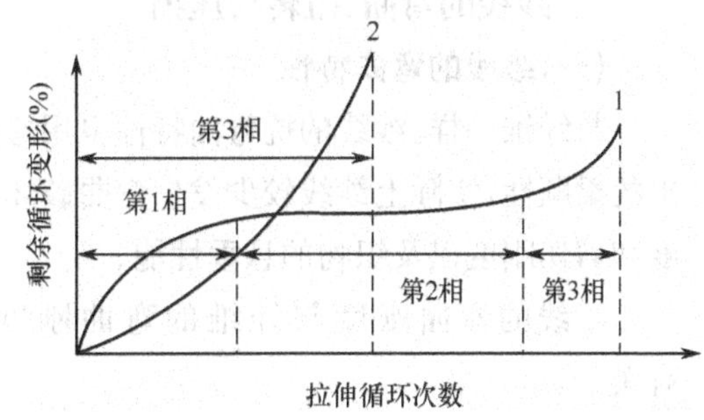

图 11-6　多次作用后纱线剩余变形增长曲线

1—结构良好的纱线　2—结构不良好的纱线

在第一阶段，大多数纤维和纱线以结构单元的取向排列为主要特征，结构得到改善。

第二阶段，结构将不再继续改善，如果拉伸量和频率适当，拉伸作用将产生快速可逆变形，纱线结构几乎没有变化，能承受数万甚至数百万次的拉伸。结构缺陷的发展、不可逆变形的积累十分缓慢。

第三阶段，结构有缺陷的位置可能出现应力集中，纤维断裂，纱线解体。

对结构不良的纱线，纤维间联系较弱，或者纱线结构良好，但拉伸作用产生的变形较大，则不经历第一和第二阶段，直接出现第三阶段。如果作用力非常大，则经过若干次拉伸后，不存在结构逐渐瓦解的衰竭过程，与一次拉伸断裂相似，只是中间增添了若干次卸载。

纱线拉伸疲劳试验方法和表示耐久性的指标与纤维类同。纱线的疲劳寿命除与纤维性质、纱线结构有关外，拉伸循环试验条件的影响很大。拉伸循环负荷值越大，纱线的疲劳寿命越低。

(二)纱线的耐磨性

纱线的耐磨性也称磨损性，是指纱线抵抗反复摩擦破坏的能力。当磨料在纱线表面往复摩擦时，使纤维表面磨损，对纤维产生切割作用及引起纤维从纱线中抽拔或拉断，致使纱线结构解体。

纱线的磨损破坏过程很复杂，通常以试验方法测试评价其耐磨性。纱线耐磨仪的类型很多，根据磨料和纱线的运动方式可分为：磨料单方向旋转；磨料顺、逆两个方向旋转；磨料沿纱线轴向往复运动；磨料往复运动的方向与纱线轴向成一定的角度；磨料单方向旋转同时往复运动等。

评定纱线耐磨性的指标常以纱线磨断时的循环次数来表征，或以磨损一定循环次数后，由纱线拉伸强力降低的百分率来表示。耐磨性的试验结果与磨料关系密切。磨料不同，不能对比不同的纱线间的耐磨性。当以被测试样本身作为磨料时，可以避免磨料表面的变化影响评定结果。

影响纱线耐磨性的因素有纤维性能、纱线结构和磨损试验条件。纤维断裂强度高、弹性模量低、急弹性变形大、蠕变变形中缓弹性变形对塑性变形的比例大、缓弹性变形绝对数值大、缓弹性变形产生的速率大、摩擦因数小，纱线的耐磨性好。就纱线结构而言，捻度低的纱线中纤维结合力较差，不耐磨损；捻度太高会使纱线变硬，摩擦时接触点小，接触点应力大，纱线同样不耐磨。转杯纺纱的耐磨性较环锭纱高，是因为转杯纱表层有螺旋线卷绕紧密的缠绕纤维，使纱表面层光洁而结构紧密，纤维不易被磨料切割和拉拔出纱体。测试条件方面，磨料、磨料与纱体间压力、往复摩擦循环的速率和温、湿度均有较大影响。

三、纱线的弯曲、扭转与压缩

(一)纱线的弯曲特性

与纤维一样，纱线的抗弯曲特性也用弯曲刚度表示。纱线的抗弯曲能力较小，具有非常突出的柔顺性，实际上纱线较少发生弯曲破坏。但是，纱线的弯曲性能极大地影响织物的弯曲刚度和剪切刚度以及织物的悬垂性能。

纱线的弯曲刚度与纤维的弯曲刚度、纱线线密度、纤维的线密度及纱线的捻度等有关。

纱线弯曲刚度可以采用多种方法进行测量，如简支梁法、圈状法、心形法和振动法等。

通常情况下，纱线互相勾接或打结的地方最容易产生弯断。这时，弯曲曲率半径基本上等于纱线直径的一半。针织物中线圈互相勾接承受拉伸，也属于这种状态。为了反映这方面的性能，许多纱线要进行勾接强度和结节强度的试验。试验仍在拉伸强度试验仪上进行，试验示意图如图 11－7 所示。

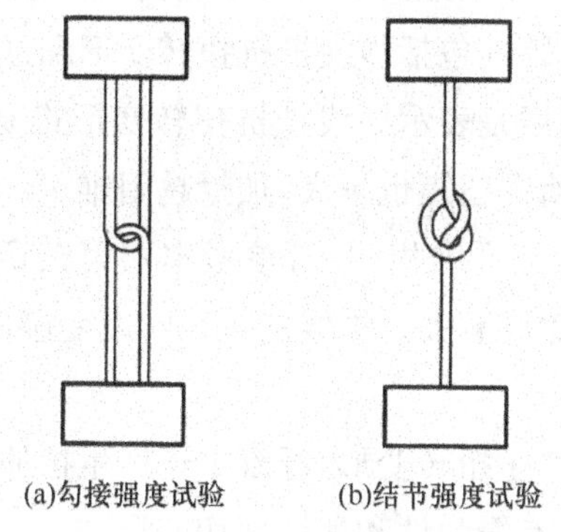

图 11－7　勾接和结节强度试验示意图

勾接相对强度如下式：

$$P_{og} = \frac{P_g}{2Tt} \tag{11-1}$$

式中：P_{og}——勾接相对强度，cN/tex；

p_g——勾接绝对强力，cN；

Tt——纱线线密度，tex。

有时用勾接绝对强力（或勾接相对强度）占拉伸绝对强力（或拉伸相对强度）的百分数表示，称作勾接强度率。

结节强度也有相应的关系式：

$$P_{oj} = \frac{P_j}{Tt} \tag{11-2}$$

式中：P_{oj}——结节相对强度，cN/dtex；

P_j——结节绝对强力，cN；

Tt——纱线线密度，tex。

一般情况下，勾接强度和结节强度较拉伸强度小，主要原因是勾接、结节处纤维弯曲，当纤维拉伸力尚未达到拉伸断裂强度时，弯曲外边缘拉伸伸长率已超过拉伸断裂伸长率而使纤维受弯折断。

抗弯刚度高和断裂伸长率大的纤维，勾结强度和结节强度较高。同时，纤维或纱线的粗细对勾接强度、结节强度有显著的影响。

一般来说，勾接强度率和结节强度率最高可达到 100%。但是，某些纱线由于结构较松，纤维断裂伸长率较大，在勾接或结节后，反而增强了纱线内纤维之间的抱合，减少了滑脱根数，故纱线的勾接强度率和结节强度率也可能大于 100%。

由于弯曲过程中纱线主要承受拉伸作用力，所以弯曲也和拉伸一样，会出现蠕变和松弛，它们之间的规律也相似。

(二)纱线的扭转特性

纱线受到扭转力矩作用后，在垂直其轴线的平面内就产生扭转变形和剪切应力，纱线的加捻就是扭转变形。纱线的扭转特性包括纱线抵抗扭转变形和抵抗扭转破坏两个方面。

纱线的扭转刚度或抗扭刚度是表示纱线抵抗扭转变形难易程度的指标。扭转刚度或抗扭刚度越大，纱线产生扭转变形所需扭矩也越大，加捻越困难。

纱线扭转刚度的表示方法与纤维相同，可参考本书第二章。纱线的扭转刚度与纱线的材料、纱线线密度及纱线具有的捻度有关。纱线的抗扭刚度受湿度的影响较大，湿度较大时，抗扭刚度显著降低。

对纱线进行加捻时，不仅产生扭转变形，纤维中还产生拉伸变形，而且扭转变形与拉伸变形一样，既有急弹性剪切变形，又有缓弹性和塑性剪切变形。

纱线的扭转刚度和纤维(或单根长丝)的扭转刚度间关系，就纱线中纤维根数而言，由比较多的单丝组成的复合丝比较少根数并合成的同样线密度的复合丝的扭转刚度低。

纱线加捻后，由于可回复变形的存在，产生退捻扭矩，所以纱线有退捻现象发生。在很多情况下，为了使有捻度的纱线获得平衡，可以通过捻线加捻捻向与第一次加捻捻向相反，使两者所产生的退捻扭矩相等而取得平衡。或者是通过湿热处理，加速缓弹性变形的松弛过程，使纤维分子达到平衡状态，以使纱线得到定捻。有时生产上为了要制造绉纱，则需要纱线有较大的退捻扭矩，而使其织物表面能呈现出皱纹来。

纱线的扭转强度是表示纱线抵抗扭转破坏难易程度的指标。纱线的扭转强度通常以具有初始捻度 T_0 的纱线再同向加捻至断裂时单位长度上所需的附加捻回数 T 来表示。据测定，不同纤维制成的 18tex 纱线，初始捻度 T_0 为 500～550 捻/m，其附加捻回数分别为：棉纱 1824、粘胶短纤维纱 1691、普通粘胶长丝 1921、强力粘胶长丝 1288 捻/m。

如果纱线的线密度和初始捻度不同，这时宜根据纱线的线密度和断裂捻回数 $T_B(T_0+T)$，计算出断裂捻系数 α_B 进行对比。

(三)纱线的压缩特性

纱线在纺织加工和使用过程中经常会受到压缩变形，如纱线经过压辊，经轴与滚筒之间；纱线卷绕在卷装中；纱线在织物中相互交织时；织物承受外力拉伸时等。

纱线的压缩变形表现为受压方向被压扁，在垂直于受力方向则变宽。纱线横向压缩变形的指标可用直径变化率或横截面积变化率来表示。

单根纱线的径向压缩试验表明：压缩变形随压缩负荷的增大而增大。在压缩变形量相同的情况下，施加在结构紧密的单根纤维上的压力较施加在结构蓬松的纱线上的压力要大得多。如施加在羊毛纤维上的压力较毛纱线上的压力大 8 倍。

机织物内纱线的截面形态，受到纤维原料、成纱结构、组织结构、织物密度、织造参数等因素的影响。因此，在讨论分析织物几何结构和力学性质时，应充分考虑纱线在织物内被压扁的实际情况。不同学者提出的纱线截面形态模型有圆形、椭圆形、跑道形和凸透镜形等。

第三节　纱线的品质评定

一、概述

纱线的品质评定是企业内部和企业之间作为考核纱线品质和交付验收的依据。纱线品质标准的内容一般包括产品品种规格、技术要求、试验方法、检验规则和标志，以及包装和验收规定等，其中的核心是技术要求。在品质标准中，纱线品质评定的技术要求基本上都是根据物理指标和外观疵点来进行，不过不同种类和不同用途的纱线，所要考核的具体项目不同。本节列举部分不同产品的技术要求，通过不同纱线的考核项目，学习纱线品质标准的基本内容。

二、常用纱线品等技术要求

(一)精梳棉涤混纺本色纱线

精梳棉涤混纺本色纱线品等技术要求见表 11－4。

表 11－4　精梳棉涤混纺本色纱线品等技术要求

项　目		精梳棉涤混纺本色纱线					
		单纱(6 ～6.5tex)			股线(6×2tex ～7.5×2tex)		
		优等品	一等品	二等品	优等品	一等品	二等品
单纱(线)强力变异系数 *CV*/(%)		16.5	20.5	23.5	11.0	13.5	16.0
百米重量变异系数 *CV*(%)		2.5	3.5	4.5	2.0	3.0	4.0
条干均匀度	黑板条干均匀度 10 块板比例(优：一：二：三)不低于	7：3：0：0	0：7：3：0	0：0：7：3	—		
	条干均匀度变异系数 *CV*(%)不大于	19.5	22.5	24.5	—		
优等线条干 *CV* 值(%)不大于					13.5		
黑板棉结粒数(粒/g)不多于		20	35	50	14	23	37
十万米纱疵(个)不多于		30					
断裂强度(cN/tex)不小于		12.0			14.7		
百米重量偏差范围(%)		±2.5			±2.5		

(二)亚麻纱、亚麻棉混纺本色纱

亚麻纱、亚麻棉混纺本色纱品等技术要求见表 11－5。

表 11－5　亚麻纱、亚麻棉混纺本色纱线品等技术要求

项　目	湿纺亚麻纱(40～54 公支)			亚麻/棉(55/45)混纺本色纱(26～42 公支)		
	优等品	一等品	优等品	一等品	优等品	一等品
断裂长度(km) 不大于	26	22	19			
单纱(线)断裂强度(cN/tex)不小于					5.2	

续表

项　目	湿纺亚麻纱(40~54公支)			亚麻/棉(55/45)混纺本色纱(26~42公支)		
	优等品	一等品	优等品	一等品	优等品	一等品
断裂强力变异系数CV(%)不大于	20	23	26	16	22	26
百米重量变异系数CV(%)不大于	4	5	6	4	6	7
黑板条干均匀度10块板,分不低于	90	70	60	—		
黑板条干均匀度10块板比例(优:一:二:三)不低于	—			7:3:0:0	0:7:3:0	0:0:7:3
麻粒(个/100m)不多于	20	45	75			
粗节(个/400m)不多于	0	0	2	0	2	4
一克内纱结杂质总粒数(个)不多于				120	170	220

(三)涤纶低弹网络丝

涤纶低弹网络丝品质评定的技术要求见表11-6和表11-7。

表11-6　涤纶低弹网络丝物理指标

序号	项　目	优等品	一等品	二等品	三等品
1	线密度(纤度)偏差(%)	±2.5	±3.0	±4.0	±5.0
2	线密度变异系数(%)	≤0.60	≤1.40	≤1.60	≤1.80
3	断裂强度(cN/dtex)	≥3.3 (3.7g/旦)	≥3.0 (3.4g/旦)	≥2.8 (3.2g/旦)	≥2.6 (3.0g/旦)
4	断裂强度变异系数(%)	≤4.00	≤8.00	≤10.00	≤12.00
5	断裂伸长率(%)	M_1±3.0	M_1±7.0	M_1±8.0	M_1±9.0
6	断裂伸长率变异系数(%)	≤8.00	≤12.00	≤14.00	≤16.00
7	卷曲收缩率(%)	≥15.0	≥13.0	≥11.0	≥9.0
8	卷曲收缩率变异系数(%)	≤10.00	≤14.00	≤16.00	≤16.00
9	卷曲稳定值(%)	≥65.0	≥45.0	≥40.0	≥30.0
10	沸水收缩率(%)	≤3.0	≤3.5	≤4.0	≤4.5
11	染色均匀性(级)(灰卡)	≥4.0	≥4.0	≥3.5	≥3.0
12	网络度(个/m)	M_2±10	M_2±15	M_2±20	M_2±20
13	网络度变异系数(%)	≤8.0			

注　1. 线密度(纤度)偏差,以设计线密度为计算依据。

2. M_1在20~30范围内选定,一旦确定后不能任意变更。

3. 染色均匀性按灰卡定等,如发现星斑丝,卷缩丝则降为等外品。

4. M_2由供需双方协商确定,一旦确定后不能任意变更。

表 11－7　涤纶低弹网络丝外观指标

序　号	项　目		优等品	一等品	二等品	三等品
1	色泽		正常	正常	轻度异常	明显异常
2	毛丝（个/筒）	＜77.8dtex(70 旦)	≤5	≤10	≤14	≤24
		77.8～144.4(dtex)(70～130 旦)	≤4	≤8	≤12	≤22
		＞144.4dtex(130 旦)	≤3	≤6	≤10	≤20
3	油污水(cm^2)		无	无	＜4	4～6（包括星点油污）
4	断头（个/筒）		无	无	无	无
5	尾巴丝（根/筒）		1(1.5 圈以上)	1(1.5 圈以上)	无尾巴多尾巴	无尾巴多尾巴
6	僵丝		无	无	稍有	较多
7	成形		良好	较好	一般	较差
8	绊丝（蛛网丝）（根/筒）		0	0	上端面≤2 下端面不允许	上端面≤4 下端面不允许
9	筒重（净）(kg)		满筒名义重量的 90%以上	≥1	≥0.8	≥0.5
10	圈丝（个/筒）		≤6	≤10	≤14	≤24

注　1. 色泽是整筒色泽必须正常，内外层一致。

2. 油污丝：指淡黄色或较深色油污。

3. 僵丝：稍有，即长度≤2cm，数量≤3 点。较多，即长度≤10cm，数量≤10 点。

4. 绊丝长度≥2cm 开始计算，若下端出现 1 根即降为等外品。

5. 圈丝：指圈丝的高度≥2mm 者。

（四）涤纶缝纫线

涤纶缝纫线品质评定的技术要求见表 11－8～表 11－14。

表 11－8　涤纶缝纫线的技术指标

线密度 tex(英支)	股　数	单线强力 (cN/50cm)	捻度（参考）（捻/10cm）	捻　向
29.5(20)	2	1570	58～62	SZ
29.5(20)	3	2450	44～48	SZ
29.5(20)	4	3420	40～44	SZ
19.7(30)	2	1080	70～74	SZ
19.7(30)	3	1570	58～62	SZ
14.8(40)	2	780	80～84	SZ
14.8(40)	3	1180	76～80	SZ

续表

线密度 tex(英支)	股 数	单线强力 (cN/50cm)	捻度(参考) (捻/10cm)	捻 向
11.8(50)	2	590	82～86	SZ
11.8(50)	3	980	78～82	SZ
9.8(60)	2	470	96～100	SZ
9.8(60)	3	780	80～84	SZ
9.1(65)	3	690	82～86	SZ
8.4(70)	3	650	82～86	SZ
7.4(80)	2	350	114～118	SZ
7.4(80)	3	590	84～88	SZ

表 11-9 线密度允许范围

一等品		二等品
漂白或染色+13%	未漂白或染色±5%	超过一等品范围

表 11-10 强力变异系数 CV 的要求

线密度 tex(英支)	股 数	单线强力变异系数 *CV*(%) 不大于
7～13(80～44)	2	15
7～13(80～44)	3	13
14～24(43～24)	2	13
14～24(43～24)	3	11
25～76(23～8)	2	11
25～76(23～8)	3	9
25～76(23～8)	4	9

表 11-11 耐洗色牢度和耐摩擦色牢度要求

一等品				二等品
耐洗色牢度		耐摩擦牢度		
试样变色	贴衬织物沾色	干摩擦	湿摩擦	低于一等品
3～4	3～4	3～4	3～4	

表 11-12 长度允许公差

产品长度(m)	一等品	二等品
200 及以内	±3%	-6%
201～1000	±2.5%	-4%
1001～5000	±2%	-3%
5001 以上	±1.5%	-2%

表 11－13　结头(包括面结)允许个数

产品长度(m)	一等品	二等品
200 及以内	1	2
201～1000	2	4
1001～5000	4	8
5001 以上	每增加 1000m 允许增加 1 个结头(不足 1000m 按 1000m 计算)	每增加 1000m 允许增加 2 个结头(不足 1000m 按 1000m 计算)

表 11－14　外观疵点分等规定

<table>
<tr><th>编　号</th><th colspan="2">疵点名称</th><th>一等品</th><th>二等品</th></tr>
<tr><td>1</td><td colspan="2">表面结头</td><td>股线结头或相当于结头的棉结在表面或端面：
1000m 及以下不允许
1001m～3000m 允许 1 个
3001m 以上允许 2 个
但必须修整，结尾长限 0.5cm 以内</td><td>1000m 及以下允许 1 个，其他规格不超过一等品的 2 倍</td></tr>
<tr><td rowspan="2">2</td><td rowspan="2">油污渍</td><td>线圈</td><td>3 级以上，面积不超过 0.5cm^2 或单根线不超过半圈</td><td rowspan="2">超过一等品的 2 倍</td></tr>
<tr><td>宝塔线</td><td>3 级以上，面积不超过 1cm^2 或单根线不超过 5cm
2 级以上，面积不超过 0.16 cm^2 或单根线不超过 3cm
2 级以下面积不超过 0.01cm^2</td></tr>
<tr><td rowspan="2">3</td><td colspan="2" rowspan="2">色差</td><td>按色卡或来样不低于 3 级</td><td>不低于 2 级</td></tr>
<tr><td>盒内个与个之间不低于 4 级</td><td>不低于 3 级</td></tr>
<tr><td rowspan="2">4</td><td colspan="2" rowspan="2">色花夹心</td><td>色花深浅相差不低于 3～4 级</td><td>不低于 2 级</td></tr>
<tr><td>夹心、黄白不低于 4 级</td><td>不低于 2～3 级</td></tr>
<tr><td>5</td><td colspan="2">麻懈线</td><td>轻微者允许</td><td>超过一等品</td></tr>
<tr><td rowspan="2">6</td><td rowspan="2">蛛网</td><td>线圈</td><td>单头允许跳线 1 根</td><td rowspan="2">不超过一等品的 2 倍</td></tr>
<tr><td>宝塔线</td><td>小头允许跳线 2 根，每根跳线长度不超过半圈，大头不允许</td></tr>
</table>

注　油污渍深度以沾色灰色样卡评定。色差、色花、夹心以变色灰色样卡评定。

(五)帘子线品质评定的技术要求(表 11－15)

表 11－15　用于帘子布的锦纶 66 工业丝技术要求

编号	线密度(dtex)	930	1400	1870	2100
1	单丝根数	140	208	280	312
2	线密度(dtex)	930±17	1400±23	1870±33	2100±39

续表

编号	线密度(dtex)	930	1400	1870	2100
3	断裂强力(N)	≥78.0	≥117.2	≥156.4	≥176.5
4	定负荷伸长率(%)	12±1.5(44.1N)	12±1.5(66.6N)	12±1.5(88.2N)	12±1.5(100.0N)
5	断裂伸长率(%)	19±3	19±3	19±3	19±3
6	耐热性(%)	≥90	≥90	≥90	≥90
7	沸水收缩率(%)	7±2	7±2	7±2	7±2

注　耐热性试验干空气180℃,4h;沸水收缩试验,30min,100℃水。

思考题

1. 比较毛羽总根数与毛羽指数。
2. 分析短纤维纱中纤维强力利用率远低于1的原因。
3. 影响混纺纱断裂强度的主要因素,为什么?
4. 解释表11－4纱线品等技术要求中的考核项目及与纱线性能的关系。

第十二章　纱线部分实验

本章知识点

1. 纱线细度、细度均匀度、捻度的测定。
2. 纱线毛羽、拉伸性质测定、棉纱线分等。

第一节　纱线的线密度测定

一、实验目的

定长制纱线线密度是由量取合适的试样长度后，称取质量计算而得。合适试样是在规定条件下，从调湿处理过的样品中摇取试验用的一定长度绞纱，所测试样按产品标准规定或商业上协约双方的规定，可以是未洗净带油脂的纱线，也可以是洗净的纱线。通过试验掌握测定纱线线密度的方法和计算方法，并了解影响纱线线密度测定结果的因素。

二、基本知识

纱线的线密度是指1000m长的纱线在公定回潮率时的重量(g)，单位为特克斯，对于棉纱线俗称为号数。在实际生产和交易过程中，必须对线密度进行定期测定和控制。纱线线密度的测定方法有多种，这里介绍的绞纱法是较为常用的方法，具体实验要求参阅GB/T 4743、GB/T 14343和GB 6838。

三、实验准备

实验仪器和用具：缕纱测长仪、天平、八篮烘箱、辅助器具。缕纱测长仪结构示意图如图12-1所示。

试样：棉型纱、毛型纱或化纤长丝。

四、实验步骤

1. 取样与调湿　取样按照相应产品标准执行，一般取30个卷装。取好卷装后在相对湿度10%～25%、温度不超过50℃的大气下预调湿4h，然后在20℃±2℃、湿度65%±5%大气条件下，绞纱调湿不少于8h，卷绕紧密卷装的纱不少于48h。从卷装中退绕纱线，废弃卷装开头和末尾的几米纱，以避开损伤部分。

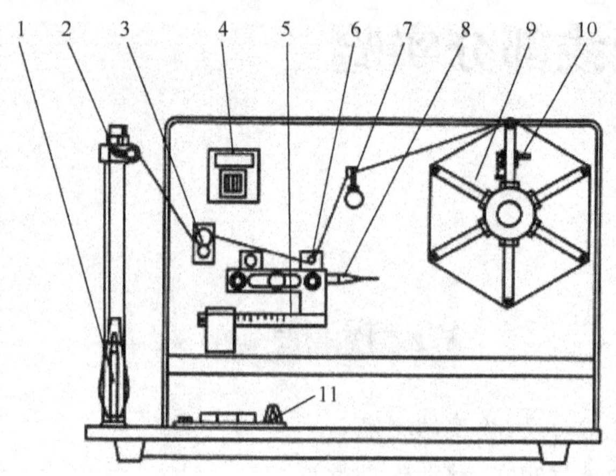

图 12－1 缕纱测长仪结构示意图

1—纱锭杆 2—导纱钩 3—张力调整器 4—计数器 5—张力秤 6—张力检测棒 7—横动导纱钩 8—指针 9—纱框 10—手柄 11—控制面板

2. 摇取缕纱 在缕纱测长仪上摇出试验绞纱(缕纱)。绞纱长度要求如下:线密度低于12.5tex的纱线,每缕纱长推荐用200m;线密度介于12.5～100tex的纱线,每缕纱长推荐用100m;线密度大于100tex时,每缕纱长用10m。由实验指导老师结合仪器演示缕纱测长仪的操作要求及方法。

在卷绕时应按标准采用一定的卷绕张力,在没有标准时,可参用下列数值:非变形纱及膨体纱为0.5±0.1cN/tex,其中针织绒和粗纺毛纱为0.25±0.05cN/tex;对其他变形纱为1.0±0.2cN/tex。摇绞纱时,纱线允许在摇纱器的全动程上横动,以便尽可能减少摇纱器上第二层纱线重叠到第一层上。

从摇纱器上取下绞纱,如果要测定绞纱强力,则在取下绞纱前要将纱框测长器的一个或几个臂折叠、缩拢,以免强力损失。

3. 称重及计算 依据纱线线密度定义计算纱线线密度。依测试条件分两种情况:在实验用标准大气条件下,对已调湿平衡的缕纱直接测量质量,计算纱线线密度;在非实验用标准大气条件下,对缕纱烘干、测量质量,再依公定回潮率求得公定重量,然后,计算纱线线密度。

五、实验记录

实验条件:温湿度、仪器及设定参数、试样及编号、实验方法、实验日期等。

测试记录:记录调湿平衡的缕纱质量或记录烘干缕纱质量和公定重量。

第二节 纱线的细度均匀度测定

一、实验目的

掌握电容式条干均匀度仪的试验方法和操作,并了解电容式条干均匀度仪测定纱线细度均匀度的原理和试验结果的分析。具体实验要求参阅 GB/T 3292。

二、基本知识

纱线细度均匀度用纱线细度不匀或纱线线密度不匀表示。纱线细度不匀是指沿纱线长度方向各个截面面积或直径粗细不匀，它与单位长度纱线内的纤维数量和纤维粗细不匀有关。一方面是纤维本身在纱线中随机分布产生的不匀，另一方面是纺纱过程中工艺及机械因素附加的不匀。

测定纱线细度均匀度的方法有片段长度称重法，黑板条干对比法，电容法和光电法。片段长度称重法是指将纱线按规定长度（短片段长度为 1～100cm；长片段长度为 20～450m），切割成许多片段，称出各片段的重量，求出各片段长度间的重量不匀率。黑板条干对比法是将纱线均匀地绕在一定尺寸的黑板上，在一定光线照度和距离下，与标准样照（或实物）进行对比评定。光电法是纱线在罗拉的牵引下，以一定的速度通过光电检测系统，对纱线的投影宽度进行测量，将此长度上的电信号经过运算即可得出纱线的直径以及纱线的不匀性。电容法是当纱线以一定速度通过仪器平板电容器时，电容器的电容量将随介质，即纱线的线密度变化而变化，最后测得纱线的细度均匀度。

目前广泛使用的是电容法，其中乌斯特条干均匀度仪使用最广泛，用此仪器可测定条子、粗纱、细纱和股线的均匀度，适合试验的纤维有棉、毛、麻、丝、化学纤维及各种混纺等。

三、实验准备

实验仪器和用具：乌斯特条干均匀度仪。

试样：管纱。

四、实验步骤

1. 试样调湿 将试样预调湿、调湿。

2. 测试 预热乌斯特条干均匀度仪 30min 以上；设置仪器参数：推荐速度为 200m/min，时间为 1min；在无纱线情况下做空白试样校准，使指针位于刻度盘最左边；通过导纱装置引入纱线，根据纱线线密度选择相应电容测量槽口；启动绕卷罗拉，使纱线被罗拉牵引；调节旋钮使仪器指针在中间左右摆动，即使显示结果落在仪表最佳显示范围。

待实验自动停止，开始下一试样，试样数量至少 10 个。开始另一组试样时，需清零。

打印或记录结果，实验结果为条干变异系数（*CV* 值），如有需要还可记录粗节、细节、棉结个数等指标。

由实验指导老师依据具体仪器型号演示乌斯特条干均匀度仪的操作方法。

五、实验记录

实验条件：温湿度、仪器及设定参数、试样及编号、实验方法、实验日期等。

测试记录：一般为打印结果，也可手动记录条干变异系数等。

第三节　纱线的捻度和捻缩测定

一、目的要求

掌握捻度机操作方法，采用退捻加捻法和直接计数法测定单纱和股线的捻度、捻缩。具体实验要求参阅 GB 2543.1 和 GB 2543.2。

二、基本知识

纱线捻度是纱线单位长度上的捻回数，用以衡量纱线的加捻程度。一般可用 10cm 或 1m 长度内的捻回数表示。捻度指标仅能度量相同特数和体积重量的纱线的加捻程度。当特数和体积重量不同时，捻度不能完全反映纱线的加捻程度。因此，常采用捻系数指标来衡量纱线的加捻程度。

纱线加捻方向，分别根据纤维在单纱上或单纱在股线上的倾斜方向不同，分为 Z 捻和 S 捻两种。可通过手动退捻来判断纱线捻向，加捻方向与退捻方向相反。

纱线捻缩是指纱线因加捻而缩短或伸长的程度，纱线捻缩是指纱线原长减去捻后长度相对纱线原长之比的百分率。

三、实验准备

实验仪器和用具：纱线捻度机，挑针、剪刀等。纱线捻度机结构示意图如图 12－2 所示。

试样：单纱和股线各一种。

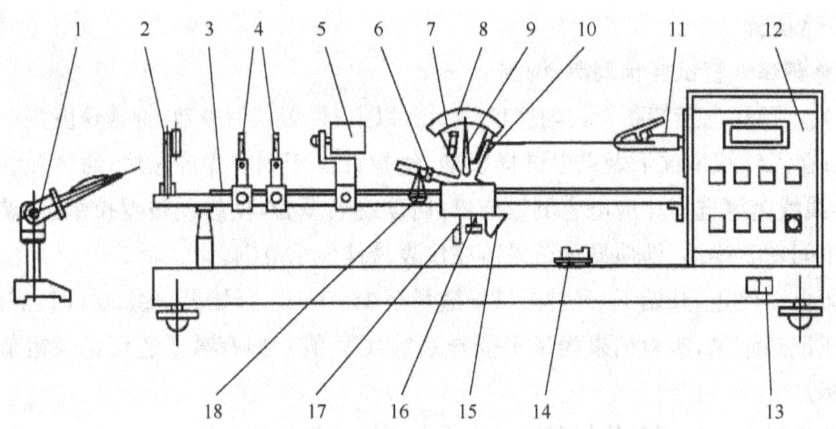

图 12－2　纱线捻度机结构示意图

1—插纱架　2—导纱钩　3—定长标尺　4—辅助夹　5—衬板　6—张力砝码　7—伸长限位　8—弧标尺　9—摆片指针　10—左纱夹　11—解捻纱夹　12—控制箱　13—电源开关　14—水平泡　15—调零装置　16—锁紧螺钉　17—定位片　18—重锤盘

四、实验步骤

1. 取样 按产品标准规定取样，若没有产品标准规定时，根据产品的变异系数和精度要求，确定试样数量。当结果无离散特征时，短纤维单纱试样数量为50；其他纱线试样数量为20。每管纱舍去管纱表层部分，每管纱中两次取样间隔至少1m以上。

2. 确定实验方法 一般股线使用直接计数法，短纤维单纱使用退捻加捻法。

3. 试验参数设定 调节纱夹之间的距离：区分直接计数法和退捻加捻法，直接计数法依表12-1调节。退捻加捻法为单纱500mm，复丝250mm或500mm。

表12-1 直接计数法纱夹之间的距离

材料		隔距长度(mm)
单纱	棉纱	10或25
	精梳、粗梳毛纱	25或50
	韧皮纤维	100或250
股线和复丝	捻度>1250捻/m时	250
	捻度<1250捻/m时	500

选定预加张力值：一般(0～5±0.1)cN/tex。若退捻加捻法且纱线为精梳毛纱时：捻系数<80时，预加张力为(0.10±0.02)cN/tex；捻系数为80～150时，预加张力为(0.25±0.05) cN/tex；当捻系数>150时，预加张力为(0.50±0.05) cN/tex。

设置仪器参数：依试样设置相应的方法、捻向和速度。速度未做明确规定时，一般为(1000±200)mm/min。自动计算打印的设备还可设定纱线线密度、试样数量、管数等指标。

4. 安装试样 将纱线通过导纱装置引入，先用指针端夹头夹住纱线一端，将纱线头端引入右纱夹，使纱线受到一定张力而伸直。当伸长指针指在伸长弧标尺的零位时，使纱线夹紧在右纱夹的斜槽内。

5. 测试 直接计数法，手动控制转头正转(反转)进行退捻，并配合挑针，用挑针在左端插入试样之间，并向右移动，同时转动右纱夹，继续退捻，直到完全平行无捻度为止。显示的捻回数是实际捻回数。

退捻加捻法先退捻后反向加捻至零位后停止。在指针左侧应根据实际情况固定好限位，防止纱线退捻时在张力的作用下过度拉伸脱散。显示的捻回数为实际捻回数两倍。由实验指导老师依据具体仪器型号演示捻度机的操作方法。

6. 数据处理 仪器可自动计算打印各实验结果。若没有相关功能，可根据相关公式计算捻度、捻系数。

五、实验记录

实验条件：温湿度、仪器及设定参数、试样及编号、实验方法、实验日期等。

测试记录：捻回数。

第四节　纱线的毛羽实验

一、实验目的

掌握用光电式纱线毛羽测试仪测试纱线的毛羽。

二、基本知识

纱线毛羽指伸出纱线主体的纤维端或圈，毛羽伸出长度是纤维端或圈凸出纱线基本表面的长度，毛羽设定长度为指定的毛羽伸出的长度，毛羽指数是指单位长度纱线内单侧面上伸出长度超过某设定长度的毛羽根数累计数，单位为根/m。

光电式纱线毛羽测试仪测试原理：连续运动的纱线在通过检测区时，其毛羽就会相应的遮挡投影光束，此时光电器件将成像毛羽转换成电信号，由后续电路对信号加以处理，并按不同的设定长度分类统计毛羽指数。

三、实验准备

实验仪器和用具：光电式纱线毛羽测试仪，要求毛羽设定长度的精度不低于 0.1mm；毛羽分辨率不低于 0.5mm。

试样：管纱若干。

四、实验步骤

1. 试样调湿　试样在温度(20±2)℃、湿度 65%±3%标准大气中平衡 24h。

2. 试验参数设定　接通纱线毛羽测试仪主机及打印机电源，仪器进入待机状态，预热 30min。

在产品标准没有规定的情况下，各种纱线毛羽设定长度，纱线片段长度的规定值见表 12－2。设定各种纱线的测试速度为 30m/min。

表 12－2　纱线毛羽和片段长度的设定

纱线种类	毛羽设定长度(mm)	纱线片段长度(m)
棉纱线及棉型纱线	2	10
毛纱线及毛型纱线	3	10
中长纤维纱线	2	10
绢纺纱线	2	10
苎麻纱线	4	10
亚麻纱线	2	10

3. 测试　将试样按引纱路线示意图装上仪器，开动后用纱线张力仪效验，并调节预加张力至纱线的抖动尽可能小。一般规定，毛纱线张力为(0.25±0.025)cN/tex，其他纱线为(0.5±0.1)cN/tex。

启动测试，测试至规定长度时记录或打印试验结果。由实验指导老师依据具体仪器型号演示光电式纱线毛羽测试仪的操作方法。

五、实验记录

实验条件：温湿度、仪器及设定参数、试样及编号、实验方法、实验日期等。

测试记录：仪器可自动显示、打印测试结果。

第五节　纱线的拉伸性质测定

一、实验目的

掌握用电子单纱强力仪测试纱线强力的方法。了解纱线拉伸过程和影响测试结果的因素。具体实验要求参阅 GB/T 3916 和 GB/T 14344。

二、基本知识

纱线在承受各种外力作用时所呈现的力学性质包括拉伸断裂、拉伸弹性、疲劳、蠕变与应力松弛等，而拉伸断裂性能是纱线力学性质的主要考核指标。

纱线拉伸性能的基本指标包括拉伸断裂强力、断裂强度，断裂伸长、断裂伸长率。各概念含义参考本书第七章、第十一章相关内容。

单纱强力是表示纱线品质的重要指标之一，是最重要的常规检验项目。测定单纱强力能了解纱线的品质，单纱强力变异系数能了解纱线不匀率情况。

三、实验准备

实验测试仪器：等速伸长型单纱强力仪。

试样：管纱。

四、实验步骤

1. 取样　按照产品标准或协议抽取实验样品，一般在样品中抽取 20 个卷装，测试试样至少 100 根。若在织物中抽取，径向应取自不同经纱，纬纱取自不同区域。

2. 预调湿和调湿　在相对湿度 10%～25%，温度不超过 50℃的大气下预调湿 4h，然后在(20±2)℃，湿度 65%±5%大气条件下，绞纱调湿不少于 8h，卷绕紧密卷装纱不少于 48h。

3. 仪器参数设置　开机预热、设置参数；设置卷装数、实样数、拉伸速度、预加张力、隔距、纱线规格参数等。隔距长度一般 500mm，不能满足 500mm 时，采用 250mm。隔距 500mm 时，采用500mm/min速度，隔距250mm时采用250mm/min。预加张力一般(0.5±0.1)cN/tex，若样品为湿态采用(0.25±0.05)cN/tex。变形纱施加既能使之消除卷曲又不使之伸长的预张力。

测试：将纱管按顺序安装纱架上，舍去开头部分纱线，穿过导纱装置将固定在自动喂给装置上，纱线不交叉、能自由抽取。启动测试，仪器自动打印测试结果。由实验指导老师依据具体仪器型号演示单纱强力仪的操作方法。

五、实验记录

实验条件：温湿度、仪器及设定参数、试样及编号、实验方法、实验日期等。

测试记录：仪器可自动显示、打印各实验结果。

第六节　棉纱线的分等分级实验

一、实验目的

掌握棉纱线的分等分级方法。掌握分级评定指标及测试方法。具体实验要求参阅GB/T 398—2008《棉本色纱线》。

二、基本知识

棉纱线的品质评定按质量指标分为优等、一等、二等，低于二等作为三等品。

棉纱的品等由单纱断裂强力变异系数、百米重量变异系数、单纱断裂强度、百米重量偏差、条干均匀度、1g内棉结粒数及1g内棉结杂质总粒数，十万米纱疵最低一项的品等评定。

棉股线分等由单纱线断裂强力变异系数、百米质量变异系数、1g内棉结粒数及1g内棉结杂质总粒数、单纱断裂强度、百米重量偏差六项中最低一项的品等评定。

摇黑板条干均匀度与条干均匀度变异系数两者选一即可，但一经确定，不得任意变更。有质量争议时，以条干均匀度变异系数为准。

三、实验准备

实验仪器和用具：纱线强力仪、测长仪、电子天平、十万米纱疵分析仪，乌斯特条干仪等。

试样：纱管和筒子纱。

四、实验步骤

全部实验包括：取样及调湿；单纱断裂强力变异系数、单纱断裂强度实验；百米重量实验；黑板条干均匀度实验；1g内棉结粒数及1g内棉结杂质总粒数实验；条干变异系数实验；等级评定。具体实验步骤如下：

1. 取样及调湿　棉纱(线)品等的评定以批为单位，规定以同品种一昼夜的生产量作为一批。按规定的试验周期和各项试验方法进行试验，并按其试验结果评等。

在相对湿度10%～25%，温度不超过50℃的大气下调湿4h，然后在(20±2)℃，湿度65%±5%大气条件下，绞纱调湿不少于8h，卷绕紧密卷装纱不少于48h。

2.断裂强度实验 测量单纱断裂强力变异系数、单纱断裂强度。参照本书第十二章相关实验内容。

3.百米重量实验 摇取缕纱：在纱框式缕纱测长器上摇取缕纱，每管取一绞，共30绞，每绞长100m，缕纱摇好后，将纱头尾接好，接头长度不超过1cm。

逐缕称重：将30缕纱在天平上逐缕称重，精确至0.01g。

计算百米重量变异系数和百米重量偏差。

4.黑板条干均匀度实验 每个筒子或每绞纱摇一块黑板，每份试样共检验10块黑板。纱线绕在黑板上要求密度均匀，每50mm宽度内绕20圈纱。具体实验要求参阅GB/T 9996。

绕好试样的黑板与标准样照对比，作为评定条干均匀度品级的主要依据。标准样照分优级、一级两种，好于或等于优级样照的，按优级评定；好于或等于一级样照的按一级评定；差于一级样照的评为二级。

黑板上阴影，粗节不可相互抵消，以最低一级评级；如有严重疵点，评为二级；严重规律不匀，评为三级。

粗节：黑板部分粗于样照时，即降级；粗节数量多于样照时，即降级；但普遍细短于样照时，不降，粗节虽少于样照，但显著粗于样照时，即降级。

阴影：黑板阴影普遍深于样照时，即降级；阴影深浅相当于样照，但总面积显著大于样照时，即降级；阴影面积虽大，但浅于样照时，不降；阴影总面积虽小于样照，但显著深于样照时，即降级。

严重疵点：粗节是粗于原纱1倍，长5cm两根或长10cm一根，即降级；细节是细于原纱1/2倍，长10cm一根；竹节是粗于原纱2倍长1.5cm一根。

严重规律不匀：黑板满板规律不匀，其阴影深度普遍深于一级样照最深的阴影。

5.1g内棉结粒数及1g内棉结杂质总粒数实验

(1)棉结与杂质：棉结是由棉纤维、未成熟棉或僵棉因轧花或纺纱过程中处理不善集结而成的。棉结不论黄色、白色、圆形、扁形、或大、或小，以检验者的目力所能辨认者即计；纤维聚集成团，不论松散与紧密，均以棉结计；未成熟棉、僵棉形成棉结(成块、成片、成条)以棉结计；黄白纤维虽未成棉结，但形成棉索且有一部分纤维纠缠于纱线上的按棉结计；附着棉结以棉结计；棉结上附有杂质，以棉结计，不计杂质；凡棉纱条干粗节，按条干检验，不算棉结。

杂质是附有或不附有纤维(或绒毛)的籽屑、碎枝杆、棉籽、软皮及麻草等杂物。杂质不论大小，以检验者的目力所能辨认者即计；凡杂质附有纤维，一部分纠缠于纱线上，以杂质计；凡一粒杂质破裂为数粒，而聚集成以团的，以一粒计；附着杂质以杂质计；油污、色污、虫屎及油线、色线纺入均不计为杂质。

(2)棉结杂质的检验条件：棉结杂质的检验地点，要求尽量采用北向自然光源，正常检验时，必须有较大的窗户，窗外不能有障碍物，以保证室内光线充足，一般应在不低于400lx的照度下

(最多不超过 800lx)进行，如果照度低于 400 lx 时，应加用灯光检验(用青色或白色的日光灯管)。光线应从左后方射入。检验面的安放角度应与水平成45°±5°的角度。

(3)棉结与杂质检验：同黑板条干实验，摇好黑板。将浅蓝色底版纸插入试样与黑板之间，然后用黑色压片压在试样上，进行正反两面的每格内的棉杂质检验，检验时，应逐格检验，且不得翻拨纱线。检验者的视线与纱条成直角，检验距离以检验人员的目力在辨认疵点时不费力为原则。将全部纱样检验完毕后，算出 10 块黑板的棉结、棉结杂质总粒数，再根据棉纱线号数计算出 1g 棉纱线内的棉结杂质总粒数。

6. 条干变异系数实验 参照本书第十二章相关实验。

五、实验记录

实验条件：温湿度、仪器及设定参数、试样及编号、实验方法、实验日期等。

测试记录：各项评定指标的测试数据。

第十三章　织物分类与结构

本章知识点

1. 梭织物、针织物与非织造布的分类。
2. 梭织物、针织物与非织造布的结构。
3. 平面型与立体型结构织物简介。

第一节　机织物分类与结构

机织物也称梭织物，是由互相垂直的一组（或多组）经纱和一组（或多组）纬纱在织机上按一定规律纵横交织成的制品。有时机织物也可简称为织物。现代的多轴向加工，如三向织造、立体织造等，已突破机织物的这一定义的限制。

一、机织物分类

随着生产技术的发展，机织物的花色品种更加繁多，为了便于对机织物的品质和特性进行研究，将机织物进行科学合理的分类具有重要意义。常用的分类方法有以下几种。

（一）按原料分类

1. 纯纺织物　经、纬均为同一种原料织造的织物称为纯纺织物。例如，真丝织物中的乔其纱、双绉、电力纺，纯毛毛织物中的纯毛哔叽、凡立丁、麦尔登，棉织物中的府绸、卡其、华达呢等。

2. 混纺织物　由两种或两种以上不同种类的纤维混合纺成的经、纬纱织成的织物称为混纺织物。如涤棉纺、涤粘纺、毛涤纺等。

3. 交织织物　经纱和纬纱分别采用不同纤维纺制成的纱线（丝）织成的织物称为交织织物。例如，桑蚕丝经、粘胶丝纬交织而成的织锦缎、古香缎、软缎等提花织物；棉经、毛纬交织而成的毛毯等织物。

（二）按纱线的类别分类

1. 短纤维纱织物

(1)纱织物：经纬纱均由单纱构成的织物称为纱织物。织物柔软、轻薄，强力低，易起毛起球。如各种棉平布。

(2)线织物:经纬纱均由股线构成的织物称为线织物(全线织物)。织物厚实、挺硬,强力高。如绝大多数的精纺呢绒、毛哔叽、毛华达呢等。

(3)半线织物:经纱是股线,纬纱是单纱织造加工而成的织物叫半线织物。织物股线方向强度高、挺实、悬垂性差。如纯棉或涤棉半线卡其等。

2. 长丝织物 长丝织物是指采用天然丝或化纤长丝织成的机织物。织物光亮,强力好,不易起毛起球。

3. 花式线织物 花式线织物即用各种花式线织成的机织物。织物丰富多彩的布面外观,但强力低,易起毛起球,易勾丝。

(三)按织物的组织结构分类

所谓织物组织是指机织物中经、纬纱线交织的规律与形式。按织物组织分类,梭织物可分为原组织织物、变化组织织物、联合组织织物、复杂组织织物和纹织物。

1. 原组织织物 原组织也称基本组织,包括平纹、斜纹和缎纹。平纹织物主要有细布、府绸、凡立丁等;斜纹织物有纱卡、斜纹布、毛哔叽等;缎纹织物有横贡、直贡、软缎、贡呢等。

2. 变化组织织物 变化组织是在原组织的基础上,变更原组织的循环数、浮点、飞数等参数,衍生或派生而成的织物组织,对应的有平纹、斜纹、缎纹变化组织。

3. 联合组织织物 联合组织是将两种或两种以上的组织联合(组合、搭配)构成的新组织,织物表面呈现几何图案或小花纹效应,如条格组织织物、绉组织织物、透孔组织织物等。

4. 复杂组织织物 复杂组织织物是由多组经纬纱构成,包括一组经纱与两组纬纱或两组经纱与一组纬纱或两组及两组以上经纱与两组及两组以上纬纱构成的,分为二重、双层、起毛、毛巾、纱罗组织织物,使织物表面致密、质地柔软、耐磨、较厚或能赋予织物一些特殊性能等。

5. 纹织物 纹织物又称大提花组织,可分为简单和复杂两大类。凡用一种经纱和一种纬纱,选用原组织及小花纹组织构成花纹图案的组织称为简单大提花组织。经纱或纬纱的种类在一种以上,配列在多重或多层之中的组织均称为复杂大提花组织。

(四)按染整加工分类

1. 本色织物 本色织物又称坯布,指由织布厂织成后,不经任何印染加工的织物。此品种大多数用于印染加工。

2. 漂白织物 坯布经退浆、煮炼等工艺后,再经漂白的织物,也称漂白布。

3. 染色织物 坯布经退浆、煮炼等工艺后,再经染色的织物,也称匹染织物、色布、染色织物。

4. 印花织物 坯布经退浆、煮炼、漂白等工艺后,再经印花加工的织物,也称印花布、花布。

5. 色织物 将纱线全部或部分染色,再织成各种不同色的条、格及小提花织物。这类织物的线条、图案清晰,色彩界面分明,并富有一定的立体感。

6. 色纺织物 先将部分纤维染色,再将其与原色(或浅色)纤维按一定比例混纺,或两种不同色的纱混并,再织成织物。这样的织物具有混色效果,如烟灰色就可由黑色与白色纤维混纺而得。

7. 整理织物　通过物理或化学的方法整理加工的织物。如柔软或硬挺整理；防霉、防蛀整理；拒水、阻燃、防污、抗菌、抗静电整理等。

(五)按用途分类

机织物以其应用领域不同可分为三大类：服用织物、装饰用织物及产业用织物。

1. 服饰用织物　织物中以衣着用织物用量最大，包括春、夏、秋、冬的各式服装用布以及领带、鞋、帽、被面、围巾、伞、手帕等。

2. 装饰用织物　如窗帘、窗纱、靠垫、沙发套、床罩等。

3. 产业用织物　如绝缘布、过滤布、防水布、土工布、降落伞、人造血管等。

(六)按织物的风格分

由于纤维在细度、长度、刚性、弹性、光泽等性状方面存在的差异，构成的织物风格也因此产生较大的差异，现将织物按风格分类如下。

1. 棉型织物　全棉织物、棉型化纤织物和棉与棉型化纤混纺织物统称为棉型织物。棉型化学纤维的长度、细度均与棉纤维相接近，织物具有棉型感。常用的棉型化学纤维有涤纶、维纶、丙纶、粘胶纤维、Lyocell 等短纤维。

2. 毛型织物　全毛织物、毛型化纤织物和毛与毛型化纤的混纺织物统称为毛型织物。毛型化学纤维的长度、细度、卷曲度等方面均与毛纤维相接近，织物具有毛型感。常用的毛型化学纤维有涤纶、腈纶、粘胶纤维、Lyocell 等短纤维。

3. 丝型织物　蚕丝织物、化纤仿丝绸织物和蚕丝与化纤丝的交织物统称为丝型织物，具有丝绸感。其常用的化纤丝有涤纶、锦纶、粘胶纤维、Lyocell 等长丝。

4. 麻型织物　纯麻织物、化纤与麻的混纺织物和化纤丝仿麻织物统称为麻型织物。织物具有粗犷、透爽的麻型感。麻型化学纤维在细度、细度不匀、截面形状等方面与天然麻相似，常用的化学纤维主要是涤纶。

5. 中长纤维织物　中长纤维织物指长度和细度界于棉型与毛型之间的中长化学纤维的混纺织物。中长纤维织物为化纤织物，具有类似毛织物的风格，常见的品种如涤粘中长纤维织物、涤腈中长纤维织物等。

(七)按纺纱的工艺分类

按纺纱工艺的不同，棉织物可分为精梳织物、粗梳(普梳)棉织物和废纺织物；毛织物可分为精梳毛织物(精纺呢绒)和粗梳毛织物(粗纺呢绒)。

(八)按织物编号分类

1. 棉织物的编号　织物出厂时在外包装上印刷产品的编号，这是根据国家标准将纺织品统一编制的产品编号。我们可以通过编号了解织物的纤维原料、产品类别、产品规格和产地等信息。

(1)本色棉织物：本色棉织物的产品编号用三位数字表示，左起第一位数字代表品种类别(表 13-1)，后两位数字表中“01～09”表示各类纱织物；“30～49”表示各类半线织物；“50”以上表示各类全线织物。如：“201，202，…，214”表示纱府绸；“540”表示本色半线华达呢。

表13-1 棉织物的编号

类 别	本色棉织物	印染棉织物
1	平布	漂白布
2	府绸	卷染染色布
3	斜纹	扎染染色布
4	哔叽	精元染色布
5	毕达呢	硫化元染色布
6	卡其	印花布
7	直贡、横贡	精元底色印花布
8	麻纱	精元花印色布
9	绒布	本光漂色布

(2)印染棉织物:印染棉织物的产品用四位数表示,左起第一位数字代表品种类别,后三位数字与本色棉织物的产品编号意义相同。

2. 毛织物编号 毛织物的编号由五位数字组成,前面冠以拼音字母表示产地和生产厂家。精纺毛织物与粗纺毛织物的产品编号如图13-1和图13-2所示。

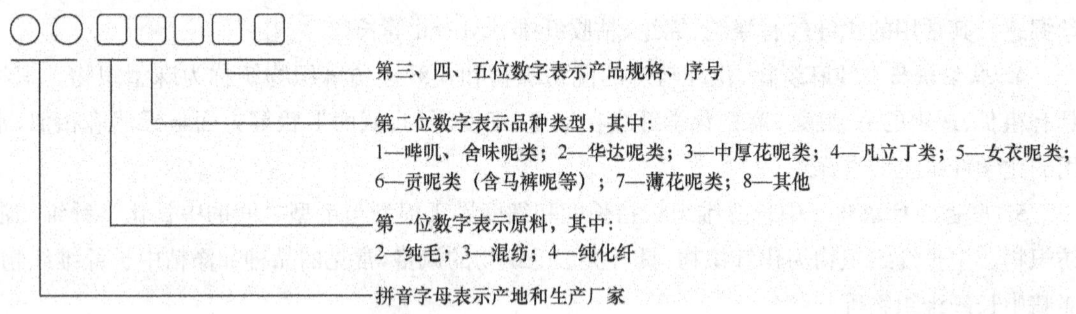

图13-1 精纺毛织物的编号

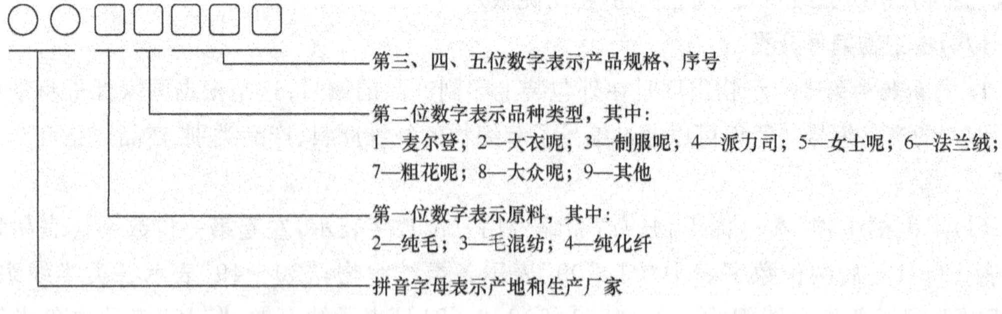

图13-2 粗纺毛织物的编号

例如：SA22001 表示上海第二毛纺织厂生产的精纺纯毛华达呢；XA06058 表示新疆八一毛纺织厂生产的粗纺纯毛法兰绒。

3. 丝织物的编号　丝织品的编号有内销及外销两种，都由五位数字组成，如图 13－3 和表 13－2 所示。

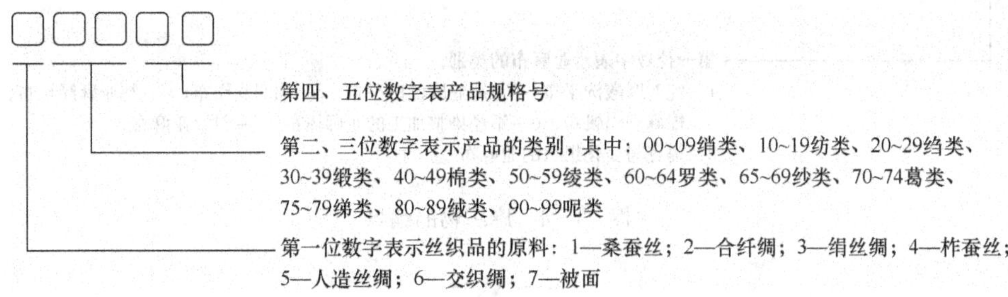

图 13－3　外销丝织品的编号

表 13－2　内销丝织物编号

第一位数字		第二位数字		第三位数字				第四位
编号	用途	编号	原料	平纹	变化组织	斜纹	缎纹	规格
8	服装用丝绸	4	人造丝纯织	0～2	3～5	6～7	8～9	50～99
		5	人造丝交织					
		7	蚕丝纯织/交织	0	1～2	3	4	
		9	合纤纯织/交织	5	6～7	8	9	
9	装饰用丝绸	1	线绨被面	0～9				01～99
		2	人造丝被面纯/交织	6～9/0～5				
		3	印花被面	0～9				
		7	蚕丝纯织/交织	0～5/6～9				
		9	装饰绸、广播绸	0～9				

4. 麻织物的命名与编号　麻织物的命名尚无统一规定，有的以产地命名，有的以产品规格命名。以产地命名：苎麻手工麻布一般称夏布，有湖南产的济阳夏布；江西产的萍乡夏布及宜春、万载夏布。以麻布的总经纱数命名：600 夏布、750 夏布、925 夏布、1000 夏布等。以麻织物的幅宽命名：8 寸(英寸)、24 抽绣夏布等。国家对麻织物的编号规定如图 13－4所示。

5. 化学纤维织物的编号　化纤织物的编号如图 13－5 所示。如编号 7112 表示涤纶混纺色布，编号 8132 表示涤粘混纺色织布，编号 C8132 表示中长涤粘混纺色织布。

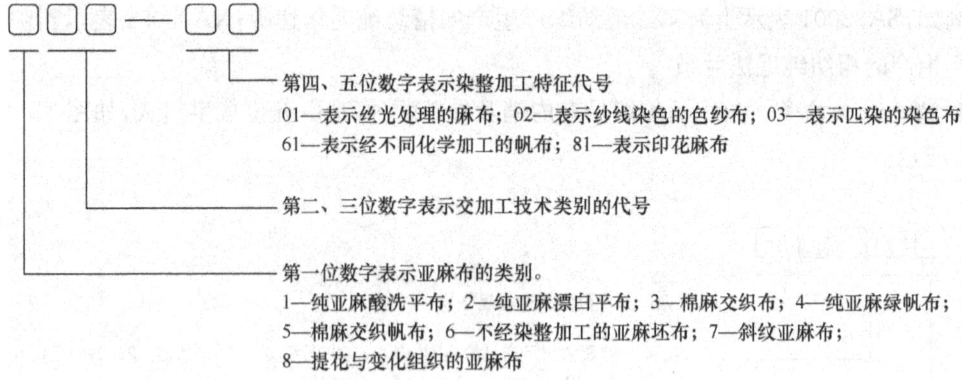

图 13－4　麻织物的编号

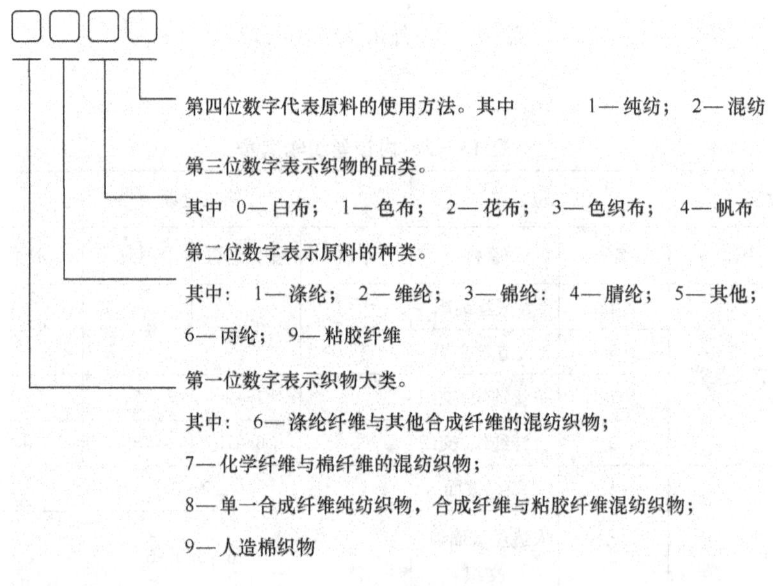

图 13－5　化纤织物的编号

二、机织物的结构与组织

机织物是由平行于织物布边或与布边呈一定角度排列的经纱和垂直于织物布边排列的纬纱，按规律交织而成的片状纱线集合体。并由这种交叉排列和屈曲起伏的挤压接触形成稳定的交织结构。其中经、纬纱的起伏规律称为"织物组织"。织物组织只是织物结构的一部分，传统织物结构概念中较多关注织物组织，而忽略织物结构的基本概念。

(一)机织物规格与结构参数

1. 机织物规格参数　机织物作为几何体具有长度、宽度、厚度和重量等度量指标，通过测量这些指标不仅可以掌握织物的规格，还可以了解到织物的结构和相关性能。

(1)长度：机织物的长度指在零张力且无折叠和无褶皱的状态下，织物两端最外边完整的纬纱之间的距离，以米(m)来度量。工厂里通常进行织物匹长的检测，匹长是指一匹织物的长度。

在国际贸易中有时采用英制的长度单位码(yd)。

织物长度一般根据织物的种类和用途确定，同时还要考虑织物的重量、厚度、卷装容量及后整理等因素。表 13－3 是部分机织物的匹长范围。

表 13－3　机织物的匹长

织　物	棉织物	精纺毛织物	粗纺毛织物	丝织物	麻类夏布
匹长(m)	27～70	50～70	30～40	20～50	16～35

(2)宽度：机织物的宽度指织物纬向两边最外缘经纱线间的距离，又称为幅宽。用厘米(cm)来度量，在国际贸易中有时采用英制的长度单位英寸(in)。织物的幅宽是根据织物种类、织物用途、生产设备条件、产量等因素确定的。随着装饰用织物的发展和服装裁剪的要求，宽幅织物的需求在逐年增加。表 13－4 为常用各种织物的幅宽范围。

表 13－4　机织物的幅宽

cm

服装用织物		装饰用织物		产业用织物	
棉织物	80～120、127～168	床上用品、窗帘	130、160、195、210、254、300	压膜复合布	80～180
精梳毛织物	144、149				
粗梳毛织物	143～150	毛巾被	125、140、180	过滤布	90～160
丝织物	70～140	地毯	60、120、160、275、366、458	土工布	220～440

(3)厚度：机织物厚度指织物在承受规定压力下，织物两参考面之间的垂直距离，以毫米(mm)来度量。织物的厚度与纱线的粗细、捻度、经纬纱捻向的配置、织物组织结构及染整加工时的张力等有关，并且直接影响到织物的手感、耐用性能、保暖性、透气性、悬垂性、抗皱性和重量等，是织物规格的重要指标之一。一般根据织物厚度和织物类型，可以将织物分为轻薄型、中厚型和厚重型，见表 13－5。

表 13－5　机织物的厚度

mm

织物类型	棉织物、棉型化纤维织物	毛织物、毛型化纤精梳织物	毛织物、毛型化纤粗梳织物	丝织物
轻薄型	0.24 以下	0.4 以下	1.10 以下	0.14 以下
中厚型	0.24～0.40	0.4～0.6	1.10～1.60	0.14～0.28
厚重型	0.40 以上	0.6 以上	1.60 以上	0.28 以上

(4)重量：机织物重量一般采用单位长度或单位面积重量来度量，以每米克重(g/m)或以每平方米克重(g/m²)为计量单位，以每平方米克重(g/m²)度量时称为织物平方米重。一般采用公定回潮率下平方米克重或平方米干重。

机织物重量不仅关系到织物的成本核算，还会影响织物的耐用性能、保暖性、悬垂性和服装舒适性，是服装设计者考虑服装造型和消费者购买服装时的重要参考指标。常见机织物平方米克重见表 13－6 和表 13－7。

表 13－6　机织物平方米克重

机　织　物	棉织物	精纺毛织物	粗纺毛织物	薄型丝织物
平方米克重(g/㎡)	70～250	130～350	300～600	40～100

表 13－7　毛织物平方米克重

交　织　物	轻薄型织物		中厚型织物		厚重型织物	
	精纺毛织物	粗纺毛织物	精纺毛织物	粗纺毛织物	精纺毛织物	粗纺毛织物
平方米克重(g/m²)	180 以下	300 以下	180～270	300～450	270 以上	450 以上

织物的平方米重可以通过实测获得，也可以通过织物结构参数和纱线线密度直接估算。

$$W=\frac{\mathrm{Tt_T}\cdot P_\mathrm{T}}{1-\alpha_\mathrm{T}}+\frac{\mathrm{Tt_W}\cdot P_\mathrm{W}}{1-\alpha_\mathrm{W}} \tag{13-1}$$

式中：W——织物的平方米重，g/m²；

P_T、P_W——经、纬纱排列密度，根/10cm；

$\mathrm{Tt_T}$、$\mathrm{Tt_W}$——经、纬纱线密度，tex；

α_T、α_W——经、纬纱织缩。当α_T和α_W很小(<1%)时，可以忽略。

2. 机织物结构参数

(1)经纬纱线的配置：机织物中经纬纱线的特数配置是织物结构的重要因素，它直接影响织物的纹理效果、手感、服用性能和织物的产量，也是织物设计的主要项目之一。织物的经纬纱线一般有三种配置状态：一是经纬纱特数相等；二是经纱特数小于纬纱特数；三是经纱特数大于纬纱特数。第一种配置方式便于生产管理，第二种配置方式可以提高织布机的产量，因此，前面两种配置方式是生产厂经常采用的。第三种配置方式一般很少使用，只是用于像轮胎帘子线、复合材料等具有特殊要求的产品。关于用纱或用线配置基本有三种：经纱纬纱、经线纬纱、经线纬线。主要考虑经向纱线受到较多的摩擦和较大的张力，故选用高品质的纱线，强伸性都优于纬纱。

(2)织物密度 (fabric density)：织物密度是指机织物中经、纬纱的排列密度，经纱排列密度是指织物纬向 10cm 内排列的经纱根数，称作纬向密度；纬纱排列密度是指织物经向 10cm 内排列的纬纱根数，称作经向密度。织物经、纬密以“经向密度×纬向密度”表示，若将经纬纱线特数也列出来，则织物规格为“经纱特数×纬纱特数×经向密度×纬向密度”。例如“28×28×210×190”，表示织物经纬纱为 28tex，经向密度为 210 根/10 cm，纬向密度为 190 根/10 cm。不同织物的密度，可在很大范围内变化，麻类织物约 40 根/10cm，丝织物约 1000 根/10cm，大多数棉、毛织物的密度为 100～600 根/10cm。

当纱线特数一定时，织物密度的大小直接影响到织物的手感、透气性、保暖性、悬垂性和织物重量。若改变织物经纬向密度，还会使织物经纬向强力和织物可成形性发生变化，因此，织物密度的配置是织物设计的重要项目。织物密度相同的织物，纱线特数大的织物比较紧密，而纱线特数小的织物则比较稀疏。因此，为了比较密度相同而纱线特数不同的织物紧密程度，必须同时考虑纱线直径和织物密度。

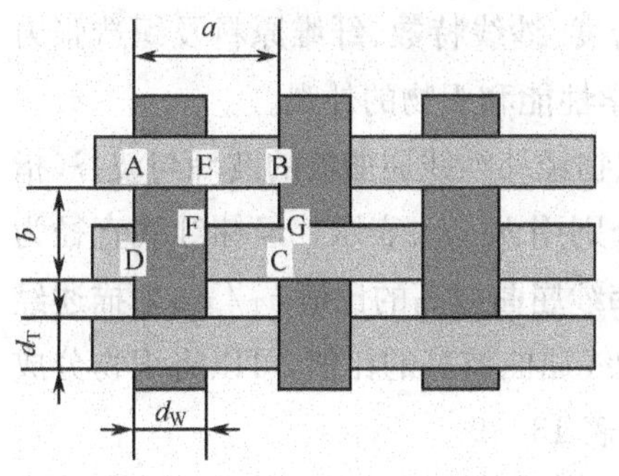

图 13－6　计算织物紧度示意图

(3)织物紧度（fabric tightness）：机织物紧度亦称织物覆盖系数，包括织物总紧度和经、纬向紧度。织物总紧度是指织物中经纬纱线所覆盖的面积与织物面积之比。织物经、纬向紧度等于纬（经）纱直径与相邻两根纬（经）纱之间的中心距之比。计算织物紧度示意参考图 13－6。织物紧度计算式如下：

$$E_T = \frac{d_T}{a} \times 100 = \frac{d_T}{100/P_T} \times 100 = d_T \cdot P_T \qquad (13-2)$$

$$E_W = \frac{d_W}{b} \times 100 = \frac{d_W}{100/P_W} \times 100 = d_W \cdot P_W \qquad (13-3)$$

$$E_Z = \frac{\text{面积 AEFGCD}}{\text{面积 ABCD}} \times 100 = \frac{d_T \cdot b + d_W(a - d_T)}{ab} \times 100 = E_T + E_W - \frac{E_T \cdot E_W}{100} \qquad (13-4)$$

式中：E_T、E_W——织物经、纬向的紧度，%；

d_T、d_W—— 经、纬纱线直径，mm；

P_T、P_W——经、纬纱排列密度，根/10cm。

a 、b——两根经、纬纱线间的平均中心距离，mm。

式(13－4)在满足 $E_T \leqslant 100\%$ 和 $E_W \leqslant 100\%$ 时是正确的，若 E_T 或 E_W 大于 100%，织物中的纱线有挤压或相互重叠的现象，则式(13－4)失效。常用棉织物的紧度配置见表 13－8。

表 13－8　常用棉织物的紧度配置

织物种类	平布	府绸	斜纹布	哔叽	华达呢	卡其	直贡	横贡
经纬紧度比	1∶1	5∶3	3∶2	6∶5	2∶1	2∶1	3∶2	2∶3
E_t(%)	35～60	61～80	60～80	55～70	75～95	80～110	65～100	45～55
E_w(%)	35～60	35～60	40～55	45～55	45～55	45～60	45～55	65～80
E_z(%)	60～80	75～90	75～90	≤85	85～95	≥90	≥80	≥80

(4)织造缩率：织造缩率也称织缩率，是指因织造纱线缩短的长度占纱线原长的百分率，分经纱缩率和纬纱缩率。

(5)织物体积重量和体积分数：织物体积重量是指织物单位体积的质量(g/cm^3)。织物体积分数是指构成织物的经纬纱总体积与织物体积之比。

(6)结构相(fabric structure phase):结构相是指梭织物中经、纬纱在织物中交织时的屈曲状态。梭织物中的纱线屈曲状态,随织物组织、经纬纱线密度、纱线特数、纤维原料及织造张力的不同而变化,纱线屈曲状态的变化会直接影响织物的力学性能和织物的外观。

织物中纱线屈曲状态示意图如图 13-7 所示。假设织物经纬纱线屈曲波的波峰与波谷(指横截面中心)之间的垂直距离为该系统纱线的屈曲波高,分别用 h_T、h_W表示。经纬纱线直径为 d_T、d_W,经纬纱线直径之和为 L。通常以经纱屈曲波高和纬纱屈曲波高的比值 h_T/h_W来描述经纬纱线在织物中的屈曲状态,即为织物结构相,按照经纬纱线屈曲波高的比值,可以将织物分成十个结构相,每个结构相之间的阶差为 $L/8$,其特征参数见表 13-9。

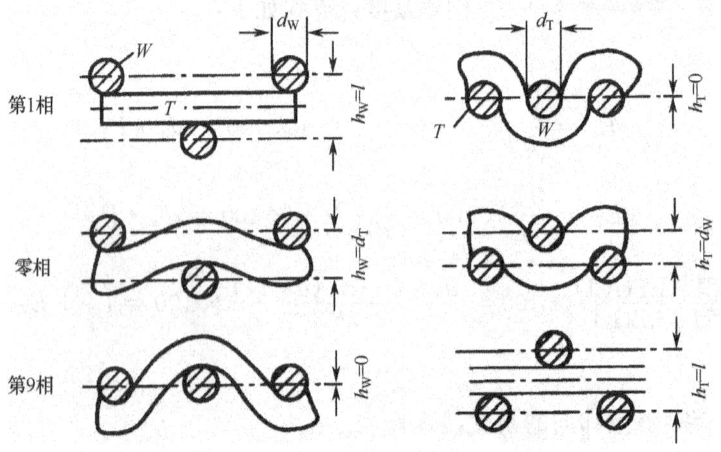

图 13-7 织物中纱线屈曲状态示意图

表 13-9 织物结构相的特征参数

结构相	1	2	3	4	5	6	7	8	9	0
h_T	0	$1/8L$	$1/4L$	$3/8L$	$1/2L$	$5/8L$	$3/4L$	$7/8L$	L	d_w
h_w	L	$7/8L$	$3/4L$	$5/8L$	$1/2L$	$3/8L$	$1/4L$	$1/8L$	0	d_t
h_T/h_W	0	1/7	1/3	3/5	1	5/3	3	7	∞	d_w/d_t

由表 13-9 可知:第一相和第九相是两种极端状态,第一相中经纱完全伸直,纬纱呈现最大屈曲;第九相中纬纱完全伸直,经纱呈现最大屈曲。第五相中经纬纱线的屈曲波高是相等的。将一系统纱线的屈曲波高等于另一系统纱线直径的结构状态称为零结构相,织物经纬纱线在同一平面上,织物的厚度最小。若经纬纱线直径相同时,织物零结构相与第五相是相同的。

(二)机织物组织

1. 组织结构参数 机织物中经纬纱线相互交织的规律和形式称为织物组织。织物组织变化时,织物结构、外观风格和织物性能也会随之改变。在织物组织中表示组织结构的参数有组织点、组织循环、纱线循环数和组织点飞数。

(1)组织点(weaving point):组织点是指织物中经纬纱线的交织点。当经纱在纬纱之上时为经组织点，以方格“■”表示；当纬纱在经纱之上时为纬组织点，用方格“□”表示。

(2)组织循环(weaving cycle)：当经组织点和纬组织点的排列规律在织物中重复出现为一个组成单元时，该组成单元称为一个组织循环或一个完全组织。在一个组织循环中，经组织点多于纬组织点时为经面组织，纬组织点多于经组织点时为纬面组织，若经组织点和纬组织点数目相同，则为同面组织。

(3)纱线循环数：构成一个组织循环的经纱或纬纱根数称为纱线循环数。构成一个组织循环的经纱根数称为经纱循环数，用 R_j 表示；构成一个组织循环的纬纱根数称为纬纱循环数，用 R_w 表示。织物完全组织或组织循环的大小是由纱线循环数来决定的。如图 13－8 为平纹织物组织图，图中箭头所示为一个组织循环，纱线循环数 $R_j = R_w = 2$。

(4)组织点飞数：在织物组织循环中，同一系统纱线中相邻两根纱线上相应的组织点之间间隔的纱线数，称为组织点飞数。在相邻两根经纱上相应组织点的位移数，是经向飞数，用 S_j 表示；在相邻两根纬纱上相应组织点的位移数，是纬向飞数，用 S_w 表示。如图 13－9 所示，组织点 B 相应于组织点 A 的飞数是 $S_j = 3$，组织点 C 相应于组织点 A 的飞数是 $S_w = 2$。织物是经面组织时，采用经向飞数，若是纬面组织时，则采用纬向飞数。组织点飞数一般用于表示缎纹织物组织。

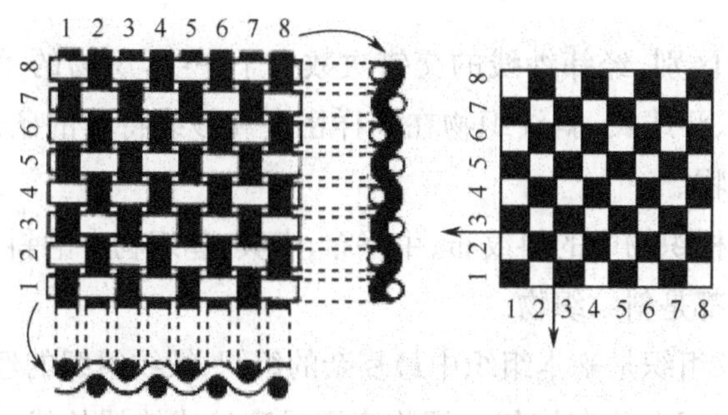

图 13－8　平纹织物组织图与结构图

图 13－9　组织点飞数

2. 机织物基本组织　机织物基本组织(原组织)是各种机织物组织的基础，包括平纹组织、斜纹组织和缎纹组织，所以又称为三原组织。

(1)平纹组织(plain weave)：平纹组织是最简单的织物组织，经纱和纬纱每隔一根纱线就交错一次。

组织图及组织参数：平纹组织的组织图如图 13－8 所示。$R_j = R_w = 2$。平纹组织在组织循环中，经组织点和纬组织点的数目相同，为同面组织。平纹组织可以用分式 $\frac{1}{1}$ 表示，读作一上一下平纹组织。分式中分子和分母分别表示织物组织循环中每根纱线上的经组织点数和纬组织点数。

织物特点：平纹组织是所有织物组织中交织次数最多的组织，交织点多，布面平整挺括，织物的断裂强度大，耐磨性较好。平纹织物手感较硬，花纹单调，光泽略显暗淡。

平纹组织在机织物中应用很广泛，如棉织物中的平布、府绸、巴厘纱和细纺；丝织物中的电力纺、塔夫绸和双绉；毛织物中的派力司、凡立丁和法兰绒；麻织物中的夏布、亚麻细布等都是平纹组织。

(2)斜纹组织(twill weave)：斜纹组织比平纹组织复杂，斜纹组织织物表面有经纱或纬纱浮长线组成的斜纹线，使织物表面有沿斜线方向形成的凸起的纹路，斜纹的方向有左有右。

组织图及组织参数：斜纹组织纱线循环数 $R_j = R_w \geqslant 3$。斜纹组织的分式表达与平纹组织相似，并通常在斜纹分式右边加一个箭头表示斜纹的方向。斜纹组织的组织图如图 13－10 所示。$\frac{1}{2}\nearrow$读作一上二下纬面右斜纹，$\frac{2}{1}\nearrow$读作二上一下经面右斜纹。

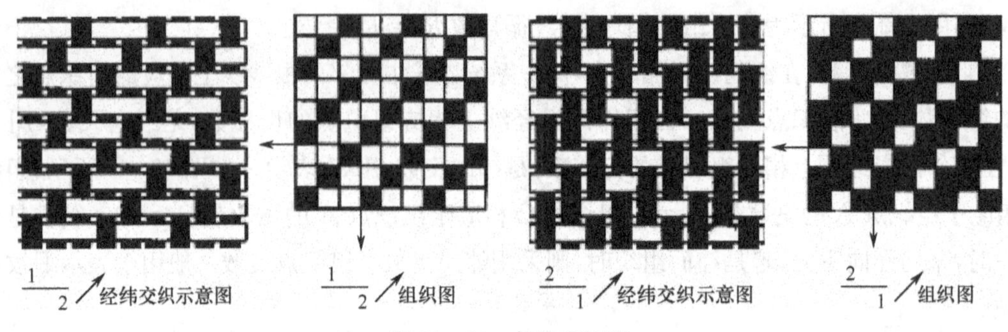

图 13－10　斜纹组织图

织物特点：斜纹织物有正反面的区别，经纬纱线的交错次数少于平纹，织物的手感比较柔软，光泽和弹性较好。由于交织点少、浮线长，斜纹织物在同样密度和纱线特数的条件下，织物强力、耐磨性和挺括程度不如平纹织物。

斜纹组织在织物中应用广泛，如棉织物中的斜纹布、牛仔布、卡其；丝织物中的斜纹绸、美丽绸；毛织物中的全毛花呢和麦尔登等都是斜纹织物。

(3)缎纹组织(satin weave)：缎纹组织是基本组织中最复杂的组织，缎纹组织的经纬纱线形成一些单独的、互不相连的组织点，组织点分布均匀。织物表面呈现经或纬浮长线，质地平滑，富有光泽。

组织图及组织参数：缎纹组织纱线循环数 $R_j = R_w \geqslant 5$(6 除外)，其组织点飞数 $1<S<R-1$，并且 S 和 R 之间不能有公约数。图 13－11 为八枚缎纹织物组织图，缎纹组织的分式表示与

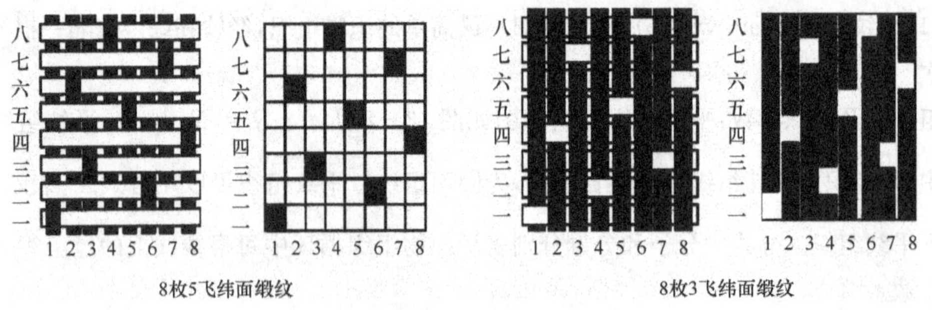

图 13－11　八枚缎纹组织图

平纹和斜纹不同，分子表示缎纹组织的纱线循环数 R（读作枚数），分母表示组织点的飞数 S，飞数可由经面或纬面缎纹确定。如八枚三飞经面缎纹可以写成 8/3 缎纹。

织物特点：缎纹组织织物正反面有明显的区别，正面多为浮长线覆盖，因此织物正面平滑、光泽明亮。

在基本组织中，缎纹组织交织点最少，所以织物手感柔软、弹性好，但是在其他条件相同时，缎纹织物强力最低，易起毛起球和勾丝。

缎纹组织的应用较广，除用于衣料外还常用于被面、装饰品等。棉织物中的直贡缎、横贡缎等，毛织物中的贡呢、驼丝绵等，丝织物中的绉缎、软缎、织锦缎等，都属于缎纹织物，缎纹组织在丝织物中应用最多。

机织物变化组织是在三原组织的基础上，通过改变组织的纱线循环数、浮长、飞数、斜纹线的方向等条件，形成了各种变化组织。按组织结构的不同，可将变化组织分为平纹变化组织、斜纹变化组织和缎纹变化组织。

机织物联合组织是将两种或两种以上的组织（原组织或变化组织），按各种不同的方法联合而成的组织。其联合的方法呈多样化，如两种组织的简单并合、两种组织纱线的交互排列、在某一组织上按另一组织的规律增加或减少组织点等。联合组织中有绉组织、凸条组织、透孔组织、蜂巢组织和网目组织等，这些组织的外观各具特色。

机织物复杂组织经纬纱线系统中至少有一个系统是由两组或两组以上的纱线构成的。它包括重组织、双层或多层组织、起毛起绒组织、纱罗组织等。各种织物的风格特征如表 13 - 10 所示。

表 13 - 10 各种织物的风格特性

项 目	外观风格	手 感
平纹织物	织物表面经纬浮长最短，外观细密、平整、光泽较差，表面不易起毛和起球	手感最硬挺，质地最紧密，但蓬松感较差
斜纹织物	表面浮长比平纹组织长，且形成有规律的斜纹纹路，外观变化较丰富，表而光泽较好，比平纹易起毛起球	手感比平纹蓬松柔软，质地较平纹疏松
缎纹织物	在原组织中其织物表面浮长最长，表面光泽特别好，一般没有明显的纹路，光滑、细腻；应用于丝织物中能给人带来高雅华贵的感觉，容易勾丝、拉毛和起毛、起球	在原组织中手感最为柔软，质地也最为疏松
变化组织织物	大多接近原组织风格，但外观更加富于变化	平均浮长越长，交织次数越少，织物的手感越蓬松、柔软
联合组织织物	外观富有立体感与艺术性，联合组织织物都有各自的特征：凹凸的颗粒、立体感很强的条形、纱线的扭曲变化、以小孔形成的图案、立体效应很强的凹凸蜂巢花纹	质地越稀松，则越缺乏身骨。平均浮长越短、变烈次数越多，织物的手感越硬挺

续表

项　目	外观风格	手　感
复杂组织织物	外观风格丰富多变，织物一般较厚，有单面和双面之分，质地丰厚但织纹细腻；其中提花组织就其表面或简单或复杂的图案而使织物的外观呈现各种不同的格调	虽然其经密度较大，但因是多组纱线织物，手感仍蓬松柔软；质地稀松而不软

第二节　针织物分类与结构

针织物(knitted fabrics)由纱线弯曲成圈，纵向串套、横向连接的纱线集合体。针织物的基本构成单元是线圈，这种线圈结构体与纱线正交排列的机织物在外观和手感上存在明显的差异，使针织物质地柔软、弹性良好、易于变形。

一、针织物分类

针织物分类与机织物相似，只是成形方式和成品形式不同。

(一)按成形方法分类

1. 纬编针织物　纬编针织物是由一根(或多根)纱线沿针织物的纬向顺序地弯曲成圈，并由线圈依次串套而成的织物，线圈横向连续的是纬编针织物的结构特征。

2. 经编针织物　经编针织物是由一组或多组平行的纱线同时沿织物经向顺序成圈并相互串套联结而成的织物，线圈纵向连续的是经编针织物的结构特征。

(二)按织物成品形式分类

1. 针织坯布　针织坯布需经过裁剪、缝制成为各种针织品，主要用在如衬衫、棉毛衫裤、毛衫、外套、裙子等内衣、外衣制品。

2. 针织成形或半成形产品　针织成形产品是在机器上直接织制全成形或半成形产品，如帽子、袜类、手套、羊毛衫等。

二、针织物的结构与组织

(一)针织物规格与结构参数

1. 针织物规格参数

(1)匹长：针织物的匹长，由生产企业根据具体条件和要求而定，主要考虑织物的品种和染整工序加工因素，分定重(kg)和定长(m)两种方式。纬编针织物匹长多由匹重再根据幅宽和每米质量而定，经编针织物匹长以定重方式较多。针织物匹重一般为10～15kg。

(2)幅宽：针织物的幅宽主要与加工用的针织机规格、纱线线密度和织物组织结构等因素有关，分圆筒形织物和平幅织物，圆筒形织物幅宽为周长的1/2。

(3)厚度：针织物的厚度取决于它的组织结构、线圈长度和纱线线密度等因素。

(4)重量:针织物重量通常是指每平方米针织物的干燥重量(g/m^2)。针织物的平方米干重可以通过实测获得,也可以通过织物结构参数和纱线线密度直接估算。

$$\omega=\frac{4l \cdot P_T P_W Tt}{(1+W_k)\times 10^4} \qquad (13-5)$$

式中:ω——针织物平方米干重,g/m^2;

P_T、P_W——针织物横密与纵密,行(列)/5cm;

l——线圈长度,mm;

Tt——纱线线密度,tex;

W_k——针织物公定回潮率。

一般平方米干重在 $100g/m^2$ 以下时属于低克重针织物,在 $100\sim250g/m^2$ 时属于中克重针织物,在 $250g/m^2$(也有规定在 $300g/m^2$)以上时属于高克重针织物。平方米干重间接反映了针织物厚度和紧密程度,它不仅影响针织物的服用性能,也是控制针织物质量、进行经济核算的重要依据。

2. 针织物结构及参数

(1)线圈结构:针织物的基本结构单元为线圈。纬编针织物的线圈呈三度弯曲的空间曲线,由针编弧、圈柱和沉降弧三部分组成。纬编针织物的线圈结构见图 13-12,线圈上部的圆弧 2—3—4 是针编弧,线圈中间的两个直线段 1—2、4—5 为圈柱;圈柱的延展线 5—6—7 为沉降弧,由它来连接相邻两个线圈。线圈的圈柱覆盖于圈弧上面,为纬编针织物的正面,圈弧覆盖于圈柱的上面为纬编针织物的反面。

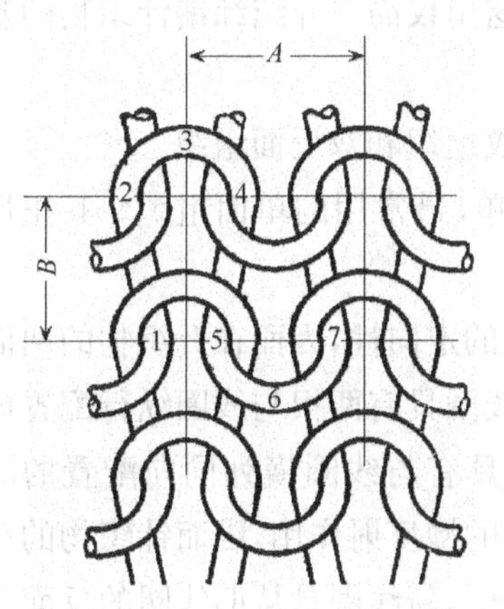

图 13-12　纬编针织物线圈结构

经编针织物的线圈也有类似的结构。在针织物中,线圈沿织物横向组成的一行称为线圈横列(course),沿纵向相互穿套而成的一列称为线圈纵行(wale)。在线圈横列方向上,两个相邻线圈对应点间的距离称为圈距,一般以 A 表示;在线圈纵行方向上,两个相邻线圈对应点间的距离称为圈高,一般以 B 表示,如图 13-12 所示。

(2)线圈长度:线圈长度是指构成一只线圈的纱线长度。线圈长度是针织物的一个重要的物理指标,不仅影响织物的密度,还直接关系到针织物的脱散性、延伸性、弹性、耐磨性、强度、抗起毛起球性和抗钩丝性能等。线圈长度长,针织物单位面积的线圈数越少,织物密度小,纱线之间的接触点少,受到外力作用时,织物容易变形,强度和弹性较差,且易脱散,织物起毛起球性、钩丝性、耐磨性差;但线圈长度长,针织物的透气性和柔软性好。

(3)织物密度:针织物密度是指针织物单位长度或单位面积内的线圈数,针织物的密度分为横密、纵密和总密度。横向密度用线圈横列方向 5cm 长度内的线圈纵行数表示;纵向密度用线圈纵列方向 5cm 长度内的线圈横列数表示;总密度则是针织物在 $25cm^2$ 规定面积内的线圈数,它等于横向密度和纵向密度的乘积。密度大的针织物厚实丰满，结实耐用，具有较好的保暖性和抗起毛起球性。针织物的密度可以测量，也可以根据圈距和圈高进行计算。

针织物横、纵向密度的比值称为密度对比系数 C，密度对比系数表示针织物线圈在稳定条件下，纵向尺寸与横向尺寸的关系，是针织物设计的重要参数。当 $C=1$ 时，线圈横密与纵密相等，线圈的圈距和圈高亦相等；若 C 大于 1，即线圈的圈高大于圈距，线圈呈细长状态，可以突出针织物线圈纵行的外观效果，使布面纹路清晰。

(4)未充满系数：未充满系数是线圈长度与纱线直径的比值。针织物密度仅能反映在纱线粗细相同时针织物的紧密程度，若两种针织物的密度相同，而纱线的粗细有差异时，织物的紧密程度是不同的。因此，若要正确反映这样两种针织物的紧密程度，要采用未充满系数。织物的未充满系数越小，织物越紧密；未充满系数越大，说明织物中被纱线直径所覆盖的面积越小，即织物越稀疏。一般未充满系数大于 10。

(二)针织物组织

1. 纬编针织物基本组织 纬编针织物的种类很多，按组织结构分类，一般可分为基本组织(又称原组织)，变化组织和花色组织三类。基本组织是所有针织物组织的基础；变化组织是由两个或两个以上的基本组织复合而成；花色组织是在基本组织或变化组织的基础上，利用线圈结构的改变，或者另外编入一些色纱、辅助纱线或其他纺织原料，以形成有显著花色效应和不同性能的花色针织物。针织物组织需通过相关的专业课程学习，这里仅简单介绍纬编针织物的基本组织。

纬编针织物的基本组织主要有单面的平针组织、双面的罗纹组织和双反面组织。

(1)纬平组织：纬平组织又称为平针组织，是针织物中最简单、最常用的单面组织。其正反面结构如图 13－13 所示。

图 13－13　纬平针组织

纬平针组织由于线圈在配置上的定向性，因而在针织物的两面具有不同的几何形态，正面的每一线圈具有两根与线圈纵行配置成一定角度的圈柱，反面的每一线圈具有与线圈横列同向配置的圈弧。由于圈弧比圈柱对光线有较大的漫反射作用，因而针织物的反面较正面阴暗。又由于在成圈过程中，新线圈是从旧线圈的反面穿向正面，因而纱线上的结头、棉结杂质容易被旧线圈所阻挡而停留在针织物的反面，所以正面一般较为光洁。

纬平针组织主要用于生产内衣、袜品、毛衫、手套、运动服以及一些服装的衬里等。

(2)罗纹组织：罗纹组织是由正面线圈纵行和反面线圈纵行，以一定的组合相间配置而形成的组织，如图 13－14 所示。

图 13－14 为由一个正面线圈纵行和一个反面线圈纵行相间配置而形成的 1+1 罗纹组织。1+1 罗纹织物的一个完全循环(最小循环单元)包含了一个正面线圈和一个反面线圈。罗纹组织的正反面线圈不在同一平面上，因而沉降弧需由前到后，再由后到前地把正反面线圈相连，造成沉降弧较大的弯曲和扭转。由于纱线的弹性沉降弧力图伸直，结果使以正反面线圈纵行相间

配置的罗纹组织每一面上的线圈纵行相互靠近，彼此潜隐半个纵行。即横向不拉伸，织物的两面只能看到正面线圈纵行；织物横向拉伸后，每一面都能看到正面线圈纵行与反面线圈纵行交替配置。

罗纹组织因具有较好的横向弹性和延伸度，故适宜制作内衣、毛衫、袜品等的紧身收口部段，如领口、袖口、裤脚管口、下摆、袜口等。且由于罗纹组织顺编织方向不能沿边缘横列脱散，所以上述收口部段可直接织成光边，无需再缝边或拷边。罗纹织物还常用于生产贴身或紧身的弹力衫裤，特别是织物中织入或衬入氨纶丝等弹性纱线后，服装的贴身、弹性和延伸效果更佳。

(3)双反面组织：双反面组织是由正面线圈横列和反面线圈横列相互交替配置而成。图13－15所示为最简单的1＋1双反面组织，即由正面线圈横列和反面线圈横列交替配置构成。双反面组织由于弯曲纱线弹性力的关系导致线圈倾斜，使正面线圈横列针编弧向后倾斜，反面线圈横列针编弧向前倾斜，织物的两面都呈现出线圈的圈弧突出在前和圈柱凹陷在内，因而当织物不受外力作用时，在织物正反两面，看上去都像纬平针组织的反面，故称双反面组织。

图13－14 罗纹组织结构

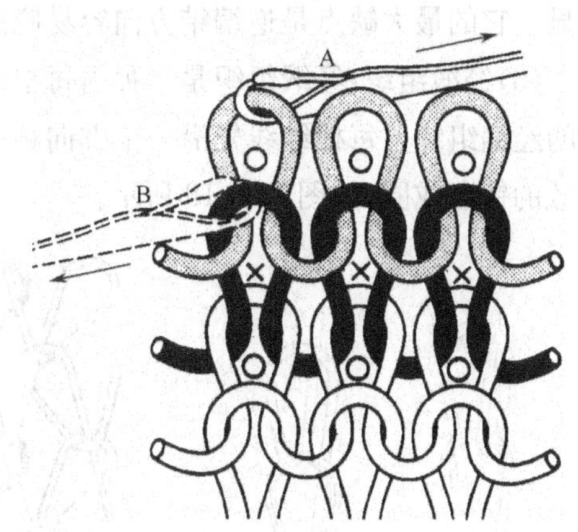

图13－15 双反面组织结构

双反面组织只能在双反面机或具有双向移圈功能的双针床圆机和横机上编织。这些机器的编织机构较复杂，机号较低，生产效率也较低，所以该组织不如平针、罗纹和双罗纹组织应用广泛。双反面组织主要用于生产毛衫类产品。

2. 经编针织物基本组织 与纬编针织物一样，经编针织物一般分为基本组织、变化组织和花色组织三类，并有单面和双面两种。

经编基本组织是一切经编组织的基础，它包括单面的编链组织、经平组织、经缎组织、重经组织，双面的罗纹经平组织等。经编变化组织是由两个或两个以上的基本经编组织的纵行相间配置而成，即在一个经编基本组织相邻线圈纵行之间，配置着另一个或者另几个经编基本组织，以改变原来组织的结构与性能。经编花色组织是在经编基本组织或变化组织的基础上，利用线圈结构的改变，垫纱运动的变换，或者另外附加一些纱线或其他纺织原料，以形成具有显著花色效应和不同性能的花色经编针织物。这里简单介绍经编针织物的基本组织。

(1)编链组织：编链组织是由一根纱线始终在同一枚织针上垫纱成圈所形成的线圈纵行，如

图 13－16 所示。

编链组织每根经纱单独形成一个线圈纵行，各线圈纵行之间没有联系，若有其他纱线连接时，可作为孔眼织物和衬纬织物的基础。编链组织结构紧密，纵向延伸性小，不易卷边，一般将编链组织与其他组织复合织成织物，可以限制织物纵向延伸性和提高尺寸稳定性，多用于外衣和衬衫类针织物。

(2)经平组织：经平组织是由同一根纱线所形成的线圈轮流排列在相邻两个线圈纵行，如图 13－17 所示。

经平组织在纵向或横向受到拉伸时，由于线圈倾斜角的改变，以及线圈中纱线各部段的转移和纱线本身伸长，而具有一定的延伸性。经平组织经编织物在一个线圈断裂，并受到横向拉伸时，则由断纱处开始，线圈沿纵行在逆编织方向相继脱散，使坯布沿此纵行分成两片。

经平组织针织物的正反面都呈现菱形的网眼，由于线圈呈倾斜状态，织物纵、横向都具有一定的延伸性。线圈平衡时垂直于针织物的平面内，因此织物的正反面外观相似，织物卷边性不明显。它的最大缺点是逆编结方向容易脱散。经编平针组织织物适宜作 T 恤衫、衬衫和内衣。

(3)经缎组织：经缎组织是一种由每根纱线顺序地在三枚或三枚以上相邻的织针上形成线圈的经编组织。每根纱线先沿一个方向顺序地在一定针数的针上成圈，后又反向顺序地在同样针数的针上成圈，如图 13－18 所示。

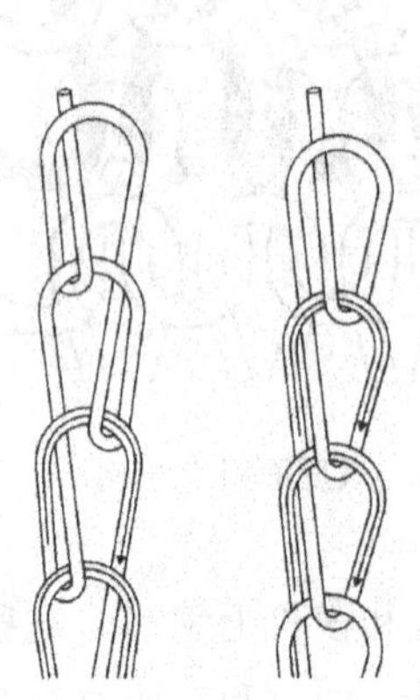

图 13－16　编链组织

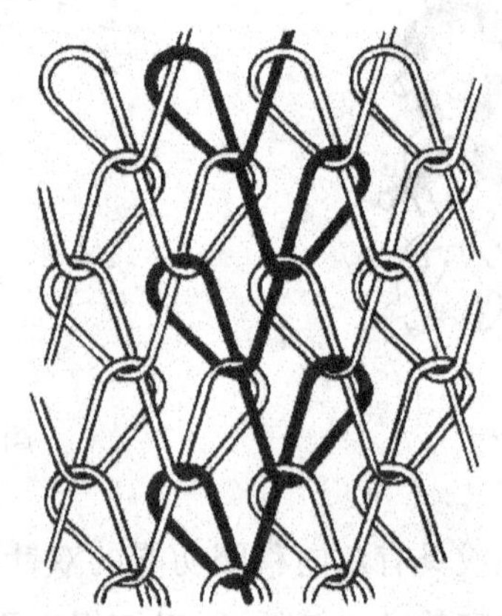

图 13－17　经平组织

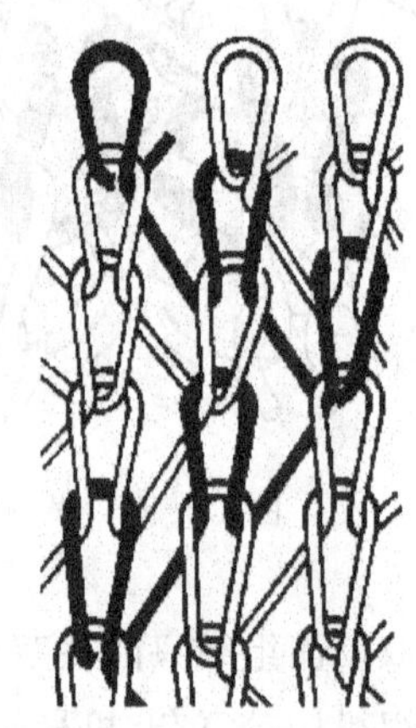

图 13－18　经缎组织

经缎组织的线圈形态接近于纬平组织，因此其卷边性及其他一些性能类似于纬平组织。在经缎组织中，因不同倾斜方向的线圈横列对光线反射不同，所以在织物表面会形成横向条纹。当织物中某一纱线断裂时，也有逆编织方向脱散的现象，但不会在织物纵向产生分离。经缎组织常用于外衣织物。

(三)针织物的性能

针织物和机织物形成织物的方法不同，所以在两种织物中纱线的配置及纱线受力状态都是不同的。机织物的经纬纱线在交织点处有屈曲，在外力作用时两个系统的纱线在交织点处互相挤压，并有较小的变形。针织物在外力作用时，会产生线圈的结构畸变和纱线的位移，而织物则产生较大的变形。

(1)伸缩性:针织物每个线圈是由一根纱线组成,在外力作用时,针织物的线圈形态会发生变化,针织物受纵向拉伸时,线圈的圈弧转移至圈柱;在受横向拉伸时,则圈柱转移到圈弧,线圈的大小、高低都随纱线的弯曲形状变化而变化。

(2)柔软性:针织物的线圈结构使织物中有很多的松软的气孔,在外力作用时,线圈的变形使纱线的可移动范围较大。为了便于线圈的弯曲,针织纱线的捻度配置较小,因此,针织物具有柔软温暖的感觉。

(3)多孔性:针织物的线圈结构使织物中有较多的空隙和孔洞,织物的透气性和吸湿排汗性好,夏季穿着舒适凉爽。若作为内衣或保暖服装,线圈结构形成无数隔离的空气袋,能够储存许多静止空气,可以提高服装的保暖效果。

(4)抗皱性:针织物在受到外力的弯曲和压缩作用时,由于线圈可以转移,被拉伸的线圈向两边移动以适应受力处的变形。当外力消失后,被转移的纱线在平衡力作用下可以迅速恢复,因此,针织物具有较好的抗皱性能。

(5)保形性和起拱性:织物单向拉伸时,沿拉伸方向伸长,而垂直拉伸方向缩短,织物的这种延展性和纵、横向不同的收缩性会直接影响织物的保形性能。针织物在反复的拉伸力作用下,会产生松懈变形,在服装的肘部和膝部反复弯曲时,也会产生拱状鼓起的变形。

(6)脱散性:当针织物纱线断裂或线圈失去穿套联系后,线圈与线圈发生分离现象。当纱线断裂后,线圈沿纵行从断裂纱线处脱散下来,就会使针织物的强力和外观受到影响。针织物的脱散性与它的组织结构、纱线摩擦系数与抗弯刚度和织物的未充满系数等因素有关。

(7)卷边性:针织物在自由状态下布边发生包卷现象,这是由线圈中弯曲线段所具有的内应力,力图使线段伸直所引起的。卷边性与针织物的组织结构、纱线弹性、线密度、捻度和线圈长度等因素有关。针织物的卷边性还会对裁剪和缝纫加工造成不利影响。

(8)成形性:成形性是针织物所特有的性能,因针编织物是由线圈串套连接起来的,这种线圈结构可以相对独立。因此,针织物可以根据体形尺寸,改变线圈的连接方法,通过放针、收针或连接,编织出成形织物。

(9)线圈歪斜:针织物在自由状态下,线圈发生纵行歪斜的现象称为线圈歪斜,这种线圈歪斜会影响织物的加工和针织物的外观。

(10)起毛及勾丝:为了织物有柔软的手感和线圈的稳定,针织用纱线取用的捻度都较低,并且松散的线圈结构使纱线易于移动和摩擦幅度较大,所以针织物在加工和使用过程中,纤维经常会因摩擦而起毛起球,或者被尖硬物勾出形成丝环,影响针织物的外观和耐用性能。

第三节　非织造布分类与结构

非织造布(non—woven fabrics)又称非织造织物,或称无纺布、不织布、无纺织物等,是一种在生产方法、结构明显有别于传统的机织物、针织物等的纺织制品。

国家标准 GB/T 5709—1997 赋予非织造布的定义为:“定向或随机排列的纤维通过摩擦、

抱合、黏合或者这些方法的组合而互相结合制成的片状物、纤网或絮垫。不包括纸、机织物、簇绒织物、带有缝编纱线的缝编织物以及混法缩绒形成的毡制品。所用纤维可以是天然纤维或化学纤维，可以是短纤维、长丝或直接形成的纤维状物。”为了把湿法非织造布和纸区别开来，还规定其纤维成分中长径比大于300的纤维占全部质量的50%以上，或长径比大于300的纤维虽只占全部质量的30%以上，但其密度小于0.4g/cm³时，这种材料就是非织造布，反之为纸。

非织造布从其结构特点来说是介于传统纺织品、塑料、皮革和纸张之间的一种新材料，可以适应于工业、农业、医疗、服装、装饰和军用等行业的性能要求。但是目前生产的非织造布外观的艺术性和装饰性较差，没有机织物和针织物的纹理效果，在织物悬垂性、弹性、耐用性、质感和可成形性方面也不如传统织物。

一、非织造布的分类

(一)按纤维原料和类型分类

按纤维原料可分为单一纤维品种纯纺非织造布和多种纤维混纺非织造布。

按纤维类型分为天然纤维非织造布和化学纤维非织造布。在非织造布的生产中，其纤维原料的选择是一个至关重要而又非常复杂的问题，涉及最终产品用途、成本和可加工性等因素。

(二)按产品厚度度分类

非织造布可分为厚型和薄型非织造布(有时也细分为厚型、中型和薄型三种)。非织造布的厚薄直接影响其产品性能和外观质量，不同品种和用途的非织造布的厚度差异较大，常用非织造布的厚度范围见表13-11。

表13-11　常用非织造布的厚度

产品类别	厚度(mm)	产品类别	厚度(mm)
空气过滤材料	10,40,50	球革用基布	0.7
纺织滤尘材料	7～8	帽衬	0.18～0.3
药用滤毡	1.5	带用材料	1.5
帐篷保温布	6	土工布	2～6
针布毡	3,4,5	鞋用织物	0.75
贴墙布	0.18	鞋衬里织物	0.7
建筑保温材料	25,35,45,55,65	汽车隔热布	2.5～4.5

(三)按耐久性或使用寿命分类

非织造布可分为耐久型非织造布和用即弃型非织造布(使用一次或数次就抛弃的)。耐久型的非织造布产品要求维持一段相对较长的重复使用时间，如服装衬里、地毯、土工布等；用即弃型非织造布多见于医疗卫生用品。

(四)按用途分类

非织造布按用途分为医用非织造布、服装及鞋用非织造布、家用及装饰用非织造布、土木工程及建筑用非织造布、工业用非织造布、农业及园艺用非织造布等。

(五)按加工方法分类

非织造布其生产过程通常可分为纤维成网(简称成网)、纤网加固(有时也称为固结)和后整理三个基本步骤。对应于每个不同的生产步骤,又有许多不同的加工方法。

1. 纤维成网(web forming)　纤维成网是指将纤维分梳后形成松散、结构均匀的纤维网。按照纤维成网的方式,可分为干法成网非织造布(dry laid nonwoven)、湿法成网非织造布(wet laid nonwoven)和聚合物挤出成网法非织造布(polymer laid nonwoven)。

2. 加固(web bonding)　通过上述方式形成的纤维网,其强度很低,还不具备使用价值。由于非织造布不像传统的机织物或针织物等纱线之间依赖交织或相互串套而联系,所以加固也就成为使纤网具有一定强度的重要工序。加固的方法主要有机械加固(mechanical bonding)、化学黏合(chemical bonding)和热黏合(thermal bonding)三种。

3. 后整理(fabric finishing)　非织造布后整理的目的是为了改善或提高其最终产品的外观与使用性能,或者与其他类型的织物相似,赋予产品某种独特的功能。但并非所有的非织造布都必须经过后整理,这取决于产品的最终用途。通常非织造布的后整理方法可以分为以下三类:机械式后整理(mechanical finishing),如起绒、起皱、压光、轧花等;化学后整理(chemical finishing),如阻燃、防水、防臭、抗静电、防辐射等,同时还包括染色及印花等;高能后整理(high-energy finishing),主要包括烧毛、热缩、热轧凹凸花纹、热缝合等。

二、非织造布的结构

非织造布是指一种不经过传统的织造方法,而是用有方向性或杂乱的纤维网制造的布状材料。它是应用纤维间的摩擦力或者自身的黏合力,或外加黏合剂的黏着力及这两种以上的力而使纤维结合在一起的,即通过摩擦加固、抱合加固或黏合加固的方法制成的纤维制品。

(一)非织造布规格参数

1. 平方米重　平方米重指每平方米非织造布的重量(g/m²),是非织造布的定量指标,英、美两国则采用 g/yd² 或 oz/yd²(yd 为码,oz 为盎司)表示。定量的大小,反映非织造布的原料用量和产品厚度,也会影响非织造布的产品质量和生产成本。常用非织造布的平方米重量的范围见表 13-12。

表 13-12　常用非织造布的平方米重　g/m²

产品类别	车用过滤材料	纺织滤尘材料	冷风机滤料	过滤毡
过滤类	140～160	350～400	100～150	800～1000
土工布	一般土工布	铁路基布	水利工程用布	油毡基布
	150～750	250～700	100～500	250～350
揩布类	揩尘布	揩地板布	医用揩布	汽车揩布
	40～100	100～180	15～35	80～120
絮片类	一般絮片	热熔絮棉	太空棉	无胶软棉
	100～600	200～400	80～260	60～100

2. 厚度 非织造布的厚度是指在承受规定压力下布两表面间的距离。非织造布的厚度直接影响产品性能和外观质量，不同用途和不同品种非织造布的厚度差异较大。

3. 密度 密度是指非织造布的质量与表观体积的比值(g/cm³)，直接影响材料的透通性和力学性质。

(二)非织造布的结构

非织造布的结构是由纤维网与加固系统所共同组成的基本结构。

1. 纤维网的典型结构

(1)纤维单向排列：纤维在纤网中呈单向排列。纤维网中纤维的排列方向，一般以纤维定向性来描述。定向性是指纤维网中沿横向或纵向排列的纤维量的比例。非织造布中的纤维排列方式不仅影响其纵、横向强力，还会影响非织造布的刚性、网弹性模量等。

(2)纤维交叉排列：纤维网中的纤维以一定的角度排列铺叠成网，交叉铺叠形成的纤维网称为交叉纤网。与平行纤网相比，交叉纤网均匀度差，纤维表面有斜向折痕。交叉纤网中纤维的排列方式比单向排列有所改善，但是纤维网的纵、横向性能仍有较大的差异。

(3)纤维随机排列：纤维随机排列的纤维网中纤维呈三维随机分布，其定向性最差。非织造布纵横向性能差异小。不同的成网加工方式形成的纤维网，通常采用纤维网或产品的纵、横向强力比值来鉴别纤维排列的定向性。各种成网方式形成的非织造布强力差异见表13-13。

表13-13 不同的成网方式与非织造布强力

成网方式	平行纤网	凝聚辊纤网	杂乱辊纤网	杂乱牵伸网	气流成网
非织造布纵、横向强力比	(10～12)∶1	(5～6)∶1	(3～4)∶1	(3～4)∶1	(1.1～1.5)∶1

2. 纤维固结方式 非织造布的纤维网是蓬松而无强度的，若要纤维网具有稳定的结构和使用性能，必须进行纤维网的固结处理。固结方法主要有施加黏合剂、热黏合作用、纤维与纤维的缠结、外加纱线缠结等，因此，大多数非织造布是由纤维网与加固系统组成其基本的结构，纤维网的固结方式不同，所形成的非织造布产品也具有不同的风格和特性。下面按照纤维网的固结方式，介绍几种典型的非织造布结构。

(1)纤维缠结加固：羊毛纤维由于其缩绒性而具有自缠结功能，其他纤维没有自缠结功能，其非织造布是在纤维网之间借助外力使纤维相互缠结而达到加固，这种结构的非织造布一般都是采用机械加固方法，如针刺法、射流喷网法(水刺法)等，非织造布中纤维大多是以纤维束的形态进行缠结，亦称为“纤维交织”。

(2)外加纱线加固：外加纱线加固的非织造布是由横向折叠的多层纤维网喂入缝编机后，被另外从纵向喂入的纱线(或是化纤长丝)所形成的经编线圈所加固。在这种外加纱线加固的形式中，线圈结构与纤维网结构有明显的分界，纤维网夹在由线圈形成的几何结构中保持稳定。这种外加纱线固结的非织造布可以加工如玻璃纤维、石棉纤维等用黏合方法难以加工的纤维原料，其固结强度高，外观与传统织物相似，产品用途广泛。

(3)化学黏合加固：化学黏合加固是采用化学黏合剂乳液或溶液，对非织造布纤维网进行浸渍、喷洒等处理，通过纤维网中的黏合剂形成具有一定强力的非织造布。

由黏合剂加固的结构是非织造布的典型结构，根据黏合剂的类型和加工方法，可把非织造布分为点黏合、片膜状黏合及团块状黏合等。化学黏合非织造布的结构与性能受黏合剂性能、纤维间的黏结状态、黏合工艺及烘燥工艺等因素的影响。

(4)热黏合加固：纤维网由热黏合加固是指利用热熔纤维或粉末受热熔融而黏结纤维加固成形的结构。其所得结构与前述的黏合剂加固所得结构相似，也可分为点状黏合、团块状黏合结构。

热黏合还可以采用热轧的方式来加工含有热塑性纤维的纤维网。在这种结构中，黏合只发生在纤维网受到热和压力双重作用的局部区域，同时必须包含热塑性纤维。所形成的结构主要取决于热轧的温度、几何图案、纤维网厚度等因素。

热黏合加固是利用热黏合材料（热熔纤维或热熔粉末）受热熔融、流动的特性，使其将主体纤维交叉点相互粘连在一起，再经过冷却使熔融聚合物固化。这种非织造布固结技术，具有生产速度高、成本低及无污染的特点。

第四节　其他织物简介

通俗意义上讲，凡是不同于上述传统织物结构的织物，都可称为其他织物（特种织物）。特种织物的结构可分为平面型结构和立体型结构。平面型结构织物包括机织物、针织物、编结物和织编织物；立体型结构织物包括机织物、针织物、编结物和非织造布。本节中介绍一些常见的特种织物。

一、平面型结构织物

（一）机织物

1. 二轴向斜交机织物　传统的机织物由经、纬两组纱线垂直交织而成，斜交（或称斜纬）织物的经、纬纱则是以斜向交织而成，见图 13 - 19。

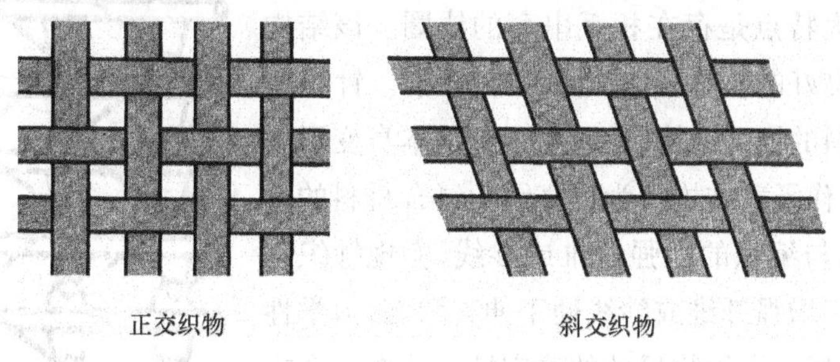

图 13 - 19　二轴向斜交机织物示意图

斜交织物能克服斜向强力不足的缺点，且质量轻，在包缠带锥形或弧形的物体时易平整、服

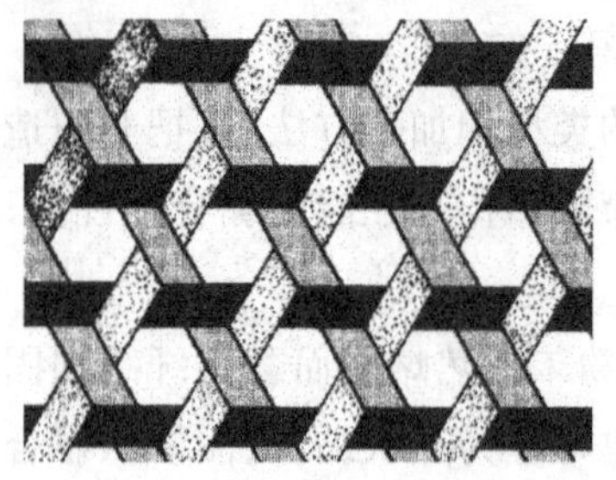

图 13－20　三轴向机织物示意图

帖，通过包缠可达到各向均匀。斜交织物既可用作航天、国防、工业用圆柱体、锥形器的缠绕织物，也可作汽车用的帘子布。

2. 三轴向机织物　三轴向机织物见图 13－20 所示。三轴向机织物是以两根相交角度为 60°的经纱和一根纬纱交织而成。三轴向机织物具有很好的结构稳定性和各向同性特征，在航空用布（如降落伞布、气球衬布等）、帆船布、医疗绷带、树脂增强用织物等方面有特殊用途。

（二）编结物

编结物是最早的纺织品，历史悠久，网、席、草帽等就是编结物，其组织结构是由纱线进行对角线交叉而形成的，没有机织物中经纱和纬纱的概念。近几十年来，由于复合材料的发展和高模量一次成形结构材料的需要，这门古老的纺织技术在机械化、自动化上得到了迅速发展。

编结的种类很多，按编结形状分有圆形编结和方形编结；按编结物厚度分有二维平面编织物和三维立体编结，也称为编结物。二维编织物如图 13－21 所示。

二维编织物一般用于生产鞋带和服装用的绳、带等，也可用于异型薄壳预制件。如果希望提高织物轴向性能，可以在轴向增加轴系垫纱，如图 13－22 所示。

图13－21　二维编织物示意图

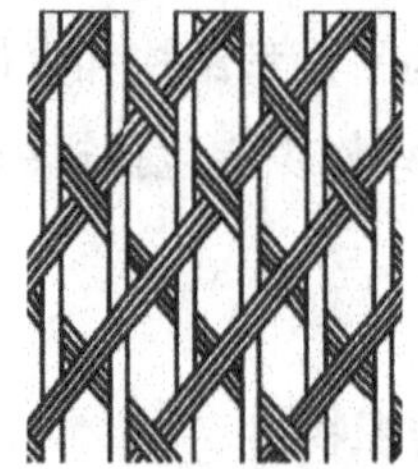

图 13－22　轴纱系二维编织物示意图

（三）针织物

针织物的最大特点是存在相互串套的线圈。该结构的复合材料具有良好的抗冲击和能量吸收性能。针织物作为柔性复合材料的增强结构，是利用了织物本身变形大的特点，但不适于作承载结构。为提高结构复合材料的刚性，通过加入不参与编织的增强纤维或纱线，实现针织物结构的稳定。由于增强纤维或纱线处于伸直状态，力学性能得到充分利用，提高了织物尺寸的稳定性。若在一个方向加入增强纤维，则可得到该方向较稳定的针织物。当然可以在经、纬向或多轴向加入，如图 13－23 所示。

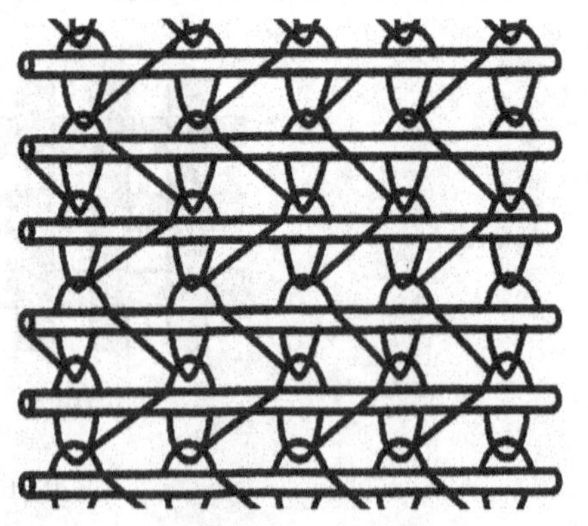

图 13－23　横向增强针织物

二、立体型(3D)结构织物

立体型即三维(3D)织物,是除去平面织物的二维外还有厚度方向的纱系或结构。

(一)立体型结构机织物

立体型结构机织物是采用类似传统织造原理获得的多层机织物。多层机织与传统机织最主要的不同是其需要多层经纱。层数越多(也就是预制件越厚)或者需要的织物越厚,意味着需要的独立经纱越多,这些经纱都需要送入织机,由升降机构控制。因此,多层机织要用很大的线轴架,每根经纱都要从各自独立的线卷出来。也有使用多重经纱轴系统的织机,但这种织机较少。需要大量的纱线端头造成了机织的一个缺点,也就是购买大量的线卷和把所有纱线送入织机的成本和时间消耗太大。这种一次性的消耗相对于很长的织物是不显著的,但长期只能生产一种织物限制机织工艺的灵活性,因此大多数多层织机都生产相对较窄的织物,这样需要的纱线端头较少,或者只织造高价值的织物,这样成本相对可以接受。图 13-24 为不同结构的 7 层立体结构机织物断面图。

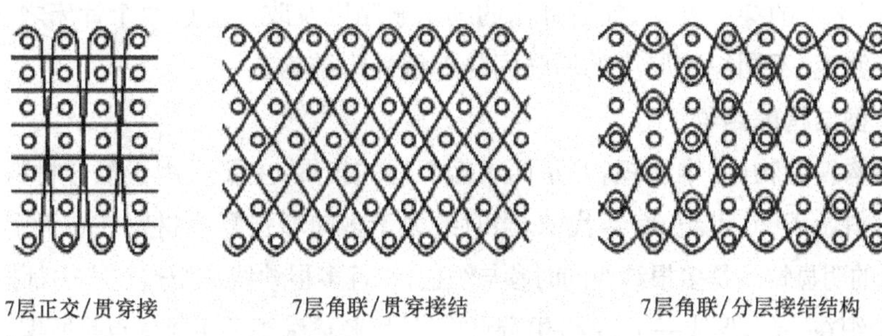

图 13-24 7 层立体结构机织物断面图

标准织机不仅能织出多层平面织物,正确的设计经纱的升降次序可以织出带切缝的织物,切缝展开便可以形成复杂的三维结构,如 T 字梁、工字梁、蜂窝状结构等。除了在制造多层织物时有一些局限性之外,机织工艺最大的优点是可以利用传统的织机,不需要大量投入用于开发特殊的机器。机织工艺主要适用于生产大批量形状简单的织物。

(二)立体型结构针织物

同制造高适应性的平面织物一样,针织工艺可以用来生产形状更复杂的构件。从 20 世纪 90 年代以来,平台机床技术、设计和控制软件技术的进步使商业针织机器得到很大发展,可以用于生产复杂的立体型结构针织物。处于领先地位的针织机械公司,如德国的 Stoll 和日本的 Seiki 等领导了这一领域的研究和技术发展,而且都已经造出了各自的商业化的可制造立体形状部件的针织机。

立体型结构的针织物一般是多层,多轴向针织物。多层、多轴向针织物是根据材料实际应用中的受力情况,在经向、纬向、斜向铺设伸直的高性能增强纤维,称衬经、衬纬及斜向衬纬,如图 13-25 所示。

与现有的间隔针织结构相比其优点是:由于在间隔针织物的表面层结构中衬入伸直的经纱和纬纱,大大提高了间隔针织物的平面力学性能;由于新结构的两个表面层结构采用了从纵向喂入纱线的连接方式,连接纱线不经过成圈编织而直接垫入针织线圈的沉降弧,从而降低了对连接纱编织性能的要求,扩大了连接纱的适用范围,编织性能较差的高性能纱线也可用作连接

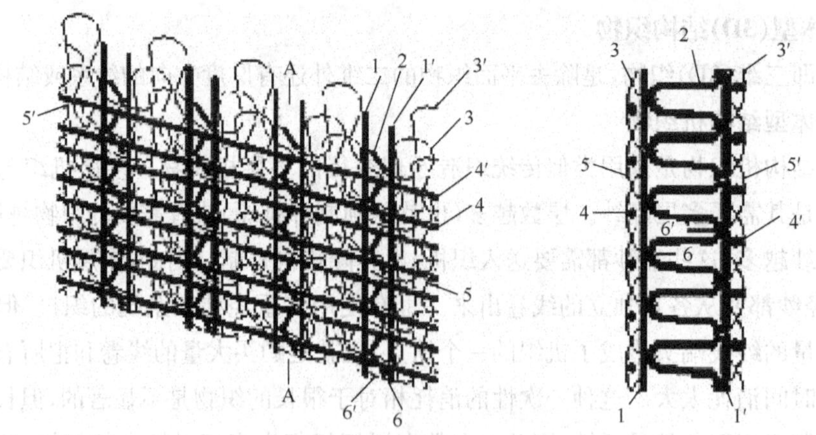

图 13-25　双轴向增强纬编间隔针织物结构示意图

纱线，提高了间隔针织物第三维方向即厚度方向的力学性能；编织方法灵活多变，通过选择不同的经、纬纱和连接纱的穿纱方式、前后针床的编织顺序以及改变前后两个针床之间的距离，可编织出不同连接密度、不同织物厚度的增强间隔纬编针织结构。

(三)立体型结构编结物

立体型结构编结物(三维编织物)是两维编织物的拓展，主要应用于复合材料增强织物。三维编织复合材料始于 20 世纪 60 年代末，当时致力于多向增强复合材料在航天上的应用。

编织技术的明显特点是多根纱线同时参与织造，并且多根纱线在织造过程中都按一定的规律运动，从而相互交织在一起，形成一个整体的预制件。三维整体编织的主要优点是所编成的预制件从理论上讲可以达到任何厚度，而且不分层，这就避免了由若干薄层织物铺层所形成的复合材料层间抗剪切能力差的缺点；并且三维织物整体编织预制件是一个整体网络结构，纱线或纤维在空间中相互交织，能共同承受载荷，因此是制作承力结构复合材料的理想方法。应用三维整体编织技术可以直接生产形状不同的异形件的预制件，如圆锥形、圆管形、圆柱形、工字形、十字形、T 字形等预制件。这些异形件是一次编织成形，纤维或纱线同样成网状结构，用这样的预制件制成复合材料不需要再加工就是最终形状，因此织物中的纤维不会因加工而受到损伤，这种复合材料的抗损伤能力较强。

(四)立体型结构非织造布

立体型结构非织造布是由纤维或纱线采用非织造的方法而成，包括一定厚度的纤维毡和 XYZ 黏结织物见图 13-26。

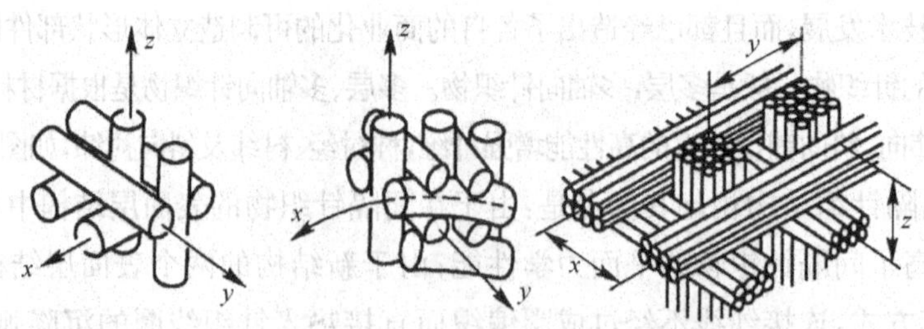

图 13-26　三维正交非织造物的结构图

☞ 思考题

1. 推导机织物平方米重估算公式：

$$w=\frac{\mathrm{Tt_T}\cdot P_\mathrm{T}}{1-\alpha_\mathrm{T}}+\frac{\mathrm{Tt_W}\cdot P_\mathrm{W}}{1-\alpha_\mathrm{W}}$$

2. 比较机织物的纱线排列密度与织物紧度。

3. 已知 2139 府绸的规格为 14.5×14.5×523×283(纱的体积重量为 0.9g/cm^3)试求经纬向紧度和总紧度。

4. 比较针织物密度、线圈长度、未充满系数。

5. 一种纯苎麻织物，经纬纱细度均为 27.8tex(36 公支)，现拟改为苎麻 50/涤 50 的混纺织物，经纬纱排列密度维持不变，为使织物紧度和原苎麻织物相同，则混纺纱应该纺多少特(公支)?(取苎麻纤维密度为 1.52g/cm^3，涤纶纤维密度 1.38g/cm^3)。

第十四章　织物的强伸性与耐久性

本章知识点

1. 织物的拉伸性能。
2. 织物的撕裂、顶破与弯曲性能。
3. 织物的耐磨与耐疲劳性能。

第一节　织物的拉伸性

一、测试方法与指标

(一)测试方法

织物不同纤维与纱线,平面分经、纬两个方向,其性质有较大差别,故其拉伸性能测试也分经、纬两个方向,一般采用单轴拉伸试验。

机织物拉伸性能测试方法的区别主要在试样,一般有扯边纱条样法、抓样法与切割条样法三种。试样示意图如图 14-1 所示。

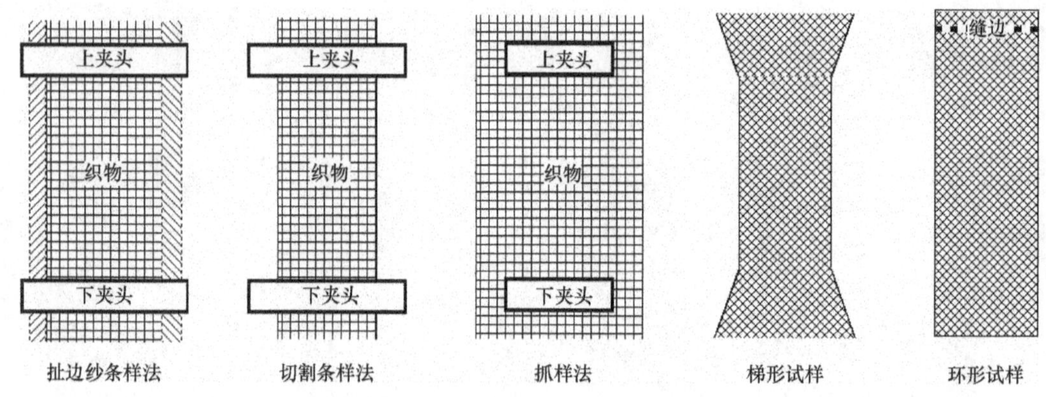

图 14-1　织物拉伸性能测试方法示意图

扯边纱条样法(Raveled-Strip Method)是将一定尺寸的织物试样扯去边纱到规定的宽度(一般为 5cm);抓样法(Grab Method)是将规定尺寸的织物试样仅部分宽度夹入夹钳内;切割

条样法(Cut-Strip Method)适合部分针织品、缩绒制品、毡制品、非织造布、涂层织物及其他不易扯边纱的织物。与抓样法相比，扯边纱条样法所得试验结果的离散较小，所用试验材料比较节约，但抓样法的试样准备较容易和快速，并且试验状态较接近实际使用情况，所得试验强度与伸长的结果比条样法略高。

针织物裁成矩形试样拉伸时，会出现显著的横向收缩，使夹头钳口处产生剪切应力集中，造成试样在钳口附近断裂，影响测试的准确性。针织物一般采用梯形或环形试样较好。梯形试样与环形试样如图 14－1 所示。这两种试样能改善钳口处的应力集中现象，且伸长均匀性也比矩形试样好。如果要同时测定强度和伸长率，以用梯形试样为宜。

非织造布大多采用宽条(一般 10～50cm，甚至更宽)或片状试样。前者在一般强力仪上进行；后者在双轴向拉伸机上进行。

通常分别对织物的经、纬向测定其断裂强度和伸长率，但有时也对其他不同方向测定。近年来，发展出双轴向拉伸试验机，如图 14－2 所示，双轴向织物强力机主要用于科研。

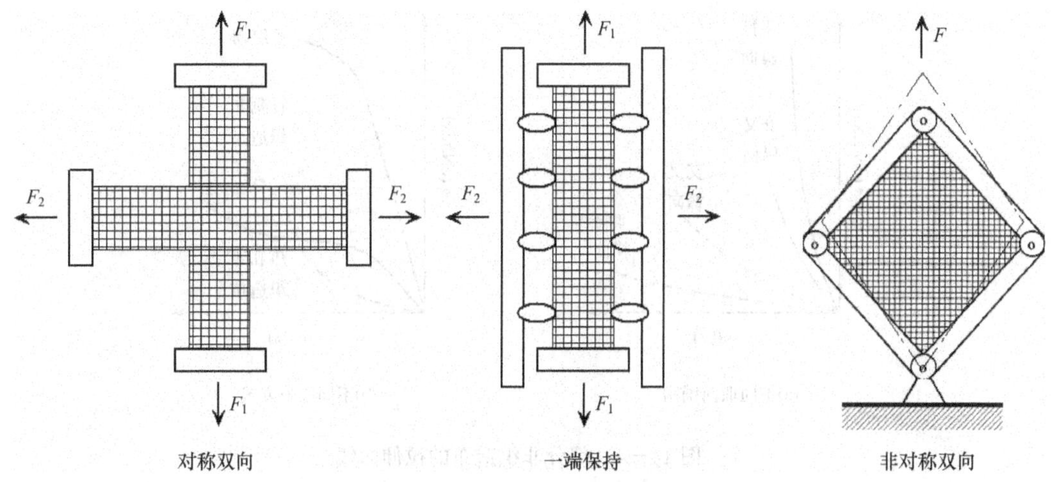

图 14－2　双轴向拉伸示意图

(二)表示指标

1. 拉伸曲线　机织物一次拉伸断裂曲线的形态与组成该织物的纤维、纱线的一次拉伸断裂曲线基本相似。在拉伸针织物时，由于线圈的变形、滑移，其伸长变形比机织物大。部分针织物的拉伸曲线如图 14－3 所示。

非织造布的拉伸曲线如图 14－4 所示。与机织物相比，非织造布的模量明显偏低，伸长偏大。拉伸曲线与非织造布的纤维排列方式、加固方式及拉伸方向密切相关。

2. 拉伸指标　织物拉伸断裂指标与纤维、纱线拉伸断裂指标相近，这里只对不同之处加以说明。织物断裂强度是指 5cm 宽的织物的断裂强力，即 N/5cm。当不同规格织物需要进行相互比较时，可折算成 N/m^2 或 N/tex，与纤维和纱线相对强度意义相近。断裂强度是评定织物内在质量的主要指标之一，也常用来评定织物经不同整理后内在质量的变化。

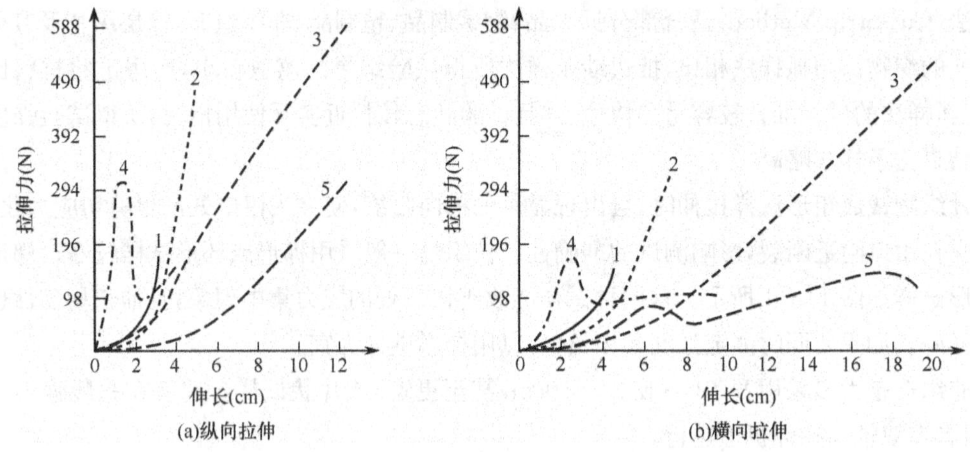

图 14－3　部分针织物的拉伸曲线

1—棉汗布　2—棉毛布　3—低弹涤纶长丝纬编外衣织物　4—衬经衬纬针织物　5—衬纬针织物

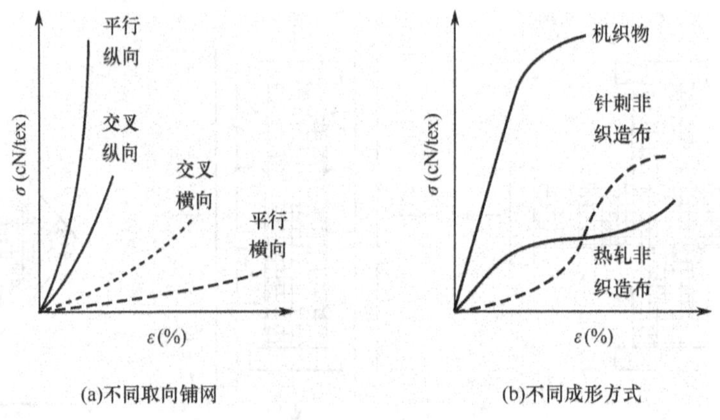

图 14－4　部分非织造布的拉伸曲线

断裂功是指织物在外力作用下拉伸至断裂时外力对织物所作的功。断裂比功是指拉断单位质量织物所需的功，实质是质量断裂比功，它们能更好地反映织物的坚牢程度。

二、织物拉伸断裂特征

(一)断裂特征

织物拉伸断裂实验中，拉伸方式和试样形式不同，受力变形过程差异很大。这里作为一种方法，仅讨论单轴拉伸实验中，织物采用条样法拉伸时，其基本受力变形过程。

机织物拉伸时，受拉系统纱线的屈曲逐渐伸直，压迫非受拉系统纱线更加屈曲；在拉伸的初始阶段，织物的伸长变形主要是由受拉系统纱线屈曲伸直而引起，到拉伸后阶段，伸长变形主要是纱线和纤维的伸长变形；织物的平方米重量下降，试样拉伸方向结构变稀。

针织物纵向拉伸时，拉伸力作用于受拉方向的圈柱和圈弧上，拉伸力使圈柱转动、圈弧伸直，引起线圈取向变形，纱线的交织点发生位移，沿拉伸方向变窄、变长，直接表现出织物的稀疏和垂直受力方向的收缩；在拉伸的初始阶段，织物结构的变化呈现出较大的伸长变形，到拉伸后阶段，主要是纱线和其中纤维的伸长变形，织物的伸长变形较小。

非织造布拉伸时，拉力直接作用于纤维和固着点上，使其中纤维以固着点为中心发生转动和伸直变形，并沿拉伸方向取向，使强度升高；进一步拉伸，固着点被剪切或纤维滑脱，导致织物解体。

织物拉伸时，非拉伸方向会逐渐收缩，呈束腰现象。这是由于试样在靠近夹头处，夹头的约束使试样收缩较小，远离夹头处试样收缩较大。

织物中纱线强力利用程度可用织物中纱线的强力利用系数表示，它是指织物某一方向的断裂强力与该方向各根纱线断裂强力之和的比值，计算式如下：

$$e_F = \frac{P_F}{\sum P_Y} \tag{14-1}$$

式中：e_F——纱线在织物中的强力利用系数；

P_F——织物断裂强力，N/5cm；

P_Y——织物中受拉系统纱线的强力，N。

机织物拉伸过程中，经、纬纱在交织点处产生挤压，交织点处经纬纱间的切向滑动阻力增大，使纱线中纤维的强力利用系数提高，纱线之间的强伸性不匀降低。因此，在一般情况下，纱线在织物中的强力利用系数大于1。特别是在短纤维纱线捻度较小的条件下，强度利用系数的提高更明显。

(二)断裂强力的估算

织物断裂强力除可以进行实测外，也可根据织物的相关参数进行估算。

对条样法(试样宽度5cm)机织物断裂强力而言，可根据织物中纱线的排列密度，纱线断裂强力来估算，估算公式如下：

$$P_F = \frac{P_{T,W}}{2} \overline{P_Y} e_F \tag{14-2}$$

式中：P_F——机织物经向或纬向断裂强度估算值，N/5cm；

$P_{T,W}$——机织物经向或纬向纱线排列密度，根/10cm；

$\overline{P_Y}$——织物中受拉系统纱线的平均强力，N；

e_F——纱线在织物中的强力利用系数。

针织物是线圈结构，可以根据针织物中的线圈排列密度和纱线的勾接强力估算针织物的断裂强力，估算公式如下：

$$P_e = \frac{1}{2} P_{A,B} \overline{P_L} e_F \tag{14-3}$$

式中：P_e——针织物纵向或横向断裂强力估算值，N/5cm；

$P_{A,B}$——针织物中5cm内线圈的横列或纵行数，行(列)/5cm；

$\overline{P_L}$——纱线勾结强力，N。

三、影响因素

(一)纤维性质

纤维力学性质是影响织物拉伸断裂性质的主要因素。不论是不同品种的纤维、相同品种不同性质的纤维还是混合使用的几种纤维,纤维性状上的微小差异,织物的拉伸断裂性质都会产生明显的变化。

(二)纱线结构

纱线捻度与织物强度的关系与纱线捻度与纱线强度的关系相近,也有临界捻度,只是织物的临界捻度比纱线的临界捻度稍小。可见,纱线捻度对织物强度的影响也包含相互对立的两面。

经纬纱线的捻向配置与织物的强度有关,当经纬两系统纱线捻向相同时,在经纬纱交织点接触部位两系统纱线中的纤维趋于互相平行,因而纤维能互相啮合和密切接触,纱线间的阻力增加,可提高织物强度。

由股线制成的织物,其强度大于由单纱所织成的织物,这是由于股线的条干不匀、强度不匀和捻度不匀都有所改善。

(三)机织物结构

在其他条件不变的情况下,较粗的纱线制造的织物,其织物强度较高。这是由于较粗纱线的断裂强度较大;较粗纱线的织物紧度较大,经纬纱切向阻力较大,有利于提高纱线中纤维的强力利用系数,降低纱线之间的强伸性不匀。

织物纱线排列密度对织物强度有显著的影响。一般情况下,当仅增加经纱排列密度时,织物经纬向强度都会增加。这是由于经纱排列密度的增加,使经纬纱的交织次数增加,经纬纱间的摩擦阻力增加,也有利于增加纬向强度。当仅增加纬纱排列密度时,织物纬向强度增加,而经向强度有下降的趋势。这是由于纬纱排列密度的增加,织造工艺上需要配置较大的经纱上机张力,同时经纱在织造过程中受到反复拉伸的次数增加,经纱间及其与机件间的摩擦作用增加,使经纱疲劳程度加剧,引起经向强度下降。

就织物组织而言,在其他条件相同时,织物内纱线的交织点越多,经纬纱间切向滑动阻力越大,有助于织物断裂强力的提高。而交织点越多,纱线屈曲也就增多,拉伸时织物中屈曲的纱线由弯曲而伸直所产生的织物伸长也就越大。所以,在三原组织中,平纹织物的断裂强度和断裂伸长率最大,斜纹其次,缎纹最小。

(四)其他织物结构

针织物是线圈结构,纱线的勾结强度更能体现其断裂特征,要求纤维和纱线柔软、易于弯曲。

针织物强度相对机织物偏低,因为是勾结强度,且纱线相互间的挤压、摩擦作用小;由于线圈的变形、纱线在交织点的移动,伸长偏大。

在针织物中,线圈长度对针织物纵、横密度影响较大,线圈长度越长,针织物纵、横密度越稀,纱线间接触点较少,这时纱线间的切向滑动阻力也较小,因此,针织物的断裂强力也较差。

针织物组织对其强度的影响较复杂。几种基本组织中,纬平针的横向伸长较大,其中纬平针由于横向拉伸时圈柱转移,横向伸长约比纵向大两倍。纬平针每个线圈由两个圈柱组成,当纵行数和横列数相同时,纬平针纵向的断裂强力比横向大。罗纹织物与纬平针相比,其横向具有更大的伸长性。双反面针织物，由于其线圈纵行倾斜，使织物纵向缩短，因而增加了织物的纵密，受拉时线圈被拉直，故纵向伸长性增加，约比纬平针大两倍，其横向伸长性大致与纬平针相近，其纵向和横向伸长性相接近。

经编针织物的伸长性小于纬平针织物。经平组织针织物拉伸时，织物的纵向和横向都具有一定的伸长性，纵向断裂强力大于横向断裂强力。

非织造布结构对其强度的影响主要是纤维排列状态、加固方式及体积质量。

第二节　织物的撕裂与顶破性

一、织物的撕裂性能

织物边缘在集中负荷作用下被撕开的现象称为撕裂。撕裂经常发生在军服、篷帆、降落伞、帐篷篷布、膜结构建筑、吊床等织物的使用过程中。生产上广泛采用撕破性质来评定后整理产品的耐用性，采用撕破强力比采用拉伸断裂强力能更灵敏地反映出织物整理后力学性质的变化。有些工业用织物将撕裂强力作为产品质量检验的重要项目。

(一)测试方法

测定织物抗撕裂破坏的能力，一般采用的织物撕裂标准实验方法有：舌形法(单舌法和双舌法)、梯形法、落锤法等。

1. 舌形法　常见的为单缝法(Single rip method)，最形象的是双缝法或简称舌形法(Double rip method)。试样与测试方法如图 14－5 所示。

2. 梯形法(Trapezoid method)　梯形法的试样与测试方法如图 14－6 所示。实验时，在试样短边正中剪出一条规定长度的切口。然后，试样按夹持线夹入上、下夹头内。仪器启动后，下夹头逐渐下降，直至试样全部撕破。

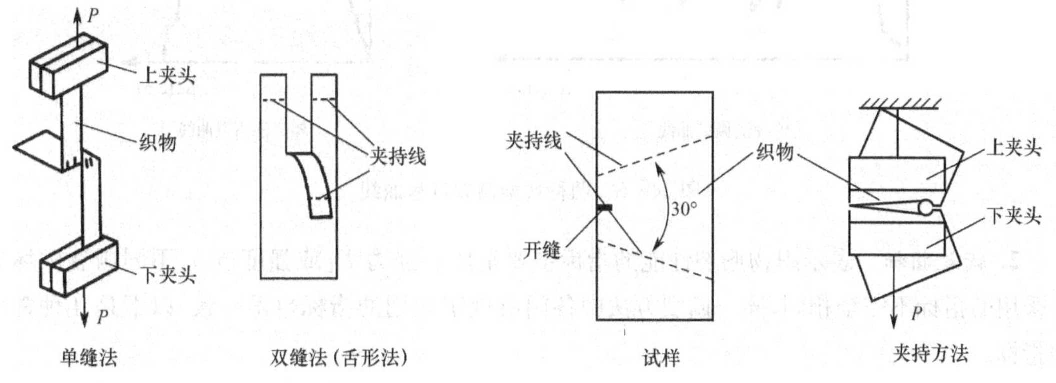

图 14－5　舌形法的试样与夹持方法示意图　　图 14－6　舌形法的试样与夹持方法示意图

3. 落锤法(falling pendulum method)　落锤法采用的试样与测量仪器如图 14－7 所示。广义来看，落锤法也可归入单缝法中。

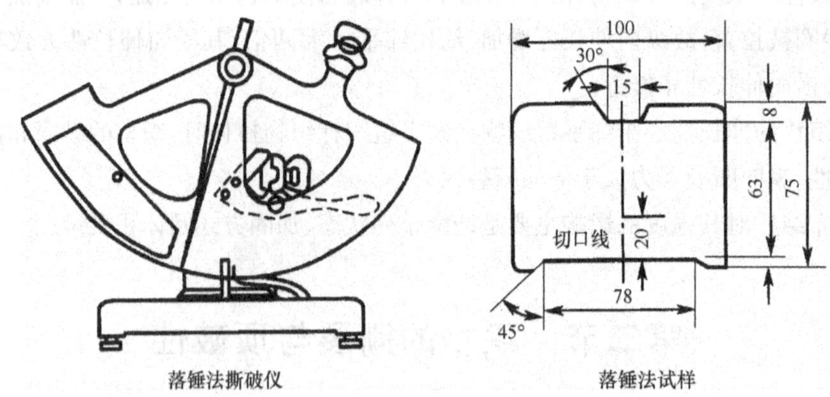

图 14－7　落锤法的试样与夹持方法

它是将扇形锤沿顺时针方向转到试验开始位置，然后，将试样左右两边分别夹入动、定两夹头内，并在长边正中剪出一条规定长度的切口。随后，使扇形锤与动夹头逆时针方向摆落，与定夹头分离，使试样对撕，直至全部撕破。有指针在强力读数标尺上读出撕破强力。此方法是一种快速的单缝撕裂破坏试验方法，测得的撕裂强力也称为冲击撕裂强力。

(二)表示指标

1. 撕裂曲线　织物撕裂曲线是织物在撕裂中负荷与伸长的关系曲线，图 14－8 为单缝法与梯形法撕裂曲线。

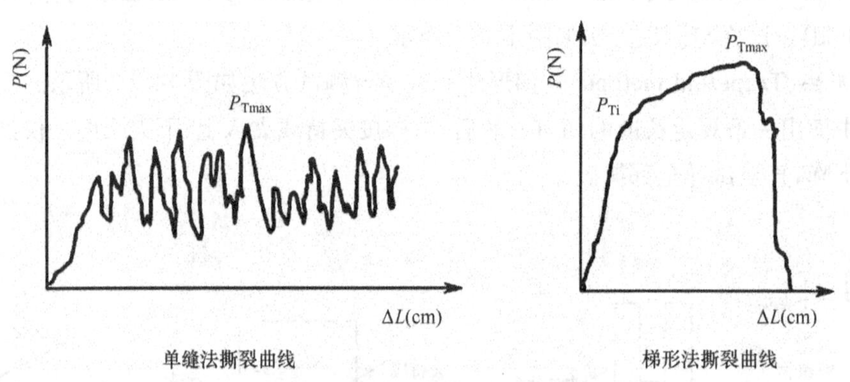

图 14－8　两种典型撕裂过程曲线

2. 撕裂指标　表示织物撕裂性能的指标主要是撕裂强力 P_T 或强度 p_T。不同撕裂破坏方法采用的指标不完全相同，同一撕裂方法中各国所规定采用的指标也不一致，以下是几种常用的指标。

最高撕裂强力 P_{Tmax}：它是指撕破过程中出现的最高负荷峰值，单位为牛顿(N)。

五峰平均强力 $P_{T\overline{5}}$：在撕裂曲线上(梯形法除外)出现第一个峰值后，每隔一规定撕破长度分为一个区，将连续五个区中的最高负荷峰值加以平均就得五峰平均强力，单位为牛顿(N)。

撕裂能 W_T：它是指撕破一定长度织物时所需的能量，单位为焦耳(J)。

平均撕裂强力 $\overline{P_T}$：为落锤法所采用。其物理意义是撕破过程中所做的功，除以 2 倍撕破长度，也就是从最初受力开始到织物连续不断地被撕破所需的平均值。单位为牛顿(N)。

撕裂破坏点强力 P_{Ti} 为梯形法开始纱线断裂时的强力，如图 14－8 所示。

一般，单缝法、双缝法采用 P_{Tmax}、$P_{T\bar{5}}$ 和 W_T 等指标；梯形法采用 P_{Tmax} 和 P_{Ti} 指标；落锤法采用 W_T 和 $\overline{P_T}$ 指标。

(三)撕裂机理

前面介绍的织物撕裂测试方法中，梯形法是拉伸作用，单缝法宏观上是剪切作用。双缝法和落锤法与单缝法的作用特征相似。

撕裂破坏主要集中在撕裂三角区局部，对于变形能力较大的针织物和非织造布，由于撕裂三角区较大，撕裂特征较弱，拉伸特征明显，故撕裂的评价较少。以下仅单缝法和梯形法撕裂特征进行分析。

单缝法撕裂特征示意图如图 14－9 所示。当试样沿经向被拉伸时，两舌中经纱上下分开、屈曲逐渐平缓、经纱逐渐靠拢，经纬纱相互滑移、伸长，形成一个近似三角形的应力集中区，称为受力三角形。在拉伸过程中通过经纬纱交织点的切向阻力，非受拉系统的纬纱张力迅速增大，伸长变形增加，靠近受力三角形底边的纬纱负担的张力最大，变形也最大，向受力三角形顶端，张力和变形逐渐减小。当撕拉到第一根纬纱达到断裂伸长时，即首告断裂，出现了撕破过程中的第一个负荷峰值，于是下一根纬纱开始成为受力三角形的底边，撕拉到断裂时又出现第二个负荷峰值，依次，纬纱由外向内逐根断裂，最后使织物撕破。

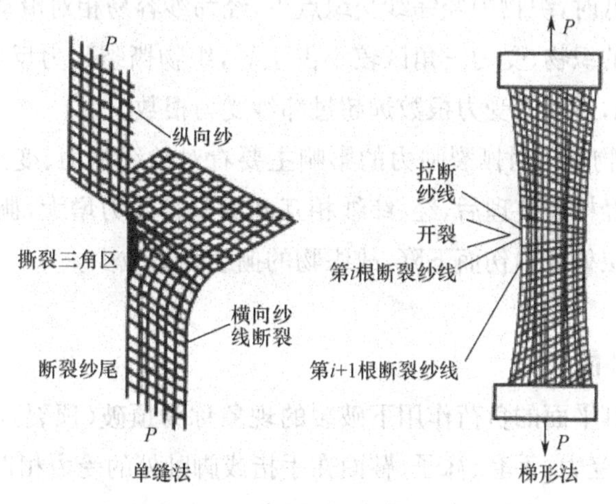

图 14－9　单缝法与梯形法撕裂示意图

由此可见，单缝法撕破时，断裂的纱线是非受拉伸系统的纱线，即试样沿经向拉伸时是纬纱断裂；纬向拉伸时是经纱断裂。

梯形法撕裂过程中，由于受拉伸系统纱线的伸长变形，也会形成受力三角形，其特征示意图如图 14－9 所示。随着拉伸负荷的增加，试样紧边切口处，受力的三角形底部的纱线负担较大的外力和变形。随着远离受力的三角形底部，纱线负担的外力和变形逐渐减小。当受力的三角形底部纱线到达断裂伸长时，出现负荷峰值。纱线断裂向受力三角形的顶点扩展，直至织物撕破。梯形法撕裂相对单缝撕裂的力值波动小。梯形法撕破时，断裂纱线是受拉系统的纱线。

由上述分析可知：织物撕裂特征是纱线的逐根断裂，即受力三角形中纱线的受力是不均匀的，受力三角形底边的纱线受力最大，远离受力三角形底边受力逐渐减小。受力三角区、纱线断裂强力和断裂伸长越大，织物撕裂强力越大。

(四)影响因素

由织物撕裂特征可知：影响织物撕裂强力的主要因素是织物撕裂受力三角区和纱线断裂强力。

1. 纱线性质 织物撕裂特征是纱线的逐根断裂，织物撕裂强力与纱线强力成近似正比关系。受力三角区越大，同时受力的纱线根数越多，织物撕裂强力也会越大。纱线的断裂伸长率越大、摩擦因数越小，受力三角区越大。

2. 织物结构 织物组织不同，经纬纱交织点及切向阻力不同，纱线相互移动受限程度不同，受力三角区大小不同。一般平纹织物的撕裂强力最小，缎纹织物的撕裂强力大于斜纹织物。

织物经、纬密对撕破强力的影响需同时考虑受力三角区中纱线数和受力三角区的大小。织物密度增加，单位长度内纱线数增加，有利于提高撕裂强力；但经、纬纱交织阻力增大，受力三角区会变形小，则不利于撕裂强力的提高。在其他条件相同时，经纬密度低的织物，撕破强力较大。这是因为经纬密低时，织物中经纬纱交织点少，经纬纱容易相对滑动，受力三角区较大占主导。经纬密度都较大的织物，受力三角区较小占主导，织物撕裂强力反而较低。府绸织物的经密比纬密大得多，因此，经纱的受力根数远超过纬纱受力根数。

3. 织物整理 织物整理对撕裂强力的影响主要看对纱线强力、变形能力和纱相互间的滑移阻力的影响。织物经树脂整理后，经、纬纱相互间的滑移阻力增大，撕裂三角区减小；同时纱线的断裂伸长率因涂层处理损伤而下降，故织物的撕裂强力减少。

二、织物的顶破性能

织物在一垂直于其平面的负荷作用下破裂的现象称为顶破(顶裂)或胀破。织物顶破与服装在人体肘部，膝部的受力，手套、袜子、鞋面在手指或脚趾处的受力相近；降落伞、滤尘袋、消防水管带等与胀破受力相近；顶破是多向受力试验，特别适用于针织物，三向织物、非织造布及降落伞用绸等织物的强度检验。

(一)测试方法

1. 弹子式顶破试验仪 弹子式顶破试验仪是利用钢球球面来顶破织物，测试方法如图 14－10所示。圆形试样夹在一环形夹具之间，用固定在上支架顶杆上的钢球顶试样，直至将试样顶破。仪器强力刻度盘可给出顶裂破坏的最大压力，单位为 N。也可计算出顶破强度，即织物单位面积上所承受的顶破强力，单位为 N/cm^2，该指标常用于羊毛衫片。

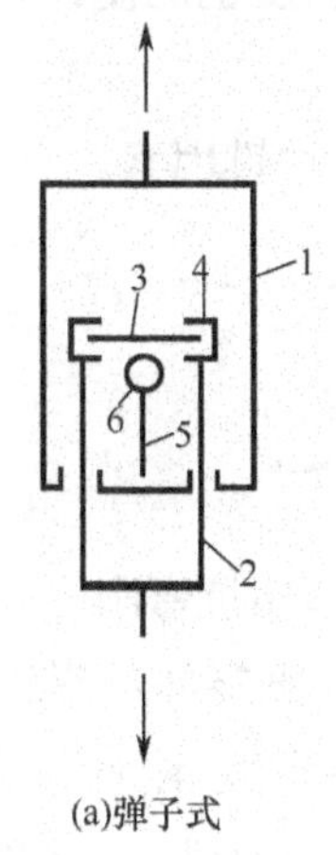

(a)弹子式

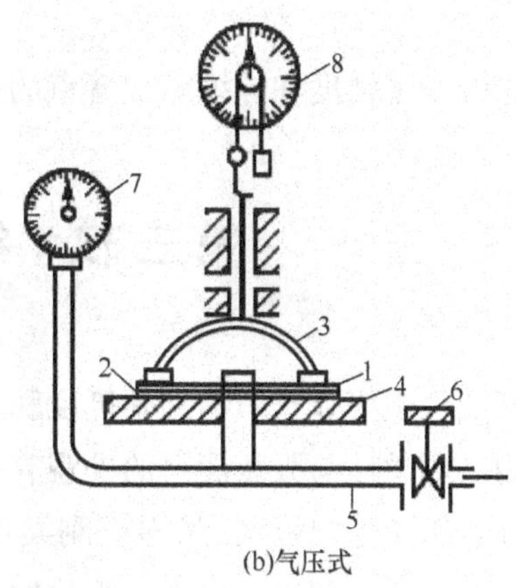

(b)气压式

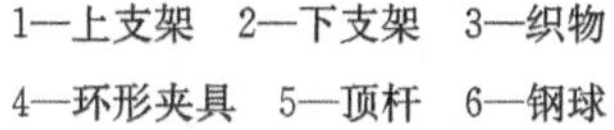

1—上支架　2—下支架　3—织物
4—环形夹具　5—顶杆　6—钢球

1—试样　2—衬膜　3—半圆罩　4—底盘
5—空气管道　6—阀门　7—强度压力表　8—伸长压力表

图 14 - 10　织物顶破试验仪示意图

2. 气压式顶破试验仪　气压式织物顶破试验仪是利用气压胀破织物，测试方法如图 14 - 10所示。试样压在衬膜上，一起夹在试样夹上，衬膜是用弹性较好的薄橡胶膜制作。衬膜当中开有气口，气口上方又覆盖一块橡胶膜。试验时，压缩空气首先作用在衬膜和其上覆盖的橡胶膜上，由于衬膜和覆盖的橡胶膜的弹性较好，空气气压升高后会胀起，从而将织物顶起、胀破。织物被顶破(胀破)后，空气顶起覆盖在衬膜上的橡胶膜逸出。以保护橡皮膜。仪器可给出胀破强度、顶破伸长和顶破时间。胀破强度(N/m^2或 kN/m^2)为单位面积所受的力，即压强；顶破伸长(mm)为胀破压力下织物膨胀的高度，即胀破时，试样表面中心的最大高度；顶破时间(s)为织物从受力到胀破时所需时间。

气压式顶破试验仪比弹子式顶破试验仪试验结果稳定。

(二)破坏机理

相对拉伸，顶破试验是多向受力。织物是各向异性材料，多向受力能更好反映织物的受力与变形能力。

一般来说，在非经纬纱方向的织物变形是由经纬两组纱线相互剪切产生，其伸长变形较经纬方向要大。顶破试验中，织物的经、纬向变形能力差异较大，纱线断裂一般出现在变形能力较小的方向和强度最薄弱处，接着沿着经向或纬向撕裂，裂口一般成直线形。如果织物的经、纬向变形能力相近，顶破时织物裂口常为“L”形或“T”形。

针织物是线圈结构，织物顶破或胀破时，共同承受伸长变形，直至织物撕裂。非织造布顶破口是一个隆起的松散纤维包；胀破是纤维网扯松开裂状。

(三)影响因素

织物中纱线的断裂强力和伸长率大，织物的顶破或胀破强力高。

机织物经、纬向结构和性质差异小，各向受力一致性好，顶破或胀破强力高。

针织物中，纱线勾接强度大，织物顶破强力高；适当增加线圈密度也能使针织物顶破强力有所提高。

非织造布的纤维强度和纤维间固着点的强度是影响顶破的最关键因素。

第三节 织物的弯曲性

织物的弯曲性主要涉及织物的硬挺度和柔软度，也称刚柔性。用抗弯刚度表示织物抵抗弯曲变形的能力。刚柔性与服装面料的外观有关，面料刚度过小时，服装外观疲软、飘荡、缺乏身骨；刚性过大时，服装外观板结、呆滞。刚柔性与服装面料的手感有关，刚性过大时，触感不舒适，甚至擦伤皮肤，诱发刺激性皮炎。织物的弯曲刚度是影响织物悬垂性、起拱变形和织物手感的主要因素。

一、测试方法与指标

（一）斜面法

斜面法又称悬臂梁法，测试装置与方法示意图如图 14－11 所示。试样为 15cm×2cm 的织物。将试样放在梯形木块上，在试样条上放一带刻度的条尺，并与试样条的头端平齐。测量时，以匀速将条尺推出，尺条带动试样条同步推出，直到由于试样条自重下垂触及斜面为止。由条尺推出的长度 l_0 和斜面角度 θ，可求出抗弯长度 C(cm)：

$$C = l_0 \left[\frac{\cos(\theta/2)}{8\tan(\theta)}\right]^{1/3} = l_0 f(\theta) \qquad (14-4)$$

抗弯长度有时称为硬挺度。当 $\theta=45°$ 时，由式(14－4)可得：

$$C = 0.487 l_0 \qquad (14-5)$$

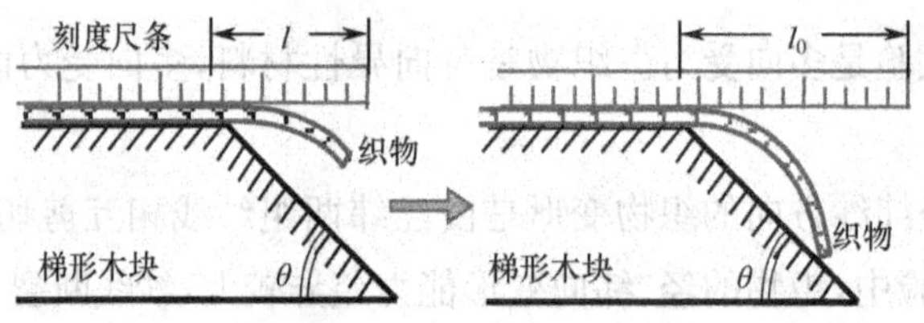

图 14－11　斜面法测量原理示意图(Peirce 法)

抗弯长度是表示织物刚柔性的指标，抗弯长度数值越大，表示织物越硬挺不易弯曲。

织物的弯曲刚度 B 和弯曲弹性模量 E_B 可用下式表示：

$$B = 9.8w(0.487l_0)^3 \times 10^{-5} \qquad (14-6)$$

$$E_B = \frac{120B}{t^3} \qquad (14-7)$$

式中：w——织物平方米重，g/m^2；

t——织物厚度，mm。

弯曲刚度表示单位宽度织物所具有的弯曲刚度，弯曲弹性模量与织物的宽度、厚度等几何尺寸无关，是表示织物弯曲性能的相对指标。斜面法较适合厚型织物和毡制品刚柔性的测定。

(二)心形法

心形法测试方法示意图如图 14－12 所示。织物试样为长 20cm×宽 2cm 的条形。试验时，将其两端夹入夹头内悬挂，试样因自重下垂构成心形。一定时间后，测量夹头上部平面到心形试样下部边沿的悬垂高度 l，悬垂高度也称柔软度。悬垂高度越大，织物越柔软。心形法较适合薄型织物、丝绸和有卷边现象的织物。

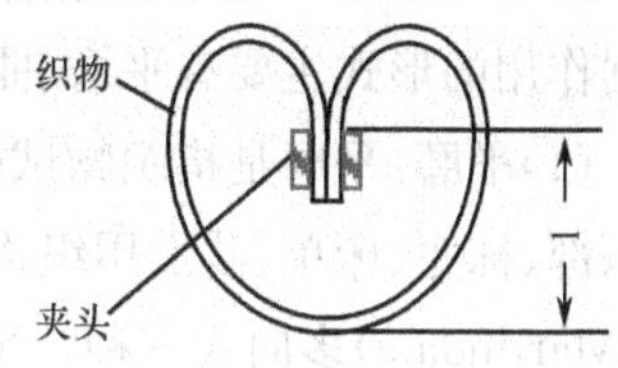

图 14－12　心形法示意图

二、影响织物刚柔性的因素

纤维初始模量是表征纤维刚柔性的指标之一，也是织物刚柔性的决定性因素，纤维的初始模量大，织物弯曲刚度也大。相对圆形截面纤维，异形截面纤维的织物刚性更大。这是因为面积相同时，异形截面纤维的弯曲刚度大；异形截面纤维纺得的纱线密度较小，在纱线线密度相同时，异形截面纤维纺得的纱线直径更大。

织物中纱线的细度较粗，捻度较大时，织物弯曲刚度大。

织物厚度增加时，织物弯曲刚度提高。织物中经、纬纱同捻向配置时，经、纬纱交织点处接触面上纤维倾斜方向一致，经、纬接触纤维会啮合，经、纬纱交织点处切向滑动阻力较大，织物弯曲刚度较大。机织物中交织点越多，浮长越短，经纬纱间切向滑动阻力越大，织物中经纬纱间作相对移动的可能性越小，织物弯曲刚度较大。所以，相同条件下，平纹织物的硬挺度大于斜纹织物，斜纹织物大于缎纹织物。织物经、纬密度增加时，织物硬挺度增加。

机织物一般比针织物硬挺。非织造布中，纤维间的黏结点越多，黏结点越大，非织造布越硬挺。

后整理可以有效地改变织物的刚柔性。织物的柔软整理分机械整理和柔软剂整理。机械整理是利用机械的方法，在张力状态下将织物多次揉搓，改善织物的柔软性；柔软剂整理是利用柔软剂的润滑作用，减少织物中纤维间和纱线间的摩擦阻力，改善织物的柔软性。织物的硬挺整理是利用成膜高分子物质，黏附于织物表面，使织物就有硬挺和光滑的手感。另外，用化学或物理方法改变纤维结晶度和结晶尺寸，也能改变织物的刚柔性。

第四节　织物的耐磨性与耐疲劳性

一、织物的耐磨性

耐磨性是指织物抵抗反复摩擦破坏的能力。磨损是指织物之间或与其他物体间反复摩擦，逐渐破坏的现象。

(一)测量方法及指标

织物耐磨性的测量有仪器测量和实际穿着试验。织物摩擦损坏情况复杂,为了使织物耐磨性的仪器测试尽量接近织物的实际磨损情况,仪器测试方法种类较多。

1. 仪器测量 已有的耐磨仪主要模拟织物在实际使用中的磨损方式来评定织物耐磨性。依据作用的形式主要有平磨、曲磨、折边磨、复合磨等多种。

(1)平磨:平磨是指织物试样表面在定压下与磨料的摩擦受损,它是模拟上衣肘部、裤子的臀膝部、袜底、床单、沙发用织物、地毯等的磨损。按摩擦方向又可分为往复式、回转式和马丁代尔(Martindale)多向式三种。平磨测试方法如图 14 - 13 所示。

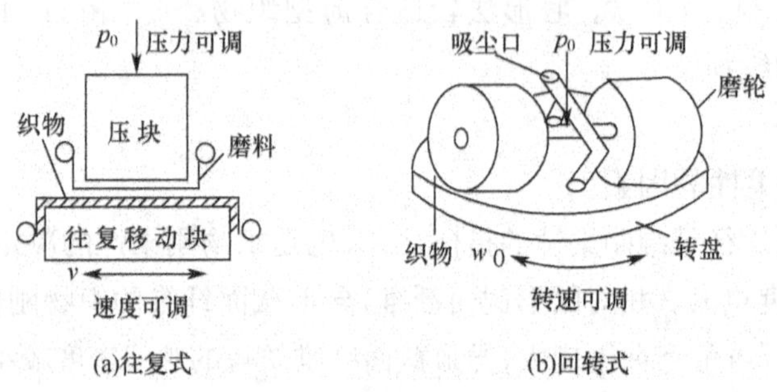

图 14 - 13 平磨式磨损测量机构原理示意图

(2)曲磨:曲磨指织物试样在弯曲状态下反复与磨料的摩擦受损。它是模拟上衣肘部和裤子膝部等处的磨损,测试方法如图 14 - 14 所示。

(3)折边磨:折边磨是织物试样在对折状态下,折边部位与磨料的摩擦受损。它是模拟上衣领口、袖口、袋口、裤边口及其他折边部位的磨损。测试方法如图 14 - 15 所示。

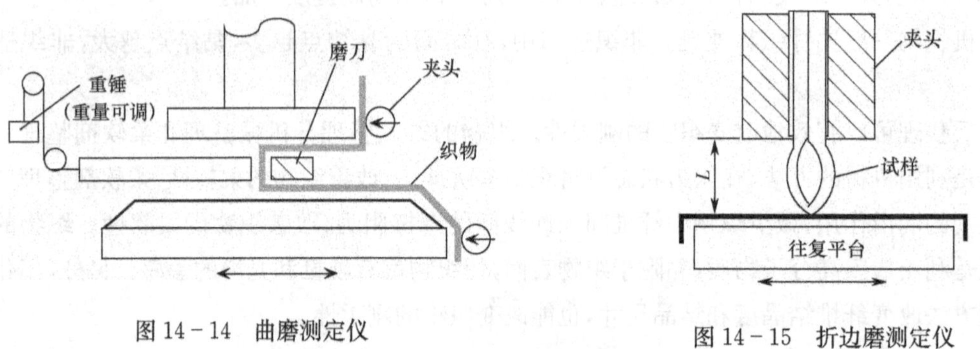

图 14 - 14 曲磨测定仪

图 14 - 15 折边磨测定仪

(4)复合磨:复合磨指织物试样在反复拉伸和反复弯曲状态下与磨料的摩擦受损。它是模拟服装在人体活动过程中的磨损。测试方法如图 14 - 16 所示。复合磨本质上是织物的动态拉、弯、压疲劳,故又称动态磨。

(5)翻动磨:翻动磨指织物试样在任意翻动状态下,受拉伸、弯曲、压缩和撞击,并与磨料的摩擦受损。它是模拟被服在洗衣机中洗涤时的磨损。测试方法如图 14 - 17 所示。试样边缘需缝合或用黏合剂粘固，然后投入试验筒内，在高速回转的叶轮的翻动下，与试验筒内壁上所衬的磨料反复摩擦。

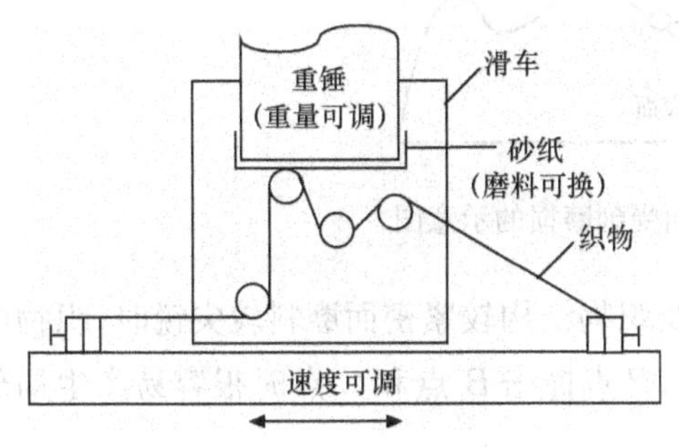

图 14－16　动态磨测定仪

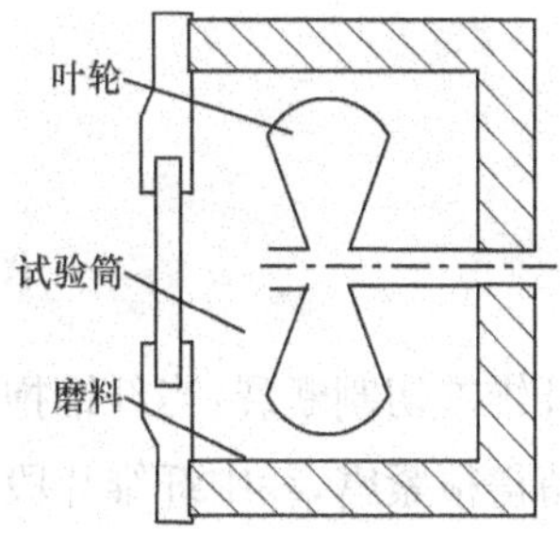

图 14－17　翻动磨测定仪

2. 表示耐磨性的方法　表示耐磨性的方法包括：磨损一定时间出现的破洞数、出现破洞的时长，或摩擦一定时间后织物的重量损失率。点数破洞数更为灵敏和接近实用，但其表达多为定性。重量损失率可以定量化表达，故较常用。

以上试验方法为某一类磨损，可以将平磨、曲磨、折边磨，甚至复合磨和翻动磨进行综合评价。综合评价的方法有两种。一种是采用秩位法，将各磨损值按大小进行排序，越小序号越低，然后相加得秩和数，秩和数越小耐磨性越好。另一种是采用综合指标，即将平磨、曲磨和折边磨所得的磨损值进行加权平均。权重的确定应该根据织物被磨损破坏的先发和重要性确定，在未知的情况下，一般采用等权重。

穿着试验是将不同的织物试样分别做成衣、裤、袜等，组织合适的人员在实际工作环境中服用，经一定时间后评定耐磨性。评定时，先对各种试样的不同部位规定出不能继续使用的淘汰界限，如裤子的臀部、膝部以出现一定面积的破洞作为淘汰界限；裤边以磨破一定长度作为淘汰界限等。然后，由淘汰界限决定试穿后的淘汰件数，再计算出它占试验总件数的百分率，既为淘汰率。

（二）织物的磨损机理

织物的磨损主要是纤维的断裂、抽拔，纱线和织物结构的解体。磨损通常是从浮在其表面纱线的屈曲波峰或线圈凸起弧段的外层开始，然后逐渐向内发展。组成纱线的部分纤维受到磨损而断裂，有些纤维从纱线内抽出，使纱线和织物变得松散，由此加剧纤维的抽拔、纱线的解体和织物局部变薄，重量减轻，直至出现破洞。织物的磨损表现在以下几方面。

摩擦中纤维的断裂：如图 14－18 所示，织物表面与磨料是凹凸不平的，当磨料与织物接触并作相对运动时，磨料的凸起部分 P 从织物表面的波峰 A 移到 B 处时，会形成钩挂，或轻微地挤压越过波峰 C。由于反复摩擦，上述过程会反复进行，使纱线中纤维片段出现疲劳和断裂。

纤维从织物中抽出：当纤维抱合力较小、纱线及织物结构较松而 P 点的钩挂又较明显时，会出现纤维被拉出，造成纱线、织物结构的松散。如果反复作用，会使纱线解体变细，使织物变薄、最终解体。

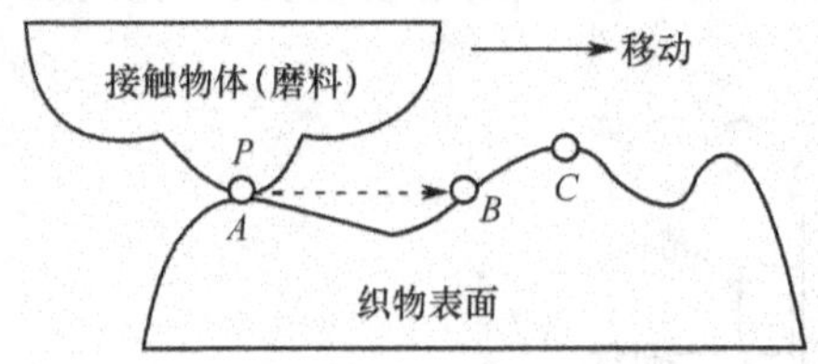

图 14－18　织物表面受到磨损的示意图

纤维被切割断裂：当纤维抱合力较大、纱线及织物结构较紧密而磨料较尖锐时，织物中纤维被束缚得很紧密，纱中纤维片段的可移动性极小，P 点撞击 B 点和 C 点时很容易产生局部应力集中，导致纤维的切割损伤。

纤维表面磨损：当纤维抱合力较大、纱线及织物结构紧密而磨料表面较光滑时，织物磨损的主要破坏形式是纤维表面磨损。此时，纱中纤维片段的可移性极小，在纤维表面与磨料的反复摩擦作用下，纤维两端和屈曲部位的表层出现零碎轻微的破裂或原纤化结构。

摩擦生热作用：摩擦还会使物体表面的温度上升，使撞击区温度升高，使纤维变软，易于变形，甚至使纤维熔融，加速织物的磨损。

（三）影响织物耐磨性的因素

1. 纤维性质　纤维对织物耐磨性的影响主要体现在抱合力和耐疲劳性。纤维的抱合力大，摩擦时纤维不易从织物中抽出，织物耐磨性好。长纤维抱合力大，织物耐磨性好。如精梳棉织物由于去除了短绒，故耐磨性比普梳棉织物好；中长纤维织物及长丝织物的耐磨性优于棉型织物。纤维的细度适中有利于耐磨。过细的纤维，在织物磨损过程中容易断裂；过粗的纤维，纱截面内纤维总根数减少，抱合力减弱，纤维抗弯性能也较差，都不利于织物的耐磨性。中长纤维织物由于细度较适中，故其耐磨性较好。一般认为纤维的细度 2.78～3.33dtex 较为适当，较粗的纤维耐平磨；较细的纤维耐屈曲磨和折边磨。异形纤维织物的耐屈曲磨性及耐折边磨性比圆形纤维织物差，这是因为织物屈曲磨和折边磨时，纤维处于弯曲状态，而异形纤维宽度大于圆形纤维，所以不耐弯曲。

纤维的断裂比功和弹性回复率是影响织物耐磨性的决定性因素。由于织物磨损过程中，纤维疲劳而断裂是最基本的破坏形式。如锦纶织物通常具有最优的耐磨性，锦纶与其他纤维混纺后可显著提高织物的耐磨性。低强高伸型涤纶织物的耐磨性仅次于锦纶织物。丙纶和维纶织物，也具有很好的耐磨性。

2. 纱线性状　纱线捻度过大时，其中纤维片段可移动性小，过大的捻度还会使纱体变得刚硬，摩擦时，不易压扁，接触面积小，易造成局部应力增大，使纱线局部过早磨损，这都不利于织物的耐磨。捻度过小时，纱体疏松，纤维容易抽出，也不利于织物的耐磨。

纱线条干差时，粗处结构较松，摩擦时纤维易抽出，使纱体结构变松，织物耐磨性下降。

线织物的耐平磨性优于纱织物。这是由于股线结构较单纱紧密，纤维间抱合较好，不易抽出。但在屈曲磨，特别是折边磨时，线织物的耐磨性不如纱织物。主要是由于结构紧密的股线中纤维片段的可移动性小，容易在曲折部位产生局部应力集中，使纤维受切割破坏。

3. 织物几何结构　织物厚，耐平磨性好，但耐屈曲磨及折边磨性不好。

当织物经、纬密较低时，浮长很短的平纹织物较为耐磨；当织物经、纬密较高时，浮长较长的缎纹织物较为耐磨。针织物的织物组织对耐磨性影响尤为显著，其基本规律大致与机织物相仿，紧度适中。

织物中经、纬纱特数大，不但织物的支持面可增大，使织物承受磨损的实际面积增大，而且纱截面内所含的纤维根数多，磨损所需的功和作用时间多。

织物的平方米重对耐平磨性的影响最为显著。织物耐平磨性几乎随单位面积重量的增加而线性的增大，不同的织物仅有程度上的差异。单位面积的重量相同时，针织物的耐平磨性要比机织物差些。

织物表观密度小、毛羽多，耐磨性好。织物表观密度达到 0.6g/cm 时，耐折边磨性明显变差。

零结构相织物的经、纬纱同时突出于织物表面，构成等支持面，织物与磨料摩擦时，经、纬纱同时承受磨损，有利织物的耐磨性，特别是耐平磨性。

另外，后整理会改变纤维的力学性质和纤维的片段可移性，试验条件中的环境的温湿度、摩擦方向及压力等对织物耐磨性都有较大影响。

二、织物的耐疲劳性

织物的耐疲劳性与纤维、纱线的耐疲劳性一样，是反映织物在小负荷长时间作用或反复作用下抵抗破坏的能力的概念，同样分为静疲劳和动疲劳。

（一）测试方法与表示指标

1. 静疲劳　表示织物耐静疲劳性能的方法：用织物在小于断裂强力的恒定拉力下，达到一定伸长或断裂所需的时间表示；也可以用恒定拉力拉伸到一定时间所达到的伸长表示。

逐渐减小恒定拉力，织物达到断裂所需的时间会增加，当织物在极长的时间内仍无法达到破坏时，所对应的恒定拉力称作临界力，对应的伸长率称作临界伸长率。

2. 动疲劳　测试织物耐动疲劳性能的方法有三种：

（1）定负荷疲劳试验：定负荷疲劳试验拉伸曲线如图 14－19 所示。

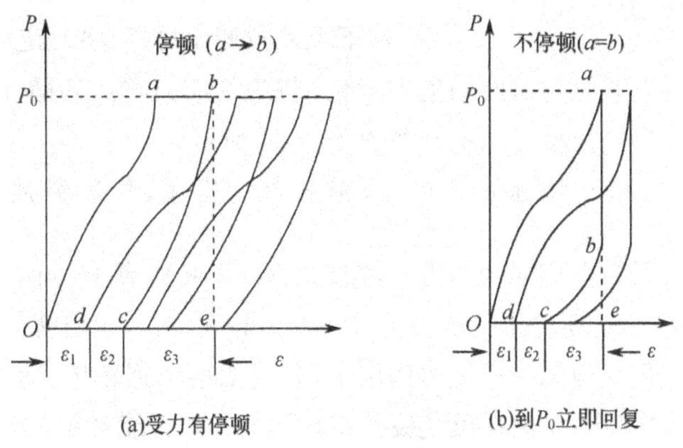

图 14－19　定负荷疲劳试验拉伸曲线图

在一次循环中，拉伸外力对织物所做的功是曲线四边形 $Oabe$ 的面积 S_0；回缩时织物对外力所作的功是曲线三角形 bec 的面积 S_e，即织物释放出拉伸储存的能量。因而，在一次循环中，外力对织物的净做功是曲线四边形 $Oabc$ 的面积 S_c。因此，S_e越大，S_0越小，织物的耐疲劳性越好，以 R_w表示弹性功回复率，则：

$$R_w = \frac{S_e}{S_0} \tag{14-8}$$

从伸长率的回复角度看，$ce=\varepsilon_3$为急弹性回复伸长率；$bc=\varepsilon_2$为缓弹性回复伸长率；$Ob=\varepsilon_1$为塑性变形，所以有：

$$R_1 = \frac{\varepsilon_1}{\varepsilon}; R_2 = \frac{\varepsilon_2}{\varepsilon}; R_3 = \frac{\varepsilon_3}{\varepsilon}$$

其中，R_1，R_2，R_3分别为塑变率、缓弹性回复率和急弹回复率；ε 为总伸长率。弹性回复率 R_e为：

$$R_e = \frac{\varepsilon_2 + \varepsilon_3}{\varepsilon} \tag{14-9}$$

定负荷反复拉伸还可以采取拉伸到所定负荷 P_0时，立即回复的方式进行，这是最常采用的试验方式，拉伸曲线如图 14－19(b)所示。

定负荷测量中应变是在不断变小的，所以作用相对较温和，P—ε 循环曲线易于达到“循环”，所谓循环是指 P—ε 曲线环重叠。

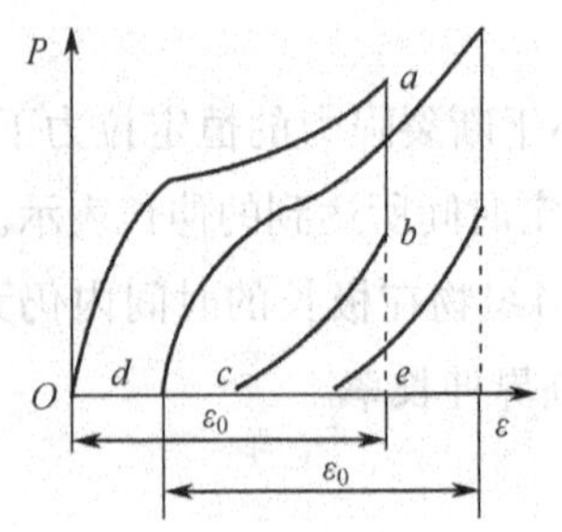

图 14－20　定应变疲劳试验拉伸曲线图

(2)定应变疲劳试验：定应变即在织物反复拉伸中，每次总伸长率保持不变，拉伸曲线如图 14－20所示。

此时的弹性功回复率 R_w和弹性伸长回复率 R_e等的计算与定负荷疲劳相同。定应变疲劳测量中负荷是不断增大的，故相对作用较剧烈，P—ε 循环曲线较难达到循环。

(3)疲劳极限与循环次数：在定应力或定应变条件下反复拉伸织物，只要所定应力或应变足够小，织物就会在反复拉伸中应力－应变曲线达到循环。将施加应力与达到循环的次数 N 作图，可得使用寿命曲线：σ—N 曲线；$\ln N$—σ 曲线，如图 14－21 所示。

图 14－21 中的 σ_C和 ε_C就称疲劳极限，前者最为常用，称疲劳强度；后者称疲劳极限应变。

由动态疲劳曲线可知，在相同的受力下，循环次数 N 越大，织物的耐疲劳性越好；在达到循环的次数 N 相同的情况下，所能承受的应力或应变值越大，材料越耐疲劳。

事实上，一开始我们就强调在任意力作用下，材料都会达到破坏，动态疲劳也一样，尤其是高聚物材料总存在塑性变形，总会在反复疲劳中发热而力学性能劣化。因此，将 $N \geqslant 10^5$时认为材料已能够无限反复作用的使用，而此时的最大应力 σ_C、应变值 ε_C就称为疲劳极限。

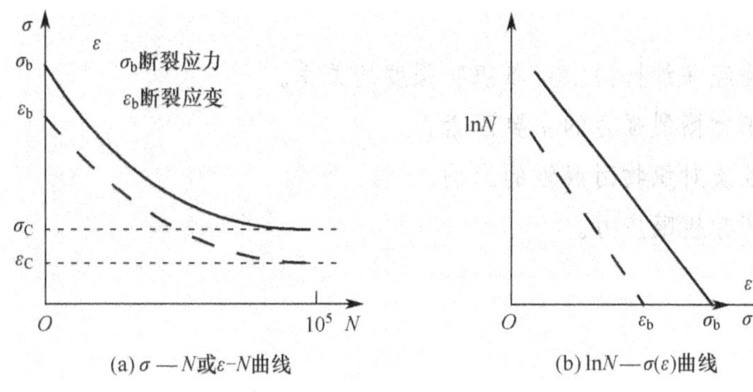

图 14－21　疲劳极限与使用寿命曲线

疲劳试验不仅可以对织物实施拉伸，也可以实施剪切、弯曲和压缩，分别称剪切疲劳、弯曲疲劳和压缩疲劳。由于织物能作较大的剪切、弯曲变形，而受力又很小，疲劳过程漫长（N 极大），故较少进行。压缩可施加的变形很小，则受力都在弹性范围内，故 N 极大，也无法实测。扭转疲劳一般对细长物，故较适于纤维和纱线。

(二)疲劳机理

静疲劳情况下，持续作用在织物上的拉伸力使织物不断地蠕变而损伤与破坏。当外力所产生的破坏积累到一定程度时，纤维断裂、纤维间滑移，进而导致纱线的断裂、滑移及从交织点的抽出，使织物最终解体。大多数情况下，织物还未完全断裂，其使用功能已经失效。静力作用于织物的疲劳破坏，理论上可以发生于任意大小的力作用下，只是拉伸力较小时，破坏所需时间较长；拉伸力较大时，破坏所需时间较短。静态疲劳破坏的主要机制是织物的塑性变形，其包括三个部分，纤维的塑性变形、纤维间的滑移、纱线滑移与断裂。

动疲劳情况下，织物受反复力作用时，产生塑变积累，导致织物破坏。断裂机理与静态相同，滑移是由于纤维间、纱线间的滑移，一般在无大量滑移解脱的情况下，对织物无疲劳作用；发热会使纤维更易发生变形和力学性能衰退。所以织物的疲劳主要是纤维的疲劳与破坏和材料发热引起的性能衰退。只有当大量纤维疲劳破坏后，织物才会疲劳解体。

(三)影响因素

织物结构越稳定，即交织点的作用；结构中弹性部分越多，即纱线和纤维的弹性变形，包括屈曲波和线圈的变形，织物的耐疲劳性越好。

织物中纱线和纤维本身的耐疲劳性越好，织物的耐疲劳性越好。

试验和使用条件，包括环境温湿度和反复作用的频率及停顿时间。温度和湿度越高，织物越易疲劳；作用频率越高、停顿时间越少时，材料的缓弹及松弛越难发生，故织物越不耐疲劳。

因此，可以通过设计弹性、稳定的织物结构；选择耐疲劳、弹性好的纤维和纱线及其结构；避免高温高湿性的剧烈作用，并及时让织物得以松弛恢复，则织物的耐疲劳性可以得到提高。

思考题

1. 分析梭织物经纬纱捻向配置与织物强度的关系。
2. 分析影响织物撕裂强力的主要因素。
3. 分析纤维性质对织物耐磨性的影响。
4. 举例解释疲劳极限应力。

第十五章　织物的外观性能

● 本章知识点 ●

1. 织物的抗皱性与褶裥保持性。
2. 织物的抗起毛球性与抗钩丝性。
3. 织物的尺寸稳定性与悬垂性。

织物的外观性能是指影响织物外观的性能，主要包括抗皱性、免烫性、褶裥保持性、抗起毛球性、抗钩丝性、抗缩水性、收缩不匀、悬垂性等。织物的外观性能直接影响服装的穿着外观及视觉风格，与服装的易护理性有很大关系。

第一节　织物的抗皱性与褶裥保持性

一、织物的抗皱性

(一)概念与机理

织物的抗皱性是指织物抵抗出现折痕的性能。织物受到搓揉、挤压时，产生塑性弯曲变形而出现折痕，产生折痕后的消失程度，称为折痕(折皱)的回复性，织物的抗皱性实质上是指折痕的回复性。折痕回复性影响织物外观的平整性。

折皱是织物高曲率的弯曲，折皱的消失程度在于织物是否发生了不可逆的塑性弯曲变形，这主要与织物中纤维的弹性恢复能力及纤维、纱线间的相互往复移动的能力有关。纤维、纱线间的移动可以分担纤维的变形，但过大的纤维、纱线间的移动又不利于折痕的回复。

(二)测试方法

织物抗皱性的测试有折叠法和拧绞法。折叠法是将织物折叠一定时间后，释放，测量其折皱角的回复程度，依据试样形状或放置方式分为凸形法或垂直法和条形法或水平法，水平法是为了克服织物重力的影响而采用的。图 15－1 是凸形法(垂直法)示意图，图 15－2 是条形法(水平法)示意图。拧绞法以拧绞方式使织物起皱，采用样板对照或图像处理法进行评价，拧绞法更接近实际。

(三)影响因素

1. 纤维性状　纤维的弹性恢复能力是织物抗皱性最重要的影响因素，其值越大，织物折皱

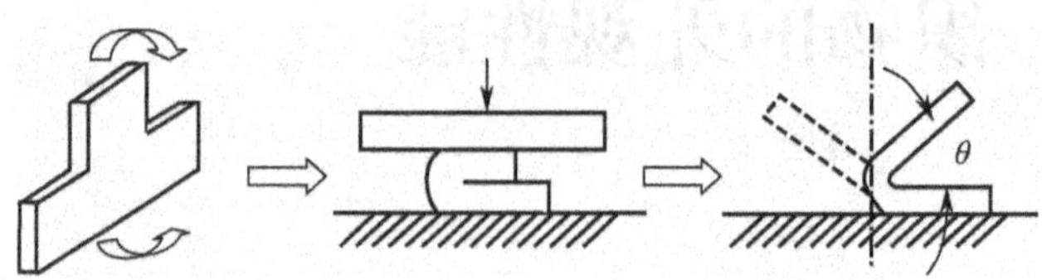

图 15-1　凸形法(垂直法)示意图

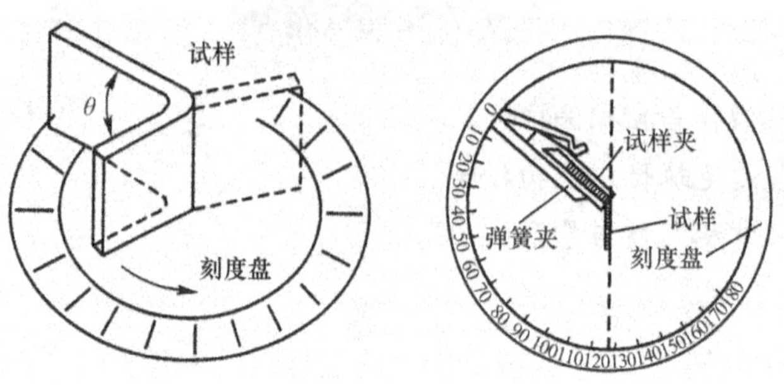

图 15-2　条形法(水平法)示意图

性越好。如涤纶的高弹性回复率使织物具有很好的抗皱性;氨纶的高弹性回复率可改善织物的抗皱性;羊毛纤维虽然表面粗糙,但其缓弹性回复率较大,织物的抗皱性亦佳。

从纤维几何形态看,纤维愈粗,折皱回复性愈好;圆形截面比异形截面纤维的折皱回复性要好,因为异形截面纤维集合体易于在变形后形成纤维间的"自锁",而不易回复;纵向光滑的纤维,其织物抗皱性更好,因为纤维、纱线间易于移动。

2. 纱线结构　纱线结构对织物抗皱性影响最大的是纱线的捻度,纱线捻度会影响纤维、纱线间移动的难易程度。捻度适中的纱线,织物抗皱性好。这是因为捻度过低时,纱线中纤维易发生滑移,纤维的变形能不足,故织物的折皱不易回复;捻度过高时,折痕弯曲变形易引起塑性变形,且纤维一旦滑移,回复阻力又大,故抗皱性也差。

3. 织物结构　厚织物的折痕回复性较好。机织物三原组织中,平纹交织点最多且薄,外力释去后,织物中纱线不易作相对移动而回复到原来状态,故织物的折痕回复性较差;缎纹组织交织点最少,织物折痕恢复性较好;斜纹织物介于两者之间。织物紧度和体积重量,随着这些表达织物填充性指标的增加,织物中纤维间切向滑动阻力增大,外力释去后,纤维不易作相对移动,织物折痕回复性有下降的趋势。

针织物的线圈结构弹性好、蓬松、厚,抗皱性优于机织物。

二、织物的褶裥保持性

(一)概念与机理

织物的褶裥保持性是指织物经热定型形成的褶裥(含轧纹、折痕),在洗涤后经久保形的程度。褶裥保持性影响衣、裤、裙及装饰用织物的折痕、褶裥、轧纹在服用中的持久性。

织物的褶裥保持性本质是合成纤维的热定型,是在一定温度和外力作用下,强迫织物变形,获得褶裥。其原理是热、力作用使纤维内部分子链间的部分价键拆开并在新的位置上重建、交联、结晶，使纤维及其集合体得到定形。

（二）测试方法

织物褶裥保持性的测试通常采用样照对比法。基本程序是织物折叠、熨烫、洗涤、对比样照、褶裥保持性评价。其中熨烫条件和洗涤方式与条件会对结果产生影响。样照评价分为 5 级，5 级最好，1 级最差。

（三）影响因素

影响织物褶裥保持性的本质因素是定形后纤维结构的稳定性和纤维间结构的稳定。前者体现为纤维热定形的稳定性；后者体现为纤维间的不可滑移性。

纤维的热塑性越好，热定形后的结构越规整、纤维分子间的作用越强、纤维的玻璃化温度越高、纤维热定型效果越稳定，织物的褶裥保持性越好。

纤维间、纱线间的作用越强，即摩擦和机械锁结作用越大，织物的结构越稳定，褶裥产生后的变化越小，褶裥保持性越好。纱线捻度越大，织物紧密性越高，织物越厚实，熨烫成形后的褶裥保持性越好。

定形条件，如温度、压强和时间，对织物褶裥保持性影响很大。

第二节　织物的抗起毛球性与抗钩丝性

一、织物的抗起毛球性

（一）概念与机理

新织物面料由于经过表面整理，出厂时外观都比较光洁，但在实际穿用与洗涤过程中，不断经受摩擦，使织物表面的纤维端凸显在织物表面，在织物表面呈现许多毛绒，即为“起毛”；若这些毛绒在继续穿用中不能及时脱落，并且足够长和密集，就会相互纠缠在一起，被揉成许多球形小粒，通常称为“起球”。织物的抗起毛起球性是指织物不发生起毛起球现象的品质。

织物的起毛起球性是针对短纤维织物而言，起毛是显露在织物表面的纤维端头，起球是纤维的端头纠缠成了毛球。织物在整理时会对表面的毛羽进行处理，如烧毛、食毛、压光等，以减少、减短织物表面的纤维端头，或将剩余的织物表面纤维端头压伏在织物表面，使织物外观平整、光洁，服装加工中的熨烫也是同样的目的。

织物的起毛起球过程可分为三个阶段：起毛，即织物因不断经受摩擦，使织物中的纤维端头显露在织物表面和织物表面倒伏的纤维端头翘起产生毛绒；起球，即毛绒相互纠缠，形成小球粒；脱落，连接毛球的纤维断裂或抽拔，毛球脱落。织物的抗起毛起球性主要取决于两个方面：织物是否容易起毛起球和毛球是否容易脱落。

（二）测试方法

织物起球性的测量是将试样在起球仪上用规定的摩擦方法作用一定次数使之起球，然后加以评定。评定采用标准样照对比法，分为 1～5 级，5 级最好，不起球；1 级最差，严重起球。应注意的是标准样照只对同类织物有效。基本测试方法有三种：圆轨迹法、马丁代尔法和起球箱法，区别在于摩擦起球方法不同。图 15－3 是圆轨迹法、马丁代尔法和起球箱法示意图。

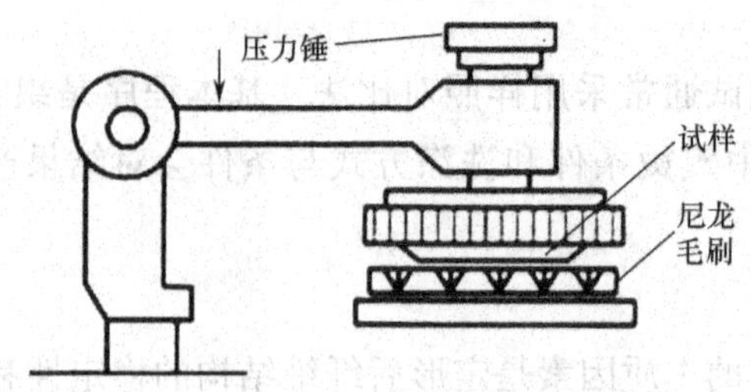

圆轨迹式起球仪

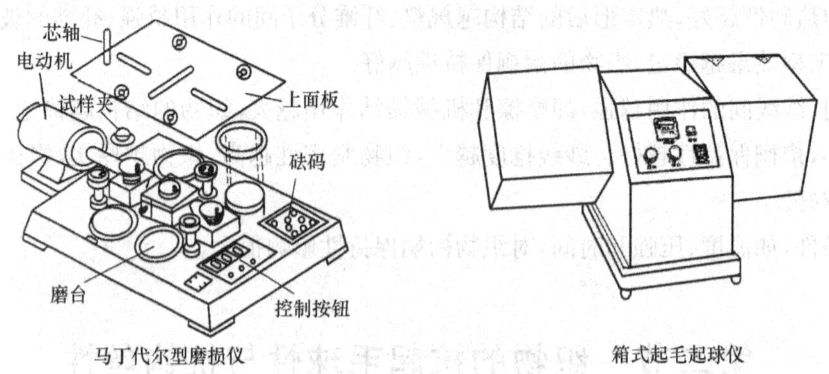

马丁代尔型磨损仪　　箱式起毛起球仪

图 15－3　圆轨迹法、马丁代尔法和起球箱法测试仪

(三)影响因素

纤维的耐疲劳性和纤维形态是主要影响因素。纤维的耐疲劳性越好，毛球越不容易脱落，织物表面的毛球越多。棉、麻、粘胶织物抗起毛起球性好，锦纶、涤纶、腈纶的抗起毛起球性差，其主要原因是后面几种合成纤维的疲劳性好。

纤维长度长，织物起球程度轻。因为较长的纤维纺成的纱，纤维端头数少；另外较长的纤维间抱合力较大，纤维端头不易滑出到纱和织物表面。粗纤维较细纤维不易起球，因为粗纤维纺成的纱，单位截面内纤维根数较少，同时纤维越粗，越刚硬，不易纠缠成球。化纤卷曲度增加时，纤维抱合力增大，不易起毛，但起毛后易纠缠成球。异形纤维织物较圆形纤维织物不易起球，因为异形截面纤维间抱合力较大。

纱线捻度增大，结构紧密，织物起毛球程度降低。纱线条干不匀时，粗节处因刚度大，实际加捻程度低，纱线结构松，容易起毛球。股线结构紧密，条干均匀，故相对纱织物，线织物不易起毛球。毛羽多的纱线、花式线及膨体纱制成的织物，较易起毛球。

织物结构越紧密、越平整，越不易起毛球。机织物中平纹织物起毛球现象较少，缎纹织物较易起毛球，斜纹织物介于两者之间。针织物一般比机织物容易起球。紧度大的织物不易起球。因为经、纬(纵、横)密大的织物与外界摩擦时，不易产生毛绒，而已经存在的毛绒由于纤维之间的切向滑动阻力大，不易滑到织物表面，故可减轻起球现象。

有专门针对织物起球的后整理加工，如烧毛、剪毛处理可避免有足够长度的纤维纠缠成球；

刷毛处理可以将容易脱出织物表面的纤维在使用前预先刷去，从而减轻起球现象。此外，涤棉织物经热定形或树脂整理后，表面较为平整，可减少起球现象。毛涤织物缩绒后，羊毛纤维趋向织物表面，成为涤纶纤维的覆盖层，也可减缓起球。

二、织物的抗钩丝性

(一)概念与机理

织物钩丝是指织物中纤维或纱线由于勾挂而被拉出于织物表面的现象，织物抵抗钩丝的性能称为织物的抗钩丝性。织物的钩丝主要发生在长丝织物中，一般是织物与粗糙、坚硬的物体摩擦时发生的，织物中的纤维被钩出，在织物表面形成丝环，当作用剧烈时，单丝有可能被勾断，在织物表面形成毛绒。长筒丝袜的钩丝现象是织物钩丝的典型。

(二)测试方法与表征

织物钩丝性测试都是在一定条件下使织物与尖硬的物体(如针尖、锯齿等)相互作用而产生钩丝，然后与标准样照对比评级。钩丝性评级为1～5级，5级最好，1级最差，可精确至0.5级。

织物钩丝性测试仪器主要有钉锤式钩丝仪、针筒式(或刺辊式)钩丝仪和箱式钩丝仪。

(三)影响因素

织物钩丝性现象主要发生在长丝、纱线与织物结构比较松散，及织物表面不平整的织物上，其中以织物结构的影响最为显著。

就纤维而言：长丝与短纤维相比，长丝容易钩丝；圆形截面与非圆形截面纤维相比，圆形截面纤维容易钩丝；纤维伸长能力和弹性较大时，钩丝能通过纤维自身的变形和弹性回复得到缓解与消除。

纱线结构紧密、条干均匀的织物不易钩丝，增加纱线捻度，可减少织物钩丝。线织物比纱织物不易钩丝；低膨体纱比高膨体纱不易钩丝。

结构紧密的织物不易钩丝，这是由于织物中纤维被束缚得较为紧密，不易被勾出。表面平整的织物不易钩丝，因为粗糙、尖硬的物体不易勾住这类织物的组织点。针织物钩丝现象比机织物明显，其中纬平组织针织物不易钩丝；纵横密大、线圈长度短的针织物不易钩丝。

后整理中的热定形和树脂整理等，能使织物表面变得光滑、平整，可改善织物的抗钩丝性。

第三节　织物的尺寸稳定性

织物在穿用和护理过程中会出现尺寸变化，这类性质被归为织物的尺寸稳定性。织物尺寸的不稳定主要原因有遇水后的膨胀收缩、缓弹性收缩、热收缩和蠕变等。其中比较常见的是织物的缩水与收缩不匀。

一、织物的抗缩水性

(一)概念与机理

织物的缩水是指织物在常温水中浸渍或洗涤干燥后，长度和宽度发生收缩的性质，织物抵抗缩水的能力称为抗缩水性。一般吸湿性较好的织物如果未经防缩整理，落水或洗涤后都会有一定程度的收缩。

一般认为织物缩水有以下两个原因：第一，吸湿性较好的纤维吸湿后直径显著膨胀，导致纱线直径膨胀，压迫另一系统的纱线更加屈曲，纱线表观长度缩短，从而引起织物缩短。当织物干燥后，由于纱线摩擦阻力限制了纱线的恢复，纱线的屈曲不能回复到原来状态；第二，纤维、纱线吸湿后缓弹性变形会加速，织物在纺织、染整加工过程中，纤维、纱线受到多次拉伸作用，当织物落水后，纤维大分子间的作用力减弱，纤维大分子的热运动加剧，加工过程中产生的内应力得到松弛，加速了纤维、纱线缓弹性变形的回复，从而使织物尺寸发生较明显的收缩。

毛织物情况较复杂，羊毛的卷曲在吸湿后会伸展、变平，虽然纤维会吸湿膨胀，但纱线会变长，而不缩水。但是，羊毛的缩绒性会导致毛织物的收缩。

（二）测试方法与指标

织物缩水性的测量有浸渍法和洗衣机法。根据织物缩水处理前（L_0）、后（L_1）的尺寸变化，可求得织物缩水率 μ_W。

$$\mu_W = \frac{L_0 - L_1}{L_0} \times 100\% \tag{15-1}$$

浸渍法中，织物受到的作用是静态的；洗衣机法中，织物受到的作用是动态的。浸渍法常用的有温水、沸水、碱液及浸透浸渍法等。毛织物规定用浸渍法浸透测量，一般服装用织物倾向于用洗衣机法测量。

洗涤次数增加，织物的缩水率也增大，并趋向某一极限，此称为织物的最大缩水率，它是服装裁剪与缝制的重要依据。

（三）影响因素

纤维的吸湿性是影响织物缩水性的主要因素之一，纤维吸湿性越好，织物缩水率越大。吸湿性较好的天然纤维和再生纤维织物的缩水率较大，合成纤维织物的缩水率很小。

纱线捻度对织物缩水性有一定影响。机织物的经纱捻度较纬纱大，纱体结构较纬纱紧，当织物落水后，纬纱纤维间空隙较经纱多，因此吸湿膨胀较经纱容易，结果纬纱直径明显增加，迫使经纱更加屈曲，引起织物经向缩水较纬向大。

机织物经纬向紧度配置对织物缩水影响最大。机织物的经向紧度大于纬向紧度（如卡其、华达呢、府绸等）时，落水后由于纬纱之间有较大空隙，纬纱直径增加明显，迫使经纱更加屈曲，使经向缩水率较纬向大。反之，当经向紧度小于纬向紧度时，织物纬向缩水率较经向大。当织物经纬向紧度相近（如平布）时，织物经纬向缩水率较接近。

一般针织物纵向缩水率大于横向。织物结构整体较稀松时，其纱线吸湿膨胀余地较大，织物缩水率将会大大增加，如机织物中的女线呢类，结构疏松，且一般不经后整理，所以其缩水率相当大。

织物加工时的张力对织物缩水也有影响，随着张力增加，吸湿时的缓弹性变形增多，织物浸水后的松弛回缩明显增大。

棉、粘织物经树脂整理后，树脂会填充在纤维分子间隙、降低纤维的吸湿能力，可以达到织物防缩的目的。羊毛织物去鳞片处理后，毛纤维表面鳞片破坏，也能达到防缩的目的。

二、织物的收缩不匀

织物的收缩不匀是指织物在常态或经热、湿作用后，经、纬向或局部区域收缩不均匀现象，产生原因主要是纱线的热、湿收缩率有差异。

织物收缩的不均匀性涉及织物经纬向收缩不同、局部区域的不均匀(吊经、羽丝、起皱等)和织物的畸变。经纬向收缩不同不是织物的病疵，而局部区域的不均匀和织物畸变均属织物的品质疵点，严重影响织物的外观。

织物经纬向收缩不同的程度可用织物经纬向收缩率的比值来表示。织物中局部区域的收缩率不同目前只是定性评价。织物的畸变主要针对针织物，如线圈歪斜和卷边现象。

由于织物收缩不匀与畸变产生的原因是织物中纱线的热、湿收缩率不同，一般是受到的张力、伸长不同，造成内应力不同，而且还存在内应力松弛条件和时间的不同。因此，消除的方法除了纤维、纱线和织物本身的结构因素外，一般是增加停顿时间或放置时间。附加各种热、湿定形工序，消除织物的内应力，而且尽可能地在各道后加工前消除这些内应力。当然，积极的方法是使纺织加工中纱线张力达到均匀与稳定，选用性能相近的纱线。

第四节　织物的悬垂性

织物的悬垂性是指织物因自身重量而下垂的程度和形态。织物的悬垂程度可以用物理指标表示，但织物的悬垂形态是一种视觉美感，涉及心理学和美学，也有各种表示方法的研究报道。另外，织物的悬垂性分静态和动态。

一、织物的静态悬垂性

(一)概念与机理

织物的静态悬垂性是指织物在静止状态下自然地悬垂程度和悬垂形态。织物好的静态悬垂性是指人穿着衣服不动时，衣服不会缠身，能形成流畅的曲面，各部分悬垂比例均匀、和谐，给人以协调的美感。

织物静态悬垂性的悬垂程度与织物的硬挺度关系密切，织物静态悬垂性悬垂形态的评价遵循视觉美感规律。

(二)测试方法与表征

织物静态悬垂程度的测试方法有多种，最常用的是伞式法(或圆盘法)。该法是将面积为 A_R 的圆形试样同心放于面积为 A_r 的小圆盘上，实测伞状悬垂织物的投影面积 A_F，相关的测试方法如图 15－4 所示。

依据测试结果求悬垂度 U 或悬垂系数 F，其公式如下：

$$U=\frac{A_R-A_F}{A_R-A_r} \tag{15-2}$$

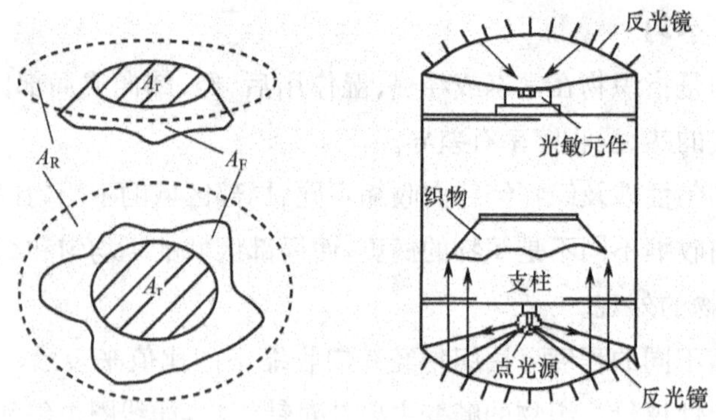

图 15－4　伞式法(或圆盘法)悬垂度测试方法示意图

$$F = \frac{A_F - A_r}{A_R - A_r} \times 100\% = (1 - U) \times 100\% \quad (15-3)$$

悬垂度 U 的值为 0～1，$U = 0$ 时，织物无悬垂，$U = 1$ 时，织物完全悬垂。悬垂系数 F 与悬垂度 U 的物理意义正好相反。

(三)影响因素

织物的悬垂是三维弯曲，在悬垂中既有弯曲又有剪切，因此，除影响织物弯曲性能的诸因素外，还涉及织物的交织阻力。一般认为悬垂程度类指标较多地表达织物的弯曲性能，悬垂形态类指标较多地反映织物的剪切性能。纱线抗弯刚度越大、织物交织阻力越大，织物静态悬垂程度越低。

纤维刚柔性是影响织物悬垂性的主要因素。过分刚硬的纤维制成的织物悬垂性较差，如麻织物；柔软的纤维制成的织物往往悬垂性较好，如羊毛织物；纤维细度细时有助于织物悬垂，如蚕丝织物。

纱线捻度小，抗弯刚度小，有助于织物的悬垂性。

机织物交织点少、紧度降低、交织阻力变小、厚度降低、单位面积质量增加，都会导致织物悬垂度增大。针织物由于线圈结构特征与机织物的交织情况不同，其悬垂性往往比机织物好。

二、织物的动态悬垂性

(一)概念

织物的动态悬垂性是指织物(服装)在一定的运动状态下的悬垂程度、悬垂形态和飘动频率。织物好的动态悬垂性体现在人走动时或微风吹拂时，织物不仅悬垂，而且悬垂的形态和飘动的频率自然。

(二)测试方法与指标

织物动态悬垂性测量的实质是体现织物静态和动态悬垂度的差异，方法是将原静态的悬垂试样绕伞轴转动，记录悬垂织物在两种状态下的投影形态，按以下公式计算活泼率 π：

$$\pi = \frac{U_S - U_D}{1 - U_S} \quad (15-4)$$

其中，U_S 和 U_D 分别为织物静态和动态时的悬垂度。活泼率 π 值越大，说明织物动态时越容易飘起。活泼率 π 与真正的活泼还有区别，因为其未包含织物在旋转中的扭动。

(三)影响因素

影响织物静态悬垂性的主要因素同样也影响织物的动态悬垂性。此外，织物的弯曲和剪切滞后常数对织物的动态悬垂性有较大的影响。一般来说，滞后常数越小，织物的动态悬垂性越好。实验条件中的转动速度也有较大的影响。

思考题

1. 举例说明影响织物抗皱性的主要因素。
2. 举例说明影响织物抗起毛起球性的主要因素。
3. 举例说明影响织物抗缩水性的主要因素。
4. 举例说明织物的静态悬垂性。

第十六章　织物的穿着舒适性

本章知识点

1. 织物的透气性、透湿性与保暖性。
2. 织物穿着的刺痒感、接触冷感性与湿冷感。

织物的穿着舒适性是评价织物服用性能的重要方面，“舒适”是穿着者的主观反应，是一个综合性评价，涉及物理、生理和心理等多个方面。为了便于量化分析和学习，本书仅对涉及的物理内容进行介绍，主要从热舒适性、湿舒适性、刺痒感和冷感性等方面来考虑，其中前两项主要涉及织物的透气、透湿性能和保暖性能，后两项属于织物接触舒适性的再分类。

第一节　织物的透气性与透湿性

一、织物的透气性

(一)概念与机理

织物的透气性是指气体分子通过织物的性能。

气体分子通过织物，是借助织物中的缝隙与空洞，借助气体的流动和分子的扩散运动。气体分子通过织物，有直接通过，也有与纤维的碰撞或被织物吸附等，所以，织物的透气性取决于织物中空洞的多少及空洞的结构。

织物的透气性影响空气的流通，引起人体与服装之间微环境的温、湿度变化，影响着织物的穿着热、湿舒适性；织物的隔热性取决于织物内所包含的静止空气，而该因素又受到织物透气性的影响，织物的隔热性与透气性有密切的关系，防风、防寒服均对织物透气性有较高要求；有些工业纺织品如降落伞、安全气囊、船帆、热气球、滤布等对织物透气性有特殊要求。

(二)测试方法与表示指标

织物的透气性一般以透气率来表示，它是指织物两边维持一定压力差条件下，单位时间内通过织物单位面积的空气量，单位是 $mL/cm^2 s$。透气率本质上是气流速度，所以，也可以用单位为 mm/s，m/s。其表达式为：

$$B_p = \frac{V}{AT} \qquad (16-1)$$

式中：B_p——透气率，mL/cm^{2}s；

V——在 T 秒内通过织物的透气量，mL；

A——织物的面积，cm^2。

一般用织物透气仪测定织物的透气性。

(三)影响因素

从影响织物透气性的机理可知，影响织物中空洞的多少及结构的因素都与织物透气性有关，包括织物孔隙的大小、连通性、通道的长短、分布等，还与环境的温、湿度、气压等有关。

1. 纤维与纱线结构　纤维结构对织物透气性的影响主要在于影响纤维集合体堆砌密实程度的因素。

大多数异形截面纤维织物比圆形截面纤维织物具有较好的透气性。织物中单纤维粗的比单纤维细的透气性好。纤维越短，纱线毛羽越多，形成的阻挡和通道变化越多，透气性越小。

纤维吸湿膨胀使织物透气性显著下降。

在织物的纱线排列密度不变的条件下，纱线的捻度增加，纱线直径和织物紧度降低，织物的透气性增强。

2. 织物结构　织物的紧度越大，织物的透气性越差。单位面积中交织点多的织物透气性差。所以，机织物的基本组织中平纹组织透气量最小，缎纹组织透气量最大，斜纹组织透气量居中。

当织物中孔隙分布变异较大时，织物的透气性更多地取决于大孔径孔数的多少，而不取决于小孔径的孔数。当织物中孔隙分布均匀时，其透气性取决于平均孔径。多层织物对透气影响最大的是直通织物两表面的气孔。

3. 印染整理　一般经过印染整理后织物结构都会变紧，透气性下降。结构越疏松的织物，印染整理对透气性的影响越大。但也有整理会提高织物透气性的，如经减量处理后的织物。

二、织物的透湿性

(一)概念与机理

织物透湿性是指湿气透过织物的性能，又称透湿气性、透水气性或透汽性。

人体静止时的无感出汗量约为 15g/m^{2}h，在热环境中或剧烈运动时的出汗量可以超过 10015g/m^{2}h。人体汗液通过织物的形式有液态和气态两种。通过织物主要有三条途径：第一，如果汗液在皮肤表面蒸发以水蒸气方式透过织物，则主要是通过织物内的空隙向外扩散，这与织物的透汽性有关；第二，汗液以液态的形式透过织物，这与织物的透水性有关；第三，汗液通过织物中的纤维吸湿、放湿透过织物，这与织物的吸湿性有关。

织物透湿性直接影响人体与服装之间的相对湿度，如果气态汗液积聚在服装与皮肤间，不能及时扩散或传递到外环境，人体会感到发闷；如果产生大量积聚，就会在织物内表面形成凝结，粘贴皮肤，人体会感到很不舒适。

(二)测试方法与表示指标

评价织物透湿性的指标是透湿率，与织物湿舒适性相关的指标还有毛细高度、保水率、透湿指数、放湿干燥率等。

1. 透湿率 透湿率是指织物在规定条件下，单位时间、单位面积上蒸发通过的水的质量。一般通过吸湿法和蒸发法来测试。吸湿法是指在装有吸湿剂的密闭干燥器的瓶口上覆盖织物试样，并用石蜡密封覆盖接缝处，样品装置放在实验条件下一定时间后(如温度 38℃，相对湿度 90%，气流速度 0.3～0.5m/s，0.5h 或 1h)，测定吸湿剂的增重，计算透湿率。蒸发法是在装有蒸馏水的容器口端覆盖上织物，在实验条件下放置一定时间，测试容器内蒸馏水减少的质量，计算透湿率。

2. 毛细高度 毛细高度用来表达织物对液态水的传递能力和保水能力，测量一定时间内织物对液态水芯吸而产生的垂直毛细高度值。

3. 保水率 保水率是指织物在一定条件下，在水中浸渍后拿出至不滴水时的重量与干重之差值占干重的比例。保水率的水分包括纤维缝隙、空洞含的水分，吸湿膨胀含的水分和纤维之间包含的水分。

4. 放湿干燥率 放湿干燥率一般通过先称取试样(20cm×20cm)的质量 W_1，再在反面直径为 10cm 的圆形面积上滴注定量的蒸馏水，至表面基本润湿，称取试样质量 W_2，然后放入实验环境中经过一定时间，称取试样质量 W_3，则放湿干燥率：

$$\varphi = \frac{W_2 - W_3}{W_2 - W_1} \times 100\% \tag{16-2}$$

利用透湿率测试织物对气态水传递的湿阻；利用保水率测试织物液态水握持能力；利用干燥试验测试织物放湿干燥能力。当人体的汗水、水汽到达织物的外表面后，将向外界环境释放。织物放湿干燥率越大，则织物的放湿干燥性能越好，即水气的蒸发速度越快。

(三)影响因素

1. 织物性质 织物的透湿性与纤维的吸湿性有密切关系。吸湿性好的天然纤维和再生纤维织成的织物都具有较好的透湿性；合成纤维的吸湿性较差，部分纤维几乎不吸湿，仅有少量水汽从纤维表面转移到织物外层，因而合成纤维织物的透湿性一般较差。

通过降低纱线捻度和织物紧度可以增加织物的空隙，提高织物的透湿性能。

2. 环境温湿度 织物的透湿性与环境的温湿度也有明显的关系，织物透湿性随环境温度的升高而增加，但随环境相对湿度的增加而减小。织物的透湿性与透气性密切相关，透气性好的织物，透湿性好。

第二节 织物的保暖性

一、概念与机理

织物的保暖性是指织物的隔热性能，阻止热量通过的性能，或者是织物的导热性能。

人的冷热感觉受热交换情况的支配，织物与人体之间形成局部微气候，织物是人体与外部大环境接触的介质，在人体与外部大环境的能量交换、质量交换中起着调节作用。织物的热舒适性是织物物理性质、人体生理学和心理学的综合反映。织物的保暖性是涉及织物热舒适性的主要物理性质。

二、测试方法与表示指标

评价织物保暖性常用的指标有导热系数、热欧姆、克罗值、绝热率或保暖率等。

(一)导热系数、热欧姆和克罗值

1. 导热系数　导热系数是表示材料导热性能的指标，定义是当材料的厚度为1米及两表面的温度差为1℃时，通过1平方米材料传导的热量瓦数，单位是W/(m·℃)。

2. 热欧姆　热欧姆是表示纺织材料隔热性能的指标，与导热系数相反，是热阻(thermal resistance)的概念。热欧姆在物理定义上借鉴了导热系数的概念，定义是当纺织材料两表面温度差为1℃时，通过1平方米纺织材料传导的热量瓦数的倒数，单位是m^2·℃/W。注意，热欧姆的定义中没有纺织材料厚度的要求。

3. 克罗(CLO)　克罗也是表示纺织材料隔热性能的指标，物理意义与热欧姆类似。1CLO是指一个人静坐在室温为20～21℃，相对湿度小于50%，风速不超过10cm/s(相当于有通风设备的室内正常空气流速)的环境中感觉舒适时，所穿着服装的隔热值。

数值上克罗值与热欧姆的换算关系为：1CLO＝0.155m^2·℃/W。

(二)绝热率

绝热率又称保暖率，也是表示纺织材料隔热性能的指标。物理定义是恒温热体不包织物时单位时间内的散热量与包织物时单位时间内的散热量之差相对不包织物时单位时间内的散热量的百分率。

织物的保暖性指标一般通过专用仪器进行测量。

三、影响因素

织物可以简化为纺织纤维、空气和水的混合体。水的传热系数约为干燥纤维的十倍，所以纤维回潮率大时，导热系数增加，传热性能提高，保温效果降低。空气的导热系数低于干燥纤维，所以在织物内一定空间内的静止空气越多，织物的导热系数越低，传热性能也越差，保暖效果越高。可见影响织物导热系数的主要因素包括织物内纤维的性能、形态、表面积和排列状态，纱线的结构和堆砌密度，织物的结构、厚度和表面后整理性能等。

在纤维表面由于摩擦吸附作用而有一层空气围绕在纤维周围，纤维直径越小，比表面越大，围绕在纤维表面的空气越多，导热系数越小，如以羽绒、超细纤维、中空纤维等为介质做成的织物的导热系数较低。由弹性回复率低的纤维制成的织物，受压缩作用时，纤维间空隙减小，而外力释放后，不能有效的回复到原状，从而静止空气变少，导热系数增加。

作为纤维—空气混合体，织物的导热系数还可以从纤维排列和热流方向平行与纤维排列和热流方向垂直两种情况进行分析。当纤维排列方向和热流方向平行时，由于纤维的导热系数比空气大，织物的导热系数以纤维为主导。当纤维排列方向和热流方向垂直时，则织物的导热系数以空气层为主导。

织物的导热系数随织物的厚度增加而降低，并与织物表面的纤维排列状态有关。如由棉、聚酰胺、聚丙烯腈等纤维制成的光滑织物，所受压力增强，导热系数增大，主要原因为织物表面纤维排列状态改变极小，织物内部纤维聚集紧密、体积重量增加、空气含量降低。对于表面起绒的毛织物或羊毛混纺织物而言，垂直于织物表面的纤维影响到织物的热传递性能。在压力大时，这种纤维将发生弯曲，并在压力增大到一定程度时逐渐平行于织物表面，纤维排列方向从与热流方向平行转变为垂直，导热系数也转变为以空气层为主，导热系数降低，所以因织物单位质量随压力增强而增加导致的导热系数的提高与这部分表面纤维排列的改变而抵消，因此起绒织物导热系数对织物所受到压力变化并不敏感。

第三节　织物穿着的接触舒适性

一、织物穿着的刺痒感

(一)概念与机理

织物刺痒感是由于织物中粗硬毛羽对人体表皮下层神经末梢的机械刺激所引起的生理反应。织物刺痒感属于触觉舒适性范畴，它取决于织物与人体之间的相互力学与物理作用及生理、心理反应。一般认为人体穿着织物时其织物表面毛羽在弯曲屈服前的支撑载荷超过0.75mN的激发阈值即会触发皮肤下神经细胞的刺痛感觉，产生刺痒，但这个值也因人而异，示意图如图16－1所示。

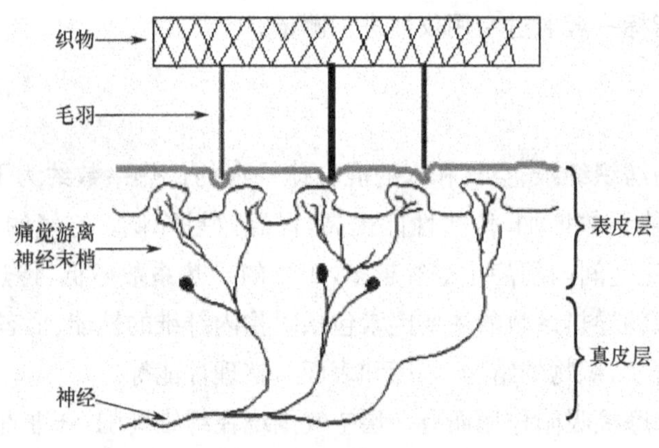

图16－1　织物穿着刺痒感示意图

(二)测试方法与表示指标

织物刺痒感评价分主观评价和客观评价两类。主观评价主要借助触觉感受，为前臂实验和穿着感受评价。客观评价的基础是刺痒感取决单纤维的刺扎作用，通过对纤维的抗弯刚度、粗硬纤维的含量和织物粗短毛羽量等刺痒源性能的测试来模拟纤维刺扎作用及过程，主要有纤维针法、薄膜法和点数毛羽法等。

1. 主观评价　前臂实验：在常温、常压大气条件下，受试者适应并熟悉刺痒感评分标准，然后开始试验。首先，受试者一只手臂放在桌面上，前臂内侧向上，另一只手戴上手套。观测者坐在其对面，将被测织物的反面贴着受试者的前臂内侧放好，然后让受试者用另一只手轻轻按压织物，如图 16-2 所示。受试者根据自己感到的织物刺痒感程度对比刺痒感评分标准，给出所测试样的刺痒感评分值。由工作人员记录每个试样的刺痒感评分值。

穿着感受评价：将衣物直接给试穿者穿着，把刺痒感分为 0～5 个等级。试穿选择一定数量和年龄范围的评价员，在规定的时间范围内进行试穿，并分别给出评价等级。最后对每个评定结果进行统计加权平均得出织物的刺痒情况总的评定等级。

2. 客观评价　纤维针法：用单纤维针刺扎类皮肤膜，测量其刺扎曲线，获得最大刺扎力 P_{cr}，可用于毛羽是否产生刺痒作用的评价，如图 16-3 所示，即 $P_{cr} \geqslant 0.75$mN 的毛羽会发生刺痒。

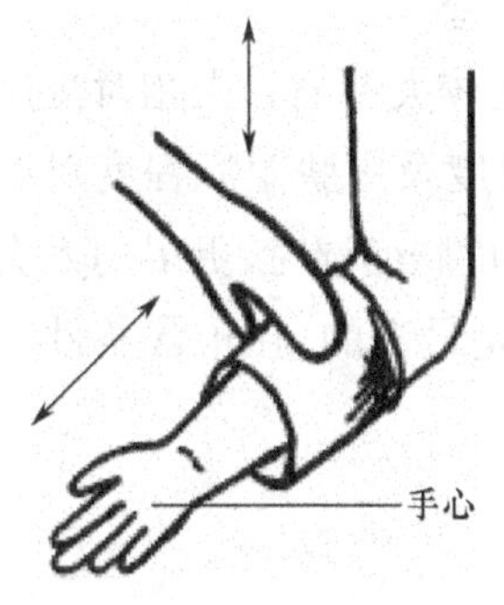

图 16-2　前臂实验示意图

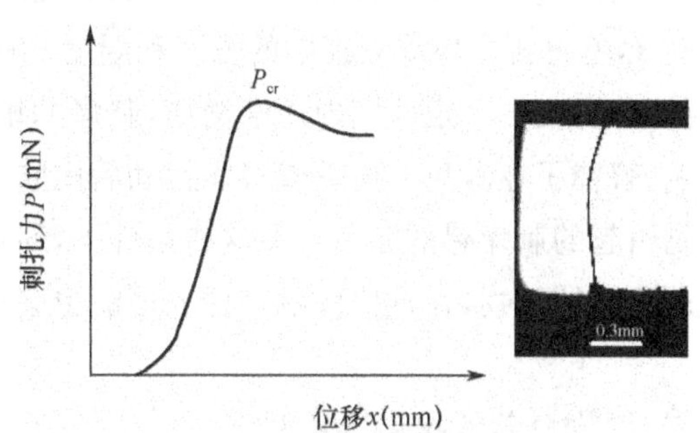

图 16-3　纤维针法示意图

薄膜法：薄膜法是将聚四氟乙烯膜压在织物表面，可在膜上留下压痕，根据压痕的深浅评价织物可能产生的刺痒程度。基本方式是测透光量，即压痕的深浅和密度不同，会使膜的透光量不同。根据膜的透光量评价织物的刺痒程度。或人工点数每张薄膜压痕的数目，根据数目的多少作为刺痒评价依据。

（三）影响因素

1. 纤维形态与性能　影响纤维刺扎力大小的原因包括纤维的长短、粗细、刚性和刺扎作用的方式等，纤维头端的形态特征，即头端的形态，对刺痒刺激也有影响。

纤维长度会影响织物表面单位面积上纤维端的数量和力学性能，因而会影响刺痒感的强度，刺痒感会随着纤维平均长度的增加而降低。研究表明当纱线表面毛羽直径大于 26μm 的数量占毛羽总数的比率为 26.5%时，人体静态颈部开始明显感觉到刺痒感；当纱线表面毛羽直径大于 26μm 的数量占毛羽总数的比率为 23.2%时，人体运动时颈部开始明显感觉到刺痒感。

2. 纱线和织物结构　织物结构的影响主要指织物和纱线结构的紧密性，与织物的紧度和纱线的捻度有关。纤维一端被织物中的纱线主体握持，另一端伸展在外形成毛羽。若织物结构松散，纱线捻度小，纤维被握持的一端活动余地较大，当毛羽被挤压时易于向织物方向弯曲，从容减少了与皮肤间的作用力，减轻毛羽对皮肤的刺激程度。

3. 痛觉神经的反应总量 痛觉神经的反应总量影响刺痒感的发生。如果织物与皮肤的接触面积小于5cm²，即使有刺扎的织物也不会引起皮肤的刺痒感。对织物刺痒感进行的主观评价实验表明，绝大部分人都不会对高承载纤维头端密度小于3根/10cm²的织物感觉到刺痒。如果这一密度增加到20根/10cm²，大部分人会产生中等到强烈的刺痒感。织物产生刺扎感的程度取决于织物表面能承受足够大载荷的纤维头端的密度，以及织物与皮肤接触面积的大小。

4. 皮肤状态 皮肤最外层（角质层）的硬度影响到刺痒敏感度的差异。一般认为，角质层越硬，刺痒刺激引起皮肤变形的程度会逐渐变小，对于刺痒感的敏感程度也会降低。另外皮肤潮湿程度对刺扎感也有影响，皮肤沾水后再与织物接触，刺痒感强度显著增强，使用润肤霜会产生同样的影响。这可以通过水及润肤霜对皮肤角质层的显著软化作用加以解释，织物表面的纤维头端更容易使皮肤凹变，从而增加痛觉感受器的反应程度及刺扎感。

5. 环境因素 环境因素中的温度和湿度对皮肤刺痒感会产生较大影响。在相对湿度不变的条件下，温度在一定范围内逐渐增加，刺痒的敏感度也增加。温度及皮肤湿润程度对刺痒感的影响，解释了在湿热环境下或身体运动后皮肤温度升高、排汗使皮肤变湿时，更多的人会感受到织物引起的刺痒感的原因。在这些条件下，对刺痒感的敏感度是最高的，在正常条件下不会产生刺痒感的织物，在这些极端条件下可能也会产生刺痒感。

二、织物穿着的接触冷感性

（一）概念与机理

接触冷感性是指人体接触织物时，由于织物温度低，导致皮肤的热量向织物传递，接触部位的皮肤温度下降，由此使人产生冷的知觉的现象。接触冷感性的持续过程非常短暂，因为温觉有适应现象，即刺激温度保持恒定时，温觉会逐渐减弱，甚至消失。

织物与人体皮肤因接触会产生热交换，织物温度低于皮肤温度时，织物将吸收皮肤热量，织物温度会缓慢上升，人体内部发生热量传递，皮肤表面温度会停止下降，并随后有所上升，导致温差减少，冷感逐渐减弱。研究表明，人体皮肤能够适应的温度范围为12～42℃，感觉舒适的皮肤平均温度在33.4～33.5℃之间。身体的任何部位皮肤温度与平均皮肤温度的差在1.5～3.0℃的范围时，人体感到舒适；如果温度差超过4.5℃，则会有不适的冷感或暖感。

（二）测试方法与表示指标

接触冷感性的大小，可根据皮肤接触织物初期，织物与人体交换热量的多少，也就是织物的导热系数来表征。

1. 最大热流束法 测量时，将衣料置于与皮肤温度相当的铜板上，计量由铜板向衣料的瞬时导热率，导热初期的最大导热率越大，就会感到越冷。图16－4是日本KES－F－TL－2型织物热性能测试仪的铜板最大导热率与接触冷暖感的关系图。

2. 热浸透率法（仲氏法） 接触冷暖感还可以用仲氏提出的物理特性值热浸透率b来表述，它与最大热流束法在理论上是一致的。热浸透率b的计算式为：

$$b = \sqrt{\lambda \gamma C} \tag{16-3}$$

式中：λ——衣料的热传导率；

γ——衣料的密度；

C——衣料的比热。

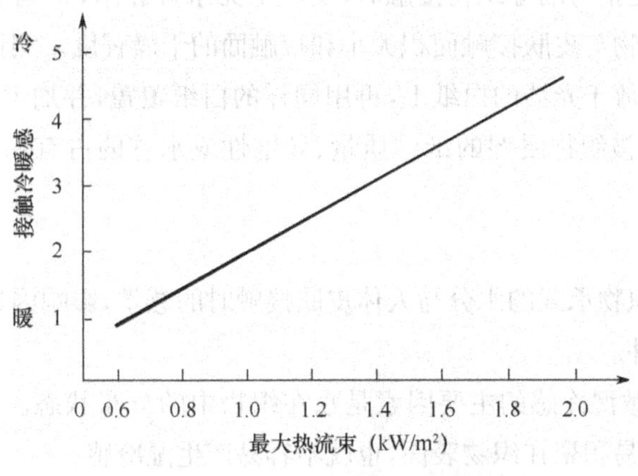

图 16-4　最大导热率与接触冷暖感

(三)影响因素

1. 织物热传导率　织物的热传导率高，人体皮肤表面的热量会更迅速的传至织物，相应地更容易产生冷感。

2. 织物结构　织物结构越致密、表面越光滑时，与皮肤接触的面积越大，热量越容易传递，通常更容易产生冷感。当织物表面绒毛较多、结构松散时，其表层的空气含量较多，导热率较低，热量传递比较缓慢，通常具有暖感。

3. 织物与皮肤的温差及对人体的压力　织物温度越低，即与人体的温差越大，人体更容易产生冷感。织物对人体的压力越大，人体与织物的接触面积越大，人体更容易产生冷感。

三、织物穿着的湿冷感

(一)概念与机理

湿冷感是指当人体皮肤触及高含湿或有凝露织物时，使人感到明显不适的湿冷刺激感觉，其本能反应是会产生肌肉紧缩，甚至寒战。湿冷感也属于接触冷暖感的范畴，但具有较为独特的影响因素。

产生湿冷感的原因是织物大量的吸湿、吸水，使织物变得潮湿，而水的导热系数和比热远大于干燥织物。当人体接触潮湿织物时，触及部位的热量会被快速地导走或吸收，因水的比热大，潮湿织物的温度提高较慢，其结果是人体感觉又湿又冷。

(二)测试方法与表示指标

织物的湿冷感直接取决于人体皮肤的感觉系统。人体无湿觉感受器，这样湿冷就被转换成冷的感觉。

目前还没有直接测量织物湿冷刺激的方法与装置，不过可以借鉴接触冷感性的测量方法评价织物瞬时热传导率，还可以通过评价织物的含水状态及织物表面状态来进行间接评价。常用的方法包括评价织物的表面干爽性、纤维的接触角及铺展性、织物表面的毛羽量、粗糙度和蓬松性等的方法。

织物表面干爽性是指与潮湿织物接触时，皮肤上无水分黏附，感觉干爽的性质。其取决于织物对水分的保持、织物与皮肤接触面积大小和接触面的干燥程度。测试时，将一定含水量(水有颜色)的织物试样平放于光洁的白纸上，再用同样的白纸覆盖，并加上均匀的压力，待一定时间后(2～10min)，测量被织物浸湿的纸的质量、导电性或水迹的占有面积，经过计算获得织物的干爽系数。

(三)影响因素

湿冷感的本质是织物承载的水分与人体皮肤接触时的感觉，影响因素正是避免织物中水分与人体皮肤接触的条件。

1. 纤维性能 导致湿冷感的主要因素是水在织物中的分布状态。吸湿性、保水性或导水性好的纤维，水分不容易积聚在织物表面，也就不容易产生湿冷感。

2. 织物的结构和性能 织物的结构和性能主要与织物吸水性能和接触面积有关。如紧密、板硬、光滑、毛羽少的织物、不透气的涂层织物等，容易在织物表面凝聚水，易变形的织物接触面积大，容易产生湿冷感。

另外，阴冷环境易于产生水分存留，造成湿冷感。低温有风的环境会使热量流失加大，产生寒冷感觉，甚至引起心理上的恐惧。

思考题

1. 比较保水率与回潮率异同。
2. 比较导热系数、热欧姆、克罗值。
3. 分析纤维形态与性能对刺痒感的影响。
4. 比较冷感性与湿冷感。

第十七章 织物的风格

本章知识点

1. 织物手感及 KES 测试系统。
2. 织物加工成衣性及 FAST 测试系统。

织物风格是表示织物品质的一个概念，如同织物的耐磨性、保暖性等，并且，主要是针对服装面料的。过去由于物质条件的匮乏，人们对服装的耐用性看得比较重，主要用强伸度、耐久性等评价面料的品质。随着物质条件的丰富和生活水平的提高，人们逐渐将注意力转向了服装的美观与舒适性。反映服装面料美观与舒适性品质的概念逐步被专业人士提了出来，如今视觉风格、触觉风格、成形性和穿着舒适性被并列为服装面料的主要品质内容。由于这些新的织物品质概念主要针对人的感受，所以，不再是一个简单的物理概念，而是与人的感官和心理认识有关的概念。

严格地讲，织物风格有广义与狭义之分。广义织物风格是人通过各个感觉器官对织物的综合认识，狭义织物风格是单一感觉器官对织物的认识，包括视觉风格、触觉风格、嗅觉、听觉等。只是在各个狭义织物风格中，触觉风格最重要，理论体系和评价系统最完善，影响也最大，所以，织物触觉风格往往被称作织物风格。本章主要介绍织物触觉风格。

第一节 织物手感

一、概述

织物手感也叫触觉风格。长期以来，织物手感评价主要靠人的主观评定，形成了“一捏、二摸、三抓、四看”的手感评价方法，同时形成了一套专用术语，如硬挺、挺括、软糯、疲软、软烂、蓬松、紧密、细腻、粗糙、弹性、活络、刺痒、刺扎、戳扎、光滑、滑糯、爽脆、活泼、糙、涩、燥、板等。

20 世纪 70 年代初，日本的纤维机械学会在其下成立了“风格计量与标准化研究委员会”，专门研究织物手感的主观评价与客观评价方法。该委员会的第一个成绩就是将织物手感划分为基本风格和综合风格两个层次。所谓基本风格是指表示面料某一方面性能或性格的风格指标，如硬挺度、蓬松度、滑爽度等，基本风格只有大小或强弱之分没有好坏之说。综合风格是表示织物风格性能总体的好坏程度，也叫总风格，综合风格或总风格与面料用途有关，用作裙子风格优良的面料用作西服时可能不好。该委员会同时找出了影响各类面料综合风格优劣的数项主要基本风格以及各基本风格在综合风格评价中的大致权重，见表 17－1。

表 17－1　数类面料的基本风格及其在综合风格评价中的权重

类　别	基本风格	含　　义	权重(%)
男女冬春秋季西服面料	滑糯度	来源于细羊毛的柔软、滑顺手感，如山羊绒的手感	30
	硬挺度	触摸面料时感受到的可挠曲性、对手的反作用力、富有弹性的感觉，例如用有弹性的纤维和纱线制成的高密织物的手感	25
	丰满度	蓬松感，既有压缩弹性又伴有温暖的手感	20
	布面/其他		15/10
男士夏季西服面料	滑爽度	来源于粗硬纤维或强捻纱的手感，主要是表面手感，面料的整体刚性对其有增强作用	35
	平展度	面料抗悬垂、自身能张成挺展平面的能力、与弹性无关	30
	硬挺度	同冬季西服面料	
	丰满度	同冬季西服面料布面外观/其他	10
	布面/其他		20/25
女用轻薄外衣面料	硬挺度	同西服面料	—
	平展度	同西服面料	—
	柔顺度	跟随身体曲面柔软变性的性能	—
	丰满度	同西服面料	—
	滑爽度	同西服面料	—
	丝鸣感	丝织物的特有手感，具有丝鸣感的面料酥松滑爽	—
女用中厚型外衣面料	硬挺度	同西服面料	—
	滑糯度	同西服面料	—
	丰满度	同西服面料	—
	柔软度	轻质、蓬松，滑糯感强，硬挺度、平展度和滑爽度弱的手感	

注　女士夏用西服面料没有进行此类研究。

表 17－1 的面料分类显然不够科学，女用西服面料多半包含在中厚型面料范畴。也许更理想的办法是将女用外衣面料分为西服类、悬垂类、宽松挺括类，而后逐一考察其基本风格。但是，目前在这样分类下的研究结论不多，而且按表 17－1 划分后的基本风格评价公式在女用面料品质评价、新产品开发、非织造布和皮革等类材料手感评价中有着广泛用途，所以这里仍部分沿用早期关于女用外衣面料的分类方法。表 17－1关于女用冬春秋季西服面料的内容是 20 世纪 90 年代初的研究结果，精度高，有实用价值。另外，冬春秋三季用西服面料也常常被简称为冬季西服面料。

从概念上讲，女用外衣面料的柔软度和柔顺度不属基本风格范畴，而是介于基本风格和综合风格之间的内容。但是，由于柔软度对女用中厚型面料的风格评价非常重要，柔顺度对悬垂类面料的风格评价非常重要，这两项被称作准基本风格的指标也列入表 17－1。女用宽松类服装面料的风格评价非常复杂，至今还没有弄清楚各基本风格在综合风格评价中的大致权重。

在以上基础上，日本风格计量与标准化研究委员会又将风格评价进一步定量化，规定基本风格在 1～10 范围内数值化，1 最弱，10 最强；规定综合风格在 1～5 范围内数值化，1 最差，5 最好。并且分别制作了男用冬、夏季西服面料，女用轻薄型外衣面料基本风格的实物标准和男用冬季西服面料综合风格的实物标准，作为各类面料风格评价的依据。

二、KES 织物手感评价系统

（一）概述

早在 20 世纪 30 年代末，Peircc FT 就推断面料的手感与基本力学性能有关。日本的风格计量与标准化研究委员会经过反复研究，也认定基本风格与面料在低负荷下的拉伸、弯曲、剪切、压缩性能，表面摩擦性能，厚度及重量有关。所以，产生了通过织物基本力学性能评价织物手感的思想。

1970 年，日本京都大学的川端季雄（Kawabata）教授、奈良女子大学的丹羽雅子（Niwa）教授及松尾达树先生等专家开始研究织物手感的客观评价方法，经过十多年的努力，研制出了川端型织物手感评价系统（Kawabata's evaluation system，KES）。KES 织物手感评价系统的整体思路是测量织物低负荷下的力学性能，根据这些力学性能推断织物的单项手感值（hand value，HV），也叫基本风格，根据单项手感值 HV 推断织物的综合手感值（total hand value，THV），也叫综合风格，如图 17－1 所示。

图 17－1　KES 织物手感评价系统示意图

（二）织物力学性能测试

KES 织物手感测试系统由 4 台电子测量仪和 1 台计算机组成，其中 FB－1 测试织物的拉伸和剪切性能，FB－2 测试织物的正反向弯曲性能，FB－3 测试织物法向压缩性能，FB－4 测试织物表面凹凸波动量（平整度）及摩擦性能，通过计算机可计算织物单位面积质量等 16 种低应力下的基础指标。KES－FB 测得的织物 16 个力学性能指标见表 17－2 。

表 17－2　KES－FB 测试的织物力学性能指标

序　号	符　合	名　称	概念内容	单　位
1	L_T	拉伸线性度	经、纬拉伸曲线下面积对直线下面积之比	—
2	$\lg W_T$	拉伸功	经、纬向拉伸曲线下的面积	cN. cm/cm^2
3	R_T	拉伸弹性	经、纬向拉伸弹性恢复率	%
4	$\lg B$	弯曲刚度	经、纬向弯曲刚度（曲率 0.5～1.5）平均值	cN. cm^2/cm
5	$\lg 2HB$	弯曲滞后矩	经、纬向正反弯力矩之差的平均值	cN. cm^2/cm

续表

序 号	符 合	名 称	概念内容	单 位
6	$\lg G$	剪切刚度	经、纬向剪切 0.5°～5°斜率的平均值	cN/[cm (°)]
7	$\lg 2HG$	剪切滞后矩	经、纬向剪切 0.5°～-0.5°斜率差的平均值	cN/cm
8	$\lg 2HG_5$	剪切滞后矩	经、纬向剪切 5°～5°斜率差的平均值	cN/cm
9	L_C	压缩线性度	压缩曲线下面积对直线下面积之比	—
10	$\lg W_C$	压缩功	压缩曲线下面积	cN·cm/cm²
11	R_C	压缩弹性	压缩弹性恢复率	%
12	MIU	动摩擦因数	动程 2cm 中摩擦因数平均值	—
13	$\lg MMD$	摩擦因数平均差	动程 2cm 中摩擦因数变异的平均值	—
14	$\lg SMD$	表面粗糙度	0.5mm 直径单丝位移上下平均波动的值	μm
15	$\lg T$	稳定厚度	5cN/cm²压力下的厚度	mm
16	$\lg W$	单位面积重量	—	mg/cm²

(三)基本风格 HV

根据织物的力学性能推断织物的基本风格 HV，其关键是找到两者之间的关系。KES 织物手感评价系统的做法是对同类用途织物，如男士冬季西服面料，同时进行大量客观仪器测试和检验师主观评价，在此基础上，通过非线性回归方法求出经验评价方程式，即统计回归方程。由于织物用途对主观评价有很大影响，所以，统计回归方程是依据不同用途织物建立的，也就是不同类型织物对应的统计回归方程的参照数据是不同的，使用时一定要注意，目前主要分男式和女式夏季内衣、冬季内衣、夏季外衣、冬季外衣、女式袍裙装、服装用皮革等。

KES 织物手感评价系统的织物的力学性能与基本风格 HV 的统计回归方程为：

$$HV = C_0 + \sum_{i=1}^{16} C_i \frac{X_i - m_i}{\sigma_i} = C_0 + \sum_{i=1}^{16} C_i X_i' \quad (17-1)$$

式中：HV——织物基本风格；

X_i——织物的第 i 项力学性能指标(或其对数)；

m_i——求回归方程时某类织物的第 i 项力学性能指标的平均值；

σ_i——求回归方程时某类织物的第 i 项力学性能指标的标准差；

X_i'——标准化处理后的第 i 项力学性能指标；

C_0，C_i——回归常数，C_i的大小反映第 i 项力学性能指标对单项手感值 HV 的影响程度。

评价织物基本风格 HV 时首先要确定被评价织物的类型，不同类型织物对应不同的 m_i、σ_i 值。为便于说明，表 17-3 给出男女冬季西服面料力学性能指标的参照值，其他类型面料可查看相关资料。

表 17-3 男女冬季西服面料力学性能指标的参照值

序号 (i)	指标 (X_i)	单 位	男士西服面料		女士西服面料	
			m_i	σ_i	m_i	σ_i
1	L_T	—	0.6082	0.0611	0.6161	0.079
2	lgW_T	cN·cm/cm²	0.9621	0.1270	1.0090	0.1297
3	R_T	%	62.1894	4.4380	62.970	7.9179
4	lgB	cN·cm²/cm	-1.0084	0.1267	-0.9212	0.2081
5	$lg2HB$	cN·cm²/cm	-1.3476	0.1801	-1.3140	0.3373
6	lgG	cN/[cm (°)]	-0.0143	0.1287	-0.3432	0.1699
7	$lg2HG$	cN/cm	0.0807	0.1642	-0.2431	0.2627
8	$lg2HG_5$	cN/cm	0.4094	0.1441	0.05260	0.2418
9	L_C	—	0.3703	0.0745	0.3675	0.0827
10	lgW_C	cN·cm/cm²	-0.7080	0.1427	-0.6465	0.3323
11	R_C	%	56.2709	8.7927	51.710	8.3810
12	MIU	—	0.2085	0.0215	0.2016	0.0668
13	$lgMMD$	—	-1.8105	0.1233	-1.6390	0.1866
14	$lgSMD$	μm	0.6037	0.2063	0.9616	0.2430
15	lgT	mm	-0.1272	0.0797	-0.0870	0.2084
16	lgW	mg/cm2	1.4208	0.0591	1.3160	0.1014

织物不同的单项基本风格 HV 对应不同的 C_i 值，为便于说明，表 17-4 给出冬季西服面料不同单项基本风格 HV 的回归常数。

表 17-4 冬季西服面料基本风格 HV 的回归常数

HV_1硬挺度		HV_2滑糯度		HV_3丰满度	
i	C_i	i	C_i	i	C_i
0	5.7093	0	4.7533	0	4.9799
4	0.8459	13	-0.927	10	0.8845
5	-0.2104	14	-0.3031	9	-0.2042
6	0.4268	12	-0.1539	11	0.1879
7	-0.0793	10	0.5278	13	-0.5964
8	0.0625	9	-0.1703	14	-0.1702
15	-0.1714	11	0.0972	12	-0.0569
16	0.2232	8	-0.3702	1	-0.1558
2	-0.1345	6	-0.0263	2	0.2241
3	0.0676	7	0.0667	3	-0.0897

续表

HV$_1$硬挺度		HV$_2$滑糯度		HV$_3$丰满度	
1	-0.0317	4	-0.1658	8	-0.0657
10	-0.646	5	0.1083	6	0.0960
9	0.0073	1	-0.0686	7	-0.0538
11	-0.0041	3	-0.1619	15	0.08357
13	0.0307	2	0.0735	16	-0.1810
12	-0.0254	16	-0.0122	5	0.0848
14	0.0009	15	-0.1358	4	-0.0337

在计算某一织物基本风格HV值时，首先，测试它的基本力学性能指标；然后，依据织物种类选择对应的力学性能指标的参照值和基本风格HV的回归常数，依据公式(17-1)计算不同基本风格HV的值。

一些学者和专家曾经对综合风格的客观评价方法有过不同意见，但却很少有人指责评价面料某一方面性能强弱的基本风格系统，因为这些公式确实较好反映了手感性能与基本力学性能间的主要关系。另外，也可以避开织物综合风格，用KES织物手感评价系统只对织物基本风格进行客观评价，这种情况也很多。

(四)综合风格THV

综合风格的主观评价本身比较复杂，它受环境气候、着装文化、民族风俗和人种皮肤等多方面因素影响。如澳洲人和日本人对盛夏用西服面料的评价结果就存在差异，主要原因之一是澳洲人在35℃以上的湿热环境下很少穿西服，而日本人受19世纪西欧的“绅士风度”影响很深，酷暑环境也要身着西服才算“正规”。在酷暑条件下的西服面料必然以轻薄、凉爽、透气(低密)为佳，轻薄、低密的西服面料必然要强调其平展度和硬挺度，为此日本的盛夏西服面料就有了西方人不能理解的硬挺度、平展度、滑爽度和丰满度四项基本风格要求。

中国同日本交流多，着装文化受日本影响较多，下面通过男女西服面料综合风格的客观评价，介绍国际上认可度较高的综合风格评价系统。

20世纪70年代中期，日本的风格计量与标准化研究委员会选择男用冬、夏季西服面料各200种左右，一方面请一组产品专家进行综合风格的主观评价，另一方面用仪器测试面料的基本性能，并据式(17-1)计算其基本风格，然后用多元统计分析方法求取了基本风格与综合风格之间的统计回归方程，也称为综合风格评价公式，公式的一般形式为：

$$\mathrm{THV}=C_0+\sum_{i=1}^{k}Z_i \tag{17-2}$$

$$Z_i=C_{i1}\left(\frac{Y_i-M_{i1}}{\sigma_{i1}}\right)+C_{i2}\left(\frac{Y_i^2-M_{i2}}{\sigma_{i2}}\right)$$

式中：THV——综合风格；

Y_i——第i项基本风格；

M_{i1}、σ_{i1}——求回归方程时所用某类试样组内第 i 项基本风格的平均值和标准差；

M_{i2}、σ_{i2}——求回归方程时所用试样组内第 i 项基本风格平方的平均值和标准差；

C_0、C_{i1}、C_{i2}——回归常数；

K——对本类面料的综合风格有影响的主要基本风格的项数。

男女冬季西服面料综合风格计算公式的各类参数见表 17－5。

表 17－5 男女冬季西服面料综合风格评价公式的参数

i	Y_i	C_{i1}	C_{i2}	M_{i1}	M_{i2}	σ_{i1}	σ_{i2}
1	硬挺度	0.6750	－0.534	5.7093	33.9032	1.1434	12.1127
2	滑糯度	－0.1887	0.8041	4.7537	25.0295	1.5594	15.5621
3	丰满度	0.9312	－0.7103	4.9798	26.9720	1.4741	15.2341
平均差异 RMS=0.333，相关系数 R=0.900							

表 17－5 下部列出了求取回归方程时所用试样的计算风格与主观评定风格间的平均差异 RMS 及相关系数 R，两者组合表征公式的回归精度。对于任一西服面料，只要测试基本性能指标并确定其冬夏用途，则可用式(17－1)计算基本风格，而后用式(17－2)计算其综合风格，综合风格值以 5 为最好，3 左右为中等，1.5 以下属差者。

第二节 织物的加工成衣性

一、概述

目前世界上通用的织物力学性能测试仪器主要有两种，一种是日本的川端等人研制开发的 KES 系统，另一种是澳大利亚联邦科学院纤维研究所研制开发的 FAST 系统。KES 系统测试步骤繁复，工作量大，且价格较高，所以，在国内外的普及程度不及 FAST 仪器。FAST 仪器具有测试指标少，操作简单，适合于在企业中应用。但目前看来，KES 系统侧重织物风格的测试，而 FAST 系统主要用于评价织物的加工成衣性，或称成形性，主要指二维织物面料制成三维服装时面料性能对服装三维曲面造型的适合程度。

关于织物的加工成衣性，早在 1960 年，以 Lindberg 为首的瑞典纺织研究所在研究服装制作与面料性能关系时，就提出服装的可缝性与面料在低应力下的力学性能(如剪切、弯曲、拉伸等指标)有显著关系。随后 Lindberg 给出了服装面料成形性的概念和指标：

$$F=CB \tag{17-3}$$

式中：F——成形性；

C——织物在自身平面内(如经、纬向)压缩变形曲线的线性度；

B——织物弯曲刚度。

由于上式中压缩变形曲线的线性度指标 C 测量非常困难，有人采用拉伸指标取代压缩指标，它也是 FAST 基本力学性能指标所采用的成形性指标：

$$F=\frac{E_{20}-E_{5}}{14.7}\cdot B \tag{17-4}$$

式中：E_{20}——面料在 20gf(0.2N)/cm 拉伸力作用下的伸长率；

E_5——面料在 5gf(0.05N)/cm 拉伸力作用下的伸长率；

B——面料的弯曲刚度。

面料的成形性值在一定程度上反映了面料在服装加工中成形性的优劣，成形性值越大，反映出面料在服装加工中越易成形，反之则表示在服装加工中难以成形，易产生起皱、起拱等不良现象。这个指标被以后的研究人员广泛应用在考察服装面料加工的难易程度上。

20 世纪 80 年代末，澳大利亚联邦科学院纤维研究所的 R. Postle 等人在客观测量毛织物服装生产加工性能方面有了突破，并在澳大利亚联邦科学院纤维研究所发展起他们的织物性能测量仪系统 FAST 系统(Fabric Assurance by Simple Testing)。相对 KES 系统，FAST 系统操作简单，可利用指纹图对服装加工用面料的成形性、服装加工性及服装的尺寸稳定性等性能进行预测，为服装制造商提供了指导性的建议，也为面料加工厂家提供了合理性加工建议。另外，FAST 测试系统的价格适中，非常适合于面料后整理企业和服装加工厂购买，因此，目前这一系统已在世界许多国家和地区得到广泛应用。

二、FAST 系统

FAST 织物风格测量仪是客观评价织物外观、手感和性能的简易测量系统。它包括三台仪器和一种测量方法。

FAST－1 压缩仪：测定织物在不同负荷下的厚度和织物表观厚度。不测量压缩变形曲线，只测量轻负荷 $2cN/cm^2$ 和重负荷 $100cN/cm^2$ 下的织物厚度 T_2(mm)和 T_{100}(mm)，计算表观厚度 $ST=T_2-T_{100}$(mm)。

FAST－2 面料弯曲性能测试仪，测试的最大弯曲长度为 100mm，最大试样宽度 55mm，测量精度 0.5mm。

FAST－3 面料拉伸性能测试仪，试验长度(夹口距离)100mm，试样的伸长范围 0～20%；测量精度为 0.1%。

FAST－4 尺寸稳定性试验，测试面料的尺寸稳定性。面料的尺寸稳定性是反映面料保持在成衣制造和穿着过程中的尺寸稳定的性能。面料的尺寸改变主要是由于其在湿气，尤其是在蒸汽和湿状态下会发生尺寸的改变造成的。FAST－4 的测试原理为：将面料在 105℃下烘干 1～1.5h，到回潮率为 0%，测量其干态下尺寸，然后将其浸入水中，测量其松弛尺寸。然后，再次在 105℃下烘干 1.5～2h，烘干试样并测量其最终干燥尺寸。

面料在经向和纬向的松弛收缩率和湿膨胀率都可以通过公式计算出来，FAST 系统可测试的技术指标见表 17－6。

表 17－6　FAST 系统可测试的技术指标

项　目	指　标	单位	公式、代号	测试条件	备　注
FAST－1	厚度	mm	T_2	2cN/cm²	
		mm	T_{100}	100cN/cm²	
	表观厚度	mm	$S_T=T_2-T_{100}$		计算
	松弛厚度	mm	T_{2R}	2cN/cm²	汽蒸后厚度
		mm	T_{100R}	100cN/cm²	汽蒸后厚度
	表观厚度	mm	$S_{TR}=T_{2R}-T_{100R}$		汽蒸后
FAST－2	弯曲长度	mm	C		经向和纬向
	弯曲刚度	μN·m	$B=W\times C^3\times 9.81\times 10^6$	W—面密度(g/m²)	计算
FAST－3	伸长率	%	E_5	5cN/cm	经向和纬向
			E_{20}	20cN/cm	经向和纬向
			E_{100}	100cN/cm	经向和纬向
	斜向拉伸	%	EB_5	5cN/cm	右斜和左斜
	剪切刚度	N/m	$G=123/EB5$		计算
FAST－2&3	成形性	mm²	$F=(E_{20}-E_5)\times B/14.7$		计算
FAST－4	原始干燥长度	mm	L_1		经向和纬向
	湿长度	mm	L_2		经向和纬向
	最后干燥长度	mm	L_3		经向和纬向
	松弛收缩率	%	$RS=[(L_1-L_3)/L_1]\times 100$		经向和纬向
	吸湿膨胀率	%	$HE=[(L_2-L_3)/L_3]\times 100$		经向和纬向

全部试验结果可以自动地以控制图(Fast control chart)形式打印出来，如图 17－2 所示。根据控制图可以估计织物是否适合最终用途。如果织物性能指标超出控制范围，可以事先采取措施，使织物符合最终用途的指标要求。

FAST 系统的制衣过程控制图表明若性能落在阴影区域，则制衣过程需要特别控制，详细说明见表 17－7。

表 17－7　FAST 系统控制图说明

控制指标	指标控制范围	控 制 说 明
松弛收缩 *RS*	*RS*－1 或 *RS*－2<0.0%	会造成织物熨烫、黏合等的困难，重新整理增加松弛收缩
	RS－1 或 *RS*－2 在 3.0%～4.0%	会引起服装尺寸不稳定，裁剪时要增加 2%
	RS>4%	重新整理以减小松弛收缩
吸湿膨胀 *HE*	*HE* 在 5%～6%	成型服装有可能打褶和起皱，因此，服装要进行热压
	HE>6%	重新整理减小吸湿膨胀
成形性 *F* 值：	$F_1<0.25$，$F_2<0.25$	服装要起皱，重新整理增加伸长
	F_1 在 0.25～0.30	在储存后检验所成服装以防缝纫起皱

续表

控制指标	指标控制范围	控制说明
伸长能力 E	E_{100}-1<1.5%	引起服装成形模制困难
	E_{100}-2<1.3%	重新整理增加伸长能力
	E_{100}-1在1.5%～2%	缝纫前拉长曲线缝的外边，对长缝和放宽缝边施以额外的熨烫，或裁剪时稍斜方向裁
	E_{100}-1在4.0%～5.0%	展开布料时要仔细，叠放时要特别检查
	E_{100}-2>6%	重新整理以减织物伸长能力
弯曲刚度 B	B_1<5μN·m	织物裁剪、传送和缝纫困难
	B_2<5μN·m	裁剪要用真空台
剪切刚度 G	G<20N/m	铺幅、落料比较困难，重新整理
	G在20～30	肩缝时要仔细，确保缝制后的尺寸，在裁剪前展放织物要直
	G在80～100	上袖和成形较困难，上袖时要仔细，48h后检查缝纫起皱情况
	G>100	重新整理减少剪切刚度

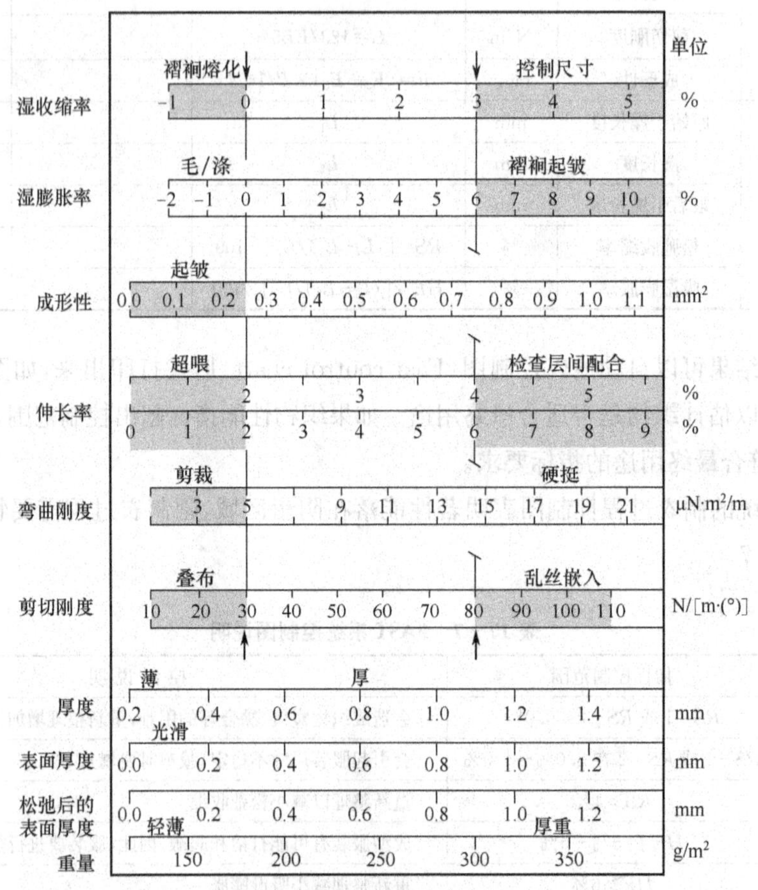

图 17-2　轻薄西服面料的FAST控制图

松弛表面厚度 STR 没有限定，但推荐在 0.100～0.180 为宜，STR/ST 以不超过 2.0 为宜。织物重量 W 越轻，生产出满意的服装越困难。

思考题

1. 解释面料的基本风格，包括哪几种？
2. 基本风格与综合风格的取值范围，表示的意义？
3. 比较 KES 系统与 FAST 系统的特点。

第十八章　织物的鉴别与品质评定

本章知识点

1. 织物鉴别的基本方法。
2. 织物品质评定的基本方法。

第一节　织物的鉴别

一、概述

织物几乎时刻都会碰到，不仅纺织专业人士，普通消费者了解织物专业知识，对合理消费、正确使用也是非常必要的。织物鉴别是以织物的专业知识为基础分析织物，应遵循一定的规律，有清晰的条理。以服装面料为例，织物的结构层次及涉及的加工过程如下图所示。

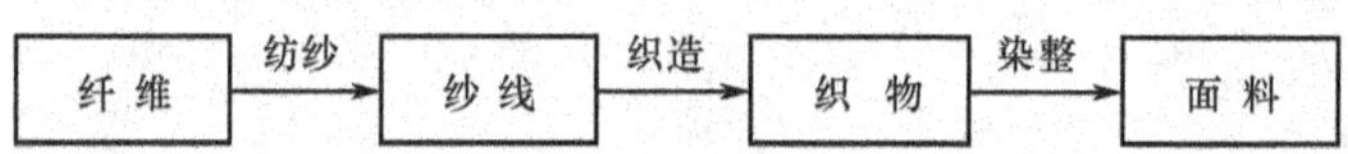

织物的结构层次及涉及的加工过程

服装面料加工的整个过程涉及四类产品和三类加工，四类产品和对应的三类加工有很多类型，下面从织物鉴别角度，以四类产品为线索进行分析。

二、纤维

织物鉴别首先应看织物用的是何种纤维。一般服装面料所用纤维及普遍性见表 18－1。

表 18－1　一般织物所用纤维及普遍性

基本分类	纤维类别	说　　明
天然纤维	纤维素纤维	包括棉和麻，根据 2007 年纺织年鉴，棉占全球纺织纤维产量的 35.7%，麻、丝占全球纺织纤维产量的 1.6%
	蛋白质纤维	包括毛和丝，毛占全球纺织纤维产量的 1.7%
化学纤维	再生纤维	占全球纺织纤维产量的 3.9%，主要是再生纤维素纤维
	合成纤维	占全球纺织纤维产量的 58.5%、涤纶占全球合成纤维产量的 69.8%

一般服装面料所用纤维主要是涤纶、细绒棉、绵羊毛、桑蚕丝、亚麻、再生纤维素纤维。当然,由于创新的需要,时常有新纤维面料出现,但仔细分析,都与常用纤维有联系。另外,服装面料所用纤维可能是一种、也可能是多种纤维混纺的或交织的,需要仔细甄别。

三、纱线

一般服装面料所用纱线及特征见表18-2。

表18-2 一般服装面料所用纱线及特征

基本分类	名称	分类或定义
纤维原料组成	纯纺纱	由一种纤维或组分不变的高聚物纺成的纱、丝、线
	混纺纱	由不同纤维组分、不同颜色纤维、不同性状纤维均匀混合纺纱、纺丝或合股构成的纱、丝、线
	复合纱	由短纤维和短纤维、短纤维和长丝、长丝和长丝、纤维束和纱等组合或复合在一起的纱、丝、线
纱线结构	短纤纱	由短纤维经纺纱加工,使短纤维沿轴向排列并经加捻而成
	股线	由两根或两根以上的单纱合并加捻制成的股线
	长丝纱	可分为普通丝、变形丝
	特殊纱	可分为花饰线、复合线、编结线
纺纱系统	精纺纱	棉纱叫精梳纱、毛纱叫精纺纱
	粗纺纱	棉纱叫普梳纱、毛纱叫粗纺纱

其还可以按纱线细度分为超细特纱、细特纱、中特纱、粗特纱;按纺纱方法分为环锭纱、转杯纱、喷气纱等。

四、织物

一般服装面料所用织物及特征见表18-3。

表18-3 一般服装面料所用织物及特征

基本分类	名称	分类或定义
织造方法	机织物	由互相垂直的一组经纱和一组纬纱在织机上按一定规律纵横交错织成的制品
	针织物	是由一组或多组纱线在针织机上按一定规律彼此相互串套成圈连接而成的织物,可分为经编针织物与纬编针织物
	非织造布	由纤维直接成网、固着成形的片状材料
织物组织	机织物	可分为原组织、变化组织、联合组织、复杂组织、大提花组织
	针织物	可分为基本组织、变化组织、复合组织、花式组织
	非织造布	可按纤维网的形成方法和纤维网的加固方法分类

续表

基本分类	名称	分类或定义
典型物品种	棉及棉型织物	包括平布、细纺、府绸、巴厘纱、卡其、棉哔叽、直贡和横贡、麻纱、牛津纺、灯芯绒、平绒、绒布、牛仔布、泡泡纱等
	毛及毛型织物	精纺毛织物包括凡立丁、派力司、华达呢、哔叽、啥味呢、贡呢、女衣呢、花呢。粗纺毛织物包括麦尔登、大衣呢、海军呢、制服呢、学生呢、女式呢、法兰绒、粗花呢、粗服呢、劳动呢、制帽呢等
	丝及丝型织物	可分为绡、纺、绉、绸、缎、锦、绢、绫、纱、罗、绨、葛、绒、呢 14 大类
	麻及麻型织物	夏布:浏阳夏布、万载夏布、隆昌夏布
织物规格	幅宽	可分为窄幅织物、宽幅织物、双幅织物
	厚度	按厚度分为轻薄型织物、中厚型织物和厚重型织物
	单位面积重量	按每平方米克重分为轻薄型织物、中厚型织物和厚重型织物

五、面料

经过染整的织物就是面料。按染整加工分类,一般服装面料的分类见表 18-4。

表 18-4　按染整加工,一般服装面料的分类

基本分类	名称	分类或定义
前处理	丝光	有纱线丝光和纱线、织物双丝光,只针对棉织物,提高亮度
	漂白、增白	漂白是去除色素,增白是荧光增白
印染	染色	面料为同一种颜色,由浅色与深色之分
	印花	面料有图案,有直接印花、拔染印花、防染印花
后整理	通过物理、化学或物理与化学的方法对织物进行处理,旨在改善其外观与品质。如常见的有轧光、电光、轧纹、起毛、剪毛、缩呢、蒸呢等。棉织物的树脂整理,织物的涂层与复合,抗菌整理、抗静电整理等各种功能性整理	

知道织物用途对织物鉴别会有很大帮助,织物以其应用领域分为三大类:服装用织物、家用(装饰用)织物、产业用织物。

第二节　织物的品质评定

一、概述

织物的品质评定是依据对应产品的品质标准或客户共同协商的规定进行评等定级。一般依据外观疵点和内在质量两方面评价。织物外观疵点大多采用感官检验法,即将试样与标样对比,依据有关的品质评定标准,以疵点程度进行打分评等。表示一般织物内在质量的指标有断裂强度、断裂伸长率、经纬密度、平方米重量等,一般借助仪器对织物的内在质量进行测定,并依据有关品质评定标准进行评等。对于一些特殊性能、功能及特殊要求的纺织品，要依据设计规定进行评价，即以要求的性能、功能和特征的最低值为合格的专门评价。

我国织物标准按原料、织物结构和染整工艺分别制定，标准细致而庞杂，一般纺织面料标准按原料分为棉纺织品、毛纺织品、麻纺织品和丝纺织品。经常举例的棉本色布的品质评定在本书的实验部分已有介绍，这里介绍其他几类织物的品质评定。

二、精梳毛织品品质评定

精梳毛织品的技术要求包括安全性要求、实物质量、内在质量和外观质量。精梳毛织品安全性应符合 GB 18401《国家纺织产品基本安全技术规范》的规定；实物质量包括呢面、手感和光泽三项；内在质量包括物理指标和染色牢度两项；外观质量包括局部性疵点和散布性疵点两项。

精梳毛织品的质量等级分为优等品、一等品和二等品，低于二等品者降为等外品。精梳毛织品的品等以匹为单位，按实物质量、内在质量和外观质量三项检验结果评定，并以其中最低一项定等。三项中最低品等有两项及以上同时降为二等品者，直接降为等外品。

精梳毛织品净长每匹不短于 12m，净长 17m 及以上的可由两段组成，但最短的一段不短于 6m。拼匹时，两段织物应品等相同，色泽一致。

精梳毛织品实物质量指织品的呢面、手感和光泽，凡正式投产的不同规格产品应分别以优等品和一等品封样。对于来样加工，生产方应根据来样方要求，建立封样，并经双方确认，检验时逐匹比照封样评等，明显差于一等品封样者为二等品，严重差于一等品封样者为三等品。

精梳毛织品内在质量的评等由物理指标和染色牢度综合评定，并以其中最低一项定等。物理指标按表 18－5 规定评等，染色牢度按表 18－6 规定评等，“可机洗”类产品水洗尺寸变化率考核指标按表 18－7 规定评等。

表 18－5　精梳毛织品物理指标要求

项目		优等品	一等品	二等品
幅宽偏差(cm)≤		2	2	5
平方米重量允差(%)		－4.0～＋7.0	－5.0～＋7.0	－14.0～＋10.0
静态尺寸变化率(%)≥		－2.5	－3.0	－4.0
纤维含量(%)	毛混纺产品中羊毛纤维含量的允差	－3.0～＋3.0	－3.0～＋3.0	－3.0～＋3.0
起球(级)≥	绒面	3～4	3	3
	光面	4	3～4	3
断裂强力(N)≥	(7.3tex×2)×(7tex×2) (80 英支/2×80 英支/2)及单纬纱高于等于 14.5tex(40 英支)	147	147	147
	其他	196	196	196

续表

项目		优等品	一等品	二等品
撕破强力(N)≥	一般精梳毛织品	15.0	10.0	10.0
	(8.3tex×2)×(8.3tex×2) (70 英支/2×70 英支/2)及单纬纱 高于等于 16.7tex(35 英支)	12.0	10.0	10.0
汽蒸尺寸变化率(%)		-1.0～+0.5	-1.0～+0.5	—
落水变形(级)≥		4	3	3
脱缝程度(mm)≥		6.0	6.0	8.0

注 1. 纯毛产品中,为改善纺纱性能、提高耐用程度,成品允许加入5%合成纤维;含有装饰纤维的成品(装饰纤维必须是可见的、有装饰作用的),非毛纤维含量不超过7%;但改善性能和装饰纤维两者之和不得超过7%。

2. 成品中功能性纤维和羊绒等的含量低于10%时,其含量的减少应不高于标注含量的30%。

3. 双层织物连接线的纤维含量不考核。

4. 嵌条线含量低于5%及以下时不考核。

5. 休闲类服装面料的脱缝程度为10mm。

表 18-6 精梳毛织品染色牢度指标要求

单位:级

项目		优等品	一等品	二等品
耐光色牢度≥	≤1/12 标准深度(浅色)	4	3	2
	≥1/12 标准深度(深色)	4	4	3
耐水色牢度≥	色泽变化	4	3～4	3
	毛布沾色	3～4	3	3
	其他贴衬沾色	3～4	3	3
耐汗渍色率度≥	色泽变化(酸性)	4	3～4	3
	毛布沾色(酸性)	4	4	3
	其他贴衬沾色(酸性)	4	3～4	3
	然泽变化(碱性)	4	3～4	3
	毛布沾色(碱性)	4	4	3
	其他贴补沾色(碱性)	4	3～4	3
耐熨烫色牢度≥	色泽变化	4	4	3～4
	棉布沾色	4	3～4	3
耐摩擦色牢率≥	干摩擦	4	3～4	3
	湿摩擦	3～4	3	2～4
耐洗色率度≥	色泽变化	4	3～4	3～4
	毛布沾色	4	4	3
	其他贴衬沾色	4	3～4	3
耐干洗色牢度≥	色泽变化	4	4	3～4
	溶剂变化	4	4	3～4

注 1."只可干洗"类产品不考核耐洗色牢度和湿摩擦色牢度。

2."小心手洗"和"可机洗"类产品可不考核耐干洗色牢度。

表 18－7　精梳毛织品"可机洗"类产品水洗尺寸变化率要求

项　　目		优等品、一等品、二等品	
		西服、裤子、服装外装、大衣、连衣裙、上衣、裙子	衬衣、晚装
松弛尺寸变化率(%)	宽度	－3	－3
	长度	－3	－3
	洗涤程序	1×7A	1×7A
总尺寸变化率(%)	宽度	－3	－3
	长度	－3	－3
	边沿	－1	－1
	洗涤程序	3×5A	3×5A

精梳毛织品外观疵点按其对服用的影响程度与出现状态的不同，可分为局部性外观疵点与散布性外观疵点两种，其专业性很强，这里不详加叙述。外观疵点结辫、评等规定见表 18－8。

表 18－8　精梳毛织品外观疵点结辫、评等要求

疵点名称		疵点程度	局部性结辫	散步性降等	备　注
经向	1. 粗纱、细纱、双纱、松纱、紧纱、蜡纱、呢面局部狭窄	明显 10～100cm 大于 100cm，每 100cm 明显散布全匹 严重散布全匹	1 1	 二等品 等外品	—
	2. 油纱、污纱、异色纱、磨白纱、边撑痕、剪毛痕	明显 5～50cm 大于 50cm，每 50cm 散布全匹 明显散布全区	1 1	 二等品 等外品	—
	3. 缺经、死折痕	明显经向 5～20cm 大于 20cm，每 20cm 明显散步全匹	1 1	 等外品	
	4. 经档(包括绞经档)、折痕(包括横折痕)、条痕水印(水花)、经向换纱印、边深浅、呢匹两端深浅	明显经向 40～100cm 大于 100cm，每 100cm 明显散布全匹 严重散布全匹	1 1	 二等品 等外品	边深浅色差 4 级为二等品，3～4 级及以下为等外品
	5. 条花、色花	明显经向 20～100cm 大于 100cm，每 100cm 明显散布全匹 严重散布全匹	1 1	 二等品 等外品	—
经向	6. 刺毛痕	明显经向 20cm 及以内 大于 20cm，每 20cm 明显散布全匹	1 1	 等外品	—

续表

	疵点名称	疵点程度	局部性结辫	散步性降等	备　注
经向	7. 边上破洞、破边	2～10cm 大于100cm，每100cm 明显散布全匹 严重散布全匹	1 1	 二等品 等外品	—
经向	8. 刺毛边、边上摩擦、边字发毛、边字残缺、边字严重沾色、漂白织品的边上针锈、白边缘深入1.5cm以上的针眼、针锈、荷叶边、边上稀密	明显0～100cm 大于100cm，每100cm 散布全匹	1 1	 二等品	—
纬向	9. 粗纱、细纱、双纱、松纱、紧纱、绪纱、换纱印	明显10cm～全幅 明显散布全匹 严重散布全匹	1	 二等品 等外品	—
纬向	10. 缺纱、油纱、污纱、异色纱、小辫子纱	明显5cm～全幅 散布全匹 明显散布全匹	1	 二等品 等外品	—
纬向	11. 厚段、纬影、严重搭头印、严重电压印、条干不匀	明显经向20cm以内 大于20cm，每20cm 明显散布全匹 严重散布全匹	1 1	 二等品 等外品	—
纬向	12. 薄段、纬档、织纹错误、蛛网、织稀、斑疵、补洞痕、孔校痕、大肚纱、吊经条	明显经向10cm以内 大于10cm，每10cm 明显散布全匹	1 1	 等外品	大肚纱1cm为起点，0.5cm的小斑疵按注2规定
纬向	13. 破洞、严重磨损	2cm以内(包括2cm)散布全匹	1	等外品	—
纬向	14. 毛梳、小粗节、草屑、死毛、小跳花、稀纹	明显散布全匹 严重散布全匹		二等品 等外品	—
纬向	15. 呢面歪斜	素色织物4cm起，格子织物3cm起，40～100cm 大于100cm，每100cm 素色织物： 4～6cm散步全匹 大于6cm散布全匹 格子织物： 3～5cm散布全匹 大于5cm散布全匹	1 1	 二等品 等外品 二等品 等外品	优等品格子织物2cm起；素色织物3cm起

注　1. 自边缘起1.5cm及以内的疵点(有边线的指边线内缘深入布面0.5cm内的边上疵点)在鉴别品等时不予考核，但边上破洞、破边、边上毛刺、边上磨损、漂白织物的针锈及边字疵点都应考核。若疵点长度延伸到边内时，应连边内部分一起量计。

2. 严重小跳花和不到结辫起点的小缺纱、小弓纱(包括纬停弓纱)、小辫子纱、小粗节、稀缝、接头洞0.5cm以内的小斑疵明显影响外观者，在经向20cm范围内综合达4只，结辫一只。小缺纱、小弓纱、接头洞严重散布全匹应降为等外品。

3. 外观疵点中，如遇超出上述规定的特殊情况，可按其对服用的影响程度参考类似疵点的结辫评等规定酌情处理。

4. 散布性外观疵点中，特别严重影响服用性能者，按质论价。

5. 优等品不得有1cm及以上的破洞、蛛网、轧梭，不得有严重纬档。

三、桑蚕丝织物品质检验

桑蚕丝织物分优等品、一等品、二等品和三等品，低于三等品的为等外品。GB/T 1551—2007《桑蚕丝织物》规定了桑蚕丝织物的要求、包装和标志，适用于评定各类服用的练白、染色(色织)、印花纯桑蚕丝织物、桑蚕丝与其他长丝、纱线交织丝织物的品质。

桑蚕丝织物的评等以匹为单位。甲醛含量、pH值、可分解芳香胺染料、异味、质量、断裂强力、纤维含量偏差、纱线抗滑移、水洗尺寸变化率、色牢度同批色差、与标样对比色差按批评等，幅宽、密度、同匹色差、外观疵点按匹评等。

桑蚕丝织物的内在质量指标和分等规定见表18－9。

表18－9　桑蚕丝织物的内在质量指标和分等规定

项目			指标			
甲醛含量(mg/kg)			优等品	一等品	二等品	三等品
pH值			按GB18401执行			
可分辨芳香胺染料(mg/kg)						
异味						
密度偏差(%)			±3.0	±4.0	±5.0	±6.0
质量偏差(%)			±3.0	±4.0	±5.0	±6.0
断裂强力(N)≥			200			
纤维含量偏差(%)≥			±5			
纱线抗滑移性	定负荷(mm)	80N,≤	4	6		
		52g/m² 以下或缎类织物60N,≤	4	6		
纱线抗滑移性	定滑移量(6mm)	N,≥	80	67		
		52g/m² 以下或缎类织物N,≤	60	45		
水洗尺寸变化率(%)≥	印染	经向	±3.0		±4.0	±5.0
		纬向				
色牢度(级)≥	耐水耐汗渍	变色	4		3~4	
		沾色	3~4		3	
	耐洗	变色	3~4	3~4	3	
		沾色	4	3	2~3	
	耐干摩擦		4	3~4	3	
	耐湿摩擦		4	3~4	3.2~3(深色)	
	耐光		4	3	2~3	
	耐唾液		按GB18401执行			

注　1. 20g/m² 以下的纱、绢类织物、水洗尺寸变化率、断裂强力、纱线抗滑移不考核。

2. 练白丝织物的水洗尺寸变化率按协议或合同执行。

3. 后续加工工艺中必须要经过湿处理的丝织物，pH值可放宽至4.0~10.5。

4. 大于1/12标准深度的为深色。

5. 当一种纤维含量标示值不超过10%时，其实际含量应不低于标示值的70%。

桑蚕丝织物的外观质量分等规定见表 18－10，外观疵点评分见表 18－11。

表 18－10　桑蚕丝织物的外观质量分等规定

项　目		优等品	一等品	二等品	三等品
色差(级)≥	同匹	4～5		4	3～4
	同批	4		3～4	3
	与标样对比	4		3～4	3
幅度偏差(%)		±1.5	±2.5	±3.5	±4.5
外观疵点评分限度≥(分/100m²)		14	26	38	50

表 18－11　桑蚕丝织物的外观疵点评分表

序号	疵　点		分　数			
			1	2	3	4
1	经向疵点		8cm 及以下	8～16cm	16～24cm	24～100cm
2	纬向疵点		8cm 及以下	8cm 半幅	—	半幅以上
3	印花疵		8cm 及以下	8～16cm	16～24cm	24～100cm
4	严重污渍、油渍		—	2.5cm 及以下	—	2.5cm 以上
5	破损性疵点		—	0.5cm 以下	0.5～1cm	1cm 以上
6	边疵	破边、豁边	经向每长 8cm 及以下	—	—	—
		其他	100cm	—	—	—
7	纬斜、幅不齐					3%

四、苎麻印染布品质检验

经漂白、染色、印花及一般印染整理的纯苎麻长麻布的产品品种规格可以根据用户需要及苎麻坯布产品品种规格标准结合印染工艺设计分别制订。苎麻印染布内在质量检验包括甲醛含量、经纬密度、断裂强力、撕破强力、水洗尺寸变化率、染色牢度六项指标，外观质量检验包括局部性疵点检验和散布性疵点检验。

苎麻印染布的分等规定：内在质量按批评等，外观质量按段评等，成品的等级按内在质量与外观质量中最低一项等级评定，分为优等品、一等品、二等品和三等品，低于三等品者为等外品。在同一段布内，内在质量以最低一项评等，局部性疵点采用有限度的每米允许评分的办法评定等级，散布性疵点按严重一项评等。在同一段布内，先评定局部性疵点的等级，再与散布性疵点的等级结合定等，作为该段布外观质量的等级。结合定等的办法按表 18－12 规定。内在质量评等规定见表 18－13。外观质量评等规定见表 18－14。不同品等的布段局部性疵点允许总分计算，以该布段的长度(不满 1m 者不计)乘以外观质量评等规定中相应的每米允许评分数所得的积，按GB/T 8170修约为整数。染色牢度技术要求见表18－15。

表18－12　苎麻印染布外观质量结合定等办法

散布性此点等级	局部性疵点等级			
	优等品	一等品	二等品	三等品
优等品	优等品	一等品	二等品	三等品
一等品	一等品	一等品	二等品	三等品
二等品	二等品	二等品	三等品	等外品
三等品	三等品	三等品	等外品	等外品

注　1. 连续破损降为等外品者，按实际使用价值由供需双方协商处理。

2. 等外品中外观疵点严重而失去服用价值者，作为疵零布处理。

表18－13　苎麻印染布内在质量评等规定

项　目	标　准	优等品	一等品	二等品	三等品
纬纱密度(根/cm)	按品种规定	－2.5%及以内	－2.5%及以内	超过－2.5%	—
水洗尺寸变化率(%)	－3.5～＋1.5	－3.5～＋1.5	符合标准	超过一等级考核指标	—
染色牢度(级)	见表9～15	耐洗色牢度:3～4 耐摩擦色牢度(混摩):3	符合标准		
甲醛含量≤(mg/kg)	75	符合标准			
断裂强力(N)≥	176	符合标准			
撕破力度(N)≥	11.2	符合标准			

注　断裂强力、撕破强力、染色牢度低于考核指标的织物为等外品。甲醛含量超出限定值的织物为等外品。水洗尺寸变化率结果以负号(－)表示尺寸减少(收缩)，以正号(＋)表示尺寸增大(伸长)。

表18－14　苎麻印染布外观质量评等规定

项　目		各品等允许范围			
		优等品	一等品	二等品	三等品
局部性疵点每米允许评分数(分/m)	幅宽在100cm及以内	0.4	0.5	1.0	2.0
	幅宽100～135cm	0.5	0.6	1.2	2.4
	幅宽135～150cm	0.6	0.7	1.4	2.8
	幅宽150cm以上	0.7	0.8	1.6	3.2

续表

项目				各品等允许范围			
				优等品	一等品	二等品	三等品
散布性疵点	幅宽偏差（cm）	幅宽在100cm及以内		+1.5 -0.5	+2.0 1.0	+3.5 -2.5	+3.5以上 -2.5以下
		幅宽100～135cm		+2.0 -0.5	+2.5 -1.5	+4.0 -3.0	+4.0以上 -3.5以下
		幅度135～150cm		+2.5 -1.0	+3.0 -2.0	+4.5 -3.5	+4.5以上 -3.5以下
		幅宽150cm以上		+2.5 -2.0	+3.5 -2.5	+5.0 4.0	+5.0以上 -4.0以下
	色差（极）	原件	漂色布 同类布样	3～4	3	<3	—
			漂色布 参考样	2～3	2～3	<2～3	—
			花布 同类布样	2～3	2～3	<2～3	—
			花布 参考样	2	2	<2	—
		左中右	漂色布	4～5	4	3～4	2～3
			花布	4	3～4	3	2～3
		前后		4	3～4	3	2～3
		正反		3	3	<3	—
	歪斜(%)(格斜、花斜或纬料)			4.0及以下	4.0～5.0	5.1～9.0	9.0以上
	花纹不符或染色不匀(标样)			不影响外观	不影响外观	影响外观	明显影响外观
	纬移(标样)			不影响外观	不影响外观	影响外观	明显影响外观
	条花(标样)			不影响外观	不影响外观	明显影响外观	严格影响外观
	绕毛不良			不影响外观	不影响外观	影响外观	—
	麻粒或深浅细点			不影响外观	不影响外观	影响外观	—
	红根、斑痕、麻皮			不影响外观	明显影响外观	严格影响外观	—

注 左中右色差、前后色差、纬移、花纹不符或染色不匀低于三等品为等外品。色差按GS 250评定。

表18－15 苎麻印染布染色牢度技术要求

项目		指标
耐洗色牢度	原样变色	3
	白布沾色	3
耐水色牢度	原样变色	3
	白布沾色	3

续表

项目		指标
耐汗渍色牢度	原样变色	3
	白布沾色	3
耐摩擦色牢度	干摩擦	3
	湿摩擦	2～3
耐熨烫色牢度	温烫沾色	3

思考题

1. 举例说明织物鉴别的思路。
2. 评等时主要考核精梳毛织品的哪些性能？
3. 评等时主要考核桑蚕丝织物的哪些性能？
4. 评等时主要考核苎麻印染布的哪些性能？

第十九章　织物部分实验

本章知识点

1. 织物密度、织缩实验及针织物线圈长度实验
2. 织物拉伸、悬垂、抗皱、透气性实验。

第一节　织物中纱线排列密度实验

一、实验目的

通过实验，掌握用移动式织物密度镜法测试织物密度，加深对织物密度的理解。

二、基础知识

织物密度是指织物经向及纬向单位长度内的纱线根数，有经密和纬密之分，以根/10cm 表示。注意区分织物经、纬向密度和织物经、纬纱密度。织物紧度又称覆盖系数，织物总紧度是织物规定面积内经、纬纱所覆盖面积（扣除经、纬纱交织点的重复量）对织物规定面积的百分率。经纱紧度是织物规定面积内经纱覆盖的面积对织物规定面积的百分率。纬纱紧度是织物规定面积内纬纱覆盖的面积对织物规定面积的百分率。

织物经、纬密度的测试方法常用的是移动式织物密度镜法，另外还有分解织物计数法、斜线光栅密度镜法和光电扫描密度仪测试法等。本实验重点介绍织物密度镜法，具体实验要求参阅《机织物密度的测定》GB/T 4668—1995。

三、实验准备

实验仪器和用具：Y511 型织物密度分析器、钢尺等。

试样：多种机织物。

四、实验步骤

（一）试样的准备

调湿和试验用大气条件采用 GB6529 规定的标准，仲裁性试验应采用二级标准大气。常规检验可在普通大气条件中进行。试样应暴露在试验用的大气中至少 16h。

试样应平整无折皱，无明显纬斜。除织物分解法以外，不需要专门制备试样，但应在经、纬向均匀测试至少五个不同的部位。部位的选择应尽可能有代表性，尽量避免在同样的经纬向测试。

（二）实验装置准备

移动式织物密度镜内装有 5～20 倍的低倍放大镜。可借助螺杆在有刻度尺的基座上移动，以满足最小测量距离的要求，放大镜中有标志线。最小测量距离见表 19－1。

表 19－1　最小测量距离

每厘米纱线根数	最小测量距离(cm)	被测量的纱线根数	精确度百分率(%) (计数到 0.5 根以内)
＜10	10	100	＞0.5
10～25	5	50～125	1.0～0.4
25～40	3	75～120	0.7～0.4
＞40	2	＞80	＜0.6

（三）测纱线排列密度

将织物摊平，把织物密度镜放在上面，对经纬纱排列密度，在规定的测量距离内计数纱线根数。测量的起点应选择在两根纱的中间，终点位于最后一根纱线上，不足 0.25 根的不计，0.25～0.75 根作 0.5 根计，0.75 根以上作 1 根计。每个方向在不同的位置，至少检验 5 处。

五、实验记录

实验条件：温湿度、仪器及设定参数、试样及编号、实验方法、实验日期等。

测试记录：测得的一定长度内的纱线根数，分别计算经、纬纱排列密度的平均值，结果精确至 0.1 根/10cm。

第二节　织物中纱线织缩实验

一、实验目的

通过实验掌握织物中纱线织缩的测试方法，了解测试中影响测定结果的因素。学习和掌握织物中纱线织缩的计算方法。具体实验要求参阅 GB8679—1988《机织物结构分析方法　织物中纱线织缩的测定》。

二、基础知识

织物中纱线的缩率是影响织物匹长和成品缩率的主要指标，也是织物设计中一个重要的参数，直接影响到织物的单位面积质量、织造时的用纱量等指标。

实验原理是从已知长度的织物试样中拆下纱线，在张力作用下使之伸直，并在该状态下测量其长度。张力的大小根据纱线种类和线密度选择，测定结果以织缩率或回缩率表示。

三、实验准备

实验仪器和用具：Y331A型纱线捻度机或YG111型纱线卷曲测长仪，钢尺(尺面标有毫米刻度，长度不小于25cm)，分析针，画笔，剪刀等。

试样：不同机织物。

四、实验步骤

(一)试样准备

1. 实验大气条件和调湿 调湿和试验用大气条件采用GB 6529规定的标准大气，仲裁性试验应采用一级标准大气，常规检验可在二级标准大气中进行。样品调湿至少16h。

2. 试样 把调湿过的样品摊平，不受张力并免除皱褶。在样品上标画标记长度为250mm、宽度至少含有10根纱线的长方形，经向二块，纬向三块。当检验提花织物时，必须保证在花纹的完全组织中抽取试验用的纱线。当织物是由大面积的浮长差异较大的组织组成图案时，则抽取各个面积中的纱线测定，并在报告中分别记述。

如果把织缩率和纱线线密度结合在一起测定，则应再准备另外的两块纬向试样，并保证能代表五个不同的纬纱卷装。试样长度为250mm，宽度至少包括50根纱线。

(二)实验装置准备

1. 夹钳调整 实验装置应有两只夹钳，且夹钳在闭合时有平行的钳口面。两夹钳间的距离能变化，应有能测量两夹钳间距离的标尺，尺面标有毫米刻度。

2. 张力调整 按表19-2给出的伸直张力，调整张力装置，以便尽可能地消除纱线的卷曲。如果规定的张力不能使纱线卷曲消除或已使其伸出，则可另行适当选取，但应在报告中说明。

表19-2 伸直张力设定

纱线类型	线密度(tex)	伸直张力(cN)
棉纱、棉型纱	≤7	75×线密度值
	>7	(0.2×线密度值)+4
精梳毛纱、粗梳毛纱、毛型纱、中长型纱	15～60	(0.2×线密度值)+4
	61～300	(0.07×线密度值)+12
非变型长丝纱	各种线密度	0.5×线密度值

(三)拆解纱线

用分析针轻轻地从试样中部拨出最外侧的一根纱线，在两端留下约1cm仍交织着。从交织的纱线中拆下纱线的一端，尽可能握住端部以免退捻，把这一头端置入该装置的一个夹钳，使纱线的标记处和基准线重合，然后闭合夹钳。从织物中拆下纱线的另一端，用同样方法把它置入另一夹钳。

(四)纱线长度测量

使两夹钳分开，逐渐达到选定的张力。在两只夹钳基准线之间测量纱线的伸直长度。重复拆纱和测量步骤，随时把留在布边的纱缨剪去，避免纱线在拆下过程中受到伸长，从5个试样中各测10根纱线的伸直长度。

(五)数据处理

由式(19－1)和式(19－2)计算各组纱线的织缩率或回缩率,精确到小数点后二位。根据各组缩率值分别计算经纱和纬纱的平均缩率值。

$$T=\frac{L-L_0}{L}\times100\% \tag{19-1}$$

$$C=\frac{L-L_0}{L_0}\times100\% \tag{19-2}$$

式中:T——织缩率;

C——回缩率;

L——从试样中拆下的10根纱线的平均伸直长度,mm;

L_0——标记长度,mm。

对每个试样测定的一组(10根)纱线计算平均伸直长度,精确到小数后一位。

五、实验记录

实验条件:温湿度、仪器及设定参数、试样及编号、实验方法、实验日期等。

测试记录:纱线的标记长度和伸直长度。

第三节　针织物线圈长度与纱线细度实验

一、实验目的

掌握实验室针织物长度与纱线细度检验方法。

二、基础知识

线圈长度与纱线细度是针织物的两个重要参数,它不仅影响针织物的密度,而且影响到针织物的物理机械性能,是针织产品的工艺控制和质量检测的关键性指标。

在适当张力下,对已知线圈数的纱线去除卷曲后,又不产生额外伸长,测长、称重,可求出线圈的长度和线密度。

实际生产和检验中经常采用的测试方法分动态测试法和静态测试法。目前动态测试法是在针织物编织过程中直接在织机上通过喂纱长度和成圈数来测量线圈长度,在生产企业中采用比较多。静态测试法采用针织物逐个横列脱散的方法,通过拆散后测量纱线长度与线圈数之比得到线圈长度,此法被实验室广泛采用。静态测试线圈长度适用范围广,如来样加工,能通过样品测算出织物的密度、线圈长度,结合生产工艺,推算出成本,既节省成本又能提高效率,本实验介绍静态测试法。

三、实验准备

实验仪器和用具:纱长测试仪、天平、钢尺、镊子等。

试样：若干针织物。

四、实验步骤

(一)试样制备

1. 试样调湿 试验用标准大气温度：(20±2)℃，相对湿度：65%±4%。调湿预处理温湿度：温度不超过 50℃，相对湿度：10%～25%，试样进行预调湿至少 4h，试样在标准大气下放置至少 24h。

2. 试验样品制备 沿纵向线圈将试样一边剪齐，由剪齐一边的上端向横向剪到 10 个或 20 个线圈，再沿纵向方向向下剪约 120 个线圈时，再沿横向剪开，成一长方形样品。若试样不够宽，可剪取试样纵行为 20 个线圈，横列为 50 个线圈。

(二)实验装置准备

预加张力的选择见表 19－3：

表 19－3 针织物线圈长度测量预加张力的选择

线密度(tex)	毛针织物(gf)	纯棉及混纺针织物(gf)
15 以下	3＋0.2×纱线线密度(tex)	2＋0.2×纱线线密度(tex)
15～60	4＋0.2×纱线线密度(tex)	3＋0.2×纱线线密度(tex)
61～300	12＋0.07×纱线线密度(tex)	10＋0.07×纱线线密度(tex)

(三)拆解纱线

用镊子沿横列方向小心拆解分散，拆平一边。保证拆下纱线长度基本一致。试验样品为平针织物，其试样表面所显现的线圈数即为所需者，如为罗纹或双罗纹组织的织物，则某些线圈显现于织物表面，某些线圈显现于织物反面。因此计算罗纹组织线圈数时，必须将表面及背面分别测量和计算。注意：拆下纱线的长度应控制在(60±10)cm。在拆解线圈时，用力尽可能小，用镊子把线圈逐列抽解，以免造成拆下纱线人为拉长。

(四)测量

测量拆解线圈的长度：调整预加张力，用纱长测试仪测量拆解线圈的长度。把测量过长度的纱线称取总质量。

(五)数据处理

线圈长度按式(19－3)计算：

$$l=\frac{L_T}{C\times W} \tag{19-3}$$

式中：l——每个线圈的长度，mm；

L_T——线圈的总长度，mm；

C——试样中横列线圈数；

W——试样中纵列线圈数。

纱线细度按式(19－4)计算：

$$\mathrm{Tt}=\frac{1000\,W_{\mathrm{T}}}{L_{\mathrm{T}}} \tag{19-4}$$

式中：Tt——纱线的线密度，tex；

W_{T}——拆下纱线的总质量，mg；

L_{T}——线圈的总长度，mm。

五、实验记录

实验条件：温湿度、仪器及设定参数、试样及编号、实验方法、实验日期等。

测试记录：分别记录每根拆下线圈的纱线长度，统计总长度。记录拆解织物的纵列数和横列数。

第四节　织物拉伸性能实验

一、实验目的

通过实验，掌握织物拉伸性能测试方法，掌握织物强力试验机的操作方法。了解试验结果的影响因素。具体实验要求参阅 GB/T 3923.1—1997《纺织品　织物拉伸性能　第一部分：断裂强力和断裂伸长率的测定　条样法》。

二、基础知识

织物拉伸性能测试仪有等速伸长试验仪(CRE)、等速牵引试验仪(CRT)和等加负荷试验仪(CRL)。GB/T 3923.1—1997《纺织品　织物拉伸性能 第一部分：断裂强力和断裂伸长率的测定　条样法》中规定使用等速伸长试验仪(CRE)。

三、实验准备

实验仪器及器具：等速伸长(CRE)试验仪。其他器具有剪刀、画线材料、钢尺等。

试样：不同机织物。

四、实验步骤

(一)实验大气条件与调湿

调湿和实验用大气采用 GB 6529 规定的标准大气，仲裁性试验应采用二级标准大气。

(二)试样准备

1. 试样剪取

(1)每个实验样品剪取两组试样，一组为经向或纵向试样，另一组为纬向或横向试样。每组试样至少应包括五块试样，另加预备试样若干。

(2)试样应具有代表性，应避开折皱、疵点。试样距布边至少150mm，保证试样均匀分布在样品上。例如对于机织物，两块试样不应包括有相同的经纱或纬纱。

(3)每块试样的有效宽度应为50mm(不包括毛边)，其长度应能满足隔距长度200mm，如果试样的断裂伸长率超过75%，应满足隔距长度为100mm。按有关双方协议，试样也可以采用其他宽度，但须在试验报告中说明。

2. 拆纱条样 用于一般机织物，剪取试样的长度方向应平行于织物的经向或纬向，其宽度应根据留有毛边的宽度而定。剪取条样长度方向的两侧拆去数量大致相等的纱线，直至其试样的宽度符合规定的尺寸。毛边的宽度应保证在试验过程中纱线不从毛边中脱出。对于一般的机织物，毛边约为5mm或15根纱线的宽度较为合适。对于紧密的机织物，较窄的毛边即可。对稀松的机织物，毛边约为10mm。

3. 剪割条样 用于针织物、非织造布、涂层织物及不易拆边纱的试样。剪取试样的长度方向应平行于织物的纵向或横向，其宽度应符合规定的尺寸。

(三)实验仪器准备

1. 设定隔距长度 对断裂伸长率小于或等于75%的织物，隔距长度为(200±1)mm；对断裂伸长率大于75%的织物，隔距长度为(100±1)mm。

2. 设定拉伸速度 根据织物的断裂伸长或伸长率，按表19－4设定拉伸速度。

表19－4 拉伸速度的设定

隔距长度(mm)	织物的断裂伸长率(%)	拉伸速度(mm/min)
200	≤8	20
200	8～75	100
100	＞75	100

(四)实验

1. 夹持试样 在夹钳中心位置夹持试样，以保证拉力中心线通过夹钳的中点。试样可在预加张力下夹持或松式夹持，即无张力夹持。采用预加张力夹持，根据试样的单位面积质量采用表19－5的预加张力。断裂强力低于20N时，按概率断裂强力的1%+0.25%确定预加张力。

夹钳应能握持试样而不使试样打滑，夹钳面应平整，不剪切试样或破坏试样。如果使用平整夹钳不能防止试样的滑移时，应使用其他形式的夹持器。夹持面上可使用适当的衬垫材料。

表19－5 预加张力

单位面积质量 m(mg/m²)	预加张力(N)
$m \leqslant 200$	2
$200 < m \leqslant 500$	5
$m > 500$	10

2. 测定 开启试验仪，拉伸试样至断脱。记录断裂强力(N)，断裂伸长(mm)，每个方向至少试验五块。

如果试样在钳口处滑移不对称或滑移量大于2mm时，舍弃试验结果。

如果试样在距钳口处5mm以内断裂，则作为钳口断裂。当五块试样测试完毕，若钳口断裂的值大于最小的"正常值"，可以保留；如果小于最小的"正常值"，应舍弃，另加试验以得到五个"正常值"；如果所有的试验结果都是钳口断裂，或得不到五个"正常值"，应当报告单值。钳口断裂结果应当在报告中指出。

(五)数据处理

分别记录经纬向的断裂强力值，以N表示，按GB8170修约。计算结果在10N以下，修约至0.1N；大于10N且小于1000N，修约至1N；1000N及以上，修约至10N。

分别记录经、纬向的断裂伸长值，按相关公式计算试样的断裂伸长率。按GB8170修约。平均值在8%及以下时，修约至0.2%；大于8%且小于50%时，修约至0.5%；50%及以上时，修约至1%。

计算断裂强力和断裂伸长率的变异系数，修约至0.1%。

五、实验记录

实验条件：温湿度、仪器及设定参数、试样及编号、实验方法、实验日期等。

测试记录：分别记录试样经、纬向的断裂强力和伸长值。

第五节 织物悬垂性实验

一、实验目的

了解织物悬垂仪的结构，掌握测定织物悬垂性实验方法和实验结果的计算。

二、基础知识

织物的悬垂性是指织物因自重而下垂的性能，它反映了织物悬垂程度和悬垂形态，对织物外观形态具有重要意义，涉及织物使用时能否形成优美的曲面造型和良好的贴身性。

织物悬垂性应该用悬垂程度和悬垂形态两类指标表示，悬垂程度通常用悬垂系数表示，是指悬垂试样的投影面积与未悬垂试样的投影面积的比率，以百分率表示。悬垂系数越小，表示织物越柔软，悬垂性能越好；反之织物越硬，悬垂性能越差。有关织物悬垂性的国家标准是GB/T 23329—2009《纺织品 织物悬垂性的测定》。国家标准中规定了两种方法，纸环法和图像处理法。本实验主要介绍用纸环法测定悬垂系数。

三、实验准备

实验仪器及器具：织物悬垂性测定装置或织物的悬垂性实验仪如图19-1所示。三块圆形模板(直径为24cm、30cm和36cm)、透明纸环(内径18cm时，外径有24cm、30cm或36cm；内径为 12cm 时，外径为 24cm）、剪刀、天平（精确到 0.01g）、秒表（或自动计时装置）。

试样：不同品种的代表性织物若干块。

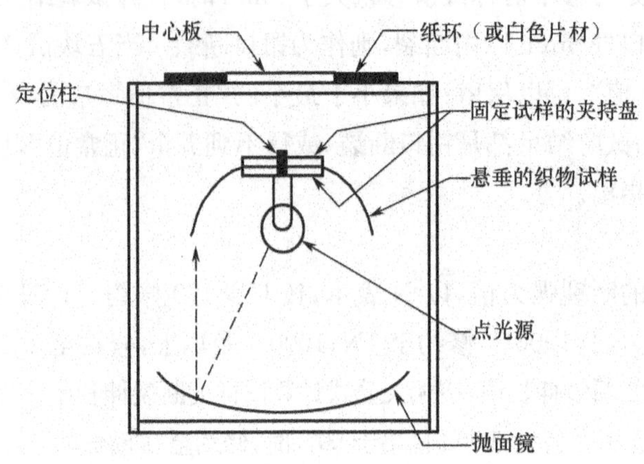

图 19－1　织物的悬垂性实验仪示意图

四、实验步骤

（一）试样准备

将试样放在平面上，利用模板画出圆形试样轮廓，标出每个试样的中心并裁下。试样上应避开折皱和扭曲的部位。

试样直径的选择：当仪器的夹持盘直径为 12cm 时，所有试验试样的直径均为 24cm。当仪器的夹持盘直径为 18cm 时，先使用直径 30cm 的试样进行预试验，并计算该直径时的悬垂系数。若悬垂系数在 30%～85%的范围内，则所有试验的试样直径均为 30cm。对于悬垂系数小于 30%的柔软织物，所用试样直径为 24cm。对于悬垂系数大于 85%的硬挺织物，所用试样直径为 36cm。不同直径的试样得出的实验结果没有可比性。

分别在每个试样的两面标记“a”和“b”。

（二）预试验

1. 仪器的校验　确保试样夹持盘保持水平；将圆形模板放在下夹持盘上，其中心孔穿过定位柱，校验灯源的灯丝是否位于抛面镜焦点处，采用模板校验其影像尺寸是否与实际尺寸相符。

2. 预评估　按以下方式进行预评估：取一个试样，其“a”面朝下，放在下夹持盘上；若试样四周形成了自然悬垂的波曲，则可以进行测试；若试样弯向夹持盘边缘内侧，则不进行测试，但要在试验报告中记录此现象。

（三）测试

（1）选取内径与夹持盘一致，外径与试样大小相同的纸环，放在仪器上。

（2）将试样“a”面朝上，放在夹持盘上，使定位柱穿过试样中心。立即将上夹持盘放在试样上，使定位柱穿过上夹持盘上的中心孔。

（3）从上夹持盘放到试样上起开始用秒表计时。

（4）30s 后，打开灯源，沿纸环上的投影边缘描绘出投影轮廓线。

(5)取下纸环,放在天平上称取纸环的质量,记作 m_{pr},精确至 0.01g。

(6)沿纸环上描绘的投影轮廓线剪取,弃去纸环上未投影的部分,用天平称量剩余纸环的质量,记作 m_{sa},精确至 0.01g。

(7)将同一试样的"b"面朝上,使用新的纸环,重复 3~8 的步骤。

(8)在一个样品上至少取三个试样,对每个试样的正反面均进行试验,由此对一个样品至少进行六次上述操作。

(四)数据处理

(1)对于试验获得的每个试样的数据,按式(19-5)计算悬垂系数。

$$D = \frac{m_{sa}}{m_{pr}} \times 100\% \qquad (19-5)$$

式中:D——悬垂系数;

m_{pr}——纸环的总质量,g;

m_{sa}——试样投影部分的纸环质量,g。

(2)分别计算试样"a"面和"b"面悬垂系数平均值,以百分率表示。

(3)计算样品悬垂系数的总体平均值,以百分率表示。

五、实验记录

实验条件:温湿度、仪器及设定参数、试样及编号、实验方法、实验日期等。

测试记录:记录每个试样"a"面和"b"面的纸环的总质量、试样投影部分的纸环质量和悬垂系数。

第六节　织物的抗皱性实验

一、实验目的

了解织物抗折皱性能测试的原理,相关标准和方法。了解织物折皱弹性测试仪的操作要领,熟悉指标。

二、基础知识

织物的抗皱性是指织物在使用中抵抗起皱和折皱复原的性能。抗皱性实验通常是测定反映织物折皱回复能力的折皱回复角,织物折皱弹性的测定原理是将一定形状和尺寸的试样,在规定条件下折叠加压并保持一定时间,卸除负荷后,让试样经过一定的回复时间,测量折痕回复角,以测得的角度来表示织物的折痕回复能力。与此性能相关的国家标准是GB/T 3819—1997《纺织品　织物折痕回复性的测定　回复角法》,标准中规定了两种测定方法即折痕垂直回复法(简称垂直法)和折痕水平回复法(简称水平法),水平法的折痕线与水平面平行,垂直法的折痕线与水平面垂直。

三、实验准备

实验仪器及器具：YG541型织物折皱弹性测试仪、剪刀、尺子等。

试样：折皱试验用布样若干。

四、实验步骤

（一）试样准备

每个样品至少裁剪20个试样（经、纬向各10个）。测试时，每个方向的正面对折和反面对折各5个。日常试验可测试样正面，即经向、纬向正面对折各5个。试样在样品上的采集部位如图19-2所示。

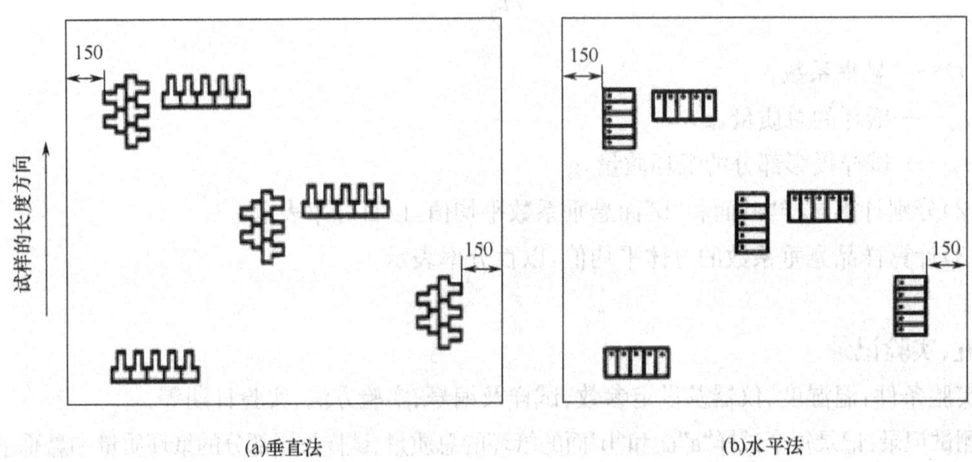

图19-2　试样在样品上的采集部位

（二）折痕垂直回复法

1. 试样形状和尺寸　垂直法试样形状和尺寸(mm)如图19-3所示。

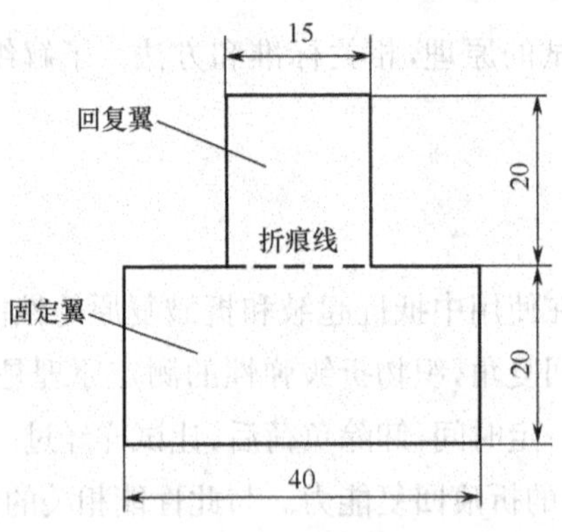

图19-3　垂直法试样的形状及尺寸

2. 实验方法

(1)垂直法采用 YG54 lE 型折皱弹性测试仪。开机预热。将试验翻板推倒,贴在小电磁铁上,此时翻板处在水平位置。

(2)按五经、五纬的顺序,将试样的固定翼装入夹内,使试样的折叠线与试样夹的折叠标记线重合,再用手柄沿折叠线对折试样(不要在折叠处施加任何压力),然后将对折好的试样放在透明压板下。

(3)按动开关加压,此时 10 只重锤每隔 15s 按程序压在每只试样翻板的透明压板上,加压重量为 10N。

(4)当试样承压时间即将达到规定的时间 5min±5s 时,仪器发出报警声,表示做好测量试样回复角的准备工作。

(5)加压时间一到,投影仪灯亮,试样翻板依次释重后抬起。此时应迅速将投影仪移至第一只翻板位置上,用测角装置依次测量 10 只试样的急弹性回复角,读数一定要等相应的指示灯亮时才能记录。如果回复翼有轻微的卷曲或扭转,以其根部挺直部位的中心线为基准。

(6)再过 5min,按同样方法测量试样的缓弹性回复角。当仪器左侧的指示灯亮时,说明一次试验完成。

以上步骤为常规测试方法,随着自动化程度的提高,现已有利用光电原理直接读数的织物折皱弹性测试仪,可自动测量回复角,并将测试数据直接打印出来。

(三)折痕水平回复法

1. 试样形状和尺寸　水平法试样形状和尺寸(mm)如图 19－4 所示。

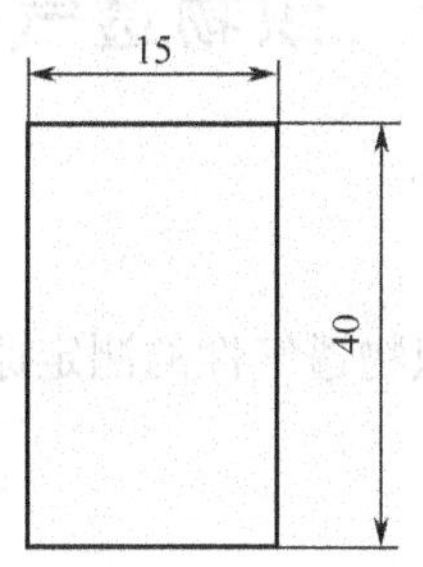

图 19－4　水平法试样的形状及尺寸

2. 实验方法

(1)将裁好的试样沿长度方向两端对齐折叠,并用试样夹夹住。随即轻轻加上 10N 的压力重锤,加压时间为 5min±5s。

(2)加压时间一到,即卸去负荷。将试样夹插入刻度盘的弹簧夹内,使试样的一翼被夹住,另一翼自由悬垂(通过调整试样夹,使悬垂的自由翼始终保持垂直位置)。

(3)试样卸压后 5min 读取折痕回复角,读至最临近 1°。如果自由翼轻微卷曲或扭转,则以该翼中心和刻度盘轴心的垂直平面作为折痕回复角读数的基准。折痕水平回复法如图 19－5 所示。

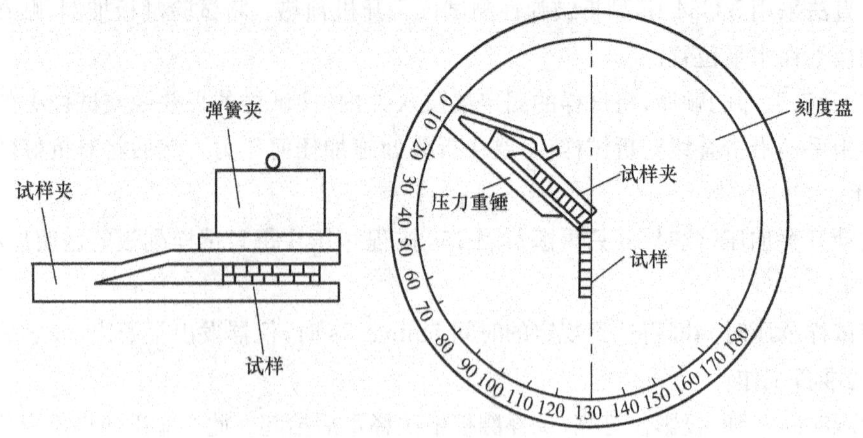

图 19－5　折痕水平回复法示意图

五、实验记录

实验条件：温湿度、仪器及设定参数、试样及编号、实验方法、实验日期等。

测试记录：各个试样的经、纬向急、缓弹性折痕回复角，及其算术平均值，计算至小数点后一位，修约至整数位，包括正面对折和反面对折。

第七节　织物透气性实验

一、实验目的

掌握织物透气性测试方法，了解织物透气性的测定原理。

二、基础知识

织物透气性是指空气透过织物的能力，以在规定的试验面积、压力差和时间条件下，气流垂直通过试样的速率表示，与织物透气性测定直接相关的国家标准是 GB/T 5453—1997《纺织品织物透气性的测定》。

根据国家标准规定的实验方法，在规定的压差条件下，测定单位时间内垂直通过试样单位面积的气流流量，用透气率表示，单位为 L/mm^2s。透气率本质上是气流速度，所以，也可以用单位 mm/s，m/s。气流速度可直接测出，也可通过测定流量孔径两面的压差换算得出织物透气性。对于压差，各国试验标准的规定不一致，例如，美国 ANSI/ASTM 的 K773 和 FS191/5450 及日本 JISL1096 规定为 127.4Pa；德国 DIN53387 规定服装织物为 100Pa、降落伞织物为 160Pa、过滤织物及工业织物为 200Pa，我国标准规定为服用织物 100Pa、产业用织物为 200Pa。应根据织物自身材料的特性及使用要求的不同，而选用不同的压差来进行测试。

三、实验准备

实验仪器及器具：Y461型织物透气仪、剪刀、放大镜等。

试样：选用两种以上不同类型的织物，试样的裁取面积不小于20cm²，也可用大块试样测试，同一样品的不同部位至少测试10次。

四、实验步骤

(一)试样准备

1. 试样调湿　将测试样品在标准大气下调湿至少24h。

2. 测试点　在样品上裁取10个试样或选定10个测试点，试样(测试点)应均匀、对角地分布在样品上，每个试样(测试点)应包括不同经纬线。

(二)仪器准备

1. 开机预热　打开仪器电源，预热15min。

2. 选择参数　选用20cm²的试验面积；选择压差，根据国家标准，服用织物100Pa，产业用织物200Pa。

(三)测试

将试样自然的盖在测试头上，注意记录试样的正反面，避开折痕和疵点，按下测试头压杆，听到“咔”声，压头自动吸合，真空吸风机自动启动，开始测试。在同样条件下，重复测定10个试样或测试点。

(四)数据处理

按式(19－6)计算透气率：

$$R = \frac{q_v}{A}c \tag{19-6}$$

式中：R——透气率，mm/s、m/s；

q_v——平均气流量，L/min；

A——试样面积，cm²；

c——换算系数，$c=167$时，R的单位是mm/s；$c=0.167$时，R的单位是m/s；$c=0.167$主要用于稀疏织物、非织造布等透气率较大的织物。

五、实验记录

实验条件：温湿度、仪器及设定参数(试验面积、压差等)、试样及编号、实验方法、实验日期等。

测试记录：记录测定的气流量、平均气流量及标准差和变异系数。

第八节　棉本色布评等检验

一、实验目的

棉本色布评等检验是综合性试验，是相关织物性能测试的汇总。另外，织物外观质量的检验有很强的专业性。这里只介绍检验的主要内容和程序，通过学习，了解棉本色布的分等规定及 GB/T406—2008《棉本色布》标准的内容。进一步的具体试验可参考相关资料。

二、基础知识

评等项目：棉本色布要求分为内在质量和外观质量两个方面，内在质量包括织物组织、幅宽、密度、断裂强力、棉结杂质疵点格率、棉结疵点格率六项，外观质量为布面疵点一项。

分等规定：棉本色布的品等分为优等品、一等品、二等品，低于二等品的为等外品。棉本色布的评等以匹为单位，织物组织、幅宽、密度、断裂强力、棉结杂质疵点格率、棉结疵点格率按匹评等，以其中最低一项品等作为该匹布的品等。

分等规定见表 19－6、表 19－7 和表 19－8。

表 19－6　分等规定

项　目	标　准	允许偏差		
		优等品	一等品	二等品
织物组织	设计规定要求	符合设计要求	符合设计要求	不符合设计要求
幅宽(cm)	产品规格	+1.2% -1.0%	+1.5% -1.0%	+2.0% -1.5%
密度(根/10cm)	产品规格	经密-1.2% 纬密-1.0%	经密-1.5% 纬密-1.0%	经密-1.5% 纬密-1.0%
断裂强力(N)	按断裂强力公式计算	经向-6% 纬向-6%	经向-8% 纬向-8%	经向-8% 纬向-8%

注　当幅宽偏差超过 1.0%时，经密允许偏差范围为 0～2.0%。

表 19－7　棉结杂质疵点格率、棉结疵点格率规定

织物分类		织物总紧度(%)	棉结杂质疵点格率(%) 不大于		棉结疵点格率(%) 不大于	
			优等品	一等品	优等品	一等品
精梳织物		70 以下	14	16	3	8
		70～85 以下	15	18	4	10
		85～95 以下	16	20	4	11
		95 及以上	18	22	5	12
半精梳织物		—	24	30	6	15
	细织物	65 以下	22	30	6	15
		65～75 以下	25	35	6	18
		75 及以上	28	38	7	20
	中粗织物	70 以下	28	38	7	20
		70～80 以下	30	42	8	21
		80 及以上	32	45	9	23

续表

织物分类		织物总紧度(%)	棉结杂质疵点格率(%) 不大于		棉结疵点格率(%) 不大于	
			优等品	一等品	优等品	一等品
	粗织物	70 以下	32	45	9	23
		70～80 以下	36	50	10	25
		80 及以上	40	52	10	27
	全线或半线织物	90 以下	28	36	6	19
		90 及以上	30	40	7	20

注　1. 棉结杂质疵点格率、棉结疵点格率超过规定降到二等品为止。

2. 棉本色布按经、纬纱平均线密度分类：特细织物，10tex 以下；细织物，10～20tex；中粗织物：21～29tex；粗织物，32tex 及以上。

表 19－8　布面疵点评分限度　　分/m²

优等品	一等品	二等品
0.2	0.3	0.5

布面疵点评等规定：每匹布允许总评分＝匹长×幅宽×每平方米允许评分数；一匹布中所有疵点评分加合累计超过允许总评分为降等品；1 米内严重疵点评 4 分为降等品；每百米内不允许有超过 3 个不可修织的评 4 分的疵点。

三、内在质量的检验

匹长和幅宽的测定：按 GB/T 4666—2009《纺织品　织物长度和幅宽的测定》执行。

密度测定：按 GB/T 4668—1995《机织物密度的测定》执行。

断裂强力测定：按 GB/T 3923.1—1997《纺织品　织物拉伸性能　第 1 部分：断裂强力和断裂伸长率的测定　条样法》执行。

棉结杂质疵点格率测定：按 FZ/T 10006—2008《棉及化纤纯纺、混纺本色布棉结杂质疵点格率检验》执行。

四、外观质量的检验

布面疵点的检验与评分按 GB/T 406—2008《棉本色布》第 5 款执行。

第二十章 纺织质量检验

本章知识点

1. 质量与检验。
2. 纺织标准。
3. 产品质量监督与实验室资质认定、认可。
4. 纺织检验机构简介。

纺织质量检验是纺织材料学的主要内容之一，它由理论与实验两部分组成。本章是理论部分，包括质量与检验、纺织检验基本知识；标准化知识、常用纺织标准化组织、常用纺织标准；产品质量监督、实验室认可、合格评定、认证认可知识、知名纺织检验机构等。

第一节 质量与检验

一、质量

质量一词基本有两种含义，其一通常指该物体所含物质的量，其二是指事物、产品、工作或服务等的优劣程度，本章所说的质量指后者，所涉及的对象是纺织材料或纺织产品。

质量就其本质来说是一种客观事物具有某种能力的属性，由于客观事物具备了这种能力，才可能满足需要。就纺织材料或纺织产品而言，这些需要包含两个方面的内容。其一是适用性，纺织材料或纺织产品只有具有一定的使用性能才是有用的，才可能满足需要。其二是符合性，纺织材料或纺织产品必须满足规定的需要，这种“规定”可以是技术法规、标准或使用者的需要，它是法律的要求、明示的要求、客户或使用者的要求。它是动态的、变化的、发展的和相对的，随时间、地点、使用对象和社会环境的变化而变化。这里的“规定”实质上是对纺织材料或纺织产品的要求，如首先应符合安全性要求，不能对人体产生伤害等；应达到所采用的产品标准的明示的质量要求；应满足向使用者承诺的质量要求等。

二、纺织检验

诚然，产品质量是生产出来的，不是检验出来的，但却是被检验证实的，只有经过检验才能知道其质量水平，不检验就不可能知道其质量的优劣。检验是对产品(客观事物)的一个或多个特性(质量)进行测量、检查、试验和计量,并将其结果与规定的要求进行比较,以确定每项特性的合格情况所进行的活动。检测则是按规定程序确定一种或多种特性或性能的技术操作,检测过程不进行是否合格的判定。检验是个较大的系统,检测是个较小的系统,检验包含着检测,其特征是进行合格与否的判定。

纺织检验主要可分为物理检验、化学检验、微生物和微小生物检验三类。

(一)纺织物理检验

通常是指在不改变纺织材料和纺织产品性质的前提下,对属性、特征进行检验的直接方法和对使用性能进行检验的模拟法,模拟纺织材料或纺织产品在实际应用、使用过程中的情况,对模拟过程后的结果进行检测或判定。如纤维细度、长度、线密度、捻度、纱线强力、条干、织物密度、强力(拉、撕、顶、胀)、厚度、重量、尺寸变化、弹(压、拉)性、起球、耐磨、色牢度等。

(二)纺织化学检验

主要是确定纺织材料和纺织产品中含某种组分的量的多少,纺织化学检验主要采用重量溶解分析法(根据化学反应生成物的重量求出被测组分的含量)、滴定分析法(在被测组分溶液中,滴加某种已知准确浓度的标准溶液,根据反应完全时所消耗标准溶液的体积,计算出被测组分含量)和仪器分析法(借助特殊的光学、电学、光谱、色谱、质谱等仪器,通过测量试样物质的不同性质,得到待测组分含量)。如纤维含量、甲醛、pH 值、禁用偶氮染料、重金属、有毒有害物质。

(三)纺织微生物和微小生物检验

一般指对某些纺织材料和纺织产品的卫生指标、抗菌性能和防螨性能等进行的检验,主要采用在规定的环境条件下进行培养、观察、计数等检测方法。如细菌(真菌)菌落总数、致病菌、抗菌、防螨等。

三、纺织检验基本知识

纺织检验有每个具体检测项目自身的特殊要求,有一些纺织专业本身的基本要求,有检验的通用要求,具体如下。

(一)试样的平衡和试验环境条件

1. 是纺织品本身特性的需要　由于纺织材料和纺织产品具有回潮的特性,在不同的环境条件下回潮率不同,而回潮率又可影响纺织材料和纺织产品的许多特性,故纺织品检验,特别是物理检验应在一个标准的环境条件下进行,大气标准状态的规定参考本书第八章表 8-1。

纺织品在进行各项性能检测前,应在标准环境条件下放置一定的时间,使其达到平衡。这样的处理过程称为调湿。在调湿期间,应使空气能畅通地连续流过样品,一直放置到其平衡为止,调湿过程不能间断。调湿的时间,一般为 24h,合成纤维时间可短些,以间隔 2h 称重,重量变化不大于 0.25%为达到平衡。然而,即使是同一个样品在相同的环境条件下,由于样品的初始状态不同(进行吸湿平衡还是放湿平衡),样品平衡后的最终回潮率也不同,会产生一个差异,为了保证在调湿期间样品由吸湿状态达到平衡,对于含水较高和回潮率影响较大的样品还需要进行预调湿(即干燥),即将样品放置在相对湿度为 10.0%~25.0%、温度不超过 50.0℃的大气中让其放湿达到平衡。一般预调湿 4h 便可达到要求。

2. 仪器的需要 某些检测仪器对环境有较苛刻要求，故应满足它的需要，否则对检测结果会产生较大的影响，如水汽对红外类检测仪器影响较大，故这类检测仪器要求低湿度环境条件。

3. 检验环境的需要 对某些检测项目需要在特定的环境条件下进行，否则检测数据将无效或无可比性，例如：微生物检验需要达到一定洁净度的环境，通常是100级；静电性能检验需要低湿度的恒温恒湿环境，通常是相对湿度要低于40%；色差评级检测需要一定的光学和色度学环境条件，通常是D65光源、不低于600lx的照度和中性灰环境；而热力学检测需要稳定的恒温恒湿环境条件等。

(二)量值溯源和纺织标准物质

配备正确的检验用仪器设备或装置是开展纺织品检测的先决条件，除此之外，仪器设备中含有计量器具的都要进行量值溯源，并最终能溯源到国家基准或国际基准。需要时还要配置纺织标准物质，否则，其检测数据将受到质疑。

1. 量值溯源 量值溯源是通过一条不间断的比较链，使测量的值能够与国家计量基准或国际计量基准联系起来，以确保检测结果单位量值的统一准确。纺织检测仪器设备中所包含量值见表20-1。

表20-1 纺织检测仪器设备中所具有的量值

序 号	计量学的量	纺织检测中涉及的量
1	几何量	长度、宽度、高度、厚度、面积、体积
2	热学计量	温度
3	力学计量	强力、强度、重量(质量)
4	电磁学计量	电压、电(荷)量
5	时间频率计量	秒、分
6	光学计量	白度、波长
7	化学计量	各种化学分析检测用标准物质

2. 纺织标准物质 纺织检测中有许多值是无法进行量值溯源的，因为不是计量单位，没有国家计量基准或国际计量基准，是纺织检测所特有的单位，如纱线和长丝的黑板条干、起球检测的级、色牢度检测的级、外观检测的级等。为了确保这些检测结果单位值的统一准确，应使用统一的纺织标准物质，纺织检测中常用的纺织标准物质见表20-2。

表20-2 纺织检测中常用的纺织标准物质

序 号	纺织标准物质	纺织检测中涉及的检测项目
1	纱线黑板条干	纱线黑板条干检测
2	长丝黑板条干	长丝黑板条干检测
3	起球标准样照	起球检测
4	灰色样卡	各种色牢度检测

续表

序　号	纺织标准物质	纺织检测中涉及的检测项目
5	洗后外观	纺织品平整度、缝迹、褶裥保持性检测
6	颜色深度卡	确定纺织品颜色深度
7	蓝色羊毛标准	耐光色牢度检测
8	服装外观	各类服装外观检测

(三)取样基本要求

不同的检测项目有不同的取样方法，样品大小、形状、数量都不尽相同，但作为纺织品检测，根据纺织品与纺织材料的特性，试样的制备一般要满足如下一些基本要求：

一般为整幅宽，离布端应 2m 以上。样品的长度至少 0.5m，视检验项目不同、多少而异。应避开折痕等对检测有影响的疵点。检测样品距布边至少 150mm。剪取样品的长度方向应平行于织物的经向或纬向，特殊情况除外，如耐摩擦色牢度可以有一定角度取样。一般情况每份样品不应包括有不相同的经纱或纬纱。有时为保证样品的尺寸精度，样品要在调湿平衡后剪取试样。应考虑样品的花型、组织、结构、正反面等对检测的影响，应考虑对不均匀样品的取样问题。

(四)数据的正确采集和处理

纺织品检测涉及大量的检测数据，如何正确地采集数据、合理的处理数据，保证得出正确的结果。数据处理的基本原则就是全面合理的反映检测的实际情况。

1. 数据的正确采集　首先要有良好的行为习惯，数据应在第一时间直接记录，不允许转记和靠记忆事后记录，记录有错应划改，不允许涂改。在检测中要认真的解读标准，按标准要求和科学方法进行操作，例如：织物断裂强力检测，在钳口 5mm 以内断裂不计；数值采集的时间，如：厚度、弹性等，应按规定时间读取数据；测量的精确度，如精确到毫米(mm)、精确到 10 牛(N)、精确到 1 位小数等；纤维含量(化学分析法)检测，两次试验结果绝对差值大于 1%时，应进行第三个试样试验，试验结果取三次试验的平均值；化纤含油检测，两平行样的差异超过平均值的 25%时，再做两个试样，取 4 个样的平均值；撕破强力检测，结果取最大值、5 峰值、12 峰值、中位值、积分值等；读取滴定管或移液管液面读数时，试验员眼睛观察的位置；在指针式仪表上读取数值时，试验员眼睛观察的位置；在评级时(色牢度、色差、起球、外观、纱线条干、平整度等)，试验员眼睛观察的位置；读取数值的时间，如天平数值的稳定、pH 仪数值的稳定等。

2. 异常值的处理　异常值是指在试验结果数据中比其他数据明显过大或过小的数据，如何处理异常值，一般有以下几种方法：

异常值保留在样本中，参加其后的数据分析；允许剔除异常值，即把异常值从样本中排除；允许剔除异常值，并追加适宜的测试值；查找到实际原因后修正异常值。

异常值出现的原因有二：其一是试验中固有的随机变异性的极端表现，它属于总体的一部分；其二是由于试验条件和试验方法的偏离所产生的结果，或是由于观察、计算、记录中的失误所造成的。所以对异常值处理时，首先要寻找异常值产生的原因，如确信是第二原因造成的应舍弃或修正，否则就不能简单的舍弃，而要用统计学的方法处理，在统计上表现为高度异常的，才允许剔除或进行修正，大多数情况下采用格拉布斯(Grubbs)检验法进行异常值的判别。

(五)数值的修约与计算

1. 数值修约 数值修约是通过省略原数值的最后若干位数字，调整所保留的末位数字，使最后所得到的值最接近原数值的过程。在许多纺织检验方法标准中，对试验结果计算的修约位数都有要求。如织物强力试验，计算结果 10N 及以下，修约至 0.1N；大于 10N 且小于 1000N，修约至 1N；1000N 以上，修约至 10N。因此，数值修约首先应根据标准对最终结果的要求，然后根据数值修约的规则进行。数值修约的进舍规则已被总结成以下几句话："四舍六进五考虑，五后非零则进一，五后皆零看奇偶，五前为奇则进一，五前为偶则不进"。关于其他数值修约的规则如下：

(1)不允许连续修约：拟修约数字应在确定修约位数后一次修约获得结果，而不得多次连续修约。例如：修约 15.4546 至个位数，正确的做法：15.4546→15；不正确的做法：15.4546→15.455→15.46→15.5→16。下面这句话大家都很熟悉，在许多检验方法中都有提及，如"计算到小数点后三位，修约到小数点后两位。"在实际计算取值时，试验人员对经过计算的值取三位小数时就已经修约了，再修约到两位小数，这就是连续修约，违背了不许连续修约的规则。或许有人说，应用切断法取值，三位小数以后的值都不要。这时又产生了另一个问题，当小数点后第三位是 5 而小数点后第二位是偶数时，如何修约又产生了困难。所以这句话无论怎么做都是不妥的。数值的修约是个动态的过程，并不是要将数值写到纸上然后再进行修约的，所以只要提出对最终结果的要求，具体怎么做由试验者按规定的规则去做。故这句话如改为"计算结果保留 1 位小数或保留 3 位有效数"则更为妥当。

(2) 0.5 单位修约和 0.2 单位修约：纺织检测中有些项目的最终结果是 0.5 单位的或 0.2 单位的，这就需要修约到 0.5 单位或 0.2 单位，它们的修约原则是先乘以 2 或 5，然后按 1 单位修约进行修约，修约完成后再除以 2 或 5，即得到按 0.5 单位修约或 0.2 单位修约的值。

2. 数值计算 为了取得准确的检测结果，不仅要准确测量，还要正确记录与计算，所谓正确记录是指记录数字的位数，因为数字的位数不仅表示数字的大小，也反映测量的准确程度。而很多时候测量的数字并不能直接使用，须经过计算才能得出最终结果，这就需要按一定的计算规则进行。

(1)有效位数：有效位数，又称有效数或有效数字，是指测量中所得到的有实际意义的数字，在这个数字中，只有最后一位是估计值，其他的所有数字都是准确的。这与前面述及的数据的正确采集有关。对于没有小数的数值，从最左一位非零数字向右数得到的数减去无效零(定位用的零)；对于有小数的数值，从最左一位非零数字向右数得到的数。关于有效数的位数应注意以下问题：

读数，在采集试验数据时正确获得试验数据的有效位数，读数应读到仪器的最小分度值多一位。如最小分度值为 0.01g 的天平，其最小数值应读到 0.001，如 0.474g，最后 1 位是估计值。

常数，试验中用到的一些常数如 π、e、1/3 等，应视为有无限多位有效数，根据计算需要选取。

单位，在单位换算时要注意，不可导致有效数字的位数变动。如 0.26g 换算为毫克时不可写作 0.26g=260mg，将二位有效数字变为三位有效数字。

(2)有效数的计算规则：在有效数的计算中，一般来讲，两数相加或相减，应使它们有相同的精度，即相同的小数位数；而两数相乘或相除，应使它们有相同的有效数。具体来讲就是：

有效数加减规则：将所有数修约到比小数位最少的数多 1 位小数进行计算，最终结果修约到与小数位最少的数同。若尚需参与下一步运算，则修约到比小数位最少的数多 1 位小数。

有效数乘除规则：将所有数修约到比有效数最少的数多 1 位有效数，进行计算，最终结果修约到与有效数最少的数同。若尚需参与下一步运算，则修约到比有效数最少的数多 1 位有效数。

第二节　纺织标准

一、标准

标准原意为目的，是标靶、标本、榜样、规范，标准是科学、技术和实践经验的总结，是衡量事物的准则，即是“与其他事物不同的规则”，也是“与其他事物一样的根据”。标准是客观事物的一种参照物，标准是人类所特有的，是归纳思维的产物。

(一)标准的定义

1989 年我国颁布的标准化法条文解释对标准的定义是：“标准是对重复性事物和概念所做的统一规定。它以科学、技术和实践经验的综合成果为基础，经有关方面协商一致，由主管机构批准，以特定形式发布，作为共同遵守的准则和依据”。标准的特征：为获得最佳秩序、对重复发生的、经协商达成一致，并被批准、发布的文件。

(二)标准的作用

1. 系列化作用　通过产品标准，统一产品的形式、尺寸、化学成分、物理性能、功能等要求、保证产品质量的可靠性和互换性，使有关产品间得到充分的协调、配合、衔接，尽量减少不必要的重复劳动和物质损耗，为社会化专业大生产和大中型产品的社会化组装、配合创造了条件。

2. 统一作用　通过术语、符号、代号、制图、文件格式等标准消除技术语言障碍，加速科学技术的合作与交流。

试验方法、检验规则、操作程序、工作方法、工艺规程等各类标准统一了生产和工作的程序和要求，保证了每项工作的质量，使有关生产、经营、管理工作走上正常轨道。

3. 规范作用　通过安全、卫生、环境保护等标准，减少疾病的发生和传播，防止或减少各种事故的发生，有效地保障人体健康、人身安全和财产安全。

4. 推广作用　通过标准传播技术信息，介绍新科研成果，加速新技术、新成果的应用和推广。

5. 提高作用　依据标准建立全面的质量管理制度，推行产品质量认证制度，健全管理制度，提高和发展科学技术水平等。

二、标准的分类

标准的分类依不同的目的，分类不同。

(一)按照标准对象分类

1. 技术标准 是指对标准化领域中需要协调统一的技术事项所制定的标准。技术标准包括基础技术标准、产品标准、工艺标准、检测试验方法标准，及安全、卫生、环保标准等。

2. 管理标准 是指对标准化领域中需要协调统一的管理事项所制定的标准。管理标准包括管理基础标准，技术管理标准，经济管理标准，行政管理标准，生产经营管理标准等。

3. 工作标准 是指对工作的责任、权利、范围、质量要求、程序、效果、检查方法、考核办法所制定的标准。工作标准一般包括部门工作标准和岗位(个人)工作标准。

(二)按使用范围分类

1. 国际标准 国际标准是指国际标准化组织(ISO)、国际电工委员会(IEC)和国际电信联盟(ITU)制定的标准，以及国际标准化组织确认并公布的其他国际组织制定的标准。

2. 区域标准 区域标准又称为地区标准，泛指世界某一区域标准化团体所通过的标准。通常提到的区域标准主要是指原经互会标准化组织、欧洲标准化委员会、非洲地区标准化组织等地区组织所制定和使用的标准。区域标准化组织如：PASC 太平洋地区标准会议、CEN 欧洲标准委员会、ASAC 亚洲标准咨询委员会、ARSO 非洲地区标准化组织、AOW 亚洲大洋洲开放系统互联研讨会、ASEB 亚洲电子数据交换理事会、CENELEC 欧洲电工标准化委员会、EBU 欧洲广播联盟等。

3. 知名协会、团体、组织标准 有些标准历史悠久、影响较大，有的在某些行业应用较广，但它即不是国际标准，又不是区域标准，也不属于国家标准的范畴。如美国试验与材料协会的 ASTM 标准，在纺织行业是主要物理检测项目标准；美国纺织化学家和染色家协会的 AATCC 标准，是主要纺织色牢度和尺寸变化率检测项目标准；国际纺织品生态学研究与检测协会的 Oko-Tex standard 生态纺织品标准；国际毛纺织组织的 IWTO 标准，是主要毛纺原料标准；国际羽绒羽毛局的 IDFB 标准，是主要羽绒羽毛标准。

(三)按内容分类

1. 基础标准 基础标准是指具有广泛的适用范围或包含一个特定领域的通用条款的标准。基础标准在一定范围内可以直接应用，也可以作为其他标准的依据和基础，具有普遍的指导意义。一定范围是指特定领域，如企业、专业、国家等。也就是说，基础标准既存在于国家标准、专业标准，也存在于企业标准中。在某领域中基础标准是覆盖面最大的标准。它是该领域中所有标准的共同基础。基础标准一般包括名词术语、符号、代号、机械制图、公差与配合等。

2. 产品标准 产品标准指对产品结构、规格、质量和检验方法所做的技术规定。

3. 方法标准 方法标准指的是通用性的方法，如试验方法、检验方法、分析方法、测定方法、抽样方法、工艺方法、生产方法、操作方法等项标准。

(四)我国标准化法关于标准分级的规定

1. 国家标准 对需要在全国范围内统一的技术要求，应当制定国家标准。国家标准由国务院标准化行政主管部门编制计划和组织草拟，并统一审批、编号、发布。国家标准的代号为“GB”，其含义是“国标”两个字汉语拼音的第一个字母的组合。

2. 行业标准　对没有国家标准又需要在全国某个行业范围内统一的技术要求，可以制定行业标准作为对国家标准的补充，当相应的国家标准实施后，该行业标准应自行废止。行业标准由行业标准归口部门审批、编号、发布，实施统一管理。行业标准的归口部门及其所管理的行业标准范围，由国务院标准化行政主管部门审定，并公布该行业的行业标准代号。纺织行业标准代号为“FZ”。

3. 地方标准　对没有国家标准和行业标准而又需要在省、自治区、直辖市范围内统一的，可以制定地方标准，地方标准由省、自治区、直辖市标准化行政主管部门统一编制计划、组织制定、审批、编号、发布。地方标准的代号为“DB”。

4. 企业标准　是对企业范围内需要协调、统一的技术要求，管理要求和工作要求所制定的标准。企业标准由企业制定，由企业法人代表或法人代表授权的主管领导批准、发布。企业产品标准应在发布后30日内向政府有关部门备案。

国家标准、行业标准分为强制性标准和推荐性标准。下列标准属于强制性标准：药品标准、食品卫生标准、兽药标准；产品及产品生产、储运和使用中的安全、卫生标准，劳动安全、卫生标准，运输安全标准；工程建设的质量、安全、卫生标准及国家需要控制的其他工程建设标准；环境保护的污染物排放标准和环境质量标准；重要的通用技术术语、符号、代号和制图方法；通用的试验、检验方法标准；互换配合标准；国家需要控制的重要产品质量标准。强制性标准以外的标准是推荐性标准。

三、与纺织有关的标准化组织简介

(一)国际标准化组织(ISO)

国际标准化组织(ISO)是目前世界上最大、最有权威性的国际标准化专门机构。1946年10月14日至26日，中、英、美、法、苏的二十五个国家的六十四名代表集会于伦敦，正式表决通过建立国际标准化组织。1947年2月23日，ISO章程得到25个国家标准化机构的认可，国际标准化组织宣告正式成立。参加1946年10月14日伦敦会议的25个国家，为ISO的创始人。

国际标准化组织的目的和宗旨是：“在全世界范围内促进标准化工作的开展，以便于国际物资交流和服务，并扩大在知识、科学、技术和经济方面的合作”。其主要活动是制定国际标准，协调世界范围的标准化工作，组织各成员国和技术委员会进行情报交流，以及与其他国际组织进行合作，共同研究有关标准化问题。

按照ISO章程，其成员分为团体成员和通信成员。团体成员是指最有代表性的全国标准化机构，且每一个国家只能有一个机构代表其国家参加ISO。通讯成员是指尚未建立全国标准化机构的发展中国家(或地区)。通讯成员不参加ISO技术工作，但可了解ISO的工作进展情况，经过若干年后，待条件成熟，可转为团体成员。ISO的工作语言是英语、法语和俄语，总部设在瑞士日内瓦。

国际标准化组织纺织品技术委员会(ISO/TC38)的工作范围涵盖了与纺织品有关的所有技术内容，包括产品规范、测试方法、术语定义等。长期以来，ISO/TC38的秘书处工作一直由英国标准协会(BSI)负责。但随着英国自身纺织工业的衰退，他们已经没有能力再担任该项工作，因此，英国标准协会向国际标准化组织(ISO)日内瓦总部提出不再承担这一工作。中国国家标准化管理委员会获悉此信息后，在第一时间向ISO提出申请，并推荐江苏阳光集团作为秘书处单位。ISO秘书长阿兰·布莱登先生实地考察了阳光集团，对阳光集团的软硬件设施条件给予了肯定。由于日本也同时提出申请，ISO技术管理局2007年第73号文件决定重组ISO/TC38秘书处，由中国和日本联合承担。ISO经过全球投票，确定阳光集团代表中国承担ISO/TC38国际秘书处的工作。

(二)欧洲标准化委员会(CEN)

欧洲标准化委员会(CEN)成立于1961年，总部设在比利时布鲁塞尔。CEN是以西欧国家为主体、由国家标准化机构组成的非营利性标准化机构。CEN负责欧洲标准的制定。我们通常所说的欧盟标准是指欧盟层面上的欧洲标准。欧洲标准由欧盟标准化机构管理，各欧盟国家的国家标准由各国家标准化机构自行管理，但受欧盟标准化方针政策和战略所约束。制定的欧洲标准通常有三种官方语言的版本：英语、法语、德语。

(三)美国试验与材料协会(ASTM)

美国试验与材料协会(ASTM)成立于1898年，是世界上最早、最大的非盈利性标准制定组织之一，任务是制订材料、产品、系统和服务的特性和性能标准及促进有关知识的发展。100多年以来，ASTM已经满足了100多个领域的标准制定需求，现有32000多名会员，分别来自于100多个国家的生产者、用户、最终消费者、政府和学术代表。

ASTM标准制定一直采用自愿达成一致意见的制度。标准由拥有专业特长、自愿参加ASTM系统工作的人员制订，包括生产商、用户、最终产品消费者、政府及研究院等。ASTM提供了一个论坛，在这个论坛里这些人能够在一个共同的基础上开会编写出能满足各方需要的标准，ASTM系统遵循适当程序的原则，保证平等地进入论坛以及平等的发言权。在一项标准编制过程中，对该编制感兴趣的每个会员和任何热心的团体都有权充分发表意见，委员会对提出的意见都给予研究和处理，以吸收各方面的正确意见和建议。标准草案经历了一个详尽无遗的投票过程，在每一投票阶段，谨慎地注意少数人的意见，经过技术分委员会和技术委员会投票表决，在采纳大多数会员共同意见并由大多数会员投票赞成，标准才获批准，作为正式标准出版。标准制订时间一般在一年和两年左右，其进程完全取决于需求的紧迫性、工作的复杂性以及委员会投入工作的时间。ASTM的技术委员会和分技术委员会，主要制定130多个专业领域的试验方法、规范、规程、指南、分类和术语标准，如钢铁制品、有色金属制品、金属试验方法和分析程序、建筑界、石油产品、润滑剂和矿物燃料、涂料、有关涂层芳香剂、纺织品、塑料、橡胶、电气绝缘和电子、水和环境技术、原子能、太阳能和地热能、医疗器械、通用方法和测试仪器、通用产品、化学特制品和最终产品等。目前ASTM已出版发布了10000多个标准。

(四)美国纺织化学家和染色家协会(AATCC)

美国纺织化学家和染色家协会(AATCC)是一个非官方机构，成立于1921年，作为世界最大的致力于纺织化学发展的科学与技术协会，在全世界65个国家和地区已拥有逾5000名员工和270个成员机构。其目的就是通过教育、调研和交流的方式来推广纺织品染料和化学物质的深层知识。它主要针对纺织产品。除了研究和发展纺织品及服装的检测方法外，美国纺织化学家和染色家协会还承办科学性会议和推广纺织品的教育。它的各种活动的侧重点为纺织品的化学性能。关于测试方法的领域分为三大类：辨别与分析纺织品及服装的色牢度、物理性能和生物性能。其发布的纺织品及服装的检测方法和标准适用于整个美洲国家。

(五)中国国家标准化管理委员会(SAC)

中国国家标准化管理委员会(SAC)是国务院授权的履行行政管理职能，统一管理全国标准化工作的主管机构。

(六)全国纺织品标准化技术委员会(SAC/TC209)

全国纺织品标准化技术委员会(SAC/TC209)负责全国纺织品等专业领域标准化工作，下设有基础、棉纺织印染、毛纺织品、麻纺织品、针织品、产业用纺织品、羊绒制品等分技术委员会，秘书处所在单位为纺织工业标准化研究所。

(七)全国服装标准化技术委员会(SAC/TC219)

全国服装标准化技术委员会(SAC/TC219)负责全国机织类服装等专业领域标准化工作，下设有羽绒服装、衬衫等分技术委员会，秘书处所在单位为上海市服装研究所。

(八)全国家用纺织品标准化技术委员会(SAC/TC302)

全国家用纺织品标准化技术委员会(SAC/TC302)负责全国家用纺织品等专业领域标准化工作，下设有床上用品、线带、毛巾等分技术委员会，秘书处所在单位为江苏省纺织产品质量监督检验研究院。

四、纺织常用标准简介

(一)强制性标准

1. GB 18401—2010《国家纺织产品基本安全技术规范》 GB 18401—2010《国家纺织产品基本安全技术规范》是迄今为止纺织品唯一的具有技术指标要求的强制性标准，该标准对纺织品的安全指标提出了具体的要求，不符合该标准的产品禁止生产、销售和进口。其具体要求见表 20－3。

表 20－3　纺织品的安全指标

<table>
<tr><th colspan="2">项　目</th><th>A类</th><th>B类</th><th>C类</th></tr>
<tr><td colspan="2">甲醛含量(mg/kg)≤</td><td>20</td><td>75</td><td>300</td></tr>
<tr><td colspan="2">pH 值</td><td>4.0～7.5</td><td>4.0～8.5</td><td>4.0～9.0</td></tr>
<tr><td rowspan="5">染色牢度(级)≥</td><td>耐水(变色、沾色)</td><td>3～4</td><td>3</td><td>3</td></tr>
<tr><td>耐酸汗(变色、沾色)</td><td>3～4</td><td>3</td><td>3</td></tr>
<tr><td>耐碱汗(变色、沾色)</td><td>3～4</td><td>3</td><td>3</td></tr>
<tr><td>耐干摩擦</td><td>3</td><td>3</td><td>3</td></tr>
<tr><td>耐唾液(变色、沾色)</td><td>4</td><td>—</td><td>—</td></tr>
<tr><td colspan="2">异味</td><td colspan="3">无</td></tr>
<tr><td colspan="2">可分解致癌芳香胺染料(mg/kg)</td><td colspan="3">禁用</td></tr>
</table>

注　A类为婴幼儿纺织品。

B类为直接接触皮肤的纺织产品。

C类为非直接接触皮肤的纺织产品。

2. 纺织品服装必须标注的内容和要求 知情权是《消费者权益保护法》赋予消费者的合法权利，GB5296.4—1998《消费品使用说明 第4部分：纺织品和服装使用说明》标准就是规定纺织品服装为满足消费者知情权而必须标注的内容和要求，具体有如下十条内容：制造者的名称和地址、产品名称、产品号型和规格、采用原料的成分和含量、洗涤方法、使用和贮藏条件的注意事项（适用时）、产品使用期限（适用时）、产品标准编号、产品质量等级和产品质量检验合格证明。

（二）基础标准

1. 纺织材料的公定回潮率 纺织材料的回潮率是随环境不同而变化的，为求统一和可以比较，约定在标准大气中达到吸湿平衡时的回潮率为公定回潮率，GB 9994—2008《纺织材料公定回潮率》标准规定了纺织材料的公定回潮率（表20-4）。

表20-4 纺织材料的公定回潮率

原料类别	纺织材料	公定回潮率（%）
棉	棉花	8.5
	棉纱线	8.5
	棉缝纫线	8.5
	棉织物	8.0
毛	洗净毛a（异质毛）	15.0
	洗净毛a（同质毛）	16.0
	精梳落毛	16.0
	再生毛	17.0
	干毛条	18.26
	油毛条	19.0
	精纺毛纱	16.0
	粗纺毛纱	15.0
	毛织物（精纺、粗纺、驼绒、工业呢、工业毡）	14.0
	绒线、针织绒线	15.0
	长毛绒织物	16.0
	分梳羊绒	17.0
	羊绒纱	15.0
	兔毛	15.0
	驼毛	15.0
	牦牛毛	15.0
麻	苎麻	12.0
	亚麻	12.0
	黄麻	14.0
	大麻	12.0
	罗布麻	12.0
	剑麻	12.0

续表

原料类别	纺织材料		公定回潮率(%)
(蚕)丝	桑蚕丝		11.0
	柞蚕丝		11.0
化纤	粘胶纤维(包括竹材粘胶短纤维)		13.0
	莫代尔纤维		13.0
	醋酯纤维		7.0
	铜氨纤维		13.0
	聚酰胺纤维(锦纶)		4.5
	聚酯纤维(涤纶)		0.4
	聚丙烯腈纤维(腈纶)		2.0
	聚乙烯醇纤维(维纶)		5.0
	聚丙烯纤维(丙纶)		0.0
	聚乙烯纤维(乙纶)		0.0
	含氯纤维	聚氯乙烯(氯纶)	0.0
		聚偏氯乙烯(偏氯纶)	0.0
	氨纶		1.3
	含氟纤维		0.0
	芳香族聚酰胺纤维(芳纶)	普通	7.0
		高膜量	3.5
	聚乳酸纤维(PLA)		0.5
	二烯类弹性纤维(橡胶)		0.0
	碳氟纤维		0.0
其他	玻璃纤维		0.0
	金属纤维		0.0

2. 纺织品纤维含量的标识　FZ/T 01053—2007《纺织品　纤维含量的标识》标准，这是纺织品重要的诚信度指标之一，标准规定了向消费者明示的纤维含量的允差范围和标识标注方法。如一般纤维含量的允差为5%等。该标准虽然是推荐性标准，但由于被强制性标准GB 5296.4引用，该标准的要求也是强制性的。

3. 纺织变色和沾色等级的标准物质　GB/T 250—2008《纺织品　色牢度试验　评定变色用灰色样卡》和GB/T 251—200《纺织品　色牢度试验　评定沾色用灰色样卡》，这两套作为评定纺织变色和沾色等级的标准物质是纺织品检验重要的基础标准，是所有纺织品色牢度检测及某些物理检测项目和外观检测的基础。这两套标准文本与ISO标准是等同的，但这两套标准同时又是实物标准，是标准物质，由于制作工艺的差异、溯源基准不同，这两套标准与ISO标准是不能相互替代的。

(三)方法标准

1. 纺织纤维性质的检测方法标准 FZ/T 01057—2007《纺织纤维鉴别试验方法》系列标准是鉴别纺织纤维性质的检测方法标准，常用的有燃烧法、显微镜法和溶解法。

2. 二、三组分纺织纤维定量检测方法标准 GB/T 2910—2009《纺织品 定量化学分析》是二、三组分纺织纤维定量检测方法标准之一，主要是用化学溶解法进行纺织纤维的定量检测。这个系列标准除个别标准(大豆蛋白复合纤维)外，其他都等同国际标准。

3. 纺织机织物强力检测方法标准 GB/T 3923.1—1997《纺织品织物拉伸性能 第1部分：断裂强力和断裂伸长率的测定 条样法》该标准是最常用的检测纺织机织物强力的方法标准。

4. 测定纺织品服装水洗尺寸变化率的标准 GB/T 8628—2001《纺织品 测定尺寸变化的试验中织物试样和服装的准备、标记及测量》、GB/T 8629—2001《纺织品试验用家庭洗涤和干燥程序》和GB/T 8630—2002《纺织品洗涤和干燥后尺寸变化的测定》这三个标准是测定纺织品服装水洗尺寸变化率(也称缩水率)的标准，是纺织检验最常用的标准之一，我国国家标准与国际标准等同。

5. 纺织品最常用的色牢度标准 纺织品最常用的色牢度标准有GB/T 3920—2008《纺织品 色牢度试验 耐摩擦色牢度》、GB/T 3921—2008《纺织品 色牢度试验 耐皂洗色牢度》、GB/T 3922—1995《纺织品耐汗渍色牢度试验方法》、GB/T 8427—2008《纺织品 色牢度试验 耐人造光色牢度 氙弧》，这4个标准都是与国际标准等同的。

6. 我国纺织品最常用的起球标准 我国纺织品最常用的起球标准有三个，分别是GB/T 4802.1—2008《纺织品 织物起毛起球性能的测定 第1部分：圆轨迹法》、GB/T 4802.2—2008《纺织品 织物起毛起球性能的测定 第2部分 改型马丁代尔法》和GB/T 4802.3—2008《纺织品 织物起毛起球性能的测定 第3部分：起球箱法》。圆轨迹法是我国所特有的起球试验方法，改型马丁代尔法和起球箱法是与国际标准等同的。

7. 纺织品pH检测 纺织品pH检测用GB/T 7573—2009《纺织品 水萃取液pH值的测定》标准，等同国际标准。

8. 纺织品甲醛检测 纺织品pH检测用GB/T 2912.1—2009《纺织品 甲醛的测定 第2部分：游离和水解的甲醛(水萃取法)》和GB/T 2912.2—2009《纺织品 甲醛的测定 第2部分：释放的甲醛(蒸汽吸收法)》二个标准，等同国际标准。

9. 禁用偶氮染料检测 禁用偶氮染料检测用GB/T 17592－2006《纺织品 禁用偶氮染料的测定》标准，是参考欧盟标准制定的。

另外，有关产品标准在该教材的相关章节表述。

第三节 产品质量监督与实验室资质认定、认可

一、产品质量监督制度

我国实行产品质量监督制度，产品质量监督是指政府监督部门及法律规定的其他部门，依

据国家法律规定，遵循政府赋予的职责，代表政府履行职责，执行公务，对生产领域、流通领域的产品质量实施监督的一种具体行政行为，是有关法律法规规章对产品质量监督管理做出规定的制度。对纺织品来讲主要有产品质量监督检查和行政许可。

(一)产品质量监督检查

产品质量监督检查是按国家质量监督检验检疫总局《产品质量监督抽查管理办法》，对在中华人民共和国境内生产、销售的产品进行有计划的随机抽样、检验，并对抽查结果公布和处理的活动。产品质量监督检查是当前质量监督的主要手段，有多种形式，如产品质量监督抽查、产品质量统一监督检查、定期监督检查、日常监督检查和专项监督检查等。产品质量监督抽查结果的后处理，是指各级政府产品质量监督管理部门依法对产品质量监督抽查结果采取包括通报、公告、责令整改、责令召回、复查、依法移送、行政处罚等行政措施的活动。

(二)行政许可

行政许可是指国家行政机关依据《中华人民共和国行政许可法》根据公民、法人或者其他组织的申请，经依法审查，准予其从事特定活动的行为。纺织品中部分产品(如：防护服装等)的生产属于从事特定活动的行为，不经许可不能进行生产活动。

二、实验室资质认定、认可

澳大利亚由于缺乏一致的检测标准和手段，无法为第二次世界大战中的英军提供军火，为此着手组建全国统一的检测体系，1947 年，澳大利亚首先建立了世界上第一个检测实验室认可体系。1966 年，英国建立了校准实验室认可体系。此后，实验室认可制度逐渐为各国所接受，发达国家随之陆续建立了实验室认可机构，我国也在 20 世纪 90 年代加入了这一行列。

实验室认可，其定义为：由权威机构对检测/校准实验室及其人员有能力进行特定类型的检测/校准做出正式承认的程序。所谓的权威机构，是指具有法律或行政授权的职责和权力的政府或民间机构。这种承认，意味着承认检测/校准实验室有管理能力和技术能力从事特定领域的工作。由此可知，实验室认可的实质是对实验室开展的特定的检测/校准项目的认可，并非实验室的所有业务活动。

世界上许多国家有一个或多个机构负责实验室认可。大部分认可机构采用 ISO/IEC17025 作为认可检测/校准实验室的基础，这有助于各国使用统一的方法确定实验室的能力。可能时，认可机构还鼓励实验室采用国际公认的检测/校准方法，这种统一的方法，为各国在相互评价和接受彼此认可体系的基础上达成协议提供了前提。这类协议即成为相互承认协议，它在检测/校准数据获得国家间的承认中起到至关重要的作用。互认活动所追求的结果是，每个参与方承认其他签署方认可的实验室，就如同自己已对其他参与方认可的实验室进行了认可。

(一)CNAS 认可

中国合格评定国家认可委员会(CNAS)是根据《中华人民共和国认证认可条例》的规定，由国家认证认可监督管理委员会(CNACA)批准设立并授权的国家认可机构，统一负责对认证机构、实验室和检查机构等相关机构的认可工作。

实验室认可是 CNAS 认可工作的一部分，是按 CNAS—CL01《检测和校准实验室能力认可准则》(等同 ISO/IEC17025)要求，正式表明实验室具备开展相应检验和/或校准工作能力的第三方证明。

中国合格评定国家认可制度在国际认可活动中有着重要的地位，其认可活动已经融入国际认可互认体系，并发挥着重要的作用。中国合格评定国家认可委员会是国际认可论坛(IAF)、国际实验室认可合作组织(ILAC)、亚太实验室认可合作组织(APLAC)和太平洋认可合作组织(PAC)的正式成员。目前我国已与其他 47 个国家和地区的质量管理体系认证和环境管理体系认证的认可机构签署了互认协议，已与其他国家和地区的 70 个实验室认可机构签署了互认协议。

(二)CMA、CAL 资质认定

资质认定包括计量认证和审查认可。计量认证是指国家认监委和地方质检部门依据有关法律、行政法规的规定，对为社会提供公证数据的产品质量检验机构的计量检定、测试设备的工作性能、工作环境和人员的操作技能和保证量值统一、准确的措施及检测数据公正可靠的质量体系能力进行的考核。审查认可是指国家认监委和地方质检部门依据有关法律、行政法规的规定，对承担产品是否符合标准的检验任务和承担其他标准实施监督检验任务的检验机构的检测能力以及质量体系进行的审查。

计量认证和审查认可是国家依据《中华人民共和国认证认可条例》、《实验室和检查机构资质认定管理办法》和《实验室资质认定评审准则》对实验室的法制性强制考核，是政府权威部门对实验室进行规定类型检测所给予的正式承认。计量认证 CMA 标志是 China Metrology Accredidation(中国计量认证/认可)的缩写。审查认可 CAL 标志是 China Accredited Laboratory(中国考核合格检验实验室)的缩写。取得审查验收证书和计量认证证书的检测机构，允许其在检验报告上使用 CAL 和 CMA 标志，有 CAL 和 CMA 标志的检验报告可用于产品质量评价、成果及司法鉴定，具有法律效力。

(三)资质认定与实验室认可的区别

计量认证是我国通过计量立法，对凡是社会出具公证数据的检验机构(实验室)进行强制考核的一种手段。审查认可是政府质量管理部门对依法设置或授权承担产品质量检验任务的质检机构设立条件、界定任务范围、检验能力考核、最终授权的强制行管理手段。CNAS 实验室认可是自愿性的，是实验室采取的由权威部门对其认可，对其能力给予证明的方法，以达到提高实验室在检验用户中的可信度并提高其在检验市场的竞争能力。

这三种评审的共性是通过评审提高实验室的管理水平和技术能力。计量认证和审查认可组织实施的机构是国务院和省两级政府的质量技术监督部门，而实验室认可是一级管理，实施机构是中国合格评定国家认可委员会(CNAS)。

计量认证和审查认可依据《实验室资质认定评审准则》，只对第三方的实验室进行认定；实验室认可依据 CNAS—CL01《检测和校准实验室能力认可准则》(等同 ISO/IEC17025)要求，包括第一方、第二方和第三方的实验室。

计量认证、审查认可、实验室认可的联系就其实质而言，三者都属于对实验室的质量管理体系和技术能力的评审，且都是以 ISO/IEC17025 作为基本条件，不管其是等同采用还是参照执行，不同的是前者是法律法规规定的政府行为，后者是采用国际通行作法。之所以存在三种评审，一是因为历史的原因，质检机构的审查认可和计量认证都始于20世纪80年代，通常情况下，我国应在此基础上将其转化为实验室认可，由于种种原因未能实现；二是现行法律法规对质检机构的审查认可和计量认证有明确的规定，必须依法执行。为了减少质检机构的重复评审，国家技术监督局早在1991年即采取国家质检中心审查认可、计量认证一次评审，合格后颁发两个证书的作法。一些省级技术监督部门也采取和国家局同样的方法，减少省级以下质检机构的负担。1997年对国家质检中心和省、自治区、直辖市和计划单列市质检所的实验室认可实行强制性管理后，又对国家质检中心实行三合一评审，合格者发给授权证书、计量认证证书和实验室认可证书。

（四）合格评定、认证认可

1. CNAS—CL01《检测和校准实验室能力认可准则》　CNAS—CL01《检测和校准实验室能力认可准则》等同ISO/IEC17025，是CNAS对检测和校准实验室能力进行认可的依据，也可为实验室建立质量、行政和技术运作的管理体系，以及为实验室的客户、法定管理机构对实验室的能力进行确认或承认提供指南。准则对被认可实验室从管理和技术两个方面提出了共25个要素的要求。

2. 第一、二、三方实验室　第一方实验室是组织内的实验室，检测/校准自己生产的产品，数据为我所用，目的是提高和控制自己生产的产品质量。

第二方实验室也是组织内的实验室，检测/校准供方提供的产品，数据为我所用，目的是提高和控制供方产品质量。

第三方则是独立于第一方和第二方、为社会提供检测/校准服务的实验室，数据为社会所用，目的是提高和控制社会产品质量。

3. 合格评定　与产品、过程、体系、人员或机构有关的规定要求得到满足的证实。广义的合格评定包括认证、检测、检查和认可等活动；狭义的合格评定通常指认证、检测和检查等活动。其中，认证、检测和检查的对象是产品、过程、体系、人员等，而认可的对象则是从事认证、检测和检查活动的机构。

4. 合格评定机构　从事合格评定服务的机构。

5. 认可　正式表明合格评定机构具备实施特定合格评定工作的能力的第三方证明。

6. 认可机构　实施认可的权威机构，如CNAS。

7. 认证　与产品、过程、体系或人员有关的第三方证明。

8. 检测　按照程序确定合格评定对象的一个或多个特性的活动。

9. 检查(检验)　审查产品设计、产品、过程或安装并确定其与特定要求的符合性，或根据专业判断确定其与通用要求的符合性的活动。

第四节　纺织检验机构简介

一、SGS

总部位于瑞士的SGS集团创建于1878年，拥有1250多个分支机构和实验室、64000多名员工,服务网络遍及全球。SGS通标标准技术服务有限公司是SGS集团和国家质量技术监督局的中国标准技术开发公司共同建立于1991年的合资公司,在中国设立了50多个分支机构和几十间实验室,拥有9000多名员工。

SGS的服务能力覆盖农产、矿产、石化、工业、消费品、汽车、生命科学等多个行业的供应链上下游。近年来,在环境、新能源、能效和低碳领域不断创新、锐意进取,致力于以专业的检测和认证服务推动经济、环境和社会的和谐共赢,为国内外企业、政府及机构提供全方位可持续发展解决方案。

SGS有着20多年在纺织品测试、顾问服务的专业知识,多年来通过一站式服务为国内外众多企业提供全面的解决方案,服务网络遍及各地。目前SGS已在国内建立了8个纺织品实验室,分别位于上海、广州、杭州、宁波、常州、青岛、香港和台北。所有实验室都配备了国际一流的测试设备和经验丰富的测试人员,均通过国内外权威机构的认可,能够针对所有纺织品类、鞋类及皮革产品提供全面的检验、测试服务。

SGS执行以下测试标准:美国ASTM及AATCC、澳洲AS、英国BS、加拿大CAN、德国DIN、欧盟成员国EN、中国GB、日本JIS等。

二、ITS

Intertek天祥集团(ITS)的服务涉及包括纺织、玩具、电子、建筑、加热设备、医药、石油、食品和货物扫描等,可以为产品、货物和体系提供包括测试、检验、认证在内的一系列服务。Intertek实验室和办事处网络遍布全球100多个国家,员工人数超过20000人。Intertek可以根据各类安全、质量和性能法规和标准帮助客户对其产品和货物进行评估,我们的服务包括测试、认证、审核、安全、检验、质量保证、评估、分析、咨询、培训、外包、风险管理和安全保障等。我们的客户包括众多国际知名品牌和跨国企业,以及超过二十个国家的政府机构。

ITS提供纺织品、服装和家用饰品测试服务,执行以下国家及国际的测试标准:美国纺织化学家和染料家协会(AATCC)、美国测试和材料协会(ASTM)、美国国家标准协会(NIST)、美国消费品安全委员会(CPSC)、加拿大国家标准协会(CAN/CGSB)、欧洲标准协会(EN)、英国标准协会(BS)、中国国家标准(GB)、中国纺织行业标准(FZ)等。

三、BV

必维国际检验集团(Bureau Veritas,简称BV)成立于1828年,以前曾称为法国国际检验局,是世界权威的第三方质量检测认证机构,BV的业务机构遍布140个国家,在全球设有1000个办事处及330个实验室,共有超过48000名员工。

BV的纺织品检测业务已为全球纺织零售业服务了近40年,服务对象主要为纺织服装和家纺的品牌、零售商、供应商和制造商,服务范围涉及风险管理、符合法规标准、保护品牌价值和提高产品的质量。纺织品检测在30个国家拥有共80个业务机构,员工约9000人。纺织品检测在中国已运营了10多年,具有较为成熟的中国市场运作经验和完善的实验室网络,纺织品检测实验室遍布香港、深圳、番禺、上海、南京、青岛、温州、绍兴、义乌等地。

上海申美商品检测有限公司是BV在上海的消费品检测实验室，主要从事纺织品检测业务，成立于1996年。目前公司有员工1100名，实验室面积2万平方米。因公司业务发展需要，上海申美商品检测有限公司于2010年正式更名为必维申美商品检测(上海)有限公司。

公司对外提供的服务范围主要包括：纺织品及鞋类产品检测、轻工业产品检测、玩具及幼儿产品检测、受限物质测试和化学分析、欧盟REACH法规相关服务、验货及工厂审核、培训服务。纺织品及鞋类产品包括男装、女装、儿童服饰、家用纺织品、室内装潢品、窗帘、门帘、皮具、功能性面料及成衣、其他纺织品(如袜子、裤袜等)、服装上的配饰产品(如纽扣、拉链、橡皮带、五金等)。检测标准主要为欧美标准(如AATCC、ASTM、ISO、BS、DIN)和国际客户标准。

四、国家纤维质量监督检验中心

国家纤维质量监督检验中心(以下简称中心)隶属中国纤维检验局，为其内设机构。1985年筹建国家纤维质量监督检验中心并通过验收。现拥有各类检验仪器，可对棉、毛、麻、丝等各类纤维进行品质及性能的检测。

中心现有国家CMA、CAL和CNAS资质，已认可的检验产品及参数为：棉花纤维、毛绒纤维、麻纤维化学纤维、纱线、纺织品、针织品、服装、非织造布、复制品共193个产品及各类产品检测的参数181项。

中心能满足ISO、AATCC、IWTO、IWS、BS、ASTM、CCMI、ITMA、Oko—Tex等国际、国外先进标准检测要求。

思考题

1. 按照标准对象，举例说明标准的分类。
2. 举例说明纺织检验的分类。
3. 我国标准分几级，分别是什么标准?
4. 比较第一、二、三方实验室。

参考答案

绪论

1. 包括完全由纤维构成的制品及纤维与其他材料共同构成的复合物。
2. 依据表 2 与表 3 绘制分类树状图。
3. 高分子原料的来源不同。
4. 依据表 6 与表 7 分析。
5. 参考相关网站。

第一章

1. 大分子结构(单基、官能团、柔顺性、构型)、超分子结构(结晶、取向、分子间结合力)和形态结构(纵向与截面,微观与宏观)。
2. 依据表 1－5 总结。
3. 公制支数。
4. 试样中大多数纤维具有的长度。
5. 纤度为 24 旦、线密度为 2.67tex(375 公支)。

第二章

1. 初生层、次生层、中腔,参考棉纤维的截面结构。
2. 参考棉花的初加工。
3. 从单纤维长度分析。

第三章

1. 鳞片层、皮质层、髓质层,参考毛纤维的截面结构。
2. 毛纤维的鳞片层。
3. 纤维长度。

第四章

1. 成纤高聚物的提纯或聚合、纺丝流体的制备、纺丝成形以及后加工。
2. 纺丝液制备、固化方式。
3. 参考相关纤维性能。

第五章

1. 复合与混合的区别。
2. 主链、支链、主链之间。
3. 参考相关纤维性能。
4. 参考常用纺织纤维性能汇总表 5 - 11。

第七章

1. 断裂强伸度、初始模量、屈服点、功。
2. 物理意义相同,力的单位不同。
3. 根据定义式分析。
4. 定义相同,单位不同。
5. 相对强度为 28cN/tex,断裂伸长率为 5.5%。

第八章

1. 回潮率定义式,干重相等。
2. 注意吸湿滞后性和吸湿平衡。
3. 比较静止空气、流动空气、纺织纤维的导热系数。
4. 比较纺织纤维极限氧指数与阻燃性能的定性描述。
5. 服装质量比电阻对数值在 7 左右、加湿、使用抗静电剂。
6. 投料时的湿重混纺比为 63/37。

第九章

1. 线以纱为基础。
2. 不同纤维混合,不同的纱组合。
3. full draw yarn、draw textured yarn、air textured yarn。
4. 比较加捻前的纤维束。

第十章

1. 假设纱线是实心等径圆柱体。
2. 傅里叶变换。
3. 考虑有利与不利因素。
4. 考虑纱线细度的影响。
5. 该原料的公定回潮率为 11.28%。
6. 该棉纱的特数为 19tex、直径为 0.17mm。
7. 该纱的捻系数为 358。

第十一章

1. 有无设定长度。
2. 纤维滑脱，断裂不一致。
3. 混纺纱中各组分纤维伸长能力的差异，断裂不一致。
4. 参考相关名词的定义。

第十三章

1. 由纱线排列密度求纱线长度，线密度求重量。
2. 从反映梭织物紧密程度的角度考虑。
3. 2139 府绸的经纬向紧度和总紧度分别为 75％、41％、85％。
4. 从反映针织物紧密程度的角度考虑。
5. 混纺纱应该纺 26.5tex(38 公支)。

第十四章

1. 捻向配置对交织点切向阻力的影响。
2. 从纱线性能、织物结构、后整理几方面进行分析。
3. 从纤维形态与力学性能方面进行分析。
4. 参考疲劳极限定义。

第十五章

1. 比较纤维的弹性恢复能力。
2. 比较纤维的耐疲劳性。
3. 比较纤维的吸湿性。
4. 织物在静止状态下自然地悬垂程度和形态。

第十六章

1. 所含水分不同。
2. 分析定义。
3. 长细度、刚性、头端形态等。
4. 比较作用人体的方式。

第十七章

1. 注意不同用途的面料种类不同。
2. 单项风格与综合风格。
3. 相互参照，分别归纳。

第十八章

1. 纤维、纱线、织物、染色与整理。
2. 分析精梳毛织品评等的相关规定。
3. 分析桑蚕丝织物评等的相关规定。
4. 分析苎麻印染布评等的相关规定。

第二十章

1. 技术标准、管理标准、工作标准。
2. 物理检验、化学检验、微生物和微小生物检验。
3. 国家标准、行业标准、地方标准、企业标准。
4. 比较独立性。

参考文献

[1]姚穆,周锦芳,黄淑珍,等．纺织材料学[M].2版．北京:中国纺织出版社,1990.

[2]姚穆．纺织材料学[M].3版．北京:中国纺织出版社,2009.

[3]于伟东．纺织材料学[M]. 北京:中国纺织出版社,2006.

[4]姜怀．纺织材料学[M]. 北京:中国纺织出版社,2009.

[5]张一心,朱进忠,袁传刚．纺织材料学[M]. 北京:中国纺织出版社,2005.

[6]S. 阿达纳．产业用纺织品[M]. 北京:中国纺织出版社,2000.

[7]于伟东,储才元．纺织物理[M]. 上海:东华大学出版社,2002.

[8]严灏景．纤维材料学导论[M]. 北京:纺织工业出版社,1990.

[9]邢声远．纺织新材料及其识别[M]. 北京:中国纺织出版社,2003.

[10]杨建忠．新型纺织材料及应用[M]. 上海:东华大学出版社,2003.

[11]周晓沧,肖建宇．新合成纤维材料及其制造[M]. 北京:中国纺织出版社,1998.

[12]张树钧．改性纤维与特种纤维[M]. 北京:中国石化出版社,1995.

[13]高绪珊,吴大诚．纤维应用物理学[M]. 北京:中国纺织出版社,2001.

[14]李青山．纤维鉴别手册[M]. 北京:中国纺织出版社,2002.

[15]余序芬,鲍燕萍,吴兆平,等．纺织材料实验技术[M]. 北京:中国纺织出版社,2004.

[16]李汝勤,宋均才．纤维和纺织品测试技术[M].2版．上海:东华大学出版社,2005.

[17]王府梅．服装面料的性能设计[M]. 上海:中国纺织大学出版社,2000.

[18]李栋高,蒋蕙钧．丝绸材料学[M]. 北京:中国纺织出版社,1994.

[19]高绪珊．导电纤维及抗静电纤维[M]. 北京:纺织工业出版社,1991.

[20]蒋耀兴．纺织检验学[M].2版．北京:中国纺织出版社,2008.

[21]霍红．纺织检验学[M]. 北京:中国物资出版社,2006.

[22]王革辉．服装材料学[M]. 北京:中国纺织出版社,2006.

[23]朱松文．服装材料学[M].3版．北京:中国纺织出版社,2001.

[24]何志贵,石红,吴淑良．纺织材料标准手册[M]. 北京:中国标准出版社,2009.

[25]王曙中,王庆瑞,刘兆峰．高技术纤维概论[M]. 上海:中国纺织大学出版社,2002.

[26]葛明桥,吕仕元．纺织科技前沿[M]. 北京:中国纺织出版社,2004.

[27]王善元．变形纱[M]. 上海:上海科学技术出版社,1992.

[28]蒋素婵,张一心,杨建忠．纺织材料学习题集[M]. 北京:中国纺织出版社,1994.

[29]中国纺织工业年鉴编委会．中国纺织工业年鉴[M]. 北京:中国纺织出版社,1996.

[30]中国纺织工业协会．中国纺织工业发展报告[M]. 北京:中国纺织出版社,2008.

[31]Marjory L. Joseph. Introductory Textile Science[M]. Holt Rinehart and Winston,1986.

[32]Sara J. Kadolph and Anna L. Lang ford. Textiles[M]. New Jersey: Prentice Hall,2002.

[33]Billie J. Collier, Martin J. Bide and Phyllis G. Tortora. Understanding Textiles[M]. New Jersey: Pearson Prentice Hall, 2009.